机械工程研究生规划教材

弹性力学及有限元

李世芸　肖正明　编　著

机 械 工 业 出 版 社

本书介绍了弹性力学的基本假设、基本理论和基本方程；基于弹性力学基本方程的有限元基本概念、单元基本方程和解题方法；有限元中常用的单元，如平面三角形单元、四边形单元，轴对称单元，空间四面体单元、六面体单元，杆、梁单元，平板单元、壳单元，以及结构动力学问题的有限元基本方程和求解方法；在大型有限元分析软件 ANSYS Workbench 中进行有限元数值模拟和分析的方法，并以案例的方式介绍了 ANSYS Workbench 的操作方法和求解有限元问题的基本方法与步骤。

本书符合党的二十大报告中关于"深入实施科教兴国战略、人才强国战略、创新驱动发展战略"的要求，在详细讲授基础理论知识的同时融入探索性实践内容，以增强学生的自信心和创造力，即用学科理论知识促进学生活跃思维、敢于创新，尽可能地将新思路在实践中进行创造性的转化，推动科学技术实现创新性发展。

本书中涉及的相关软件源码可在云盘中免费下载，链接地址：http://pan. baidu. com/s/1qWFx636。书中二维码可使用手机微信扫码后，免费观看学习。

本书适合作为高校研究生、本科生的教材，也适合作为工程设计人员的参考书。

图书在版编目（CIP）数据

弹性力学及有限元/李世芸，肖正明编著 . —北京：机械工业出版社，2015.12（2023.7 重印）

机械工程研究生规划教材

ISBN 978-7-111-51582-1

Ⅰ.①弹⋯　Ⅱ.①李⋯　②肖⋯　Ⅲ.①弹性力学—研究生—教材　②有限元法—研究生—教材　Ⅳ.①O343　②O241.82

中国版本图书馆 CIP 数据核字（2015）第 216458 号

机械工业出版社（北京市百万庄大街 22 号　邮政编码 100037）
策划编辑：余　皞　责任编辑：余　皞　陈崇昱
版式设计：赵颖喆　责任校对：张晓蓉
封面设计：张　静　责任印制：单爱军
北京虎彩文化传播有限公司印刷
2023 年 7 月第 1 版第 6 次印刷
184mm×260mm・20.25 印张・499 千字
标准书号：ISBN 978-7-111-51582-1
定价：59.00 元

电话服务　　　　　　　　网络服务
客服电话：010-88361066　机　工　官　网：www.cmpbook.com
　　　　　010-88379833　机　工　官　博：weibo.com/cmp1952
　　　　　010-68326294　金　书　网：www.golden-book.com
封底无防伪标均为盗版　机工教育服务网：www.cmpedu.com

前　言

弹性力学是固体力学的一个分支学科，是研究可变形固体在外部因素，如力、温度变化、约束变动等因素的作用下产生的应力、应变和位移的经典学科。由于弹性力学涉及的数学问题多为偏微分方程组，当结构形状、载荷和约束条件复杂时，数学上是很难甚至无法求解偏微分方程组的。

有限单元法是当今解决弹性力学问题的主流方法，是结合了弹性力学理论和计算机数值计算技术的先进分析方法。有限元法解决了弹性力学中数学求解困难的问题，其基本思想是，将连续的求解区域离散为一系列数量有限的子域，这些子域是如三角形、四边形、四面体、六面体等几何形状简单的面或体，称之为单元，单元的顶点称为节点。连续的区域被近似为由数量有限的单元按一定的方式组成的形体，简称为有限元。在每一个单元内假设一个近似函数来分片表示待求的未知场函数，近似函数通常用单元的节点数值和其插值函数来表示。

以弹性力学和有限元理论为基础发展起来的计算机辅助工程分析 CAE（Computer Aided Engineering Analysis）技术，是当今主流的先进设计方法和手段，已成为现代设计方法中重要的组成部分和重要的数值模拟、分析方法。CAE 理论和软件的应用，将显著提高产品设计水平，缩短设计周期，增强产品市场竞争力。因此掌握主流的 CAE 软件的操作和应用，是工程设计人员必须具备的重要技能之一。

本书介绍了弹性力学的基本假设、基本理论和基本方程；基于弹性力学基本方程的有限元基本概念、单元基本方程和解题方法；有限元中常用的单元，如平面三角形单元、四边形单元，轴对称单元，空间四面体单元、六面体单元，杆、梁单元，平板单元、壳单元，以及结构动力学问题的有限元求解方法；在当今主流的 CAE 分析软件 ANSYS Workbench 中进行有限元数值模拟和分析的方法，并以案例的方式介绍了 ANSYS Workbench 的操作方法和求解有限元问题的基本方法与步骤。

通过本书的学习，读者可掌握弹性力学及有限元的基本理论和基本方程，掌握应用 AN-SYS Workbench 进行有限元数值模拟和仿真的操作方法，并应用弹性力学及有限元的基本理论，对 ANSYS Workbench 数值计算和仿真结果的合理性、有效性进行判断。

本书共分 13 章，第 1 章~第 8 章由李世芸编写，第 9 章~第 13 章由肖正明编写。

本书约定，符号"［　］"表示矩阵，符号"｛　｝"表示列阵，字母上方加箭头表示矢量。

本书的出版得到了"昆明理工大学研究生核心课程"项目的资助，得到了昆明理工大学研究生院、机电工程学院的大力支持和协助。在编写过程中，还得到了廖伯瑜教授学术上的指导；研究生蒋伟、高强、仇田、李高升、程智在第 1~8 章的写作中，协助做了一些录入和校对工作；研究生项载毓、张威、程言丽、王鑫在第 9~13 章的编写中，参与了部分案例设计、图片编辑与校对工作。在此一并表示衷心的感谢。

由于作者水平有限，时间仓促，书中难免存在错误和缺陷，恳请广大读者和专家不吝赐教。

编　者

目　　录

第 2 篇　ANSYS Workbench 软件应用

第1篇　弹性力学及有限元

第1章　绪　　论

1.1　弹性力学的内容

弹性力学是固体力学的一个分支学科，是研究可变形固体在外部因素（如力、温度变化、约束变动等）的作用下产生的应力、应变和位移的经典学科。

物体在外力（如载荷、温度变化、约束条件改变等）作用下产生的变形，当外力去除后，物体恢复为原来的形状而没有任何残余变形，这种性质称为弹性。具有这种性质的物体，称为弹性体。弹性力学研究的对象为弹性体，研究材料处于弹性极限内的各种性态。

弹性力学的任务与材料力学、结构力学的任务基本一样，区别在于：

（1）材料力学解决问题时需要一些特殊的假设，如平截面假设，且采用非常简化的数学模型；弹性力学则不需要这种附加的基本假设，而采用较精确的数学模型。

（2）弹性力学解决问题的范围要比材料力学和结构力学大得多。如孔边缘的应力集中、深梁的应力分析、超静定等问题，用材料力学和结构力学的理论是无法求解的，而弹性力学可以解决这类问题。对于板、壳、体的结构，只能以弹性力学为基础，才能进行研究。

（3）有些工程问题可以用材料力学和结构力学求解，但无法就本身理论的精确度给出适当的评价，而弹性力学可以对这些初等力学理论的可靠性与结果的精确度给出适当的评价。

（4）弹性力学为进一步研究板、壳、体等空间结构的强度、振动、稳定性等力学问题，提供理论依据，是进一步学习塑性力学、断裂力学等其他力学的基础，也是有限元分析的理论基础，有限元的基本方程是根据弹性力学的基本方程导出的。

1.2　弹性力学的基本假设和解题基本方法

1. 弹性力学的基本假设

弹性力学是研究可变形固体在外部因素作用下产生的应力、应变和位移的经典学科，为了尽可能准确地描述真实材料在外力作用下所呈现的性态，同时在数学上简化到能够对大部分问题求解出结果，弹性力学做了如下基本假设：

（1）假设物质是连续介质。假设固体内部无空隙，任意一点的应力、应变和位移等是连续的，可以表示为位置坐标的函数。这样假设不仅避免了数学上的困难，且依据这一假设所做出的力学分析，与大量的工程实践和试验研究的结论是一致的。

（2）假设物体是各向同性的。即物体内部各点及各方向上的介质相同，它们的物理、力学特性相同，表征这些特性的力学参数，如弹性模量和泊松比等与位置和方向无关，是常量。事实上，并非所有材料都是各向同性的，例如木材就是各向异性的，顺纹理和横纹理方向的力学性质有很大区别，许多经过碾压的金属材料，也是各向异性的。

（3）假设物体是完全弹性的。当材料处于弹性极限范围内时，材料服从胡克（Hooke）定律，应力与应变成正比。

（4）假设物体内无初应力。认为物体在不受外部因素或载荷作用时，处于无应力的自然状态。弹性力学所求解的应力，是指外部因素或载荷所产生的。

（5）假设物体的变形是很小的。在外部因素或载荷的作用下，物体的变形与原来的尺寸相比是很小的，可以用变形前的几何尺寸代替变形后的几何尺寸，计算时可以将应变和位移的二阶微量略去不计，使几何变形线性化。

以上假设的目的是为了将原来非线性的问题转换为线性问题，用线性化的理论去解决。

2. 弹性力学解决问题的方法

弹性力学解决问题的方法与材料力学和结构力学不同。材料力学用的是截面法，求解的问题只能是结构形状简单的二维力学问题。结构力学拓展到了三维杆和梁的力学问题，无法求解超静定的问题。弹性力学从弹性体中分离出简单的分离体，如四面体或六面体，考虑这些分离体的平衡，写出一组静力平衡微分方程，未知的应力数总是超出微分方程数，弹性力学问题总是超静定的。仅有静力平衡微分方程无法求解所有未知应力，必须加入变形条件。根据弹性力学基本假设，物体产生变形后，还是一个连续体，应变和变形必须协调，因此可得一组应变协调微分方程；根据弹性力学基本假设，物体是完全弹性的，应力与应变之间需要满足胡克定律。根据高等数学中的微分方程理论，求解上述偏微分方程组，必须已知边界条件，才能使问题有唯一解。综上所述，求解弹性力学问题，归结为求解静力平衡方程、几何方程、物理方程以及边界条件的偏微分方程组的数学问题。

由于弹性力学所涉及的数学问题多为偏微分方程组，通解一般很难求解，甚至无法求解，数学上常采用逆解法，即先假设一个解，若这个解能满足所有的偏微分方程组，同时也满足边界条件，则这个解就是正确的解，且是唯一的解。有时也用半逆解法，即先设定一部分解，另一部分解在解题过程中求出。

当结构形状、载荷和约束条件都很复杂时，数学上是很难甚至无法求解偏微分方程组的。弹性力学通过两条途径去寻求近似解，一条途径是数学上的近似解法，如差分法、加权残数法等，另一条途径是物理上的近似，如有限单元法。其中有限单元法已经成为了解决弹性力学问题的主流方法，是结合了弹性力学理论和计算机数值计算技术的先进分析方法。

1.3　有限元的发展简况

有限元法作为一种求解偏微分方程组的数值计算方法，具有通用性和实用性强、易于推广应用的优点，自问世以来，在理论和应用研究方面都得到了快速和持续不断的发展。目前，有限元法已成为工程设计及科研领域的一项重要分析技术和手段。

有限元法的基本思想可追溯到1943年柯朗（Courant）第一次定义了在三角形区域上的分片连续函数和最小位能原理，求出了圣维南（Saint-Venant）扭转问题的近似解。之后，一些应用数学家、物理学家和工程师等也对有限元法进行了研究。现代有限元法第一个尝试成功的是特纳（Turner）、克拉夫（Clough）[1]等人，他们于 1960 年分析飞机结构时，第一次用三角形单元求得平面应力问题的解答，克拉夫（Clough）[2]第一次定义了"有限单元法"的名称。后来奠定了有限元法的理论基础，并且证明基于多种变分原理都可建立有限元的求解方程。1960 年后，随着计算机技术的发展和广泛应用，有限元法得到了迅速的发展，除了弹性力学问题外，还可求解非线性问题、多物理耦合场问题、多尺度问题等。由于有限元法的广泛实用性，有限元法从固体力学拓展到了结构优化、流体力学、传热性、电磁学、空气动力学等领域。20 世纪 70 年代，国外开始研发商品化的有限元软件，且这些软件逐渐从起初的以力学分析为主，拓展到包括流体力学、传热、电磁学、多学科优化等仿真分析功能的大型通用软件。

20 世纪 80~90 年代的有限元法，基本是一种纯粹的数值计算技术，以编程为主，计算过程复杂，数据准备工作量大，计算结果不直观、不易分析管理。在简化数据准备工作中，有限元网格剖分技术一直是难点和关键技术，备受关注。20 世纪 80 年代，出现了多种主流的参数化网格划分方法和网格自动生成方法，但数据准备和计算过程仍然费时费力，只有专业力学和有限元知识的专门人才，才能应用有限元方法，而真正用于工程设计和工程分析的并不多。随着计算机计算能力的提高和计算机辅助设计（Computer Aided Design，以下简称CAD）技术的发展，有限元法结合 CAD 技术、图形图像处理技术发展起来的前处理和后处理技术，极大推进了有限元法在工程设计中的应用，其最为显著的特点是，有限元软件前、后处理技术的高度智能化以及与 CAD 的集成化。有限元法的发展与相关学科的发展密不可分，计算机辅助设计和图形技术的发展，尤其是三维 CAD 技术的发展和数据转换技术的发展，促进了有限元法的智能化和集成化，使得一般工程技术人员也可以使用有限元软件来进行工程设计和仿真分析。与此同时，现代计算机硬件设备的高速计算能力和储存能力，保证了有限元法成为可广泛应用的现代设计方法。

我国最早引进并在国内推广的有限元软件是 SAP5（1979 年）和 ADINA（1980 年）[3]，目前我国商品化的大型通用有限元软件很多，广泛被接收和应用的包括：ANSYS、Abaqus、Nastran、MARC 等数十种，这些软件功能齐全又各有特点，可以解决一般的、通用性的结构分析问题，但针对性不强。对于某些特殊的、具有探索性的问题，大型通用有限元软件显得功能欠缺，或处理起来非常困难。因此，常常需要根据特殊需要，单独开发或在原有有限元软件的基础上二次开发出具有针对性又满足特殊功能的专业软件。

我国自主研发的有限元软件起步较晚，但发展较快，至今国内已经开发出了许多通用或专用的有限元软件，只是商业化程度不够，至今还没有能在市场上与国外同类软件抗衡的自主软件，这是非常遗憾的。有限元软件的开发需要各学科的基础理论，弹性力学、计算数学、计算机图形学和 CAD 技术等综合知识和技术，综合各方面的资源，培育我国的有限元高级开发和应用人才，开发国产、自主的有限元软件，无论从技术或市场的角度，都是十分必要的。

经过近 50 年的发展，有限元法已经趋于成熟，作为一种通用的数值计算方法，已经广泛应用于科研和工程实际。基于其坚实的理论基础、良好的通用性和实用性，随着现代力学、计算数学、计算机技术、计算机图形学、CAD 技术的发展，有限元法必将得到不断完善和发展，在科技领域和工程实践中发挥更好的作用。

1.4　有限元法的基本思路和求解方法

1.4.1　有限元法的基本思路

有限元法抛弃了寻找满足整个求解域精确场函数的思路，其基本思想是，将连续的求解区域离散为一系列数量有限的子域，这些子域是如三角形、四边形、四面体、六面体等几何形状简单的面或体，称之为单元，单元的顶点称为节点。连续的区域被近似为由数量有限的单元按一定的方式组成的形体，简称为有限元。在每一个单元内假设一个近似函数来表示待求的未知场函数，近似函数通常用单元的节点数值和其插值函数来表示。

有限元法解决弹性力学问题的基本思路是，将结构划分为由有限个单元组成，以单元节点的位移或节点力为基本未知量求解。按选取节点基本未知量的不同，可分为位移法、力法和混合法。位移法选取节点位移为基本未知量，力法选取节点力为基本未知量，混合法选取一部分节点位移和一部分节点力为基本未知量。在有限元软件中，一般采用位移法，用节点的位移建立该单元的位移函数，每个单元都有对应的位移函数表达式，这样可以用全部单元之和近似代替整个求解域，并用全部单元的位移函数之和，近似代替满足整个求解域的位移函数。按照弹性力学的基本理论和方程，对单元进行力学特性分析，建立单元节点力与节点位移的关系，并将结构的外载荷等效移置到节点上，建立力的平衡方程，可得到节点上的位移，从而求得节点力。再根据弹性力学的几何方程和物理方程，求出结构的应变和应力。在有限元法中，每一种单元都有假设的单元位移函数，单元的力学特性分析、外载荷的等效移置、节点力的平衡方程、位移、应变和应力的求解等计算方法，都有统一的标准化格式和方程，常采用矩阵或矢量的方式表达，便于计算机编程和程序的实现。通用的有限元软件基本上是基于各类单元的有限元方程，采用模块化和标准化的方式进行编程和程序固化的。

1.4.2　有限元法的求解步骤

以节点位移为基本未知量的有限元法称为位移有限元法，它是当今应用最广的方法，有限元法求解力学问题的步骤和过程如下：

1. 离散化

有限元分析的第一步是离散化。离散化是将结构或求解域划分为有限个单元，让全部单元的集合与原结构近似等价。在划分单元时，单元越逼近结构形体，就越能得到相对精确的近似解，尤其是在应力和位移有急剧变化的地方。单元的大小和疏密，应根据受力情况和结果要求，适当调整。

2. 建立单元位移函数

有限元法中单元的位移函数是用单元的节点位移通过插值的方法来建立的。单元位移函数的建立非常重要，单元位移函数需连续，且在节点处满足节点位移条件，一般以数学多项式的方式表示。

3. 单元特性分析

单元函数确定后，进行单元特性分析包括以下步骤：

（1）根据弹性力学几何方程，建立单元应变与单元节点位移之间的关系，求出单元的应变。

（2）根据弹性力学物理方程，即胡克（Hooke）定律，建立单元应力与单元应变之间的关系式，求出单元的应力。

（3）根据虚位移原理或最小位能原理，建立单元基本方程，即单元节点力与单元节点位移之间的关系式。生成单元刚度矩阵是该步骤的核心任务。

4. 外载荷的移置

结构离散化后，各单元通过节点连接，结构的位移近似由所有节点的位移表示，所有的外载荷都要等效地移置到单元节点上，以满足单元特性分析。根据弹性力学中的虚位移原理，可将外载荷移置到单元节点上。

5. 建立总体刚度矩阵和力的平衡方程

将所有单元的单元刚度矩阵进行集成和叠加，形成总体刚度矩阵 $[K]$，将所有单元的节点力进行集成和叠加，形成总体节点力列阵 $\{R\}$，$\{q\}$ 为所有节点的节点位移列阵，整个结构的总体力平衡方程为

$$[K]\{q\} = \{R\} \tag{1-1}$$

以上方程是一个大型线性方程组，结合已知的位移边界条件和力边界条件，可求解出未知的节点位移和节点力。

说明：本书约定，符号"$[\ ]$"表示矩阵，符号"$\{\ \}$"表示列阵。

6. 进行结果计算、显示和分析

根据式（1-1）求解出节点位移后，可根据单元特性分析中所建立的关系式，求出各个单元的应变、应力、约束节点处的支反力等力学解，可以用彩色云纹图、矢量图、曲线等方式显示计算结果。

1.4.3 有限元法的优缺点

1. 有限元法的优点

有限元法已大量应用于分析和求解结构问题和非结构问题，如弹塑性结构、桁架、板等结构问题，以及流体、热传导、电磁电位等非结构问题。这种方法的主要优点如下：

（1）可以很容易地模拟不规则形状的结构。由于可以建立一维、二维或三维的单元，而且单元可以有不同的形状，单元之间可以有不同的连接方式，所以工程实际中复杂的结构或非结构都可能离散为用单元组合体表示的有限元模型。

（2）可以毫不困难地处理复杂的载荷条件。由于有限元分析的各个步骤都是用规范化的矩阵形式表达，所以各种载荷都可以统一为标准矩阵代数中的列阵。

（3）可以模拟由不同材料构成的物体。因为单元方程是单独建立的，所以采用不同材料特性的单元，就可以表达由不同材料构成的结构或构件。

（4）可以处理数量不限的各种类型的边界条件。

（5）可以根据需要改变单元的尺寸大小。

（6）与形成实际结构和对实际结构进行实验分析相比，改变有限元模型要容易得多，费用、耗时也少得多。

（7）可以用彩色云纹图、矢量图、曲线等方式显示计算结果。

2. 有限元法的缺点

有限元法有许多优点，但也有它的局限性，尤其是需要使用者有一定的数学和相关专业学科的背景知识，对基本概念缺乏足够的理解和缺乏应有训练的使用者，往往会得出错误的结果。产生错误结果的主要原因如下：

（1）初始数据错误。如弹性模量、泊松比等物理属性和模型的尺度等。

（2）单元类型选择得不合适。使用者若不能充分了解所用单元的适用范围和局限性，往往容易出问题。

（3）单元的形状和大小选择不合适。这会直接影响结果的精度和计算量的大小。

（4）边界条件和载荷简化错误。正确估计实际问题中载荷和边界条件是建模中最难的。这需要使用者具有良好的判断力和一定的经验。

1.5　通用有限元软件结构简介

目前广泛使用的商业化大型通用有限元软件有 ANSYS、Abaqus、Nastran、MARC、ADINA 等数十种，它们包含众多的单元形式、材料模型及分析功能，并具有网格自动划分、结果分析和显示等功能。近 30 年来，大型通用商业软件也在不断发展和完善，其功能由线性扩展到非线性，由结构扩展到非结构，如流体、热、磁等；由分析计算扩展到优化设计、完整性评估，并引入基于计算机技术的面向对象技术、并行计算和可视化技术等。它们已为工程技术界广泛认可和应用，并成为 CAD/CAE/CAM 系统不可或缺的组成部分。

无论用哪一种有限元分析软件进行有限元分析，方法和步骤基本一致，大体上有三个主要的步骤和阶段，即"前处理""求解"和"后处理"，如图 1-1 所示。

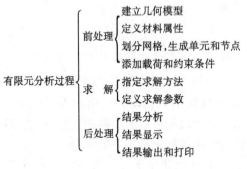

图 1-1　有限元分析过程

"前处理"主要完成几何模型的建立、材料属性的定义、单元的划分、载荷和约束条件的添加和有限元模型的显示等。"前处理"中的几何模型建立，可以是在有限元软件中直接建模，也可将 CAD 中的二维或三维模型，通过标准数据转换的方法，转换为有限元软件中的几何模型，后者是近年来主流的有限元几何建模方法。

"求解"是有限元程序的核心部分，主要完成有限元模型的数学、力学计算。根据"前处理"生成的有限元模型、单元和节点等计算数据，计算单元刚度矩阵、等效节点载荷、集成总体刚度矩阵、形成总体有限元平衡方程，求解总体有限元平衡方程，计算节点位移、应变、应力等结果。

"后处理"主要是对计算结果进行可视化显示、检查、分析、整理、打印输出等，"后处理"可以以云纹图、矢量图或曲线等方式显示诸如变形、位移、应变和应力等计算结果，还可对结果数据进行检索、排序、数学运算，对指定的结果生成动画，等等。

"前处理""求解"和"后处理"三个步骤中，有限元分析的主要工作量集中在"前处理"，而"求解"要做的计算工作是由计算机完成的，不需要太多的人为干预，只要计算能顺利完成即可，应用"后处理"的各项功能，可以方便、高效地显示所需的计算结果。

本书将以大型通用有限元分析软件 ANSYS Workbench 为例，介绍有限元软件的基本操作方法和步骤。

参 考 文 献

[1] 张国瑞. 有限元法 [M]. 北京：机械工业出版社，1991.

[2] 赵均海，汪梦甫. 弹性力学及有限元 [M]. 武汉：武汉理工大学出版社，2003.

[3] 梁醒培，王辉. 应用有限元分析 [M]. 北京：清华大学出版社，2010.

[4] 刘怀恒. 结构及弹性力学有限元法 [M]. 西安：西北工业大学出版社，2007.

[5] 陈艳霞. ANSYS Workbench 工程应用案例精通 [M]. 北京：电子工业出版社，2012.

[6] 陆爽. ANSYS Workbench 13.0 有限元分析从入门到精通 [M]. 北京：机械工业出版社，2012.

[7] 宋志安. 机械结构有限元分析——ANSYS 与 ANSYS Workbench 工程应用 [M]. 北京：国防工业出版社，2010.

[8] 夏建芳. 有限元法原理与 ANSYS 应用 [M]. 北京：国防工业出版社，2011.

[9] 李世芸. ANSYS 9.0 基础及应用实例 [M]. 北京：中国科学文化出版社，2005.

[10] 浦广溢. ANSYS Workbench 12 基础教程与实例详解 [M]. 北京：中国水利水电出版社，2010.

第2章 弹性力学基本方程

弹性力学理论和基本方程是有限元方法的理论基础，在学习有限元之前，需要掌握弹性力学的基本方程和解题方法。本章介绍弹性力学的基本假设、基本概念和基本方程。

2.1 弹性力学的基本假设和基本概念

2.1.1 弹性力学的基本假设

弹性力学研究的是处于弹性变形阶段的弹性体，在外力因素除去后，弹性体可恢复原状。弹性力学是基于以下假设条件下的理论研究。

（1）假设物体是连续介质。

（2）假设物体是均质和各向同性的。

（3）假设物体是完全弹性的。

（4）假设物体内无初应力。

（5）假设物体的变形是很小的。

2.1.2 弹性力学的几个基本概念

弹性力学中的基本概念和力学参数与材料力学一样，只是现在拓展到了二维和三维实体。

1. 体积力 $\{G\}$

分布在弹性体体积内的载荷，如重力、惯性力、磁力等。体积力以单位体积内的力表示，单位为"力/长度^3"，通常分解为沿 x、y、z 坐标轴的三个分量

$$\{G\} = \begin{Bmatrix} G_x \\ G_y \\ G_z \end{Bmatrix} \text{ 或} \{G\} = \{G_x,\ G_y,\ G_z\}^{\mathrm{T}} \tag{2-1}$$

如图 2-1（a）所示，作用在弹性体体积上的力 $\{G\}$ 为体积力。

2. 面力 $\{\overline{P}\}$

面力是分布在弹性体表面的载荷，如水压、气压和两弹性体间的接触压力等。面力以单位面积上的力表示，单位为"力/长度^2"，通常分解为沿 x、y、z 坐标轴的三个分量

$$\{\overline{P}\} = \begin{Bmatrix} \overline{P}_x \\ \overline{P}_y \\ \overline{P}_z \end{Bmatrix} \text{ 或} \{\overline{P}\} = \{\overline{P}_x,\ \overline{P}_y,\ \overline{P}_z\}^{\mathrm{T}} \tag{2-2}$$

如图 2-1（a）所示，作用在弹性体表面的压力 $\{\overline{P}\}$ 为面力。

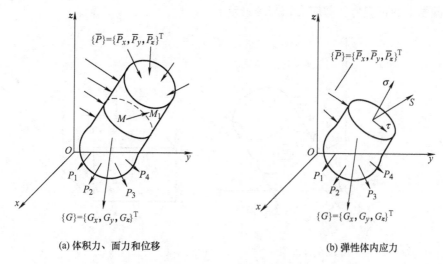

(a) 体积力、面力和位移　　　　　　　　　　　(b) 弹性体内应力

图 2-1　弹性体的体积力、面力、位移、应力示意图

3. 位移 $\{q\}$

弹性体内任意一点，在外力作用下，移动的距离称为位移。位移的单位为长度单位，通常分解为沿 x、y、z 坐标轴的三个分量 u、v、w，列阵表示为

$$\{q\} = \begin{Bmatrix} u \\ v \\ w \end{Bmatrix} \text{ 或 } \{q\} = \{u,\ v,\ w\}^{\mathrm{T}} \tag{2-3}$$

如图 2-1（a）所示，弹性体在体积力 $\{G\} = \{G_x,\ G_y,\ G_z\}^{\mathrm{T}}$、面力 $\{\overline{P}\} = \{\overline{P}_x,\ \overline{P}_y,\ \overline{P}_z\}^{\mathrm{T}}$ 和集中力 P_1、P_2、P_3、P_4 的作用下变形，内部任意一点 $M(x,\ y,\ z)$ 移动至 M_1，位移为

$$\{q\} = \overrightarrow{MM_1} = \begin{Bmatrix} u \\ v \\ w \end{Bmatrix}_{(x,y,z)} \quad \text{或 } \{q\} = \overrightarrow{MM_1} = \{u,\ v,\ w\}^{\mathrm{T}} \tag{2-4}$$

4. 应力 $\{\sigma\}$

分布在物体内任意一点单位面积上的力，实质上是面力的一种，单位为"力/长度^2"。如图 2-1（b）所示，弹性体在外力作用下，内部任意截面的应力为 S，可分解为与截面垂直的正应力 σ 和在截面内的剪应力 τ。

在空间弹性体中任意点，如图 2-2（a）所示点 M，不同方向截面上的应力是不同的，通常点 M 的应力状态是用过点 M 的六面微分体表示，如图 2-2（a）所示，三个边长分别为 $\mathrm{d}x$、$\mathrm{d}y$ 和 $\mathrm{d}z$，如图 2-2（b）所示，有 6 个独立的应力分量

$$\{\sigma\} = \begin{Bmatrix} \sigma_x \\ \sigma_y \\ \sigma_z \\ \tau_{xy} \\ \tau_{yz} \\ \tau_{zx} \end{Bmatrix} = \{\sigma_x,\ \sigma_y,\ \sigma_z,\ \tau_{xy},\ \tau_{yz},\ \tau_{zx}\}^{\mathrm{T}}$$

如图 2-2（b）所示，约定 σ_x 对应截面上的剪应力为 τ_{xy} 和 τ_{xz}，分别指向 y 轴和 z 轴方

向；其他截面上的正应力和剪应力，同理约定。

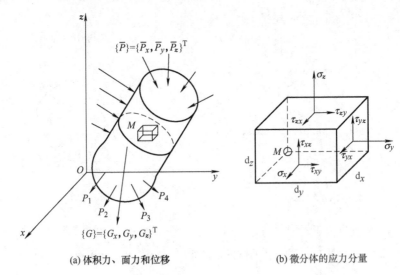

(a) 体积力、面力和位移　　　　　　　　　　(b) 微分体的应力分量

图 2-2　微分体的体积力、面力、位移、应力示意图

体积力和面力称为外力。在外力作用下，弹性体内部的应力称为弹性体的内力。

5. 应变 $\{\varepsilon\}$

描述物体受力后产生变形的相对量，与材料力学中应变的概念一样，为无纲量相对值。假设弹性体变形前体内有一个 $dxdydz$ 的微分体，为正六面体，受力变形后，成为任意六面体。各方向棱边长度的改变量与原棱边长度之比称为该方向的正应变，用 ε_x、ε_y、ε_z 表示，其中下标表示与棱边平行的坐标轴。原来成直角的两棱边角度的改变量称为剪应变或角应变，用 γ_{xy}、γ_{yz}、γ_{zx} 表示，其中下标表示与两棱边平行的坐标轴。空间弹性体在受力变形后，产生的应变有 6 个独立的分量

$$
\{\varepsilon\} = \left\{ \begin{matrix} \varepsilon_x \\ \varepsilon_y \\ \varepsilon_z \\ \gamma_{xy} \\ \gamma_{yz} \\ \gamma_{zx} \end{matrix} \right\} = \{ \varepsilon_x, \ \varepsilon_y, \ \varepsilon_z, \ \gamma_{xy}, \ \gamma_{yz}, \ \gamma_{zx} \}^{\mathrm{T}} \tag{2-5}
$$

一般约定正应变以棱边长度增长产生的应变为正，剪应变以使原直角减小的剪应变为正，反之亦然。

2.2　弹性力学基本方程

2.2.1　静力平衡方程和剪应力互等定理

1. 静力平衡方程

如图 2-3（a）所示，弹性体在外力的作用和约束的支撑下，产生了弹性变形，但仍然

处于平衡状态，当外力移除后，弹性体可恢复原状。在外力作用下，弹性体内部任意一点 $M(x, y, z)$ 可用六面微分体表示，各面上的应力分量如图 2-3（b）所示。由于微分体是从处于平衡状态的弹性体中取出，因此微分体在空间也应保持平衡。

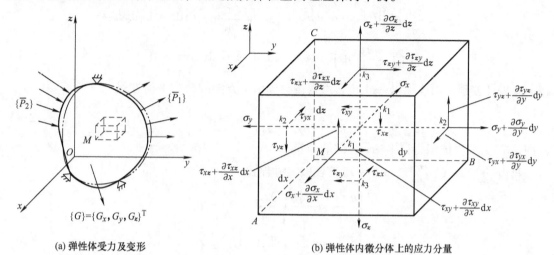

(a) 弹性体受力及变形　　　　　　　(b) 弹性体内微分体上的应力分量

图 2-3　微分体的应力分量

假设过 $M(x, y, z)$ 的三个平面上的应力为 $\{\sigma\} = \{\sigma_x, \sigma_y, \sigma_z, \tau_{xy}, \tau_{xz}, \tau_{yx}, \tau_{yz}, \tau_{zx}, \tau_{zy}\}^{\mathrm{T}}$，应力分量方向默认指向各坐标轴的负方向，$\sigma_x$ 对应面上的剪应力约定为 τ_{xy} 和 τ_{xz}，σ_y 对应面上的剪应力约定为 τ_{yx} 和 τ_{yz}，σ_z 对应面上的剪应力约定为 τ_{zx} 和 τ_{zy}。假设在 $\mathrm{d}x$、$\mathrm{d}y$、$\mathrm{d}z$ 增量面上的应力分量为 $\{\sigma'\} = \{\sigma'_x, \sigma'_y, \sigma'_z, \tau'_{xy}, \tau'_{xz}, \tau'_{yx}, \tau'_{yz}, \tau'_{zx}, \tau'_{zy}\}^{\mathrm{T}}$，应力分量方向默认指向各坐标轴的正方向。弹性体内的体积力为 $\{G\} = \{G_x, G_y, G_z\}^{\mathrm{T}}$。

弹性力学假设 σ'_x 由泰勒（Taylor）展开式表示

$$\sigma'_x = \sigma_x + \frac{\partial \sigma_x}{\partial x}\mathrm{d}x + \frac{1}{2!}\frac{\partial^2 \sigma_x}{\partial x^2}(\mathrm{d}x)^2 + \cdots \tag{2-6}$$

略去高阶小量，有

$$\sigma'_x = \sigma_x + \frac{\partial \sigma_x}{\partial x}\mathrm{d}x$$

同理，有

$$\sigma'_x = \sigma_x + \frac{\partial \sigma_x}{\partial x}\mathrm{d}x, \qquad \tau'_{xy} = \tau_{xy} + \frac{\partial \tau_{xy}}{\partial x}\mathrm{d}x, \qquad \tau'_{xz} = \tau_{xz} + \frac{\partial \tau_{xz}}{\partial x}\mathrm{d}x$$

$$\sigma'_y = \sigma_y + \frac{\partial \sigma_y}{\partial y}\mathrm{d}y, \qquad \tau'_{yx} = \tau_{yx} + \frac{\partial \tau_{yx}}{\partial y}\mathrm{d}y, \qquad \tau'_{yz} = \tau_{yz} + \frac{\partial \tau_{yz}}{\partial y}\mathrm{d}y$$

$$\sigma'_z = \sigma_z + \frac{\partial \sigma_z}{\partial z}\mathrm{d}z, \qquad \tau'_{zx} = \tau_{zx} + \frac{\partial \tau_{zx}}{\partial z}\mathrm{d}z, \qquad \tau'_{zy} = \tau_{zy} + \frac{\partial \tau_{zy}}{\partial z}\mathrm{d}z$$

如图 2-3（b）所示，微分体要保持平衡，就要满足在各个坐标方向力的平衡和力矩的平衡：

$$\sum X = 0, \ \sum Y = 0, \ \sum Z = 0$$

$$\sum M_{k_1k_1} = 0, \quad \sum M_{k_2k_2} = 0, \quad \sum M_{k_3k_3} = 0$$

由 $\sum X = 0$，有

$$\left(\sigma_x + \frac{\partial \sigma_x}{\partial x}\mathrm{d}x\right)\mathrm{d}y\mathrm{d}z - \sigma_x\mathrm{d}y\mathrm{d}z + \left(\tau_{yx} + \frac{\partial \tau_{yx}}{\partial y}\mathrm{d}y\right)\mathrm{d}x\mathrm{d}z - \tau_{yx}\mathrm{d}x\mathrm{d}z +$$

$$\left(\tau_{zx} + \frac{\partial \tau_{zx}}{\partial z}\mathrm{d}z\right)\mathrm{d}x\mathrm{d}y - \tau_{zx}\mathrm{d}x\mathrm{d}y + G_x\mathrm{d}x\mathrm{d}y\mathrm{d}z = 0 \tag{2-7}$$

将上式展开整理，两边除以 $\mathrm{d}x\mathrm{d}y\mathrm{d}z$，可得微分体沿 x 方向的静力平衡方程

$$\frac{\partial \sigma_x}{\partial x} + \frac{\partial \tau_{yx}}{\partial y} + \frac{\partial \tau_{zx}}{\partial z} + G_x = 0 \tag{2-8}$$

式中，G_x 为单位体积力 $\{G\}$ 在 x 方向的分量。

再由 $\sum Y = 0$，$\sum Z = 0$，可得到以下方程式

$$\begin{cases} \dfrac{\partial \sigma_x}{\partial x} + \dfrac{\partial \tau_{yx}}{\partial y} + \dfrac{\partial \tau_{zx}}{\partial z} + G_x = 0 \\[2mm] \dfrac{\partial \tau_{xy}}{\partial x} + \dfrac{\partial \sigma_y}{\partial y} + \dfrac{\partial \tau_{zy}}{\partial z} + G_y = 0 \\[2mm] \dfrac{\partial \tau_{xz}}{\partial x} + \dfrac{\partial \tau_{yz}}{\partial y} + \dfrac{\partial \sigma_z}{\partial z} + G_z = 0 \end{cases} \tag{2-9}$$

式（2-9）称为微分体的静力平衡方程，也称为纳维（Navier）方程。是弹性体内部应力分量间必须满足的条件，表示弹性体内部应力分量间的关系。

2. 剪应力互等定理

微分体要保持平衡，除了满足力平衡外，还需满足力矩平衡。

由 $\sum M_{k_1k_1} = 0$，有

$$\left(\tau_{yz} + \frac{\partial \tau_{yz}}{\partial y}\mathrm{d}y\right)\mathrm{d}x\mathrm{d}z\frac{\mathrm{d}y}{2} + \tau_{yz}\mathrm{d}x\mathrm{d}z\frac{\mathrm{d}y}{2} - \left(\tau_{zy} + \frac{\partial \tau_{zy}}{\partial z}\mathrm{d}z\right)\mathrm{d}x\mathrm{d}y\frac{\mathrm{d}z}{2} - \tau_{zy}\mathrm{d}x\mathrm{d}y\frac{\mathrm{d}z}{2} = 0 \tag{2-10}$$

上式两边除以 $\mathrm{d}x\mathrm{d}y\mathrm{d}z$，并合并同类项，有

$$\tau_{yz} + \frac{1}{2}\frac{\partial \tau_{yz}}{\partial y}\mathrm{d}y = \tau_{zy} + \frac{1}{2}\frac{\partial \tau_{zy}}{\partial z}\mathrm{d}z$$

略去微量项，得出

$$\tau_{yz} = \tau_{zy} \tag{2-11}$$

同理，由 $\sum M_{k_2k_2} = 0$ 和 $\sum M_{k_3k_3} = 0$，可得以下方程

$$\begin{cases} \tau_{xy} = \tau_{yx} \\ \tau_{xz} = \tau_{zx} \\ \tau_{yz} = \tau_{zy} \end{cases} \tag{2-12}$$

式（2-12）称为剪应力互等定理。表示在微分体不同的面上，指向微分体同一条边的两剪应力大小相等。

2.2.2 力的边界条件

静力平衡方程（2-9）反映了弹性体内部的应力需满足的条件，在弹性体边界上，内部

应力与外部载荷也必须满足力平衡条件。

图 2-4（a）表示在弹性体表面上的任一点 M 处有表面力 $\{\overline{P}\} = \{\overline{P}_x, \overline{P}_y, \overline{P}_z\}^T$。为了确定力的边界条件，在点 M 附近取出一小微分体，如图 2-4（b）所示，它是一个四面体，平行于坐标轴的边长分别为 dx、dy、dz，三个与坐标面平行的面上的应力为内应力，斜面 ABC 为过点 M 的表面，其法方向为 N，与 x、y、z 坐标轴的夹角分别为 (N, x)，(N, y)，(N, z)，相应的方向余弦为

$$\begin{cases} l = \cos(N, x) \\ m = \cos(N, y) \\ n = \cos(N, z) \end{cases} \tag{2-13}$$

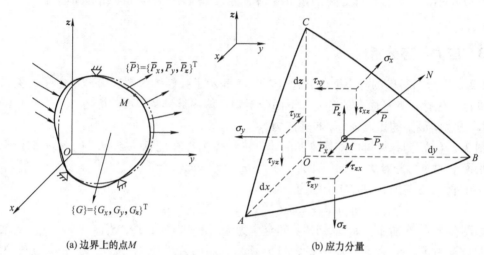

(a) 边界上的点 M　　　　　　　　　　　　(b) 应力分量

图 2-4　力的边界条件

假设斜面 ABC 的面积为 Δ_{ABC}，斜面上的表面力为 $\{\overline{P}\} = \{\overline{P}_x, \overline{P}_y, \overline{P}_z\}^T$。根据平面图形面积投影定理，有

$$\begin{cases} \Delta_{OBC} = \dfrac{1}{2}dydz = \Delta_{ABC} \cdot l \\[2mm] \Delta_{OAC} = \dfrac{1}{2}dxdz = \Delta_{ABC} \cdot m \\[2mm] \Delta_{OAB} = \dfrac{1}{2}dxdy = \Delta_{ABC} \cdot n \end{cases} \tag{2-14}$$

图 2-4（b）所示微分四面体要保持平衡，需满足

$$\sum X = 0, \quad \sum Y = 0, \quad \sum Z = 0$$

由 $\sum X = 0$，有

$$\overline{P}_x \cdot \Delta_{ABC} - \sigma_x \cdot \Delta_{OBC} - \tau_{yx} \cdot \Delta_{OAC} - \tau_{zx} \cdot \Delta_{OAB} + G_x \cdot \Delta V = 0$$

式中，G_x 为单位体积力 $\{G\}$ 在 x 方向的分量；$\Delta V = dxdydz/6$ 为四面体体积。上式两边除以 Δ_{ABC}，整理后得

$$l\sigma_x + m\tau_{yx} + n\tau_{zx} = \overline{P}_x + G_x \frac{\Delta V}{\Delta_{ABC}} \tag{2-15}$$

略去高阶量 $G_x \dfrac{\Delta V}{\Delta_{ABC}}$，可得

$$l\sigma_x + m\tau_{yx} + n\tau_{zx} = \overline{P}_x \tag{2-16}$$

同理，由 $\sum Y = 0$ 和 $\sum Z = 0$，可得

$$\begin{cases} l\sigma_x + m\tau_{yx} + n\tau_{zx} = \overline{P}_x \\ l\tau_{xy} + m\sigma_y + n\tau_{zy} = \overline{P}_y \\ l\tau_{xz} + m\tau_{yz} + n\sigma_z = \overline{P}_z \end{cases} \text{ 或 } \begin{bmatrix} \sigma_x & \tau_{yx} & \tau_{zx} \\ \tau_{xy} & \sigma_y & \tau_{zy} \\ \tau_{xz} & \tau_{yz} & \sigma_z \end{bmatrix} \begin{Bmatrix} l \\ m \\ n \end{Bmatrix} = \begin{Bmatrix} \overline{P}_x \\ \overline{P}_y \\ \overline{P} \end{Bmatrix} \tag{2-17}$$

式（2-17）中的三个方程称为力的边界条件，它反映了弹性体表面载荷和内部应力之间的关系。

2.2.3 应力状态分析

2.2.1 节分析得出的静力平衡方程（2-9），表示了弹性体内部应力分量之间的关系，应力为平行于坐标面的平面上的应力。下面分析弹性体内部任意斜面的应力。

1. 任意斜面上的正应力 σ_N 和剪应力 τ_N

图 2-5（a）为弹性体内部任意四面体，弹性体内存在任意一点 M，过点 M 平行于坐标面的平面上的应力分量为 $\{\sigma\} = \{\sigma_x, \sigma_y, \sigma_z, \tau_{xy} = \tau_{yx}, \tau_{yz} = \tau_{zy}, \tau_{xz} = \tau_{zx}\}^T$。过点 M 的斜面 ABC 的法方向为 N，方向余弦为

$$\{l, m, n\}^T = \{\cos(N, x), \cos(N, y), \cos(N, z)\}^T$$

如图 2-5（a）所示，斜面 ABC 上的合应力为 $\{S\} = \{S_x, S_y, S_z\}^T$，在 x、y、z 轴方向对应的分量为 S_x、S_y 和 S_z；如图 2-5（b）所示，斜面 ABC 上的合应力为 $\{S\}$ 分解为斜面上的正应力为 σ_N 和剪应力为 τ_N。根据平面图形面积投影定理和应力合力相等原则，有

$$\begin{cases} \Delta_{OBC} = \dfrac{1}{2}\mathrm{d}y\mathrm{d}z = \Delta_{ABC} \cdot l \\[2mm] \Delta_{OAC} = \dfrac{1}{2}\mathrm{d}x\mathrm{d}z = \Delta_{ABC} \cdot m \\[2mm] \Delta_{OAB} = \dfrac{1}{2}\mathrm{d}x\mathrm{d}y = \Delta_{ABC} \cdot n \end{cases} \tag{2-18}$$

$$S^2 = S_x^2 + S_y^2 + S_z^2 = \sigma_N^2 + \tau_N^2 \tag{2-19}$$

弹性体内部四面体 $OABC$ 平衡，需满足

$$\sum X = 0, \qquad \sum Y = 0, \qquad \sum Z = 0$$

由 $\sum X = 0$，有

$$S_x \cdot \Delta_{ABC} - \sigma_x \cdot \Delta_{OBC} - \tau_{yx} \cdot \Delta_{OAC} - \tau_{zx} \cdot \Delta_{OAB} + G_x \cdot \Delta V = 0$$

式中，$\Delta V = \mathrm{d}x\mathrm{d}y\mathrm{d}z/6$ 为四面体体积；G_x 为单位体积力 $\{G\}$ 在 x 方向的分量。两边同时除以 Δ_{ABC}，整理后得

$$S_x + G_x \dfrac{\Delta V}{\Delta_{ABC}} = l\sigma_x + m\tau_{yx} + n\tau_{zx}$$

略去高阶量 $G_x \dfrac{\Delta V}{\Delta_{ABC}}$，可得

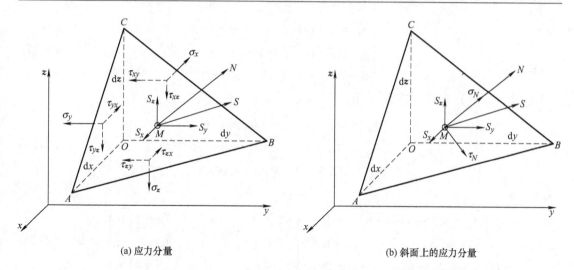

(a) 应力分量　　　　　　　　　　　　　　　(b) 斜面上的应力分量

图 2-5　弹性体内任意斜面上的应力

$$S_x = l\sigma_x + m\tau_{yx} + n\tau_{zx} \tag{2-20}$$

同理，由 $\sum Y = 0$ 和 $\sum Z = 0$，可得

$$\begin{cases} S_x = l\sigma_x + m\tau_{yx} + n\tau_{zx} \\ S_y = l\tau_{xy} + m\sigma_y + n\tau_{zy} \\ S_z = l\tau_{xz} + m\tau_{yz} + n\sigma_z \end{cases} \tag{2-21}$$

由图 2-5（b），将斜面上的合应力 $\{S\} = \{S_x,\ S_y,\ S_z\}^{\mathrm{T}}$ 向法向 N 进行投影，可得斜面 ABC 上的正应力 σ_N 为

$$\sigma_N = S_x\cos(N,x) + S_y\cos(N,y) + S_z\cos(N,z) \tag{2-22}$$

将式（2-21）代入式（2-22），可得斜面上的正应力为

$$\sigma_N = l^2\sigma_x + m^2\sigma_y + n^2\sigma_z + 2lm\tau_{xy} + 2mn\tau_{yz} + 2nl\tau_{zx} \tag{2-23}$$

由式（2-19）可得出斜面上的剪应力为

$$\tau_N^2 = S_x^2 + S_y^2 + S_z^2 - \sigma_N^2 \quad \text{或} \quad \tau_N = \sqrt{S_x^2 + S_y^2 + S_z^2 - \sigma_N^2} \tag{2-24}$$

由式（2-23）和式（2-24）可看出，只要已知弹性体内部指定点的应力分量和斜面的法方向或方向余弦，便可计算斜面上的正应力 σ_N 和剪应力 τ_N。

2. 主应力和主方向

任意斜面上的正应力 σ_N 和剪应力 τ_N，一般会随斜面方向角的变化而变化，如果某斜面上只有正应力 σ_N，没有剪应力，则这个斜面称为主平面，相应的正应力称为主应力，用 σ 表示。

在主平面上，有

$$\sigma_N = \sigma \text{（主应力）}, \quad \tau_N = 0 \tag{2-25}$$

由 $S^2 = S_x^2 + S_y^2 + S_z^2 = \sigma_N^2 + \tau_N^2$，在主平面上，有

$$S = \sigma_N = \sigma \tag{2-26}$$

斜面上应力分量 S_x、S_y、S_z 与合应力 S 的关系为

$$\begin{cases} S_x = S \cdot \cos(N, x) = \sigma \cdot l \\ S_y = S \cdot \cos(N, y) = \sigma \cdot m \\ S_z = S \cdot \cos(N, z) = \sigma \cdot n \end{cases} \quad (2\text{-}27)$$

由式（2-21）和式（2-27），有

$$\begin{cases} S_x = l\sigma_x + m\tau_{yx} + n\tau_{zx} = \sigma \cdot l \\ S_y = l\tau_{xy} + m\sigma_y + n\tau_{zy} = \sigma \cdot m \\ S_z = l\tau_{xz} + m\tau_{yz} + n\sigma_z = \sigma \cdot n \end{cases} \quad (2\text{-}28)$$

整理，得

$$\begin{cases} l(\sigma_x - \sigma) + m\tau_{yx} + n\tau_{zx} = 0 \\ l\tau_{xy} + m(\sigma_y - \sigma) + n\tau_{zy} = 0 \\ l\tau_{xz} + m\tau_{yz} + n(\sigma_z - \sigma) = 0 \end{cases} \text{或} \begin{bmatrix} \sigma_x - \sigma & \tau_{yx} & \tau_{zx} \\ \tau_{xy} & \sigma_y - \sigma & \tau_{zy} \\ \tau_{xz} & \tau_{yz} & \sigma_z - \sigma \end{bmatrix} \begin{Bmatrix} l \\ m \\ n \end{Bmatrix} = 0 \quad (2\text{-}29)$$

此外，方向余弦还必须满足

$$l^2 + m^2 + n^2 = 1 \quad (2\text{-}30)$$

联立求解式（2-29）和式（2-30），由于 l、m、n 不能全为 0，若式（2-29）成立，必须满足系数行列式为零，即

$$\begin{vmatrix} \sigma_x - \sigma & \tau_{yx} & \tau_{zx} \\ \tau_{xy} & \sigma_y - \sigma & \tau_{zy} \\ \tau_{xz} & \tau_{yz} & \sigma_z - \sigma \end{vmatrix} = 0 \quad (2\text{-}31)$$

将 $\tau_{xy} = \tau_{yx}$，$\tau_{xz} = \tau_{zx}$，$\tau_{yz} = \tau_{zy}$ 代入上式，展开并整理，可得

$$\sigma^3 - (\sigma_x + \sigma_y + \sigma_z)\sigma^2 + (\sigma_x\sigma_y + \sigma_y\sigma_z + \sigma_z\sigma_x - \tau_{xy}^2 - \tau_{yz}^2 - \tau_{zx}^2)\sigma -$$
$$(\sigma_x\sigma_y\sigma_z + 2\tau_{xy}\tau_{yz}\tau_{zx} - \sigma_x\tau_{yz}^2 - \sigma_y\tau_{zx}^2 - \sigma_z\tau_{xy}^2) = 0 \quad (2\text{-}32)$$

上式称为应力状态特征方程，它是关于 σ 的一元三次方程，有三个根，如果分别记为 σ_1、σ_2、σ_3，则有

$$(\sigma - \sigma_1)(\sigma - \sigma_2)(\sigma - \sigma_3) = 0 \quad (2\text{-}33)$$

通常按代数值大小排列为 $\sigma_1 \geqslant \sigma_2 \geqslant \sigma_3$，分别称为第一、第二、第三主应力，而 σ_1 和 σ_3 又称为最大主应力和最小主应力。

求出主应力 $\sigma = \sigma_1$（或 σ_2、σ_3）后，代入式（2-29），即

$$\begin{cases} l_1(\sigma_x - \sigma_1) + m_1\tau_{yx} + n_1\tau_{zx} = 0 \\ l_1\tau_{xy} + m_1(\sigma_y - \sigma_1) + n_1\tau_{zy} = 0 \\ l_1\tau_{xz} + m_1\tau_{yz} + n_1(\sigma_z - \sigma_1) = 0 \end{cases} \quad (2\text{-}34)$$

可求出 σ_1 主平面的主方向 (l_1, m_1, n_1)。同理可求出 (l_2, m_2, n_2) 和 (l_3, m_3, n_3)。

例 2.1 已知弹性体内某一点的应力分量为 $\sigma_x = -10\text{MPa}$，$\sigma_y = -50\text{MPa}$，$\sigma_z = 12\text{MPa}$，$\tau_{xy} = -15\text{MPa}$，$\tau_{yz} = \tau_{xz} = 0$，试求该点的主应力和主方向。

解： 由式（2-31），系数行列式为

$$\begin{vmatrix} -10 - \sigma & -15 & 0 \\ -15 & -50 - \sigma & 0 \\ 0 & 0 & 12 - \sigma \end{vmatrix} = 0$$

展开上式，得

$$(12 - \sigma)\left[(10 + \sigma)(50 + \sigma) - 15^2\right] = 0$$

可求得三个解，即三个主应力为

$$\sigma_1 = 12\text{MPa}, \quad \sigma_2 = -5\text{MPa}, \quad \sigma_3 = -55\text{MPa}$$

将第一主应力 $\sigma = \sigma_1$ 代入式（2-34），并联立 $l_1^2 + m_1^2 + n_1^2 = 1$，有

$$\begin{cases} l_1(\sigma_x - \sigma_1) + m_1\tau_{yx} + n_1\tau_{zx} = -22l_1 - 15m_1 = 0 \\ l_1\tau_{xy} + m_1(\sigma_y - \sigma_1) + n_1\tau_{zy} = -15l_1 - 62m_1 = 0 \\ l_1\tau_{xz} + m_1\tau_{yz} + n_1(\sigma_z - \sigma_1) = 0 \cdot l_1 + 0 \cdot m_1 + n_1(12 - 12) = 0 \\ l_1^2 + m_1^2 + n_1^2 = 1 \end{cases}$$

可求出 σ_1 主平面的主方向

$$(l_1, m_1, n_1) = (0, 0, \pm 1)$$

主应力 $\sigma_1 = 12\text{MPa}$ 所对应的主平面方向余弦为（0，0，± 1），± 1 表示两个主平面法向相反，相差180°。

同理，分别将 σ_2 和 σ_3 代入式（2-34），并联立 $l_2^2 + m_2^2 + n_2^2 = 1$ 和 $l_3^2 + m_3^2 + n_3^2 = 1$，可求得第二主方向和第三主方向分别为

$$(l_2, m_2, n_2) = \left(\pm\frac{3}{\sqrt{10}}, \mp\frac{1}{\sqrt{10}}, 0\right)$$

$$(l_3, m_3, n_3) = \left(\pm\frac{1}{\sqrt{10}}, \mp\frac{3}{\sqrt{10}}, 0\right)$$

可以进一步证明，主方向是相互正交的。

3. 应力不变量

若将式（2-32）写为

$$\sigma^3 - I_1\sigma^2 + I_2\sigma - I_3 = 0 \tag{2-35}$$

其中，

$$I_1 = \sigma_x + \sigma_y + \sigma_z = \sigma_1 + \sigma_2 + \sigma_3$$

$$I_2 = \sigma_x\sigma_y + \sigma_y\sigma_z + \sigma_z\sigma_x - \tau_{xy}^2 - \tau_{yz}^2 - \tau_{zx}^2 = \sigma_1\sigma_2 + \sigma_2\sigma_3 + \sigma_3\sigma_1$$

$$I_3 = \sigma_x\sigma_y\sigma_z + 2\tau_{xy}\tau_{yz}\tau_{zx} - \sigma_x\tau_{yz}^2 - \sigma_y\tau_{zx}^2 - \sigma_z\tau_{xy}^2 = \sigma_1\sigma_2\sigma_3 = \begin{vmatrix} \sigma_x & \tau_{yx} & \tau_{zx} \\ \tau_{xy} & \sigma_y & \tau_{zy} \\ \tau_{xz} & \tau_{yz} & \sigma_z \end{vmatrix}$$

I_1、I_2、I_3 称为应力不变量，当过指定点的斜面旋转时，6 个应力分量都在变化，但 I_1、I_2、I_3 这三个变量是不变的。在一定的参考系中，主应力是唯一的，只有当 I_1、I_2、I_3 不变时，式（2-35）所确定的实根才是唯一的。

4. 主剪应力

过任意一点斜面上的正应力 σ_N 和剪应力 τ_N 会随斜面的方向变化而变化，如果在某一斜面上的剪应力 τ_N 取得最大值，则把这个剪应力叫作主剪应力。主剪应力的求解是在主应力状态下进行的。

如图 2-6 所示，在弹性体内的四面微分体中，假设与坐标面平行的三个面均为主平面，主应力方向分别与坐标轴方向重合，即

"两弹一星"功勋科学家：最长的一天

SZD – 001

$$\sigma_x = \sigma_1$$

$$\sigma_y = \sigma_2$$

$$\sigma_z = \sigma_3$$

$$\tau_{xy} = \tau_{yz} = \tau_{zx} = 0$$

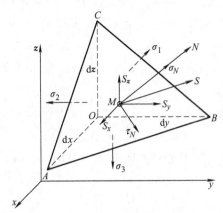

图 2-6　主应力状态下的斜面应力

由式 (2-21) 可得出斜面上的合应力分量为

$$\begin{cases} S_x = l\sigma_x + m\tau_{yx} + n\tau_{zx} = l\sigma_1 \\ S_y = l\tau_{xy} + m\sigma_y + n\tau_{zy} = m\sigma_2 \\ S_z = l\tau_{xz} + m\tau_{yz} + n\sigma_z = n\sigma_3 \end{cases} \tag{2-36}$$

由式 (2-23) 可知，斜面上的正应力为

$$\sigma_N = l^2\sigma_x + m^2\sigma_y + n^2\sigma_z + 2lm\tau_{xy} + 2mn\tau_{yz} + 2nl\tau_{zx} = l^2\sigma_1 + m^2\sigma_2 + n^2\sigma_3 \tag{2-37}$$

由式 (2-24) 可得斜面上的剪应力为

$$\tau_N^2 = S_x^2 + S_y^2 + S_z^2 - \sigma_N^2 = l^2\sigma_1^2 + m^2\sigma_2^2 + n^2\sigma_3^2 - (l^2\sigma_1 + m^2\sigma_2 + n^2\sigma_3)^2 \tag{2-38}$$

而方向余弦还必须满足

$$l^2 + m^2 + n^2 = 1$$

即

$$n^2 = 1 - l^2 - m^2 \tag{2-39}$$

在 (l, m, n) 的三个待求量中，只有两个独立变量 l 和 m，因此 τ_N 求极值必须满足

$$\frac{\partial \tau_N^2}{\partial l} = 0, \quad \frac{\partial \tau_N^2}{\partial m} = 0 \tag{2-40}$$

将式 (2-39) 代入式 (2-38)，然后代入式 (2-40) 求偏导数，并加以整理得

$$\begin{cases} \{(\sigma_1 - \sigma_3) - 2[(\sigma_1 - \sigma_3)l^2 + (\sigma_2 - \sigma_3)m^2]\}(\sigma_1 - \sigma_3)l = 0 \\ \{(\sigma_2 - \sigma_3) - 2[(\sigma_1 - \sigma_3)l^2 + (\sigma_2 - \sigma_3)m^2]\}(\sigma_2 - \sigma_3)m = 0 \end{cases} \tag{2-41}$$

解可分为三种情况：

(1) 三个主应力不相等，即 $\sigma_1 \neq \sigma_2 \neq \sigma_3$。

将式 (2-41) 的第一式除以 $(\sigma_1 - \sigma_3)$，第二式除以 $(\sigma_2 - \sigma_3)$，有

$$\begin{cases} \{(\sigma_1 - \sigma_3) - 2[(\sigma_1 - \sigma_3)l^2 + (\sigma_2 - \sigma_3)m^2]\}l = 0 \\ \{(\sigma_2 - \sigma_3) - 2[(\sigma_1 - \sigma_3)l^2 + (\sigma_2 - \sigma_3)m^2]\}m = 0 \end{cases}$$

以上方程组有三个解，即主剪方向余弦有三组

$$① \begin{cases} l = 0 \\ m = 0 \\ n = \pm 1 \end{cases} ; \quad ② \begin{cases} l = 0 \\ m = \pm\dfrac{\sqrt{2}}{2} \\ n = \pm\dfrac{\sqrt{2}}{2} \end{cases} ; \quad ③ \begin{cases} l = \pm\dfrac{\sqrt{2}}{2} \\ m = 0 \\ n = \pm\dfrac{\sqrt{2}}{2} \end{cases} \tag{2-42}$$

代入式（2-37）和式（2-38），可得到对应的主剪应力为

$$\begin{cases} \tau_{12} = \pm\dfrac{1}{2}(\sigma_1 - \sigma_2) \\ \tau_{23} = \pm\dfrac{1}{2}(\sigma_2 - \sigma_3) \\ \tau_{13} = \pm\dfrac{1}{2}(\sigma_1 - \sigma_3) \end{cases} \tag{2-43}$$

由式（2-37），对应主剪平面上的正应力分别为

$$\begin{cases} \sigma_{N_{12}} = \dfrac{1}{2}(\sigma_1 + \sigma_2) \\ \sigma_{N_{23}} = \dfrac{1}{2}(\sigma_2 + \sigma_3) \\ \sigma_{N_{13}} = \dfrac{1}{2}(\sigma_1 + \sigma_3) \end{cases} \tag{2-44}$$

最大主剪应力为

$$\tau_{\max} = \dfrac{1}{2}(\sigma_1 - \sigma_3) \tag{2-45}$$

（2）其中两个主应力相等，如 $\sigma_1 \neq \sigma_2 = \sigma_3$。

若 $\sigma_1 \neq \sigma_2 = \sigma_3$，式（2-41）中的第二式自然恒等，将第一式除以 $(\sigma_1 - \sigma_3)$，并加以整理，有

$$(1 - 2l^2)\ l = 0$$

上式可以有两组解，即主剪方向余弦有两组

$$① \begin{cases} l = 0 \\ m^2 + n^2 = 1 \end{cases} ; \quad ② \begin{cases} l = \pm\dfrac{\sqrt{2}}{2} \\ m^2 + n^2 = \dfrac{1}{2} \end{cases} \tag{2-46}$$

代入式（2-37）和式（2-38），对应的主剪应力有两解

$$\begin{cases} \tau_{12} = \tau_{\max} = \dfrac{1}{2}(\sigma_1 - \sigma_3) = \dfrac{1}{2}(\sigma_1 - \sigma_2) \\ \tau_N = 0 \end{cases} \tag{2-47}$$

最大主剪应力为

$$\tau_{\max} = \dfrac{1}{2}(\sigma_1 - \sigma_3) \tag{2-48}$$

由式（2-37）可知，对应主剪平面上的正应力分别为

$$
\begin{cases}
\sigma_{N_1} = \sigma_2（或 \sigma_3） \\
\sigma_{N_2} = \dfrac{1}{2}(\pm\sqrt{2}\sigma_1 + \sigma_2) = \dfrac{1}{2}(\pm\sqrt{2}\sigma_1 + \sigma_3)
\end{cases}
$$

（3）三个主应力相等，即 $\sigma_1 = \sigma_2 = \sigma_3$。

若 $\sigma_1 = \sigma_2 = \sigma_3$，由式（2-37），主剪应力有唯一解

$$\tau_N \equiv 0 \tag{2-49}$$

因此，只有当主应力存在差值时，才会出现主剪应力。

由式（2-37）可知，主剪平面上的正应力为

$$\sigma_N = l^2\sigma_1 + m^2\sigma_2 + n^2\sigma_3 = (l^2 + m^2 + n^2)\,\sigma_1 = \sigma_1（或 \sigma_2、\sigma_3）$$

当 $\sigma_1 = \sigma_2 = \sigma_3$ 时，主剪平面上的剪应力 $\tau_N \equiv 0$，正应力 $\sigma_N = \sigma_1$（或 σ_2、σ_3）。主剪平面成为主平面，且正应力 σ_N 与其他平面上的应力相等。

在主平面上，正应力为主应力 $\sigma_N = \sigma$，剪应力 $\tau_N = 0$；在主剪平面上，剪应力取最大 $\tau_{\max}$，相应的正应力 σ_N 不为 0。

5. 应力状态的几何表示

空间应力状态的另一种表示方法是几何图示法，称为莫尔（Mohr）应力圆。在图 2-5 所示的四面体上，假设三个平行坐标面的平面为主应力平面，x、y、z 轴方向的主应力分别为 σ_1、σ_2、σ_3。由式（2-35）～式（2-38），斜面上应力之间的关系为

$$
\begin{cases}
\sigma_N = l^2\sigma_1 + m^2\sigma_2 + n^2\sigma_3 \\
\sigma_N^2 + \tau_N^2 = S_x^2 + S_y^2 + S_z^2 = \sigma_1^2 l^2 + \sigma_2^2 m^2 + \sigma_3^2 n^2 \\
l^2 + m^2 + n^2 = 1
\end{cases}
\tag{2-50}
$$

由上式求解方向余弦，有

$$
\begin{cases}
\left(\sigma_N - \dfrac{\sigma_1 + \sigma_2}{2}\right)^2 + \tau_N^2 = n^2(\sigma_3 - \sigma_1)(\sigma_3 - \sigma_2) + \left(\dfrac{\sigma_1 - \sigma_2}{2}\right)^2 \\[2mm]
\left(\sigma_N - \dfrac{\sigma_3 + \sigma_1}{2}\right)^2 + \tau_N^2 = m^2(\sigma_2 - \sigma_3)(\sigma_2 - \sigma_1) + \left(\dfrac{\sigma_3 - \sigma_1}{2}\right)^2 \\[2mm]
\left(\sigma_N - \dfrac{\sigma_2 + \sigma_3}{2}\right)^2 + \tau_N^2 = l^2(\sigma_1 - \sigma_2)(\sigma_1 - \sigma_3) + \left(\dfrac{\sigma_2 - \sigma_3}{2}\right)^2
\end{cases}
\tag{2-51}
$$

在上式的第一、第二、第三式中，分别令 $n = 0$、$m = 0$、$l = 0$，分别可得到以下方程，每一个方程改变为圆的函数方程

$$
\begin{cases}
\left(\sigma_N - \dfrac{\sigma_1 + \sigma_2}{2}\right)^2 + \tau_N^2 = \left(\dfrac{\sigma_1 - \sigma_2}{2}\right)^2 \\[2mm]
\left(\sigma_N - \dfrac{\sigma_3 + \sigma_1}{2}\right)^2 + \tau_N^2 = \left(\dfrac{\sigma_3 - \sigma_1}{2}\right)^2 \\[2mm]
\left(\sigma_N - \dfrac{\sigma_2 + \sigma_3}{2}\right)^2 + \tau_N^2 = \left(\dfrac{\sigma_2 - \sigma_3}{2}\right)^2
\end{cases}
\tag{2-52}
$$

以主应力 σ_N 为横坐标，剪应力 τ_N 为纵坐标，在 σ_N 横坐标上从小到大依次量取 σ_1、σ_2、σ_3，可绘制如图 2-7 所示三个应力圆，应力圆 o_1 的圆心位置为 $\left(\dfrac{\sigma_1 + \sigma_2}{2}, 0\right)$，半径为

$\dfrac{\sigma_1 - \sigma_2}{2}$；应力圆 o_2 的圆心位置为 $\left(\dfrac{\sigma_1 + \sigma_3}{2}, 0\right)$，半径为 $\dfrac{\sigma_1 - \sigma_3}{2}$；应力圆 o_3 的圆心位置为 $\left(\dfrac{\sigma_2 + \sigma_3}{2}, 0\right)$，半径为 $\dfrac{\sigma_2 - \sigma_3}{2}$。任意斜面上的正应力 σ_N 和剪应力 τ_N 都在三个应力圆围成的阴影面积内。

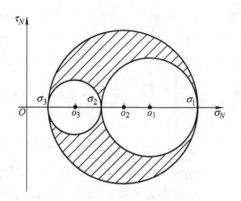

图 2-7　主应力状态下的斜面应力

2.2.4　几何方程及应变协调方程

1. 几何方程——应变与位移的关系

弹性体在受力后，形状和位置将产生改变。图 2-8（a）是弹性体内的六面微分体在受力变形前后的形状，点 M 移动至点 M' 的位置，产生了位移 $\{q\}$；六面体每一条边的长度和角度均产生了改变，产生了应变 $\{\varepsilon\}$。

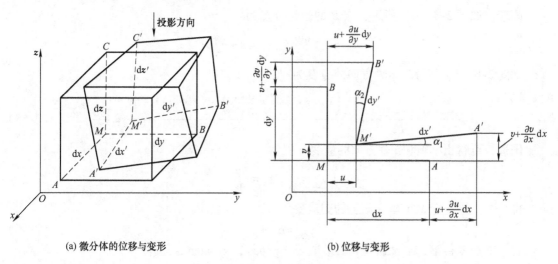

(a) 微分体的位移与变形　　　　　　　　　　(b) 位移与变形

图 2-8　应变与位移

定义点 M 的位移为 $\{q\} = \overrightarrow{MM'}$，沿 x、y、z 三个坐标轴方向的分量分别用 u、v、w 表示

$$\{q\} = \overrightarrow{MM'} = \begin{Bmatrix} u(x,y,z) \\ v(x,y,z) \\ w(x,y,z) \end{Bmatrix} = \{u,\ v,\ w\}^{\mathrm{T}}_{(x,y,z)} \tag{2-53}$$

任意微线段的长度变化与原有长度的比值称为线应变或正应变，沿三个坐标轴方向的分量分别用 ε_x、ε_y、ε_z 表示；任意两个原来相互垂直的面，在变形后，其夹角的变化值称为角应变或剪应变，分别用 γ_{xy}、γ_{yz}、γ_{zx} 表示。任意一点的应变分量为

$$\{\varepsilon\} = \begin{Bmatrix} \varepsilon_x \\ \varepsilon_y \\ \varepsilon_z \\ \gamma_{xy} \\ \gamma_{yz} \\ \gamma_{zx} \end{Bmatrix} = \{\varepsilon_x,\ \varepsilon_y,\ \varepsilon_z,\ \gamma_{xy},\ \gamma_{yz},\ \gamma_{zx}\}^{\mathrm{T}} \tag{2-54}$$

图 2-8 (b) 为微分体两直角边 MA、MB 产生位移和变形前后，在 xOy 坐标面上的投影。假设点 M 沿 x 轴和 y 轴方向的位移分别为 u 和 v，点 A 沿 x 轴方向的增量为 $\mathrm{d}x$，点 A 的位移分量 u_A、v_A 由泰勒展开式表示为

$$u_A = u + \frac{\partial u}{\partial x}\mathrm{d}x + \frac{1}{2!}\frac{\partial^2 u}{\partial x^2}(\mathrm{d}x)^2 + \cdots$$

$$v_A = v + \frac{\partial v}{\partial x}\mathrm{d}x + \frac{1}{2!}\frac{\partial^2 v}{\partial x^2}(\mathrm{d}x)^2 + \cdots$$

略去高阶小量，点 A 的位移分量为

$$u_A = u + \frac{\partial u}{\partial x}\mathrm{d}x,\ v_A = v + \frac{\partial v}{\partial x}\mathrm{d}x$$

同理，如图 2-8 (b) 所示，点 B 的位移分量为

$$u_B = u + \frac{\partial u}{\partial y}\mathrm{d}y,\ v_B = v + \frac{\partial v}{\partial y}\mathrm{d}y$$

如图 2-8 (b) 所示，x 轴方向的应变为

$$\varepsilon_x = \frac{M'A' - MA}{MA} \approx \frac{\left[\left(x + \mathrm{d}x + u + \frac{\partial u}{\partial x}\mathrm{d}x\right) - (x + u)\right] - \mathrm{d}x}{\mathrm{d}x} = \frac{\partial u}{\partial x} \tag{2-55}$$

同理，可得出 y 轴和 z 轴方向的应变分别为

$$\varepsilon_y = \frac{\partial v}{\partial y},\ \varepsilon_z = \frac{\partial w}{\partial z}$$

微分体上平行于 xOy 坐标面上的剪应变为

$$\gamma_{xy} = \alpha_1 + \alpha_2 \tag{2-56}$$

在小变形条件下，$\alpha_1 \ll 1$，$\alpha_2 \ll 1$。取 $\alpha_1 \approx \tan\alpha_1$，$\alpha_2 \approx \tan\alpha_2$，有

$$\alpha_1 \approx \tan\alpha_1 = \frac{v + \frac{\partial v}{\partial x}\mathrm{d}x - v}{\mathrm{d}x + \varepsilon_x \mathrm{d}x} = \frac{\frac{\partial v}{\partial x}}{1 + \frac{\partial u}{\partial x}} \approx \frac{\partial v}{\partial x}$$

同理有

$$\alpha_2 = \frac{\partial u}{\partial y}$$

从而有

$$\gamma_{xy} = \alpha_1 + \alpha_2 = \frac{\partial v}{\partial x} + \frac{\partial u}{\partial y} \tag{2-57}$$

同理，将微分体向 yOz 和 xOz 坐标面进行投影，可得

$$\gamma_{yz} = \frac{\partial w}{\partial y} + \frac{\partial v}{\partial z}, \ \gamma_{zx} = \frac{\partial u}{\partial z} + \frac{\partial w}{\partial x}$$

综合上述结果，弹性体在受外力作用产生变形和位移 $\{q\}$ 时，引起的应变 $\{\varepsilon\}$ 可归纳为

$$\{\varepsilon\} = \begin{Bmatrix} \varepsilon_x \\ \varepsilon_y \\ \varepsilon_z \\ \gamma_{xy} \\ \gamma_{yz} \\ \gamma_{zx} \end{Bmatrix} = \begin{Bmatrix} \dfrac{\partial u}{\partial x} \\ \dfrac{\partial v}{\partial y} \\ \dfrac{\partial w}{\partial z} \\ \dfrac{\partial v}{\partial x} + \dfrac{\partial u}{\partial y} \\ \dfrac{\partial w}{\partial y} + \dfrac{\partial v}{\partial z} \\ \dfrac{\partial u}{\partial z} + \dfrac{\partial w}{\partial x} \end{Bmatrix} = \begin{bmatrix} \dfrac{\partial}{\partial x} & 0 & 0 \\ 0 & \dfrac{\partial}{\partial y} & 0 \\ 0 & 0 & \dfrac{\partial}{\partial z} \\ \dfrac{\partial}{\partial y} & \dfrac{\partial}{\partial x} & 0 \\ 0 & \dfrac{\partial}{\partial z} & \dfrac{\partial}{\partial y} \\ \dfrac{\partial}{\partial z} & 0 & \dfrac{\partial}{\partial x} \end{bmatrix} \begin{Bmatrix} u \\ v \\ w \end{Bmatrix} \tag{2-58}$$

简写为

$$\{\varepsilon\} = [B]\{q\} \tag{2-59}$$

式中，$[B]$ 矩阵成为应变矩阵。

以上方程组称为几何方程，又称为柯西（Cauchy）方程。表明了 6 个应变分量 $\{\varepsilon\} = \{\varepsilon_x, \ \varepsilon_y, \ \varepsilon_z, \ \gamma_{xy}, \ \gamma_{yz}, \ \gamma_{zx}\}^T$ 与 3 个位移分量 $\{q\} = \{u, \ v, \ w\}^T$ 之间的关系。

2. 体积应变

单位体积的相对改变量为体积应变。

$$\theta = \frac{\Delta dV}{dV} = \frac{dV' - dV}{dV}$$

$$dV = dxdydz$$

$$dV' = (dx + \varepsilon_x dx)(dy + \varepsilon_y dy)(dz + \varepsilon_z dz) \approx dxdydz(1 + \varepsilon_x + \varepsilon_y + \varepsilon_z)$$

上式略去了二次、三次乘积项，体积应变为

$$\theta = \frac{dV' - dV}{dV} = \varepsilon_x + \varepsilon_y + \varepsilon_z \tag{2-60}$$

3. 应变协调方程

从式（2-58）可看出，$\{\varepsilon\} = \{\varepsilon_x, \ \varepsilon_y, \ \varepsilon_z, \ \gamma_{xy}, \ \gamma_{yz}, \ \gamma_{zx}\}^T$ 中的 6 个应变分量可以通过 $\{q\} = \{u, \ v, \ w\}^T$ 中的 3 个位移分量来表示，6 个应变分量是不相干的。反之，如果给出 6 个不相干的应变分量，要通过式（2-58）来求解 3 个位移分量，而方程数多于待求解的未知量，方程组可能是矛盾的。另外，弹性体在变形前是连续的，变形后也应保持连续，不

应该有空隙和重叠。在变形过程中，如果 6 个应变分量间没有一定的关系相约束，就不可能保证变形后弹性体的连续性。下面来推导这 6 个应变分量在变形中的协调关系：

（1）同一平面内应变分量之间的关系。

例如，由式（2-58），微分体上平行于 xoy 坐标面的三个应变 ε_x、ε_y、γ_{xy} 之间的关系为

$$\begin{cases} \dfrac{\partial^2 \varepsilon_x}{\partial y^2} = \dfrac{\partial^3 u}{\partial x \partial y^2} \\[3mm] \dfrac{\partial^2 \varepsilon_y}{\partial x^2} = \dfrac{\partial^3 v}{\partial y \partial x^2} \\[3mm] \dfrac{\partial^2 \varepsilon_x}{\partial y^2} + \dfrac{\partial^2 \varepsilon_y}{\partial x^2} = \dfrac{\partial^2}{\partial x \partial y}\left(\dfrac{\partial u}{\partial y} + \dfrac{\partial v}{\partial x}\right) = \dfrac{\partial^2 \gamma_{xy}}{\partial x \partial y} \end{cases}$$

同理，微分体上与另外两个坐标面平行的平面内的应变，也可得相应的关系式，联立后的方程组为

$$\begin{cases} \dfrac{\partial^2 \varepsilon_x}{\partial y^2} + \dfrac{\partial^2 \varepsilon_y}{\partial x^2} = \dfrac{\partial^2 \gamma_{xy}}{\partial x \partial y} \\[3mm] \dfrac{\partial^2 \varepsilon_y}{\partial z^2} + \dfrac{\partial^2 \varepsilon_z}{\partial y^2} = \dfrac{\partial^2 \gamma_{yz}}{\partial y \partial z} \\[3mm] \dfrac{\partial^2 \varepsilon_z}{\partial x^2} + \dfrac{\partial^2 \varepsilon_x}{\partial z^2} = \dfrac{\partial^2 \gamma_{zx}}{\partial z \partial x} \end{cases} \tag{2-61}$$

上式方程组中，每个方程仅包括平行于 xoy（或 yoz、zox）坐标面上的 3 个应变分量。

（2）不同平面内应变分量间的关系。

将式（2-58）中的剪应变分别对另一坐标变量求偏导数，有

$$\begin{cases} \dfrac{\partial \gamma_{xy}}{\partial z} = \dfrac{\partial^2 u}{\partial y \partial z} + \dfrac{\partial^2 v}{\partial x \partial z} \\[3mm] \dfrac{\partial \gamma_{yz}}{\partial x} = \dfrac{\partial^2 w}{\partial y \partial x} + \dfrac{\partial^2 v}{\partial z \partial x} \\[3mm] \dfrac{\partial \gamma_{zx}}{\partial y} = \dfrac{\partial^2 u}{\partial z \partial y} + \dfrac{\partial^2 w}{\partial x \partial y} \end{cases} \tag{2-62}$$

前两式相加之后再减去第三式，有

$$\frac{\partial \gamma_{xy}}{\partial z} + \frac{\partial \gamma_{yz}}{\partial x} - \frac{\partial \gamma_{zx}}{\partial y} = 2\frac{\partial^2 v}{\partial x \partial z} \tag{2-63}$$

为了消去式中的 v，将式（2-63）两边对 y 求一阶偏导数，有

$$\frac{\partial}{\partial y}\left(\frac{\partial \gamma_{xy}}{\partial z} + \frac{\partial \gamma_{yz}}{\partial x} - \frac{\partial \gamma_{zx}}{\partial y}\right) = 2\frac{\partial^3 v}{\partial x \partial y \partial z} = 2\frac{\partial^2}{\partial x \partial z}\left(\frac{\partial v}{\partial y}\right) = 2\frac{\partial^2 \varepsilon_y}{\partial x \partial z}$$

同理，可得出另外两个关系式，联立的方程组为

$$
\begin{cases}
\dfrac{\partial}{\partial y}\left(\dfrac{\partial \gamma_{xy}}{\partial z} + \dfrac{\partial \gamma_{yz}}{\partial x} - \dfrac{\partial \gamma_{zx}}{\partial y}\right) = 2\dfrac{\partial^2 \varepsilon_y}{\partial x \partial z} \\[3mm]
\dfrac{\partial}{\partial z}\left(\dfrac{\partial \gamma_{yz}}{\partial x} + \dfrac{\partial \gamma_{zx}}{\partial y} - \dfrac{\partial \gamma_{xy}}{\partial z}\right) = 2\dfrac{\partial^2 \varepsilon_z}{\partial y \partial x} \\[3mm]
\dfrac{\partial}{\partial x}\left(\dfrac{\partial \gamma_{zx}}{\partial y} + \dfrac{\partial \gamma_{xy}}{\partial z} - \dfrac{\partial \gamma_{yz}}{\partial x}\right) = 2\dfrac{\partial^2 \varepsilon_x}{\partial z \partial y}
\end{cases}
\tag{2-64}
$$

式（2-61）和式（2-64）表示了 6 个应变分量间的关系，称为应变协调方程或变形协调条件，又称为圣维南（Saint-Venant）方程式。

在弹性力学问题的求解中，根据载荷和约束条件，如果先求出位移 $\{q\}$，再由几何方程（2-58）求出应变 $\{\varepsilon\}$，则变形协调方程式（2-61）和式（2-64）自然满足；如果先求出应力 $\{\sigma\}$，再由应力 $\{\sigma\}$ 计算应变 $\{\varepsilon\}$，则计算出的应变 $\{\varepsilon\}$ 必须满足变形协调方程，否则应变 $\{\varepsilon\}$ 不能相容和协调，由几何方程（2-58）求出的位移 $\{q\}$ 也将不唯一。

4. 位移边界条件

如果弹性体部分表面被约束，且被约束表面处的位移成为已知。例如，已知弹性体指定位置的位移为

$$
\{\overline{q}\} = \begin{cases}
\overline{u}(x,\ y,\ z) \\
\overline{v}(x,\ y,\ z) \\
\overline{w}(x,\ y,\ z)
\end{cases}
\tag{2-65}
$$

根据弹性力学方程求解出的位移，在指定位置，它必须与已知的位移相等，即

$$
\{q\} = \begin{cases}
u(x,\ y,\ z) = \overline{u}(x,\ y,\ z) \\
v(x,\ y,\ z) = \overline{v}(x,\ y,\ z) \\
w(x,\ y,\ z) = \overline{w}(x,\ y,\ z)
\end{cases}
\tag{2-66}
$$

式（2-66）称为位移边界条件。

例如，图 2-9 所示简支梁，在两个支撑端，点 A、B 的位移边界条件如下。

在点 A（0，0）处

$$\overline{u}_A = 0,\quad \overline{v}_A = 0$$

在点 B（L，0）处

$$\overline{v}_B = 0$$

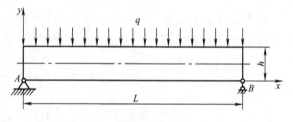

图 2-9　简支梁的位移边界条件

根据弹性力学方程求解出的点 A、B 的位移必须与已知的位移相等，即

$$u_A = \overline{u}_A = 0,\quad v_A = \overline{v}_A = 0,\quad v_B = \overline{v}_B = 0$$

2.2.5　物理方程（广义胡克（Hooke）定律）——应力与应变的关系

在材料力学中，如图 2-10（a）所示，受拉等截面直杆的应力 σ_x 与应变 ε_x 的关系为

$$
\varepsilon_x = \frac{\sigma_x}{E}
$$

式中，E 为材料的弹性模量。如图 2-10（a）所示，由于直杆沿轴向 x 方向受拉伸长，相应地，横向 y 方向将会缩短，y 方向的应变为

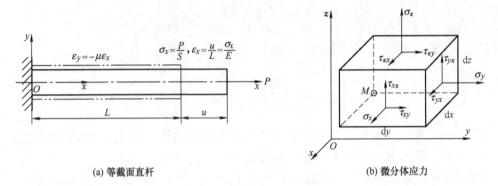

(a) 等截面直杆　　　　　　　　　　　　(b) 微分体应力

图 2-10　应力与应变的关系

$$\varepsilon_y = -\mu\varepsilon_x = -\mu\frac{\sigma_x}{E}$$

式中，μ 为泊松比。

推广到图 2-10（b）所示的六面微分体，它受三个方向的正应力 $\{\sigma\} = \{\sigma_x,\ \sigma_y,\ \sigma_z\}^{\mathrm{T}}$，在 x 轴方向的应变，除了 x 轴方向的应力 σ_x 产生的应变 $\varepsilon_x = \dfrac{\sigma_x}{E}$ 外，还需计入由 y 轴方向应力 σ_y 在 x 轴方向产生的横向应变 $-\mu\varepsilon_y = -\mu\dfrac{\sigma_y}{E}$，以及 z 轴方向应力 σ_z 在 x 轴方向产生的横向应变 $-\mu\varepsilon_z = -\mu\dfrac{\sigma_z}{E}$，因此 x 轴方向的总应变为

$$\varepsilon_x = \frac{\sigma_x}{E} - \mu\frac{\sigma_y}{E} - \mu\frac{\sigma_z}{E} = \frac{1}{E}(\sigma_x - \mu\sigma_y - \mu\sigma_z) \tag{2-67}$$

同理，图 2-10（b）所示六面微分体上 y 轴和 z 轴方向的应变 ε_y 和 ε_z，也需计入其他两个方向应力所引起的应变，各方向的应变联立后的方程组为

$$\begin{cases} \varepsilon_x = \dfrac{1}{E}(\sigma_x - \mu\sigma_y - \mu\sigma_z) \\[2mm] \varepsilon_y = \dfrac{1}{E}(\sigma_y - \mu\sigma_z - \mu\sigma_x) \\[2mm] \varepsilon_z = \dfrac{1}{E}(\sigma_z - \mu\sigma_x - \mu\sigma_y) \end{cases} \tag{2-68}$$

剪应变与剪应力的关系为

$$\gamma_{xy} = \frac{1}{G}\tau_{xy}, \quad \gamma_{yz} = \frac{1}{G}\tau_{yz}, \quad \gamma_{zx} = \frac{1}{G}\tau_{zx} \tag{2-69}$$

式中，G 为材料的剪切模量，根据材料力学，剪切模量 G 与弹性模量 E 以及泊松比 μ 的关系为

$$G = \frac{E}{2(1+\mu)}$$

这样可得应变与应力的关系，即物理方程

$$
\begin{cases}
\varepsilon_x = \dfrac{1}{E}(\sigma_x - \mu\sigma_y - \mu\sigma_z) \\[2mm]
\varepsilon_y = \dfrac{1}{E}(\sigma_y - \mu\sigma_z - \mu\sigma_x) \\[2mm]
\varepsilon_z = \dfrac{1}{E}(\sigma_z - \mu\sigma_x - \mu\sigma_y) \\[2mm]
\gamma_{xy} = \dfrac{1}{G}\tau_{xy} \\[2mm]
\gamma_{yz} = \dfrac{1}{G}\tau_{yz} \\[2mm]
\gamma_{zx} = \dfrac{1}{G}\tau_{zx}
\end{cases}
\tag{2-70}
$$

用矩阵表示如下

$$
\{\varepsilon\} =
\begin{Bmatrix}
\varepsilon_x \\ \varepsilon_y \\ \varepsilon_z \\ \gamma_{xy} \\ \gamma_{yz} \\ \gamma_{zx}
\end{Bmatrix}
=
\begin{bmatrix}
\dfrac{1}{E} & -\dfrac{\mu}{E} & -\dfrac{\mu}{E} & 0 & 0 & 0 \\[2mm]
-\dfrac{\mu}{E} & \dfrac{1}{E} & -\dfrac{\mu}{E} & 0 & 0 & 0 \\[2mm]
-\dfrac{\mu}{E} & -\dfrac{\mu}{E} & \dfrac{1}{E} & 0 & 0 & 0 \\[2mm]
0 & 0 & 0 & \dfrac{1}{G} & 0 & 0 \\[2mm]
0 & 0 & 0 & 0 & \dfrac{1}{G} & 0 \\[2mm]
0 & 0 & 0 & 0 & 0 & \dfrac{1}{G}
\end{bmatrix}
\begin{Bmatrix}
\sigma_x \\ \sigma_y \\ \sigma_z \\ \tau_{xy} \\ \tau_{yz} \\ \tau_{zx}
\end{Bmatrix}
\tag{2-71}
$$

式 (2-70) 或式 (2-71) 是以应力表示应变的物理方程，也称为广义胡克 (Hooke) 定律。另一种用应变表示应力的物理方程或广义胡克 (Hooke) 定律为

$$
\{\sigma\} =
\begin{Bmatrix}
\sigma_x \\ \sigma_y \\ \sigma_z \\ \tau_{xy} \\ \tau_{yz} \\ \tau_{zx}
\end{Bmatrix}
=
\begin{bmatrix}
\dfrac{1}{E} & -\dfrac{\mu}{E} & -\dfrac{\mu}{E} & 0 & 0 & 0 \\[2mm]
-\dfrac{\mu}{E} & \dfrac{1}{E} & -\dfrac{\mu}{E} & 0 & 0 & 0 \\[2mm]
-\dfrac{\mu}{E} & -\dfrac{\mu}{E} & \dfrac{1}{E} & 0 & 0 & 0 \\[2mm]
0 & 0 & 0 & \dfrac{1}{G} & 0 & 0 \\[2mm]
0 & 0 & 0 & 0 & \dfrac{1}{G} & 0 \\[2mm]
0 & 0 & 0 & 0 & 0 & \dfrac{1}{G}
\end{bmatrix}^{-1}
\begin{Bmatrix}
\varepsilon_x \\ \varepsilon_y \\ \varepsilon_z \\ \gamma_{xy} \\ \gamma_{yz} \\ \gamma_{zx}
\end{Bmatrix}
= \dfrac{E(1-\mu)}{(1+\mu)(1-2\mu)}
$$

$$\begin{bmatrix} 1 & \dfrac{\mu}{1-\mu} & \dfrac{\mu}{1-\mu} & 0 & 0 & 0 \\[2mm] \dfrac{\mu}{1-\mu} & 1 & \dfrac{\mu}{1-\mu} & 0 & 0 & 0 \\[2mm] \dfrac{\mu}{1-\mu} & \dfrac{\mu}{1-\mu} & 1 & 0 & 0 & 0 \\[2mm] 0 & 0 & 0 & \dfrac{1-2\mu}{2(1-\mu)} & 0 & 0 \\[2mm] 0 & 0 & 0 & 0 & \dfrac{1-2\mu}{2(1-\mu)} & 0 \\[2mm] 0 & 0 & 0 & 0 & 0 & \dfrac{1-2\mu}{2(1-\mu)} \end{bmatrix} \begin{Bmatrix} \varepsilon_x \\ \varepsilon_y \\ \varepsilon_z \\ \gamma_{xy} \\ \gamma_{yz} \\ \gamma_{zx} \end{Bmatrix} \tag{2-72}$$

简写为

$$\{\sigma\} = [D]\{\varepsilon\} \tag{2-73}$$

式中，

$$[D] = \frac{E(1-\mu)}{(1+\mu)(1-2\mu)} \begin{bmatrix} 1 & \dfrac{\mu}{1-\mu} & \dfrac{\mu}{1-\mu} & 0 & 0 & 0 \\[2mm] \dfrac{\mu}{1-\mu} & 1 & \dfrac{\mu}{1-\mu} & 0 & 0 & 0 \\[2mm] \dfrac{\mu}{1-\mu} & \dfrac{\mu}{1-\mu} & 1 & 0 & 0 & 0 \\[2mm] 0 & 0 & 0 & \dfrac{1-2\mu}{2(1-\mu)} & 0 & 0 \\[2mm] 0 & 0 & 0 & 0 & \dfrac{1-2\mu}{2(1-\mu)} & 0 \\[2mm] 0 & 0 & 0 & 0 & 0 & \dfrac{1-2\mu}{2(1-\mu)} \end{bmatrix}_{6\times6} \tag{2-74}$$

$[D]$ 称为弹性矩阵，是一个 6×6 的对称方阵，只与弹性模量 E 和泊松比 μ 有关，而与坐标无关。因此弹性矩阵 $[D]$ 是一个由弹性模量 E 和泊松比 μ 确定的常数矩阵。

2.2.6　弹性力学问题的解题方法

前面讨论的问题有 15 个未知量：

位移分量有 3 个，即

$$\{q\} = \{u,\ v,\ w\}^{\mathrm{T}}$$

应变分量有 6 个，即

$$\{\varepsilon\} = \{\varepsilon_x,\ \varepsilon_y,\ \varepsilon_z,\ \gamma_{xy},\ \gamma_{yz},\ \gamma_{zx}\}^{\mathrm{T}}$$

应力分量有 6 个，即

$$\{\sigma\} = \{\sigma_x,\ \sigma_y,\ \sigma_z,\ \tau_{xy},\ \tau_{yz},\ \tau_{zx}\}^T$$

弹性力学基本方程有 15 个：

静力平衡方程：式（2-9）有 3 个方程；

几何方程：式（2-58）有 6 个方程；

物理方程：式（2-72）有 6 个方程。

从理论上说，已知 15 个方程，15 个未知量是可以求解的。根据选择的基本未知量的不同，弹性力学的解题方法有位移法、应力法和混合法三种方法，下面分别进行简要介绍。

1. 位移法（以位移表示的静力平衡方程）

以位移 $\{q\} = \{u,\ v,\ w\}^T$ 为基本未知量，利用静力平衡方程和边界条件先求出位移 $\{q\}$，然后根据几何方程和物理方程求出应变 $\{\varepsilon\}$ 和应力 $\{\sigma\}$。

由式（2-72）和式（2-73），用位移 $\{q\} = \{u,\ v,\ w\}^T$ 表示的应力 $\{\sigma\} = \{\sigma_x,\ \sigma_y,\ \sigma_z,\ \tau_{xy},\ \tau_{yz},\ \tau_{zx}\}^T$ 为

$$\{\sigma\} = \begin{Bmatrix} \sigma_x \\ \sigma_y \\ \sigma_z \\ \gamma_{xy} \\ \gamma_{yz} \\ \gamma_{zx} \end{Bmatrix} = \frac{E(1-\mu)}{(1+\mu)(1-2\mu)} \begin{bmatrix} 1 & \dfrac{\mu}{1-\mu} & \dfrac{\mu}{1-\mu} & 0 & 0 & 0 \\[2mm] \dfrac{\mu}{1-\mu} & 1 & \dfrac{\mu}{1-\mu} & 0 & 0 & 0 \\[2mm] \dfrac{\mu}{1-\mu} & \dfrac{\mu}{1-\mu} & 1 & 0 & 0 & 0 \\[2mm] 0 & 0 & 0 & \dfrac{1-2\mu}{2(1-\mu)} & 0 & 0 \\[2mm] 0 & 0 & 0 & 0 & \dfrac{1-2\mu}{2(1-\mu)} & 0 \\[2mm] 0 & 0 & 0 & 0 & 0 & \dfrac{1-2\mu}{2(1-\mu)} \end{bmatrix}$$

$$\begin{Bmatrix} \varepsilon_x \\ \varepsilon_y \\ \varepsilon_x \\ \gamma_{xy} \\ \gamma_{yz} \\ \gamma_{zx} \end{Bmatrix} = \begin{bmatrix} 1 & \dfrac{\mu}{1-\mu} & \dfrac{\mu}{1-\mu} & 0 & 0 & 0 \\[2mm] \dfrac{\mu}{1-\mu} & 1 & \dfrac{\mu}{1-\mu} & 0 & 0 & 0 \\[2mm] \dfrac{\mu}{1-\mu} & \dfrac{\mu}{1-\mu} & 1 & 0 & 0 & 0 \\[2mm] 0 & 0 & 0 & \dfrac{1-2\mu}{2(1-\mu)} & 0 & 0 \\[2mm] 0 & 0 & 0 & 0 & \dfrac{1-2\mu}{2(1-\mu)} & 0 \\[2mm] 0 & 0 & 0 & 0 & 0 & \dfrac{1-2\mu}{2(1-\mu)} \end{bmatrix} \begin{bmatrix} \dfrac{\partial}{\partial x} & 0 & 0 \\[2mm] 0 & \dfrac{\partial}{\partial y} & 0 \\[2mm] 0 & 0 & \dfrac{\partial}{\partial z} \\[2mm] \dfrac{\partial}{\partial y} & \dfrac{\partial}{\partial x} & 0 \\[2mm] 0 & \dfrac{\partial}{\partial z} & \dfrac{\partial}{\partial y} \\[2mm] \dfrac{\partial}{\partial z} & 0 & \dfrac{\partial}{\partial x} \end{bmatrix} \begin{Bmatrix} u \\ v \\ w \end{Bmatrix}$$

$$(2\text{-}75)$$

把式（2-75）代入静力平衡方程

$$\begin{cases} \dfrac{\partial \sigma_x}{\partial x} + \dfrac{\partial \tau_{yx}}{\partial y} + \dfrac{\partial \tau_{zx}}{\partial z} + G_x = 0 \\[3mm] \dfrac{\partial \tau_{xy}}{\partial x} + \dfrac{\partial \sigma_y}{\partial y} + \dfrac{\partial \tau_{zy}}{\partial z} + G_y = 0 \\[3mm] \dfrac{\partial \tau_{xz}}{\partial x} + \dfrac{\partial \tau_{yz}}{\partial y} + \dfrac{\partial \sigma_z}{\partial z} + G_z = 0 \end{cases}$$

　　将得到由 3 个位移表示的静力平衡方程，结合应力边界条件和位移边界条件，可求解 3 个位移分量 $\{q\} = \{u, \ v, \ w\}^{\mathrm{T}}$。

　　求出位移 $\{q\} = \{u, \ v, \ w\}^{\mathrm{T}}$ 后，由几何方程（2-59）和物理方程（2-73）可求出应变和应力分别为

$$\{\varepsilon\} = [B]\{q\}$$

$$\{\sigma\} = [D]\{\varepsilon\}$$

2. 应力法（应力表示的协调方程）

　　应力法是以 6 个应力分量 $\{\sigma\} = \{\sigma_x, \ \sigma_y, \ \sigma_z, \ \tau_{xy}, \ \tau_{yz}, \ \tau_{zx}\}^{\mathrm{T}}$ 为基本未知量，先求出应力 $\{\sigma\}$，再求应变 $\{\varepsilon\}$ 和位移 $\{q\}$。表示应力分量间关系的方程是 3 个静力平衡方程

$$\begin{cases} \dfrac{\partial \sigma_x}{\partial x} + \dfrac{\partial \tau_{yx}}{\partial y} + \dfrac{\partial \tau_{zx}}{\partial z} + G_x = 0 \\[3mm] \dfrac{\partial \tau_{xy}}{\partial x} + \dfrac{\partial \sigma_y}{\partial y} + \dfrac{\partial \tau_{zy}}{\partial z} + G_y = 0 \\[3mm] \dfrac{\partial \tau_{xz}}{\partial x} + \dfrac{\partial \tau_{yz}}{\partial y} + \dfrac{\partial \sigma_z}{\partial z} + G_z = 0 \end{cases}$$

　　不能求解 6 个应力未知量，需补充其他 3 个方程，这就是应变协调方程。

$$\text{将几何方程} \quad \begin{cases} \varepsilon_x = \dfrac{1}{E}(\sigma_x - \mu\sigma_y - \mu\sigma_z) \\[3mm] \varepsilon_y = \dfrac{1}{E}(\sigma_y - \mu\sigma_z - \mu\sigma_x) \\[3mm] \varepsilon_z = \dfrac{1}{E}(\sigma_z - \mu\sigma_x - \mu\sigma_y) \\[3mm] \gamma_{xy} = \dfrac{1}{G}\tau_{xy} \\[3mm] \gamma_{yz} = \dfrac{1}{G}\tau_{yz} \\[3mm] \gamma_{zx} = \dfrac{1}{G}\tau_{zx} \end{cases}$$

　　代入应变协调方程

$$\begin{cases} \dfrac{\partial^2 \varepsilon_x}{\partial y^2} + \dfrac{\partial^2 \varepsilon_y}{\partial x^2} = \dfrac{\partial^2 \gamma_{xy}}{\partial x \partial y} \\[2mm] \dfrac{\partial^2 \varepsilon_y}{\partial z^2} + \dfrac{\partial^2 \varepsilon_z}{\partial y^2} = \dfrac{\partial^2 \gamma_{yz}}{\partial y \partial z} \\[2mm] \dfrac{\partial^2 \varepsilon_z}{\partial x^2} + \dfrac{\partial^2 \varepsilon_x}{\partial z^2} = \dfrac{\partial^2 \gamma_{zx}}{\partial z \partial x} \end{cases}$$

可得到由应力 $\{\sigma\}$ 表示的 3 个变形协调方程，与原来的三个 3 个静力平衡方程一起，共 6 个方程，再结合应力边界条件，可求解 6 个应力分量 $\{\sigma\} = \{\sigma_x,\ \sigma_y,\ \sigma_z,\ \tau_{xy},\ \tau_{yz},\ \tau_{zx}\}^{\mathrm{T}}$。

求解出应力 $\{\sigma\}$ 后，由几何方程（2-59）和物理方程（2-73）可分别求出位移和应变

$$\{q\} = [B]^{-1}\{\varepsilon\}$$
$$\{\varepsilon\} = [D]^{-1}\{\sigma\}$$

3. 混合法

同时选取部分位移分量和应力分量作为基本未知量，根据需要利用上述分析的方程求解。

在有限元方法中，通常采用位移法进行求解，因为其较为方便且适用范围较广泛，可以求解应力边界问题和位移边界问题，还可以用于求解混合边界问题。

2.2.7　平面应力问题和平面应变问题

任何一个弹性体都是空间物体，一般外力也是空间力系，任何力学问题，如果严格地定义的话，都属于空间问题，都应考虑完整的位移分量、应变分量和应力分量。如果弹性体的形状特殊，并承受特定的载荷，则可以将空间问题近似地简化为平面问题，而不必考虑某些位移分量、应变分量和应力分量，这样就可以简化问题、简化计算工作量，是工程分析中常见的简化处理方法。平面问题可以分为平面应力问题和平面应变问题两类。

1. 平面应力问题

如图 2-11 所示，平面应力问题是指弹性体的形状为薄板，厚度 z 远远小于其他尺寸。平面应力问题需满足以下条件：

（1）z 轴方向尺寸远远小于 x 轴和 y 轴方向尺寸，如薄板；

（2）所受载荷完全在板内，沿板厚不变化，没有垂直于板面的载荷。

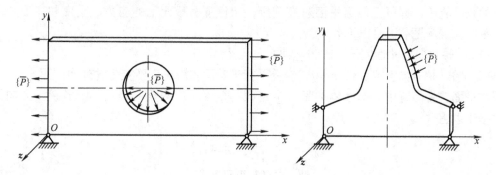

图 2-11　平面应力问题

基于以上假设，由于没有 z 轴方向的载荷，与 z 轴方向相关的各应力分量为 0，即

$$\sigma_z = \tau_{yz} = \tau_{zx} = 0 \tag{2-76}$$

应力分量 $\{\sigma\} = \{\sigma_x,\ \sigma_y,\ \sigma_z,\ \tau_{xy},\ \tau_{yz},\ \tau_{zx}\}^T$ 可简化为 $\{\sigma\} = \{\sigma_x,\ \sigma_y,\ \tau_{xy}\}^T$，仅有 3 个分量，且只是关于 x 和 y 的函数。

由物理方程可得

$$\gamma_{zx} = \gamma_{zx} = 0,\ \varepsilon_z = \frac{\mu}{1-\mu}(\varepsilon_x + \varepsilon_y)$$

虽然 $\sigma_z = 0$，ε_z 不为 0，但不独立，可由 ε_x 和 ε_y 求得。独立的应变分量为 $\{\varepsilon\} = \{\varepsilon_x,\ \varepsilon_y,\ \gamma_{xy}\}^T$，几何方程为

$$\{\varepsilon\} = \begin{Bmatrix} \varepsilon_x \\ \varepsilon_y \\ \gamma_{xy} \end{Bmatrix} = \begin{Bmatrix} \dfrac{\partial u}{\partial x} \\[2mm] \dfrac{\partial v}{\partial y} \\[2mm] \dfrac{\partial u}{\partial y} + \dfrac{\partial v}{\partial x} \end{Bmatrix}$$

物理方程简化为

$$\begin{Bmatrix} \sigma_x \\ \sigma_y \\ \tau_{xy} \end{Bmatrix} = \frac{E}{1-\mu^2} \begin{bmatrix} 1 & & 对称 \\ \mu & 1 & \\ 0 & 0 & \dfrac{1-\mu}{2} \end{bmatrix} \begin{Bmatrix} \varepsilon_x \\ \varepsilon_y \\ \gamma_{xy} \end{Bmatrix} \tag{2-77}$$

或简化为

$$\{\sigma\} = [D]\{\varepsilon\}$$

平面应力问题的弹性矩阵 $[D]$ 为

$$[D] = \frac{E}{1-\mu^2} \begin{bmatrix} 1 & & 对称 \\ \mu & 1 & \\ 0 & 0 & \dfrac{1-\mu}{2} \end{bmatrix} \tag{2-78}$$

2. 平面应变问题

如果弹性体长度方向的尺寸远远大于横截面尺寸，且仅受平行于横截面和沿长度不变化的载荷，在长度方向的变形为 0。图 2-12（a）中的重力坝，以及图 2-12（b）中的受均布载荷的长轧辊等，都可近似为平面应变问题，在任意横截面上的应力、应变和变形是一样的。平面应变问题需满足以下条件：

（1）z 轴方向尺寸远大于 x 轴和 y 轴方向尺寸；

（2）在 z 轴方向上的变形 $w = 0$，仅受平行于截面和沿长度不变化的外力作用。

在平面应变问题中，弹性体的每一个截面的变形、应力是一样的，与长度 z 方向无关的。基于以上假设，有

$$\{q\} = \begin{cases} u = u(x,y) \\ v = v(x,y) \\ w = 0 \end{cases} \tag{2-79}$$

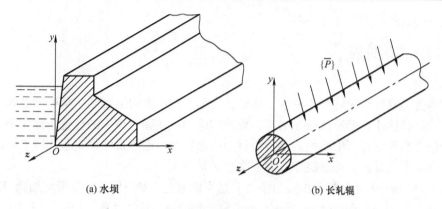

(a) 水坝 （b) 长轧辊

图 2-12 平面应变问题

由几何方程有

$$\varepsilon_z = \gamma_{zx} = \gamma_{zy} = 0 \tag{2-80}$$

应变 $\{\varepsilon\} = \{\varepsilon_x, \varepsilon_y, \varepsilon_z, \gamma_{xy}, \gamma_{yz}, \gamma_{zx}\}^T$ 可简化为 $\{\varepsilon\} = \{\varepsilon_x, \varepsilon_y, \gamma_{xy}\}^T$，仅有 3 个分量，且只是关于 x 和 y 的函数。

由物理方程可得

$$\tau_{yz} = \tau_{zx} = 0, \quad \sigma_z = \mu(\sigma_x + \sigma_y)$$

虽然 $\varepsilon_z = 0$，$\sigma_z = \mu(\sigma_x + \sigma_y)$ 不为 0，但不独立。6 个应力分量中，独立的应力分量为 $\{\sigma\} = \{\sigma_x, \sigma_y, \tau_{xy}\}^T$。几何方程为

$$\{\varepsilon\} = \begin{Bmatrix} \varepsilon_x \\ \varepsilon_y \\ \gamma_{xy} \end{Bmatrix} = \begin{Bmatrix} \dfrac{\partial u}{\partial x} \\[2mm] \dfrac{\partial v}{\partial y} \\[2mm] \dfrac{\partial u}{\partial y} + \dfrac{\partial v}{\partial x} \end{Bmatrix} \tag{2-81}$$

物理方程简化为

$$\begin{Bmatrix} \sigma_x \\ \sigma_y \\ \tau_{xy} \end{Bmatrix} = \frac{E(1-\mu)}{(1+\mu)(1-2\mu)} \begin{bmatrix} 1 & & \text{对称} \\ \dfrac{\mu}{1-\mu} & 1 & \\ 0 & 0 & \dfrac{1-2\mu}{2(1-\mu)} \end{bmatrix} \begin{Bmatrix} \varepsilon_x \\ \varepsilon_y \\ \gamma_{xy} \end{Bmatrix} \tag{2-82}$$

或简化为

$$\{\sigma\} = [D]\{\varepsilon\}$$

平面应变问题的弹性矩阵为

$$[D] = \frac{E(1-\mu)}{(1+\mu)(1-2\mu)} \begin{bmatrix} 1 & & \text{对称} \\ \dfrac{\mu}{1-\mu} & 1 & \\ 0 & 0 & \dfrac{1-2\mu}{2(1-\mu)} \end{bmatrix} \tag{2-83}$$

比较平面应力问题与平面应变问题可看出，应力分量列阵和应变分量列阵是相同的。把平面应力问题弹性矩阵（2-78）$[D]$ 中的 E 换成 $E/(1-\mu^2)$，μ 换成 $\mu/(1-\mu)$，便可得

到平面应变问题的弹性矩阵（2-83）。

2.2.8　弹性体的位能

1. 应变能

弹性体受到载荷作用将产生变形，载荷在变形和位移方向上做功。载荷除去后，弹性体恢复到原状，弹性体在变形时所做的功，可看作是储存在弹性体中的能量，称为应变能，也可理解为应力在变形过程中所做的功，也称为内力位能。据能量守恒定理，应变能的大小与弹性体受力次序无关，而是取决于应力和变形的最终大小。

在图 2-13（a）所示拉杆上的拉力载荷 P 是平稳加上去的，即从 0 逐渐增加到 P，位移也从 0 逐渐增加到 u。载荷 P 为弹性载荷，与位移 u 保持弹性线性关系，如图 2-13（b）所示。

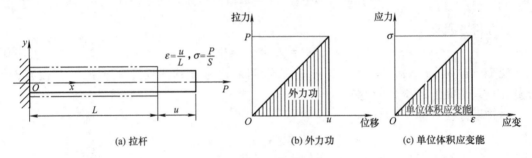

(a) 拉杆　　　　　　　　(b) 外力功　　　　　　　(c) 单位体积应变能

图 2-13　应变能

由材料力学，拉力载荷增加到 P 时的应力和应变分别为

$$\sigma = \frac{P}{S}, \ \varepsilon = \frac{u}{L}$$

外力功为

$$W = \frac{1}{2}Pu = \frac{1}{2}\sigma S \cdot \varepsilon L = \frac{1}{2}\sigma\varepsilon \cdot SL = \frac{1}{2}\sigma\varepsilon V \tag{2-84}$$

式中，S、L 和 V 分别为杆的截面积、长度和体积。

在拉伸过程中，外力功 W 转变为应变能 U

$$U = W = \frac{1}{2}\sigma\varepsilon V \tag{2-85}$$

单位体积应变能为

$$W/V = \frac{1}{2}\sigma\varepsilon$$

外力功如图 2-13（b）所示，单位体积应变能如图 2-13（c）所示。

拓展到三维空间弹性体，即如图 2-14 所示的六面微分体，沿 x、y、z 轴方向的微分增量分别为 dx、dy、dz，体积为 $dV = dxdydz$，微分体在 6 个应力分量作用下的应变能为

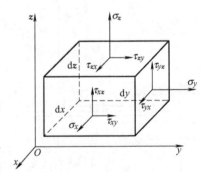

图 2-14　微分体及应力分量

$$dU = \frac{1}{2}(\sigma_x\varepsilon_x + \sigma_y\varepsilon_y + \sigma_z\varepsilon_z + \tau_{xy}\gamma_{xy} + \tau_{yz}\gamma_{yz} + \tau_{zx}\gamma_{zx})dxdydz \tag{2-86}$$

整个弹性体中的应变能为

$$U = \frac{1}{2}\iiint\limits_{V}(\sigma_x\varepsilon_x + \sigma_y\varepsilon_y + \sigma_z\varepsilon_z + \tau_{xy}\gamma_{xy} + \tau_{yz}\gamma_{yz} + \tau_{zx}\gamma_{zx})\mathrm{d}x\mathrm{d}y\mathrm{d}z$$

$$= \frac{1}{2}\iiint\limits_{V}\{\sigma\}^{\mathrm{T}}\{\varepsilon\}\mathrm{d}V$$

$$= \frac{1}{2}\iiint\limits_{V}\{\varepsilon\}^{\mathrm{T}}\{\sigma\}\mathrm{d}V \qquad (2\text{-}87)$$

2. 外力位能

弹性体所受的外力在变形过程中所做的功，可以看作是存储在弹性体中的能量，称为外力位能。一般把作用在弹性体上的外力定义为常载荷或静载荷，它是不随位移变化的载荷，如体积力载荷、面力载荷和集中力等。这类载荷力和位移的关系如图 2-15 所示，外力功为

$$W = 外力 \cdot 外力方向的位移 = P \cdot v$$

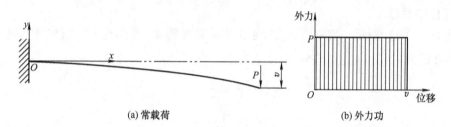

(a) 常载荷　　　　　　　　　(b) 外力功

图 2-15　外力位能

外力位能等于外力功取负值。

体积力 $\{G\} = \{G_x,\ G_y,\ G_z\}^{\mathrm{T}}$ 的外力位能 ψ_v 为

$$\psi_v = -W_V = -\iiint\limits_{V}(G_xu + G_yv + G_zw)\mathrm{d}V = -\iiint\limits_{V}\{G\}^{\mathrm{T}}\{q\}\mathrm{d}V \qquad (2\text{-}88)$$

面力 $\{\overline{P}\} = \{\overline{P}_x,\ \overline{P}_y,\ \overline{P}_z\}^{\mathrm{T}}$ 的外力位能 $\overline{\psi}$ 为

$$\overline{\psi} = -\overline{W} = -\iint\limits_{A}(\overline{P}_xu + \overline{P}_yv + \overline{P}_zw)\mathrm{d}A = -\iint\limits_{A}\{\overline{P}\}^{\mathrm{T}}\{q\}\mathrm{d}A \qquad (2\text{-}89)$$

弹性体总的外力位能为

$$\psi = \psi_v + \overline{\psi} = -(W_V + \overline{W})$$

$$= -\iiint\limits_{V}(G_xu + G_yv + G_zw)\mathrm{d}V - \iint\limits_{A}(\overline{P}_xu + \overline{P}_yv + \overline{P}_zw)\mathrm{d}A$$

$$= -\iiint\limits_{V}\{G\}^{\mathrm{T}}\{q\}\mathrm{d}V - \iint\limits_{A}\{\overline{P}\}^{\mathrm{T}}\{q\}\mathrm{d}A \qquad (2\text{-}90)$$

3. 弹性体总位能

弹性体在外力作用下，与位移有关的弹性力产生应变能，而外力则产生外力位能。当外力消除，弹性体由变形位置恢复为未变形位置时，应变能做正功。

弹性体在外力作用下，达到平衡时的总位能 Π 为

$$\Pi = U + \psi$$

$$= \frac{1}{2}\iiint\limits_{V}\{\varepsilon\}^{\mathrm{T}}\{\sigma\}\mathrm{d}V - \iiint\limits_{V}\{G\}^{\mathrm{T}}\{q\}\mathrm{d}V - \iint\limits_{A}\{\overline{P}\}^{\mathrm{T}}\{q\}\mathrm{d}A \qquad (2\text{-}91)$$

上式中，由几何方程，若将 $\{\varepsilon\}$ 和 $\{\sigma\}$ 用位移 $\{q\} = \{u,\ v,\ w\}^{\mathrm{T}}$ 表示，则弹性体

应变能写成

$$U = U(u,v,w) = \frac{1}{2}\iiint\limits_{V}\left\{\frac{\mu E}{(1+\mu)(1-2\mu)}\left(\frac{\partial u}{\partial x}+\frac{\partial v}{\partial y}+\frac{\partial w}{\partial z}\right)^2 + 2G\left[\left(\frac{\partial u}{\partial x}\right)^2+\left(\frac{\partial v}{\partial y}\right)^2+\left(\frac{\partial w}{\partial z}\right)^2\right]+ \right.$$
$$\left. \frac{G}{2}\left[\left(\frac{\partial w}{\partial y}+\frac{\partial v}{\partial z}\right)^2+\left(\frac{\partial u}{\partial z}+\frac{\partial w}{\partial x}\right)^2+\left(\frac{\partial v}{\partial x}+\frac{\partial u}{\partial y}\right)^2\right]\right\}\mathrm{d}v$$

总位能可写成

$$\Pi = U + \psi = U(u,v,w) - W_V(u,v,w) - \overline{W}(u,v,w) \qquad (2\text{-}92)$$

总位能 Π 是位移 $\{q\}=\{u,\ v,\ w\}^{\mathrm{T}}$ 的函数，而位移 $\{q\}=\{u,\ v,\ w\}^{\mathrm{T}}$ 又是坐标 $(x,\ y,\ z)$ 的函数，所以总位能 Π 是 $(x,\ y,\ z)$ 的泛函。

2.2.9 虚位移原理与最小位能原理

1. 虚位移原理

如图 2-16（a）所示，集中力 P_A、P_B 作用在杠杆的 A、B 端点上，当杠杆达到平衡时，力矩平衡方程为

$$\frac{P_A}{P_B} = \frac{b}{a}$$

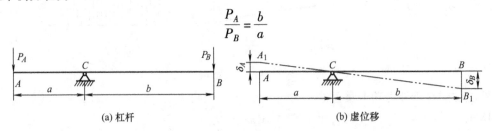

(a) 杠杆	(b) 虚位移

图 2-16　外力位能

由于某种原因，假定杠杆绕支点 C 作微小转动，A、B 两点产生了虚位移 δ_A 和 δ_B，如图 2-16（b）所示，虚位移与力的关系为

$$\frac{P_A}{P_B} = \frac{b}{a} = \frac{\delta_B}{\delta_A}$$

综合以上平衡关系有

$$P_A\delta_A - P_B\delta_B = 0 \qquad (2\text{-}93)$$

即外力在虚位移上所做的虚功之和为 0。推广到空间的弹性体，有

$$W = \sum_{i=1}^{n} P_i\delta_i = 0 \ (i = 1, 2, \cdots, n) \qquad (2\text{-}94)$$

弹性体上所有外力在相应虚位移上所做虚功之和为 0。

当图 2-16（a）所示杠杆处于平衡时，虚位移 δ_A 和 δ_B 是不会发生的，所以假设并称之为虚位移。弹性体的外力、内力处于平衡状态下，当发生约束允许的任意微小刚体位移（虚位移）时，所有外力和内力在相应虚位移上所做的虚功之和为 0。如果弹性体被约束，不允许有刚体运动，外力功和应变能将产生平衡。

下面以图 2-17（a）所示等截面杆拉伸为例，加以说明。如果拉力载荷 P 是从 0 逐渐增加到 P 的，而杆端位移从 0 逐渐增加到 u，则外力 P 所做的功为

$$W = Pu/2$$

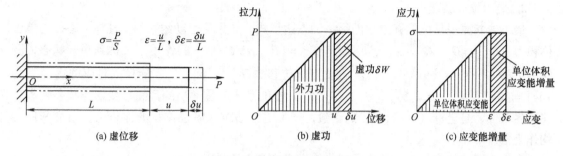

图 2-17　拉杆虚位移原理

当外力 P 和应力 σ 达到平衡时，假设产生了虚位移 δu，产生虚位移 δu 时，外力 P 和应力 σ 均作为常量，如图 2-17（a）所示，外力 P 在虚位移 δu 上所做虚功 δW（见图 2-17（b））为

$$\delta W = P\delta u \tag{2-95}$$

由虚位移引起的虚应变为 $\delta\varepsilon = \dfrac{\delta u}{L}$，单位体积应变能的增量为 $\sigma\delta\varepsilon$，如图 2-17（c）所示，整个拉杆应变能的增量为

$$\delta U = \sigma\delta\varepsilon \cdot V = \sigma\delta\varepsilon \cdot FL = \frac{P}{F}\cdot\frac{\delta u}{L}\cdot FL = P\delta u \tag{2-96}$$

对比式（2-95）和式（2-96），有

$$\delta U = \delta W \quad \text{或} \quad \delta U - \delta W = 0 \tag{2-97}$$

上式为弹性体中虚位移原理的表达式，说明在外力作用下，处于平衡状态的弹性体，当发生约束允许的任意小的虚位移时，外力在虚位移上所做虚功，等于产生虚位移时弹性体应变能的增量，即内应力在虚应变上所做虚功。

推广到三维空间，如果弹性体的外力列阵、应力列阵、虚位移列阵和虚应变列阵分别为

$$\{P\} = \{P_{ix}, P_{iy}, P_{iz}, P_{jx}, P_{jy}, \cdots\}^{\mathrm{T}}$$

$$\{\sigma\} = \{\sigma_x, \sigma_y, \sigma_z, \tau_{xy}, \tau_{yz}, \tau_{zx}\}^{\mathrm{T}}$$

$$\{\delta q\} = \{\delta u_i, \delta v_i, \delta w_i, \delta u_j, \delta v_j, \cdots\}^{\mathrm{T}}$$

$$\{\delta\varepsilon\} = \{\delta\varepsilon_x, \delta\varepsilon_y, \delta\varepsilon_z, \delta\gamma_{xy}, \delta\gamma_{yz}, \delta\gamma_{zx}\}^{\mathrm{T}}$$

且产生虚位移时，体积力、面力和应力均作为常量。则外力在虚位移上所做虚功为

$$\delta W = P_{ix}\delta u_i + P_{iy}\delta v_i + P_{iz}\delta w_i + P_{jx}\delta u_j + P_{jy}\delta v_j + \cdots = \{q\}^{\mathrm{T}}\{P\} \tag{2-98}$$

单位体积应变能的增量或单位体积内弹性体应力在相应的虚应变上所做虚功为

$$\delta U_e = \sigma_x\delta\varepsilon_x + \sigma_y\delta\varepsilon_y + \sigma_z\delta\varepsilon_z + \tau_{xy}\delta\gamma_{xy} + \tau_{yz}\delta\gamma_{yz} + \tau_{zx}\delta\gamma_{zx} = \{\delta\varepsilon\}^{\mathrm{T}}\{\sigma\}$$

在整个弹性体内，应变能增量或应力在虚应变上所做的功为

$$\delta U = \iiint\limits_{V} \{\delta\varepsilon\}^{\mathrm{T}}\{\sigma\}\,\mathrm{d}x\mathrm{d}y\mathrm{d}z \tag{2-99}$$

由式（2-97），即 $\delta U = \delta W$，可得弹性体的虚功方程为

$$\iiint\limits_{V} \{\delta\varepsilon\}^{\mathrm{T}}\{\sigma\}\,\mathrm{d}x\mathrm{d}y\mathrm{d}z = \{\delta q\}^{\mathrm{T}}\{P\} \tag{2-100}$$

上式表示外力在虚位移上所做虚功，等于弹性体内应力在虚应变上所做虚功，通过虚位移与虚应变表示弹性体的外力与应力之间的关系。

2. 最小位能原理

最小位能原理是虚位移原理的另一种表达形式。如果受运动约束的弹性体，在外力单位体积力 $\{G\} = \{G_x,\ G_y,\ G_z\}^{\mathrm{T}}$ 和面力 $\{\overline{P}\} = \{\overline{P}_x,\ \overline{P}_y,\ \overline{P}_z\}^{\mathrm{T}}$ 的作用下，达到平衡状态，真实的位移为 $\{q\} = \{u,\ v,\ w\}^{\mathrm{T}}$。假设有虚位移 $\{\delta q\} = \{\delta u,\ \delta v,\ \delta w\}^{\mathrm{T}}$，对应的虚应变为 $\{\delta\varepsilon\} = \{\delta\varepsilon_x,\ \delta\varepsilon_y,\ \delta\varepsilon_z,\ \delta\gamma_{xy},\ \delta\gamma_{yz},\ \delta\gamma_{zx}\}^{\mathrm{T}}$，虚位移分量是微小的且满足变形连续条件和位移边界条件，是坐标 $(x,\ y,\ z)$ 的函数。产生虚位移时，单位体积的体力、面力和应力均作为常量。

在整个弹性体内，应变能增量或应力在虚应变上所做的功为

$$\delta U = \iiint_V (\sigma_x\delta\varepsilon_x + \sigma_y\delta\varepsilon_y + \sigma_z\delta\varepsilon_z + \tau_{xy}\delta\gamma_{xy} + \tau_{yz}\delta\gamma_{yz} + \tau_{zx}\delta\gamma_{zx})\,\mathrm{d}x\mathrm{d}y\mathrm{d}z$$

$$= \iiint_V \{\sigma\}^{\mathrm{T}}\{\delta\varepsilon\}\,\mathrm{d}x\mathrm{d}y\mathrm{d}z \tag{2-101}$$

体积力和面力在虚位移上的功（或外力功增量）为

$$\delta W = \delta W_V + \delta\overline{W}$$

$$= \iiint_V (G_x\delta u + G_y\delta v + G_z\delta w)\,\mathrm{d}x\mathrm{d}y\mathrm{d}z + \iint_A (\overline{P}_x\delta u + \overline{P}_y\delta v + \overline{P}_z\delta w)\,\mathrm{d}A$$

$$= \iiint_V \{G\}^{\mathrm{T}}\{\delta q\}\,\mathrm{d}x\mathrm{d}y\mathrm{d}z + \iint_A \{\overline{P}\}^{\mathrm{T}}\{\delta q\}\,\mathrm{d}A \tag{2-102}$$

根据虚位移原理，外力在虚位移上所做虚功等于应力在虚应变上所做的功，即

$$\delta U = \delta W \text{ 或 } \delta U - \delta W = 0 \tag{2-103}$$

将式（2-101）和式（2-102）代入式（2-103），有

$$\iiint_V (\sigma_x\delta\varepsilon_x + \sigma_y\delta\varepsilon_y + \sigma_z\delta\varepsilon_z + \tau_{xy}\delta\gamma_{xy} + \tau_{yz}\delta\gamma_{yz} + \tau_{zx}\delta\gamma_{zx})\,\mathrm{d}x\mathrm{d}y\mathrm{d}z -$$

$$\iiint_V (G_x\delta u + G_y\delta v + G_z\delta w)\,\mathrm{d}x\mathrm{d}y\mathrm{d}z - \iint_A (\overline{P}_x\delta u + \overline{P}_y\delta v + \overline{P}_z\delta w)\,\mathrm{d}A = 0$$

此式即为弹性平衡状态下的拉格朗日（Lagrange）变分方程。将虚位移符号 δ 当作变分符号，在平衡状态下，产生虚位移时，体积力、面力和应力作为常量，式（2-97）中的变分符号 δ 可提到前面，即

$$\delta U - \delta W = \delta(U - W) = 0 \tag{2-104}$$

式（2-104）表示，在弹性体平衡状态下，真实的应变能 U 和外力功 W 之差的变分为 0。式中真实的应变能为

$$U = \frac{1}{2}\iiint_V (\sigma_x\varepsilon_x + \sigma_y\varepsilon_y + \sigma_z\varepsilon_z + \tau_{xy}\gamma_{xy} + \tau_{yz}\gamma_{yz} + \tau_{zx}\gamma_{zx})\,\mathrm{d}x\mathrm{d}y\mathrm{d}z$$

$$= \frac{1}{2}\iiint_V \{\sigma\}^{\mathrm{T}}\{\varepsilon\}\,\mathrm{d}x\mathrm{d}y\mathrm{d}z \tag{2-105}$$

真实的外力功为

$$W = \iiint_V (G_x u + G_y v + G_z w)\,\mathrm{d}x\mathrm{d}y\mathrm{d}z + \iint_A (\overline{P}_x u + \overline{P}_y v + \overline{P}_z w)\,\mathrm{d}A \tag{2-106}$$

由式（2-92），$U - W$ 的结果为弹性体的总位能 Π，即

$$U - W = \Pi$$

式（2-104）可写为

$$\delta \Pi = 0 \tag{2-107}$$

上式表示，在符合几何约束条件的所有位移 $\{q\} = \{u, v, w\}^{\mathrm{T}}$ 中，实际产生的位移，是能使弹性体在平衡位置产生虚位移时，总位能的一次变分为 0，即总位能为最小值，称为最小位能原理。或表述为：在符合已知位移边界条件的所有位移中，能满足外力边界条件和平衡方程的位移所对应的总位能为最小值

$$\frac{\partial \Pi}{\partial \{q\}} = 0 \tag{2-108}$$

2.3　强度理论概述

关于材料破坏理论的假说，称为强度理论。

材料主要的破坏形式有两种：断裂和屈服。

常用四种强度理论，第一、第二强度理论解释断裂破坏，第三、第四强度理论解释屈服破坏。

1. 第一强度理论（最大拉应力理论）

认为最大拉应力是引起破坏的主要因素。无论在什么应力状态下，只要最大拉应力达到材料抗拉极限，材料就发生破坏。

第一强度理论的强度条件为

$$\sigma_{\max} = \sigma_1 \leqslant [\sigma] = \frac{\sigma_{\mathrm{b}}}{n_{\mathrm{b}}} \tag{2-109}$$

式中，$[\sigma]$ 为许用应力；σ_{b} 为强度极限应力；n_{b} 为安全系数。

铸铁等脆性材料适合该强度理论。

2. 第二强度理论（最大伸长线应变理论）

认为最大线应变是引起断裂的主要因素。无论在什么应力状态下，只要线应变达到某一极值，材料就发生断裂破坏。

由广义胡克定律

$$\varepsilon_{\max} = \varepsilon_1 = \frac{1}{E}[\sigma_1 - \mu(\sigma_2 + \sigma_3)] \leqslant \frac{[\sigma]}{E} \tag{2-110}$$

第二强度理论的强度条件为

$$\sigma_1 - \mu(\sigma_2 + \sigma_3) \leqslant [\sigma] \tag{2-111}$$

岩石、混凝土等材料的试验结果与该理论较符合。

3. 第三强度理论（最大剪应力理论）

认为最大剪应力是引起材料屈服的主要因素。无论在什么应力状态下，只要最大剪应力达到某一极限，材料就发生屈服。由式（2-45），有

$$\tau_{\max} = \frac{1}{2}(\sigma_1 - \sigma_3)$$

如低碳钢、铜等材料，在单向拉伸下，45°斜面上 $\tau_{\max} = \dfrac{\sigma_{\mathrm{s}}}{2}$（$\sigma_{\mathrm{s}}$ 为屈服极限）时出现屈

服，因而有

$$\tau_{\max} = \frac{1}{2}(\sigma_1 - \sigma_3) = \frac{\sigma_s}{2}, \quad 即 \ \sigma_1 - \sigma_3 = \sigma_s$$

第三强度理论的强度条件为

$$\sigma_1 - \sigma_3 \leqslant [\sigma], \quad [\sigma] = \frac{\sigma_s}{n_b} \tag{2-112}$$

4. 第四强度理论（形状改变比能理论）

该理论认为形状改变比能是引起屈服的主要因素。即无论在什么应力状态下，只要形状比能 u_d 达到与材料性质有关的某一极限，材料就发生屈服。如果弹性体的三个主应力同时由 0 开始拉伸到最终值 σ_1、σ_2、σ_3，则三向应力的变形能为

$$u = u_v + u_d = \frac{1}{2}\sigma_1\varepsilon_1 + \frac{1}{2}\sigma_2\varepsilon_2 + \frac{1}{2}\sigma_3\varepsilon_3$$
$$= \frac{1}{2E}\left[\sigma_1^2 + \sigma_2^2 + \sigma_3^2 - 2\mu(\sigma_1\sigma_2 + \sigma_2\sigma_3 + \sigma_3\sigma_1)\right] \tag{2-113}$$

式中，u_v 为体积改变比能；u_d 为形状改变比能。

体积改变比能为[1]

$$u_v = \frac{1}{2E}\left[3\sigma_m^2 - 2\mu(3\sigma_m^2)\right] = \frac{1-2\mu}{6E}(\sigma_1 + \sigma_2 + \sigma_3)^2 \tag{2-114}$$

式中，

$$\sigma_m = (\sigma_1 + \sigma_2 + \sigma_3)/3$$

形状改变比能为

$$u_d = u - u_v = \frac{1+\mu}{6E}\left[(\sigma_1 - \sigma_2)^2 + (\sigma_2 - \sigma_3)^2 + (\sigma_3 - \sigma_1)^2\right] \tag{2-115}$$

在单向拉伸时，$\sigma_2 = \sigma_3 = 0$，σ_1 达到材料屈服极限 σ_s 时，材料产生屈服，此时的形状改变比能为

$$u_{ds} = \frac{1+\mu}{6E}(2\sigma_s^2) \tag{2-116}$$

该准则称为冯·米泽斯（von Mises）准则。在任意应力状态下，

$$u_d = \frac{1+\mu}{6E}\left[(\sigma_1 - \sigma_2)^2 + (\sigma_2 - \sigma_3)^2 + (\sigma_3 - \sigma_1)^2\right] \leqslant u_{ds} = \frac{1+\mu}{6E}(2\sigma_s^2) \tag{2-117}$$

即有

$$\sqrt{\frac{1}{2}(\sigma_1 - \sigma_2)^2 + (\sigma_2 - \sigma_3)^2 + (\sigma_3 - \sigma_1)^2} \leqslant \sigma_s$$

考虑安全系数 n_b，第四强度理论所建立的强度条件为

$$\sqrt{\frac{1}{2}(\sigma_1 - \sigma_2)^2 + (\sigma_2 - \sigma_3)^2 + (\sigma_3 - \sigma_1)^2} \leqslant [\sigma] \tag{2-118}$$

对钢、铝等金属材料的试验结果表明，第四强度理论，即 von Mises 强度理论，与试验数据相当吻合，比第三强度理论更符合试验结果，因此在工程中应用比较广泛。

习　题

2.1　根据下式位移函数，求出弹性体的应变。

$$u = f_1(x, y) + Az^2 + Dyz + \alpha y - \beta z + a$$

$$v = f_2(x, y) + Bz^2 - Dxz - \alpha x - \gamma z + b$$

$$w = f_3(x, y) - z(2Ax + 2By + C) + \beta x + \gamma y + c$$

式中，A、B、C、a、b、c、α、β 和 γ 是常数。

2.2 已知弹性体内某一点的应力状态如下：

$$\sigma_x = -75\text{MPa}, \ \sigma_y = 0, \ \sigma_z = -30\text{MPa}$$

$$\tau_{xy} = 50\text{MPa}, \ \tau_{yz} = -75\text{MPa}, \ \tau_{zx} = 80\text{MPa}$$

试求方向余弦为 $\left(\dfrac{1}{2}, \dfrac{1}{2}, \dfrac{\sqrt{2}}{2}\right)$ 的微分面上的应力 S、正应力 σ_N 和剪应力 τ_N。

2.3 已知弹性体内一点的应力状态如下：

$$\sigma_x = 55\text{MPa}, \ \sigma_y = 0, \ \sigma_z = -30\text{MPa}$$

$$\tau_{xy} = 0, \ \tau_{yz} = 0, \ \tau_{zx} = 40\text{MPa}$$

试求该点的第一、第二、第三应力不变量 I_1、I_2 和 I_3，并求出主应力、主方向和主剪应力的大小。

2.4 证明在方向余弦为 $\left(\dfrac{\sqrt{3}}{3}, \dfrac{\sqrt{3}}{3}, \dfrac{\sqrt{3}}{3}\right)$ 的斜面上，正应力 σ_N 和剪应力 τ_N 与应力不变量的关系为

$$\sigma_N = \frac{1}{3}I_1, \ \tau_N = \frac{1}{3}\sqrt{2(I_1^2 - 3I_2)}$$

2.5 弹性体内某一点的正应力全都为 0，且 $\tau_{xy} = 0$，试判断该点的应力状态，并求出主应力 σ。

参 考 文 献

[1] 张国瑞. 有限元法 [M]. 北京：机械工业出版社，1991.

[2] 赵均海，汪梦甫. 弹性力学及有限元 [M]. 武汉：武汉理工大学出版社，2003.

[3] 梁醒培，王辉. 应用有限元分析 [M]. 北京：清华大学出版社，2010.

[4] 刘怀恒. 结构及弹性力学有限元法 [M]. 西安：西北工业大学出版社，2007.

[5] 夏建芳. 有限元法原理与 ANSYS 应用 [M]. 北京：国防工业出版社，2011.

[6] 王勖成，邵敏. 有限单元法基本原理和数值方法 [M]. 北京：清华大学出版社，1999.

[7] 谢眙权，何福宝. 弹性和塑性学中的有限元法 [M]. 北京：机械工业出版社，1981.

[8] T R Chamdrupatla, A D Belegundu. 工程中的有限元方法 [M]. 3 版. 曾攀，译. 北京：清华大学出版社，2006.

"两弹一星"功勋
科学家：王大珩
SZD－002

第3章　平面问题有限元法

经典的弹性力学解析法是从弹性力学基本方程入手，寻求满足各类偏微分方程、应力边界条件、位移边界条件，以及适合全域的解析解，一旦求出解析解，就可以知道弹性体区域内任意点的解。但是对大多数实际的问题，由于边界、载荷和约束条件的复杂，很难甚至无法用解析的方法求得解析解。有限元法摒弃了寻找满足整个弹性体区域解析解的思路，而是把求解的区域划分为数量有限的三角形或四边形子区域，每一个三角形或四边形的子区域称为一个单元，单元的顶点称为节点，各个单元通过节点相连，如图3-1所示。

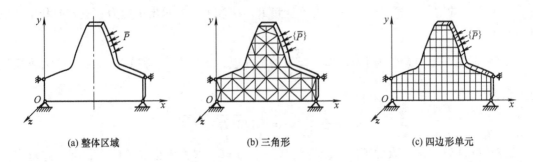

(a) 整体区域　　　　　　　　　(b) 三角形　　　　　　　　　(c) 四边形单元

图 3-1　有限单元近似代替整个求解域

每一个单元利用节点上的位移，通过单元插值的方法，建立该单元的位移函数，每一个单元都有对应的位移函数表达式。这样，用全部单元之和近似代替整个弹性体求解域，用全部单元的位移函数之和近似代替满足整个求解域的位移函数。然后，通过对单元进行力学特性分析，建立单元节点力与单元节点位移的关系式，将弹性体上的外载荷等效移置到节点上，在节点上建立力的平衡方程，求得节点位移，通过弹性力学基本方程，可求出单元的应变和应力。

本章介绍平面问题的有限元方法，包括三角形单元和四边形单元。根据节点的多少，三角形单元又分为3节点三角形单元和6节点三角形单元；四边形单元分为4节点矩形单元和8节点四边形单元。

3.1　3节点三角形单元的有限元方程

3.1.1　3节点三角形单元的位移函数和形函数

在图3-2（a）所划分的三角形单元区域中，任意取编号为 e 的三角形单元，其节点分别为 i、j、m，如图3-2（b）所示，对应的节点坐标分别为 (x_i, y_i)、(x_j, y_j) 和 $(x_m,$

y_m），对应的节点位移分别为 $q_i = \begin{Bmatrix} u_i \\ v_i \end{Bmatrix}$、$q_j = \begin{Bmatrix} u_j \\ v_j \end{Bmatrix}$ 和 $q_m = \begin{Bmatrix} u_m \\ v_m \end{Bmatrix}$，节点位移列阵为

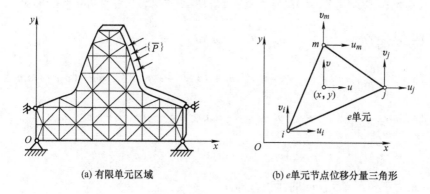

(a) 有限单元区域　　　　　　　　　(b) e 单元节点位移分量三角形

图 3-2　三角形单元的节点位移

$$\{q\}^e = \begin{Bmatrix} q_i \\ q_j \\ q_m \end{Bmatrix} = \begin{Bmatrix} u_i \\ v_i \\ u_j \\ v_j \\ u_m \\ v_m \end{Bmatrix}_{6\times 1} = \{u_i, v_i, u_j, v_j, u_m, v_m\}^{\mathrm{T}} \tag{3-1}$$

单元内部任意一点 (x, y) 的位移函数为 $\{q\} = \begin{Bmatrix} u \\ v \end{Bmatrix}_{(x,y)}$，假设 u、v 是关于 x、y 的线性函数，则单元的位移函数为

$$\{q\} = \begin{Bmatrix} u \\ v \end{Bmatrix} = \begin{Bmatrix} a_1 + a_2 x + a_3 y \\ a_4 + a_5 x + a_6 y \end{Bmatrix} \tag{3-2}$$

其中，$a_1 \sim a_6$ 为待定常数，q_i、q_j 和 q_m 应满足式（3-2），因而得到 6 个方程组

$$\begin{cases} u_i = a_1 + a_2 x_i + a_3 y_i \\ v_i = a_4 + a_5 x_i + a_6 y_i \\ u_j = a_1 + a_2 x_j + a_3 y_j \\ v_j = a_4 + a_5 x_j + a_6 y_j \\ u_m = a_1 + a_2 x_m + a_3 y_m \\ v_m = a_4 + a_5 x_m + a_6 y_m \end{cases} \tag{3-3}$$

求解以上方程组，可求出 $a_1 \sim a_6$

$$
\begin{cases}
a_1 = \dfrac{1}{2A}\big[\,(x_jy_m - x_my_j)u_i + (x_my_i - x_iy_m)u_j + (x_iy_j - x_jy_i)u_m\,\big] = \dfrac{1}{2A}(a_iu_i + a_ju_j + a_mu_m) \\[2mm]
a_2 = \dfrac{1}{2A}\big[\,(y_j - y_m)u_i + (y_m - y_i)u_j + (y_i - y_j)u_m\,\big] = \dfrac{1}{2A}(b_iu_i + b_ju_j + b_mu_m) \\[2mm]
a_3 = \dfrac{1}{2A}\big[\,(x_m - x_j)u_i + (x_j - x_m)u_j + (x_j - x_i)u_m\,\big] = \dfrac{1}{2A}(c_iu_i + c_ju_j + c_mu_m) \\[2mm]
a_4 = \dfrac{1}{2A}\big[\,(x_jy_m - x_my_j)v_i + (x_my_i - x_iy_m)v_j + (x_iy_j - x_jy_i)v_m\,\big] = \dfrac{1}{2A}(a_iv_i + a_jv_j + a_mv_m) \\[2mm]
a_5 = \dfrac{1}{2A}\big[\,(y_j - y_m)v_i + (y_m - y_i)v_j + (y_i - y_j)v_m\,\big] = \dfrac{1}{2A}(b_iv_i + b_jv_j + b_mv_m) \\[2mm]
a_6 = \dfrac{1}{2A}\big[\,(x_m - x_j)v_i + (x_j - x_m)v_j + (x_j - x_i)v_m\,\big] = \dfrac{1}{2A}(c_iv_i + c_jv_j + c_mv_m)
\end{cases}
$$

上式中 A 为三角形单元 ijm 的面积，即

$$
A = \frac{1}{2}
\begin{vmatrix}
1 & x_i & y_i \\
1 & x_j & y_j \\
1 & x_m & y_m
\end{vmatrix}
$$

$$
a_i = x_jy_m - x_my_j,\ a_j = x_my_i - x_iy_m,\ a_m = x_iy_j - x_jy_i
$$
$$
b_i = y_j - y_m,\ b_j = y_m - y_i,\ b_m = y_i - y_j
$$
$$
c_i = x_m - x_j,\ c_j = x_j - x_m,\ c_m = x_j - x_i
$$

a_i、b_i、$c_i(i = i,\ j,\ m)^{\ominus}$ 仅与节点 i、j、m 的坐标 $(x_i,\ y_i)$、$(x_j,\ y_j)$ 和 $(x_m,\ y_m)$ 有关，因此只要完成单元划分，将每一个节点的坐标成为已知，a_i、b_i、$c_i(i = i,\ j,\ m)$ 也就成为已知。

将 $a_1 \sim a_6$ 代入式 (3-2)，可得

$$
\{q\} = \begin{Bmatrix} u \\ v \end{Bmatrix} =
\begin{cases}
\dfrac{1}{2A}\big[\,(a_i + b_ix + c_iy)u_i + (a_j + b_jx + c_jy)u_j + (a_m + b_mx + c_my)u_m\,\big] \\[2mm]
\dfrac{1}{2A}\big[\,(a_i + b_ix + c_iy)v_i + (a_j + b_jx + c_jy)v_j + (a_m + b_mx + c_my)v_m\,\big]
\end{cases}
$$

$$\tag{3-4}$$

引入记号

$$
\begin{cases}
N_i = \dfrac{1}{2A}(a_i + b_ix + c_iy) \\[2mm]
N_j = \dfrac{1}{2A}(a_j + b_jx + c_jy) \\[2mm]
N_m = \dfrac{1}{2A}(a_m + b_mx + c_my)
\end{cases}
\tag{3-5}
$$

上式称为三角形单元的形函数。

$\ominus$　表示下标 i, j, m 轮换计算。——编辑注

位移函数（3-4）可写成矩阵表达式

$$\{q\} = \begin{Bmatrix} u \\ v \end{Bmatrix} = \begin{Bmatrix} N_i u_i + N_j u_j + N_m u_m \\ N_i v_i + N_j v_j + N_m v_m \end{Bmatrix}$$

$$= \begin{bmatrix} N_i & 0 & N_j & 0 & N_m & 0 \\ 0 & N_i & 0 & N_j & 0 & N_m \end{bmatrix}_{2 \times 6} \begin{Bmatrix} u_i \\ v_i \\ u_j \\ v_j \\ u_m \\ v_m \end{Bmatrix}_{6 \times 1} \tag{3-6}$$

$$= [N]_{2 \times 6} \{q\}^e_{6 \times 1}$$

简写为

$$\{q\} = [N]\{q\}^e \tag{3-7}$$

上式中 $[N]$ 称为形函数矩阵。

$$[N] = \begin{bmatrix} N_i & 0 & N_j & 0 & N_m & 0 \\ 0 & N_i & 0 & N_j & 0 & N_m \end{bmatrix}_{2 \times 6} \tag{3-8}$$

形函数是表示单元位移的重要函数，具有以下性质：

（1）在自身节点处，形函数的值等于 1，其他节点处等于 0，即

$$N_i(x_j, y_j) = \begin{cases} 1, & j = i \\ 0, & j \neq i \end{cases} \qquad (i, j = i, j, m)$$

在节点 i 处

$$N_i(x_i, y_i) = 1, \ N_i(x_j, y_j) = 0, \ N_i(x_m, y_m) = 0$$

在节点 j 处

$$N_j(x_i, y_i) = 0, \ N_j(x_j, y_j) = 1, \ N_j(x_m, y_m) = 0$$

在节点 m 处

$$N_m(x_i, y_i) = 0, \ N_m(x_j, y_j) = 0, \ N_m(x_m, y_m) = 1$$

由式（3-6），在节点 i 处 $u = N_i u_i$。形函数 $N_i(i, j, m)$ 表示当节点 $i(i = i, j, m)$ 产生 1 个单位位移时，单元内部各点位移的变化量，所以称之为位移的形状函数，简称形函数。

（2）单元中任意一点 (x, y) 处，各个形函数之和等于 1，即

$$N_i(x, y) + N_j(x, y) + N_m(x, y) = 1 \tag{3-9}$$

由式（3-5）不难证明上式。由于形函数是 (x, y) 的线性函数，单元内和单元边界上任意点的位移是 (x, y) 的线性函数，而且相邻两单元边界上点的 (x, y) 坐标是一样的，

因此相邻单元在公共边界上的位移是连续的。

3.1.2 3 节点三角形单元的应变和应力

1. 单元的应变

由弹性力学几何方程, 平面应力问题的应变分量有 3 个, 即

$$\{\varepsilon\}^e = \begin{Bmatrix} \varepsilon_x \\ \varepsilon_y \\ \gamma_{xy} \end{Bmatrix} = \begin{cases} \dfrac{\partial u}{\partial x} = a_2 = \dfrac{1}{2A}(b_i u_i + b_j u_j + b_m u_m) \\[2mm] \dfrac{\partial v}{\partial y} = a_6 = \dfrac{1}{2A}(c_i v_i + c_j v_j + c_m v_m) \\[2mm] \dfrac{\partial u}{\partial y} + \dfrac{\partial v}{\partial x} = a_3 + a_5 = \dfrac{1}{2A}(c_i u_i + b_i v_i + c_j u_j + b_j v_j + c_m u_m + b_m v_m) \end{cases}$$

$$(3\text{-}10)$$

写成矩阵形式, 有

$$\{\varepsilon\}_{3\times1}^e = \begin{Bmatrix} \varepsilon_x \\ \varepsilon_y \\ \gamma_{xy} \end{Bmatrix}_{3\times1} = \frac{1}{2A}\begin{bmatrix} b_i & 0 & b_j & 0 & b_m & 0 \\ 0 & c_i & 0 & c_j & 0 & c_m \\ c_i & b_i & c_j & b_j & c_m & b_m \end{bmatrix}_{3\times6} \begin{Bmatrix} u_i \\ v_i \\ u_j \\ v_j \\ u_m \\ v_m \end{Bmatrix}_{6\times1} = [B]_{3\times6}\{q\}_{6\times1}^e$$

即

$$\{\varepsilon\}^e = [B]\{q\}^e \qquad\qquad (3\text{-}11)$$

其中矩阵 $[B]$ 称为应变矩阵, 是 3×6 的矩阵

$$[B] = \frac{1}{2A}\begin{bmatrix} b_i & 0 & b_j & 0 & b_m & 0 \\ 0 & c_i & 0 & c_j & 0 & c_m \\ c_i & b_i & c_j & b_j & c_m & b_m \end{bmatrix}_{3\times6} = \begin{bmatrix} B_i & B_j & B_m \end{bmatrix}$$

写成分块矩阵表示为

$$\{\varepsilon\}^e = \begin{bmatrix} B_i & B_j & B_m \end{bmatrix}\begin{Bmatrix} q_i \\ q_j \\ q_m \end{Bmatrix} = [B]\{q\}^e \qquad\qquad (3\text{-}12)$$

式中分块矩阵分别为

$$[B_i] = \frac{1}{2A}\begin{bmatrix} b_i & 0 \\ 0 & c_i \\ c_i & b_i \end{bmatrix}(i = i,j,m), \quad q_i = \begin{Bmatrix} u_i \\ v_i \end{Bmatrix}(i = i,j,m)$$

由于 b_i 和 c_i（$i=i,\ j,\ m$）只与节点坐标有关，应变矩阵 $[B]$ 仅取决于单元的形状，当单元生成后，节点坐标值为定值，$[B]$ 矩阵中各元素都是常数，所以 $[B]$ 矩阵为常数矩阵。由式（3-10）可以看出，应变 $\{\varepsilon\}^e$ 中的分量 ε_x、ε_y、γ_{xy} 都是常数，与（$x,\ y$）坐标无关。3 节点三角形单元称为常应变单元，同一单元内的应变是一样的，相邻两单元在边界上的应变存在不连续或突变。一般通过细划单元，减小单元尺寸来提高计算精度。

2. 单元的应力

由弹性力学物理方程，平面应力问题的应力分量有 3 个，即

$$\{\sigma\}^e = \begin{Bmatrix} \sigma_x \\ \sigma_y \\ \tau_{xy} \end{Bmatrix}_{3\times1} = [D]_{3\times3}\{\varepsilon\}^e_{3\times1} = [D]_{3\times3}[B]_{3\times6}\{q\}^e_{6\times1} = [S]_{3\times6}\{q\}^e_{6\times1} \tag{3-13}$$

式中，$[S]$ 称为单元的应力矩阵，有

$$[S] = [D][B] \tag{3-14}$$

由于弹性矩阵

$$[D] = \frac{E}{1-\mu^2}\begin{bmatrix} 1 & & 对称 \\ \mu & 1 & \\ 0 & 0 & \dfrac{1-\mu}{2} \end{bmatrix}$$

是只与弹性模量 E 和泊松比 μ 相关的常数矩阵，应变矩阵 $[B]$ 是常数矩阵，故应力矩阵 $[S]$ 也是常数矩阵，且是 3×6 的矩阵

$$[S] = [D][B] = [D][B_i \quad B_j \quad B_m] = [S_i \quad S_j \quad S_m] \tag{3-15}$$

式中，分块矩阵 $S_i(i=i,\ j,\ m)$ 为 3×2 的矩阵，即

$$[S_i] = \frac{E}{2(1-\mu^2)A}\begin{bmatrix} b_i & \mu c_i \\ \mu b_i & c_i \\ \dfrac{1-\mu}{2}c_i & \dfrac{1-\mu}{2}b_i \end{bmatrix} \quad (i=i,j,m) \tag{3-16}$$

由于应力矩阵 $[S]$ 是与弹性模量 E、泊松比 μ 和节点坐标相关的常数矩阵，由式（3-13）可知，单元中各点的应力分量是一样的，与（$x,\ y$）坐标无关，单元为常应力单元，相邻两单元在边界上的应力存在不连续或突变。这是 3 节点三角形单元有限元位移法的不足之处，可以通过减小单元尺寸，使精度提高。

对于平面应变问题，把平面应力问题弹性矩阵 $[D]$ 中的 E 换成 $E/(1-\mu^2)$，μ 换成 $\mu/(1-\mu)$，便可得到平面应变问题的弹性矩阵，由式（3-16）可得到平面应变问题的应力矩阵。

3.1.3　3 节点三角形单元的基本方程——节点力与节点位移的关系

1. 虚位移原理推导单元基本方程和单元刚度矩阵

将作用在 e 单元上的所有外力载荷等效移置到三个节点 i、j、m 上（移置方法见 3.1.5

节），如图 3-3 所示，e 单元对应的节点力列阵为

$$\{F\}^e = \{F_i, F_j, F_m\}^e = \{F_{ix}, F_{iy}, F_{jx}, F_{jy}, F_{mx}, F_{my}\}^{eT}_{6 \times 1} \tag{3-17}$$

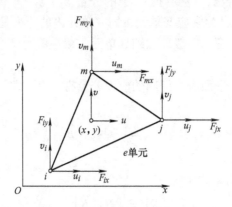

图 3-3　节点位移和节点力分量

假设单元处于平衡状态下，节点 i、j、m 处产生了微小的虚位移

$$\{\delta q\}^e = \{\delta u_i, \delta v_i, \delta u_j, \delta v_j, \delta u_m, \delta v_m\}^{eT}$$

由位移函数（3-7），单元内任意一点（x，y）的虚位移为

$$\{\delta q\} = [N]\{\delta q\}^e$$

由几何方程（3-11），虚位移产生的虚应变为

$$\{\delta \varepsilon\}^e = [B]^e\{\delta q\}^e$$

节点力 $\{F\}^e$ 在节点虚位移 $\{\delta q\}^e$ 上所做的虚功为

$$\delta W = F_{ix}\delta u_i + F_{iy}\delta v_i + F_{jx}\delta u_j + F_{jy}\delta v_j + F_{mx}\delta u_m + F_{my}\delta v_m = \{\delta q\}^{eT}\{F\}^e \tag{3-18}$$

由式（2-99），单元应力$\{\sigma\}^e = [S]^e\{\varepsilon\}^e = [D][B]^e\{q\}^e$ 在虚应变上所做虚功为

$$\delta U = \iiint_V \{\delta \varepsilon\}^{eT}\{\sigma\}^e \mathrm{d}x\mathrm{d}y\mathrm{d}z = \iint_e \{[B]^e\{\delta q\}^e\}^T \{[D][B]^e\{q\}^e\} \mathrm{d}x\mathrm{d}y \cdot t$$

$$= \{\delta q\}^{eT} \iint_e [B]^{eT}[D][B]^e \mathrm{d}x\mathrm{d}y \cdot t\{q\}^e \tag{3-19}$$

$$= \{\delta q\}^{eT}[k]^e\{q\}^e$$

式中，令

$$[k]^e = \iint_e [B]^{eT}[D][B]^e \mathrm{d}x\mathrm{d}y \cdot t \tag{3-20}$$

$[k]^e$ 称为单元刚度矩阵，其中 t 为单元的厚度。式（3-19）可写为

$$\delta U = \{\delta q\}^{eT} [k]^e \{q\}^e$$

根据虚位移原理，外力在虚位移上所做虚功等于弹性体内应力在虚应变上所做虚功

$$\delta U = \delta W$$

由式（3-18）和式（3-19）有

$$\{\delta q\}^{e\mathrm{T}}[k]^e\{q\}^e = \{\delta q\}^{e\mathrm{T}}\{F\}^e$$

由于虚位移是任意且连续的，上式两边同时除以虚位移列阵 $\{\delta q\}^{e\mathrm{T}}$，有

$$[k]^e\{q\}^e = \{F\}^e \tag{3-21}$$

上式称为单元的基本方程，表示了节点位移 $\{q\}^e$ 与节点力 $\{F\}^e$ 之间的关系，代表 6 个线性代数方程组，可求解 6 个未知的节点位移和节点力分量。

单元刚度矩阵 $[k]^e$ 为

$$[k]^e = \iint_e [B]_{6\times3}^{e\mathrm{T}}[D]_{3\times3}[B]_{3\times6}^e \mathrm{d}x\mathrm{d}y \cdot t = [B]^{e\mathrm{T}}[D][B]^e\iint_e \mathrm{d}x\mathrm{d}y \cdot t = [B]^{e\mathrm{T}}[D][B]^e At$$

$$= [B_i \quad B_j \quad B_m]^{e\mathrm{T}}[S_i \quad S_j \quad S_m]At$$

$$= \begin{bmatrix} [k_{ii}] & [k_{ij}] & [k_{im}] \\ [k_{ji}] & [k_{jj}] & [k_{jm}] \\ [k_{mi}] & [k_{mj}] & [k_{mm}] \end{bmatrix}^e_{6\times6} \tag{3-22}$$

式中，A 和 t 分别为三角形单元的面积和厚度，每个子矩阵均为 2×2 的方阵

$$[k_{sr}] = At[B_s]^{\mathrm{T}}[B_r]$$

$$= \frac{Et}{4(1-\mu^2)A}\begin{bmatrix} b_sb_r + \dfrac{(1-\mu)}{2}c_sc_r & \mu b_sc_r + \dfrac{(1-\mu)}{2}b_sc_r \\ \mu b_rc_s + \dfrac{(1-\mu)}{2}b_sc_r & c_sc_r + \dfrac{(1-\mu)}{2}b_sb_r \end{bmatrix} \tag{3-23}$$

$$(s=i,j,m \quad r=i,j,m)$$

由式（3-22）和式（3-23）可看出，$[k_{sr}]=[k_{rs}]$，单元刚度矩阵 $[k]^e$ 是 6×6 的对称矩阵。

如果用分块矩阵表示，则单元基本方程（3-21）可写成

$$\begin{bmatrix} [k_{ii}] & [k_{ij}] & [k_{im}] \\ [k_{ji}] & [k_{jj}] & [k_{jm}] \\ [k_{mi}] & [k_{mj}] & [k_{mm}] \end{bmatrix}^e_{6\times6} \begin{Bmatrix} q_i \\ q_j \\ q_m \end{Bmatrix}^e_{6\times1} = \begin{Bmatrix} F_i \\ F_j \\ F_m \end{Bmatrix}^e_{6\times1} \tag{3-24}$$

2. 最小位能原理推导单元基本方程和单元刚度矩阵

根据弹性力学方程（2-87），单元 e 变形时的应变能为

$$U^e = \frac{1}{2}\iiint_V \{\sigma\}^{e\mathrm{T}}\{\varepsilon\}^e \mathrm{d}V = \frac{1}{2}\iint_e \{\sigma\}^{e\mathrm{T}}\{\varepsilon\}^e \mathrm{d}x\mathrm{d}y \cdot t$$

$$= \frac{1}{2}\iint_e \{[D][B]^e\{q\}^e\}^{\mathrm{T}}\{[B]^e\{q\}^e\}\mathrm{d}x\mathrm{d}y \cdot t$$

$$= \frac{1}{2}\iint_e \{q\}^{e\mathrm{T}}[B]^{e\mathrm{T}}[D]^{\mathrm{T}}[B]^e\{q\}^e\mathrm{d}x\mathrm{d}y \cdot t \tag{3-25}$$

$$= \frac{1}{2}\{q\}^{e\mathrm{T}}\iint_e [B]^{e\mathrm{T}}[D][B]^e\mathrm{d}x\mathrm{d}y \cdot t\{q\}^e$$

$$= \frac{1}{2}\{q\}^{e\mathrm{T}}[k]^e\{q\}^e$$

式中，t 为单元的厚度；$[D]$ 为弹性矩阵，由于对称，$[D]^{\mathrm{T}} = [D]$；$[k]^e$ 为单元的刚度矩阵

$$[k]^e = \iint\limits_e [B]^{e\mathrm{T}} [D] [B]^e \mathrm{d}x\mathrm{d}y \cdot t \tag{3-26}$$

单元的刚度矩阵 $[k]^e$ 为常数矩阵，展开后与式（3-22）一样。

单元的应变能可简写为

$$U^e = \frac{1}{2} \{q\}^{e\mathrm{T}} [k]^e \{q\}^e \tag{3-27}$$

单元的外力位能为

$$\psi^e = -W^e = -[F_{ix}u_i + F_{iy}v_i + F_{jx}u_j + F_{jy}v_j + F_{mx}u_m + F_{my}v_m] = -\{q\}^{e\mathrm{T}} \{F\}^e \tag{3-28}$$

单元的总位能为

$$\varPi^e = U^e + \psi^e = \frac{1}{2} \{q\}^{e\mathrm{T}} [k]^e \{q\}^e - \{q\}^{e\mathrm{T}} \{F\}^e \tag{3-29}$$

根据最小位能原理，在符合几何约束条件的所有位移中，能满足外力边界条件和静力平衡方程的位移，所对应的总位能为最小值。由于节点位移 $\{q\}^e$ 不能是任意的，必须满足

$$\frac{\partial \varPi^e}{\partial \{q\}^e} = 0 \tag{3-30}$$

即

$$\frac{\partial \varPi^e}{\partial \{q\}^e} = \frac{\partial \left(\dfrac{1}{2} \{q\}^{e\mathrm{T}} [k]^e \{q\}^e - \{q\}^{e\mathrm{T}} \{F\}^e \right)}{\partial \{q\}^e} = 0$$

由此可得单元的基本方程为

$$[k]^e \{q\}^e = \{F\}^e \tag{3-31}$$

用虚位移原理或最小位能原理，均可以得出单元的基本方程和单元刚度矩阵。虽然这里是由 3 节点三角形常应变单元推导而得，但两式所基于的原理、方法和推导过程，具有普遍性，后续其他节点和形状单元的推导与此类似，只是具体计算细节不一样。

3.1.4　3 节点三角形单元刚度矩阵的性质及力学意义

1. 单元刚度矩阵的形成过程

单元的基本方程（3-21）、（3-31）表示了节点位移与节点力的关系，之间的转换关系为单元刚度矩阵 $[k]^e$，是有限元计算中的关键问题，解答过程中大量的计算是形成单元刚度矩阵，它的形成过程如图 3-4 所示。

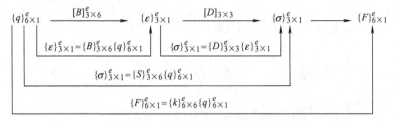

图 3-4　单元刚度矩阵的形成过程

应变矩阵 $[B]$ 由 i、j、m 三个节点的坐标 (x_i, y_i)、(x_j, y_j)、(x_m, y_m) 确定，弹性矩阵 $[D]$ 由弹性模量 E 和泊松比 μ 确定，应力矩阵 $[S]=[D][B]$ 是与弹性模量 E、泊松比 μ 和节点坐标相关的常数矩阵，单元刚度矩阵 $[k]^e=[B]^{eT}[D][B]^eAt$ 中的每一元素也为常数。下面以图 3-5 为例，说明单元刚度矩阵的形成过程。

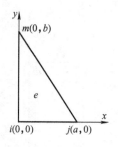

图 3-5　平面应力单元

如图 3-5 所示，单元 e 的节点坐标为 $i(0, 0)$、$j(a, 0)$、$m(0, b)$，它的弹性模量为 E，泊松比为 μ，厚度为 t。

（1）求应变矩阵 $[B]^e$

$$b_i = y_j - y_m = -b, \quad c_i = x_m - x_j = -a$$
$$b_j = y_m - y_i = b, \quad c_j = x_i - x_m = 0$$
$$b_m = y_i - y_j = 0, \quad c_m = x_j - x_i = a$$

$$A = \frac{1}{2}ab$$

$$[B]^e = \frac{1}{2A}\begin{bmatrix} b_i & 0 & b_j & 0 & b_m & 0 \\ 0 & c_i & 0 & c_j & 0 & c_m \\ c_i & b_i & c_j & b_j & c_m & b_m \end{bmatrix}_{3\times6} = \frac{1}{ab}\begin{bmatrix} -b & 0 & b & 0 & 0 & 0 \\ 0 & -a & 0 & 0 & 0 & a \\ -a & -b & 0 & b & a & 0 \end{bmatrix}_{3\times6}$$

（2）求弹性矩阵 $[D]$

$$[D] = \frac{E}{1-\mu^2}\begin{bmatrix} 1 & \mu & 0 \\ \mu & 1 & 0 \\ 0 & 0 & \dfrac{1-\mu}{2} \end{bmatrix}$$

（3）求应力矩阵 $[S]^e$

由式（3-15）、式（3-16），应力矩阵为

$$[S]^e = [D][B]^e = [\,S_i \quad S_j \quad S_m\,]^e$$

$$= \frac{E}{(1-\mu^2)ab}\begin{bmatrix} -b & -\mu a & b & 0 & 0 & \mu a \\ -\mu b & -a & \mu b & 0 & 0 & a \\ -\dfrac{1-\mu}{2}a & -\dfrac{1-\mu}{2}b & 0 & \dfrac{1-\mu}{2}b & \dfrac{1-\mu}{2}a & 0 \end{bmatrix}_{3\times6}$$

（4）求单元刚度矩阵 $[k]^e$

由式（3-20）和式（3-21），单元刚度矩阵 $[k]^e$ 为

$$[k]^e = \iint\limits_e [B]^{eT}[D][B]^e \mathrm{d}x\mathrm{d}y \cdot t = \begin{bmatrix} [k_{ii}] & [k_{ij}] & [k_{im}] \\ [k_{ji}] & [k_{jj}] & [k_{jm}] \\ [k_{mi}] & [k_{mj}] & [k_{mm}] \end{bmatrix}^e_{6\times6}$$

$$
= \frac{Et}{2(1-\mu^2)ab}
\begin{bmatrix}
b^2 + \dfrac{1-\mu}{2}a^2 & \mu ab + \dfrac{1-\mu}{2}ab & -b^2 & -\dfrac{1-\mu}{2}ab & -\dfrac{1-\mu}{2}a^2 & -\mu ab \\[2mm]
\mu ab + \dfrac{1-\mu}{2}ab & a^2 + \dfrac{1-\mu}{2}b^2 & -\mu ab & -\dfrac{1-\mu}{2}b^2 & -\dfrac{1-\mu}{2}ab & -a^2 \\[2mm]
-b^2 & -\mu ab & b^2 & 0 & 0 & \mu ab \\[2mm]
-\dfrac{1-\mu}{2}ab & -\dfrac{1-\mu}{2}b^2 & 0 & \dfrac{1-\mu}{2}b^2 & \dfrac{1-\mu}{2}ab & 0 \\[2mm]
-\dfrac{1-\mu}{2}a^2 & -\dfrac{1-\mu}{2}ab & 0 & \dfrac{1-\mu}{2}ab & \dfrac{1-\mu}{2}a^2 & 0 \\[2mm]
-\mu ab & -a^2 & \mu ab & 0 & 0 & a^2
\end{bmatrix}
\begin{matrix} \left.\rule{0mm}{7mm}\right\}i \\[2mm] \left.\rule{0mm}{7mm}\right\}j \\[2mm] \left.\rule{0mm}{7mm}\right\}m \end{matrix}
$$

$$\underbrace{\qquad\qquad}_{i}\quad\underbrace{\qquad}_{j}\quad\underbrace{\qquad}_{m}$$

$$(3\text{-}32)$$

2. 单元刚度矩阵的性质

单元刚度矩阵 $[k]^e$ 有以下性质：

（1）对称性

由式（3-32）可看出，单元刚度矩阵 $[k]^e$ 中的元素 $k_{sr} = k_{rs}$，$[k]^e$ 为对称矩阵，有

$$[k]^{eT} = [k]^e$$

（2）奇异性

由式（3-32）可看出，单元刚度矩阵 $[k]^e$ 中的第 1、3、5 行（或列）对应元素之和为 0，第 2、4、6 行（或列）对应元素之和为 0。

单元基本方程 $[k]^e \{q\}^e = \{F\}^e$ 可写为

$$
\begin{bmatrix}
k_{11} & k_{12} & k_{13} & k_{14} & k_{15} & k_{16} \\
k_{21} & k_{22} & k_{23} & k_{24} & k_{25} & k_{26} \\
k_{31} & k_{32} & k_{33} & k_{34} & k_{35} & k_{36} \\
k_{41} & k_{42} & k_{43} & k_{44} & k_{45} & k_{46} \\
k_{51} & k_{52} & k_{53} & k_{54} & k_{55} & k_{56} \\
k_{61} & k_{62} & k_{63} & k_{64} & k_{65} & k_{66}
\end{bmatrix}^e_{6\times6}
\begin{Bmatrix} u_i \\ v_i \\ u_j \\ v_j \\ u_m \\ v_m \end{Bmatrix}^e_{6\times1}
=
\begin{Bmatrix} F_{ix} \\ F_{iy} \\ F_{jx} \\ F_{jy} \\ F_{mx} \\ F_{my} \end{Bmatrix}^e_{6\times1}
$$

根据单元平衡条件有 $\sum X = 0$，$\sum Y = 0$，即

$$\sum X = F_{ix} + F_{jx} + F_{mx}$$

$$= (k_{11} + k_{31} + k_{51})u_i + (k_{12} + k_{32} + k_{52})v_i + \cdots + (k_{16} + k_{36} + k_{56})v_m = 0$$

$$\sum Y = F_{iy} + F_{jy} + F_{my}$$

$$= (k_{21} + k_{41} + k_{61})u_i + (k_{22} + k_{42} + k_{62})v_i + \cdots + (k_{26} + k_{46} + k_{66})v_m = 0$$

由于位移 $\{q\}^e = \{u_i,\ v_i,\ u_j,\ v_j,\ u_m,\ v_m\}^T$ 的分量是任意的，不可能全等于 0，上式只有各系数之和为 0，才能成立。即单元刚度矩阵 $[k]^e$ 中的第 1、3、5 行对应元素之和为 0，第 2、4、6 行对应元素之和为 0，即

$$\begin{cases} k_{11} + k_{31} + k_{51} = 0, \ k_{21} + k_{41} + k_{61} = 0, \ k_{11} + k_{13} + k_{15} = 0, \ k_{12} + k_{14} + k_{16} = 0 \\ k_{12} + k_{32} + k_{52} = 0, \ k_{22} + k_{42} + k_{62} = 0, \ k_{21} + k_{23} + k_{25} = 0, \ k_{22} + k_{24} + k_{26} = 0 \\ \vdots \\ k_{16} + k_{36} + k_{56} = 0, \ k_{26} + k_{46} + k_{66} = 0, \ k_{61} + k_{63} + k_{65} = 0, \ k_{62} + k_{64} + k_{66} = 0 \end{cases}$$

单元刚度矩阵 $[k]^e$ 的奇异性，保证了单元基本方程 $[k]^e\{q\}^e = \{F\}^e$ 自然满足力的平衡条件。

（3）主元恒正性

由式（3-32）可看出，单元刚度矩阵 $[k]^e$ 中，任意对角元素的值恒大于 0。

以上性质虽然是从一个直角三角形单元的刚度矩阵中得出的，但事实上，任意三角形单元都可以得出与以上相同的性质。由于单元刚度矩阵 $[k]^e$ 取决于 3 个节点的坐标差，任何形状一样的单元，如果弹性模量和泊松比相同，则单元刚度矩阵是一样的。

3. 单元刚度矩阵的力学意义

单元刚度矩阵中的各元素，表示单元由于某个节点产生单位位移时，在另一节点所引起的节点力。由分块矩阵表示的单元基本方程为

$$\begin{bmatrix} [k_{ii}] & [k_{ij}] & [k_{im}] \\ [k_{ji}] & [k_{jj}] & [k_{jm}] \\ [k_{mi}] & [k_{mj}] & [k_{mm}] \end{bmatrix}^e_{6\times6} \begin{Bmatrix} q_i \\ q_j \\ q_m \end{Bmatrix}^e_{6\times1} = \begin{Bmatrix} F_i \\ F_j \\ F_m \end{Bmatrix}^e_{6\times1}$$

上式表示，在单元 e 内，有

$$F_i = [k_{ii}]\{q_i\} + [k_{ij}]\{q_j\} + [k_{im}]\{q_m\} \quad (i = i, j, m) \tag{3-33}$$

从上式可看出，单元刚度矩阵 $[k]^e$ 中的分块矩阵 $[k_{ij}]$ 表示在节点 j 产生单位位移时，在节点 i 处引起的节点力 F_i，说明节点 j 的位移矢量和节点 i 的节点力矢量之间的关系。若单元的三个节点都有位移，则任意一个节点的节点力矢量，与三个节点的位移矢量都相关。

3.1.5　非节点载荷的移置

作用在平面上的外载荷，如集中力、体积力、面力等，在划分单元后，不一定刚好作用在节点上，而单元基本方程的建立是以节点力为基础的，所以需要将非节点载荷等效移置到节点上。有限元方法中，使用虚位移原理进行载荷的等效移置，保证移置前后载荷在约束允许的任意虚位移上所做的虚功相等。

1. 集中力的移置

如图 3-6 所示，假设单元 e 在任一点 (x, y) 处受集中力 $\{P\}^e = \{P_x, P_y\}^{eT}$ 作用，移置到节点的等效节点力列阵为

$$\{F_P\}^e = \{F_{ix}, F_{iy}, F_{jx}, F_{jy}, F_{mx}, F_{my}\}^T_P$$

假想这个单元产生约束允许的虚位移，节点的虚位

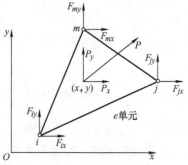

图 3-6　集中力移置

移为 $\{\delta q\}^e$，由式 (3-7)，集中力 $\{P\}$ 作用于点 (x, y) 的相应虚位移为

$$\{\delta q\} = [N]\{\delta q\}^e$$

集中力 $\{P\}^e$ 在 (x, y) 处虚位移 $\{\delta q\}$ 上所做虚功为

$$P_x\delta u + P_y\delta u = \{\delta q\}^{e\mathrm{T}}\{P\}^e = \{[N]\{\delta q\}^e\}^{\mathrm{T}}\{P\}^e = \{\delta q\}^{e\mathrm{T}}[N]^{\mathrm{T}}\{P\}^e \qquad (3\text{-}34)$$

等效节点力 $\{F_P\}^e$ 在节点虚位移 $\{\delta q\}^e$ 上所做的虚功为

$$F_{ix}\delta u_i + F_{iy}\delta v_i + F_{jx}\delta u_j + F_{jy}\delta v_j + F_{mx}\delta u_m + F_{my}\delta v_m = \{\delta q\}^{e\mathrm{T}}\{F_P\}^e \qquad (3\text{-}35)$$

根据虚位移原理，集中力 $\{P\}^e = \{P_x, P_y\}^{\mathrm{T}}$ 在 (x, y) 虚位移 $\{\delta q\}$ 上所做虚功，与等效节点力 $\{F_P\}^e$ 在节点虚位移 $\{\delta q\}^e$ 上所做虚功相等，由式 (3-34) 和式 (3-35)，有

$$\{\delta q\}^{e\mathrm{T}}\{F_P\}^e = \{\delta q\}^{e\mathrm{T}}[N]^{\mathrm{T}}\{P\}^e \qquad (3\text{-}36)$$

由于虚位移是任意的，因而 $\{\delta q\}^{e\mathrm{T}}$ 也是任意的，故

$$\{F_P\}^e = [N]^{\mathrm{T}}\{P\}^e \qquad (3\text{-}37)$$

展开后为

$$\{F_P\}^e = \{F_{ix}, F_{iy}, F_{jx}, F_{jy}, F_{mx}, F_{my}\}^{\mathrm{T}}_P = \begin{bmatrix} N_i & 0 & N_j & 0 & N_m & 0 \\ 0 & N_i & 0 & N_j & 0 & N_m \end{bmatrix}^{\mathrm{T}} \begin{Bmatrix} P_x \\ P_y \end{Bmatrix}$$

$$(3\text{-}38)$$

2. 体积力的移置

如图 3-7 所示，如果单元 e 有单位体积力载荷 $\{G\}^e = \{G_x, G_y\}^{e\mathrm{T}}$，把微分体积 $\mathrm{d}x\mathrm{d}y \cdot t$ 上的体积力 $\{G\}^e\mathrm{d}x\mathrm{d}y \cdot t$ 作为集中力，由式 (3-37) 可得移置后的等效节点力列阵为

$$\{F_G\}^e = \iint_e [N]^{\mathrm{T}}\{G\}^e\mathrm{d}x\mathrm{d}y \cdot t \quad (3\text{-}39)$$

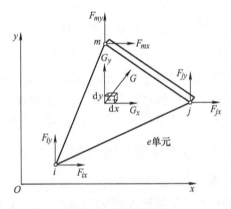

图 3-7　体积力移置

假设体积力为重力 g，方向为 $-y$，体积力载荷为 $\{G\}^e = \{0, -g\}^e$，代入式 (3-38)，等效节点力列阵为

$$\{F_G\}^e = \iint_e [N]^{\mathrm{T}}\{G\}^e\mathrm{d}x\mathrm{d}y \cdot t = \iint_e \begin{bmatrix} N_i & 0 & N_j & 0 & N_m & 0 \\ 0 & N_i & 0 & N_j & 0 & N_m \end{bmatrix}^{\mathrm{T}} \begin{Bmatrix} 0 \\ -g \end{Bmatrix} \mathrm{d}x\mathrm{d}y \cdot t$$

$$= -\frac{1}{3}Atg\{0, 1, 0, 1, 0, 1\}^{\mathrm{T}}$$

式中，A 为三角形单元的面积；t 为单元厚度。

上式表示单元上的体积力载荷 $\{G\}^e = \{0, -g\}^e$ 等效移置到节点 i、j、m 上时，每个节点仅有 y 方向上的节点力分量，且 3 个节点沿 y 方向的节点力分量一样，都是单元重力的 1/3。

3. 面力的移置

平面单元的面力一般垂直于作用的单元边界，如图3-8（a）所示，设单元 e 的某一边界 im 作用有均匀分布的单位面积面力 $\{\overline{P}\}^e = \{\overline{P}_x, \overline{P}_y\}^T$，把微分面 $dl \cdot t$ 上的力 $\{\overline{P}\}^e dl \cdot t$ 当作集中力，利用式（3-37）进行积分，可得移置后的等效节点力列阵为

$$\{F_{\overline{P}}\}^e = \int_l [N]^T \{\overline{P}\}^e dl \cdot t \tag{3-40}$$

如果面力是如图3-8（a）所示均匀分布载荷，边界 im 的边长为 l，边界 im 上任意一点的面力一样，且为常量，即

$$\{\overline{P}\}^e = \begin{Bmatrix} \overline{P}_x \\ \overline{P}_y \end{Bmatrix} = \begin{Bmatrix} \overline{P}\sin\alpha \\ -\overline{P}\cos\alpha \end{Bmatrix} = \overline{P} \begin{Bmatrix} \dfrac{y_m - y_i}{l} \\ \dfrac{x_i - x_m}{l} \end{Bmatrix}$$

由式（3-40），移置后的等效节点力列阵为

$$\{F_{\overline{P}}\}^e = \int_l [N]^T \{\overline{P}\} dl \cdot t = \int_l [N]^T \begin{Bmatrix} \overline{P}_x \\ \overline{P}_y \end{Bmatrix} dl \cdot t = \frac{1}{2} \overline{P} lt \{\sin\alpha, -\cos\alpha, 0, 0, \sin\alpha, -\cos\alpha\}^T$$

从上式可看出，作用在单元 e 的边界 im 上的均匀分布面载荷，等效移置到节点的节点力分量，只在 i、m 两个节点上有 x、y 方向的节点力分量，且节点力分量相等；在节点 j 上的等效节点力为0。

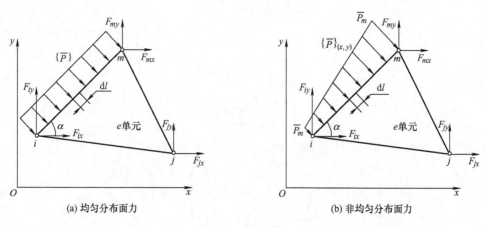

(a) 均匀分布面力　　　　　　　　　　(b) 非均匀分布面力

图3-8　面力移置

对于图3-8（b）所示沿单元边界线性变化的面力，im 边界节点间任意位置 (x, y) 的面力 $\{\overline{P}\}_{(x, y)} = \{\overline{P}_x, \overline{P}_y\}^T$，可用节点 i、m 处的面力 $\{\overline{P}_i\} = \{\overline{P}_{ix}, P_{iy}\}^T$ 和 $\{\overline{P}_m\} = \{\overline{P}_{mx}, \overline{P}_{my}\}^T$ 进行插值计算而得

$$\{\overline{P}\}_{(x, y)} = N_i \{\overline{P}_i\} + N_m \{\overline{P}_m\} \tag{3-41}$$

式中，N_i 和 N_m 为单元的形函数。

由式（3-40），面力移置后的等效节点力列阵为

$$\{F_{\overline{P}}\}^e = \int_l [N]^{\mathrm{T}}\{\overline{P}\}_{(x, y)}\mathrm{d}l \cdot t = \int_l [N]^{\mathrm{T}}\{N_i\{\overline{P}_i\} + N_m\{\overline{P}_m\}\}\mathrm{d}l \cdot t \quad (3\text{-}42)$$

对于沿边界非均匀、非线性变化的面力，同样可以采用线性化的插值方法处理，当单元尺寸足够小时，线性化的处理产生的误差也会减小。另外，在有限元程序计算中，单元边界的边长 l 和角度 α 根据节点坐标即可计算出，无需再输入。

4. 单元总节点力列阵

如果在单元 e 上存在集中力 $\{P\}^e$、体积力 $\{G\}^e$ 和面力 $\{\overline{P}\}^e$，分别计算出移置后的等效节点力 $\{F_P\}^e$、$\{F_G\}^e$ 和 $\{F_{\overline{P}}\}^e$，单元总的节点力列阵为

$$\{F\}^e = \{F_P\}^e + \{F_G\}^e + \{F_{\overline{P}}\}^e \quad (3\text{-}43)$$

单元基本方程 $[k]^e\{q\}^e = \{F\}^e$ 中的节点力列阵 $\{F\}^e$，应由式（3-43）计算而得。

3.1.6 总体刚度矩阵的建立与分析

前面介绍了任意单元 e 的基本方程、刚度矩阵的生成方法、等效节点力列阵的移置方法，整个弹性体区域被划分为由有限个单元通过节点相连而成的离散区域。

1. 单元集合

单元之间通过节点相连，当弹性体处于平衡状态时，每个节点处于平衡状态。如图 3-9 所示，与节点 i 相连的单元有多个，节点 i 处的节点力为 $\{R_i\} = \{R_{ix}, R_{iy}\}^{\mathrm{T}}$，需计入所有与节点 i 相连接单元的节点力

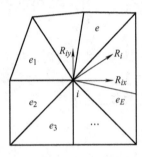

$$\{R_i\} = \begin{Bmatrix} R_{ix} \\ R_{iy} \end{Bmatrix} = \begin{Bmatrix} \sum_e F_{ix} \\ \sum_e F_{iy} \end{Bmatrix} \quad (3\text{-}44)$$

图 3-9 节点力集合

简写为

$$\{R_i\} = \sum_e \{F_i\}^e \quad (3\text{-}45)$$

在任意一个单元 e 中，由分块矩阵表示的单元基本方程为

$$\begin{bmatrix} [k_{ii}] & [k_{ij}] & [k_{im}] \\ [k_{ji}] & [k_{jj}] & [k_{jm}] \\ [k_{mi}] & [k_{mj}] & [k_{mm}] \end{bmatrix}^e_{6\times6} \begin{Bmatrix} q_i \\ q_j \\ q_m \end{Bmatrix}^e_{6\times1} = \begin{Bmatrix} F_i \\ F_j \\ F_m \end{Bmatrix}^e_{6\times1} \quad (3\text{-}46)$$

根据上式，在单元 e 中，节点 i 处的节点力为

$$\{F_i\}^e = [k_{ii}]^e\{q_i\}^e + [k_{ij}]^e\{q_j\}^e + [k_{im}]^e\{q_m\}^e = [k_{ii} \quad k_{ij} \quad k_{im}]^e\{q\}^e$$

代入式（3-44），得

$$\{R_i\} = \sum_e \{F_i\}^e = \sum_e [k_{ii} \quad k_{ij} \quad k_{im}]^e\{q\}^e \quad (3\text{-}47)$$

式（3-47）为所有与节点 i 相连的单元在节点 i 处的节点力之和。可简写为

$$\sum_e \sum [k_{is}]\{q_s\}^e = \{R_i\} \quad (s = i, j, m; e = e_1, e_2, \cdots, e_E) \quad (3\text{-}48)$$

式（3-47）为节点 i 的平衡方程，表示节点 i 处的节点力与相关单元节点位移之间的关系。如果整个弹性体区域有 E 个单元，n 个节点，将全部单元进行集合，可得到弹性体的总体有限元基本方程

$$[K]\{q\} = \{R\} \tag{3-49}$$

式中，$[K]$ 为总体刚度矩阵，它是 $2n \times 2n$ 的方阵，n 为节点总数；$\{q\}$ 为总体位移列阵，是 $2n \times 1$ 的列阵；$\{R\}$ 为总体节点力列阵，是 $2n \times 1$ 的列阵，表示载荷等效移置到各节点的节点力之和。

弹性体的总体有限元基本方程（3-49）表示 $2n$ 元线性方程组。

2. 总体单元刚度矩阵的建立

对于划分了有限个单元的弹性体，总体刚度矩阵的建立过程如下：

（1）定义每个单元的节点顺序，逆时针方向定义 $i \to j \to m$，形成每个单元的刚度矩阵 $[k]^e$。

（2）将各单元刚度矩阵 $[k]^e$ 中的子矩阵 $[k_{ij}]$ 送到总体刚度矩阵对应的位置上，同一位置上的不同单元的分块子矩阵，进行叠加。

如果节点总数为 n，则总体刚度矩阵为 $2n \times 2n$ 的矩阵，分块矩阵为 $n \times n$ 的矩阵。

3. 总体刚度矩阵建立举例

下面以图 3-10 为例，说明总体有限元平衡方程的建立和总体刚度矩阵的形成过程。

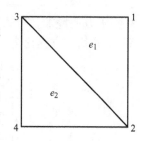

如图 3-10 所示，厚度为 t 的正方形板，划分为 e_1、e_2 两个单元，4 个节点。单元 e_1 的节点顺序 $i \to j \to m$ 为 $1 \to 3 \to 2$，单元 e_2 的节点顺序 $i \to j \to m$ 为 $4 \to 2 \to 3$。按照 3.1.4 节介绍的方法，分别生成单元 e_1 和 e_2 的单元刚度矩阵 $[k]^{e_1}$ 和 $[k]^{e_2}$。由式（3-46），e_1、e_2 两个单元的基本方程分别为

图 3-10　两个单元

$$e_1:\quad \begin{matrix} 1 & 3 & 2 \end{matrix}$$
$$\begin{matrix} 1 \\ 3 \\ 2 \end{matrix}\begin{bmatrix} [k_{11}] & [k_{13}] & [k_{12}] \\ [k_{31}] & [k_{33}] & [k_{32}] \\ [k_{21}] & [k_{23}] & [k_{22}] \end{bmatrix}^{e_1}_{6\times6} \begin{Bmatrix} q_1 \\ q_3 \\ q_2 \end{Bmatrix}^{e_1}_{6\times1} = \begin{Bmatrix} F_1 \\ F_3 \\ F_2 \end{Bmatrix}^{e_1}_{6\times1} \tag{3-50}$$

$$e_2:\quad \begin{matrix} 4 & 2 & 3 \end{matrix}$$
$$\begin{matrix} 4 \\ 2 \\ 3 \end{matrix}\begin{bmatrix} [k_{44}] & [k_{42}] & [k_{43}] \\ [k_{24}] & [k_{22}] & [k_{23}] \\ [k_{34}] & [k_{32}] & [k_{33}] \end{bmatrix}^{e_2}_{6\times6} \begin{Bmatrix} q_4 \\ q_2 \\ q_3 \end{Bmatrix}^{e_2}_{6\times1} = \begin{Bmatrix} F_4 \\ F_2 \\ F_3 \end{Bmatrix}^{e_2}_{6\times1} \tag{3-51}$$

总体单元共 4 个节点，总体位移列阵为

$$\{q\} = \{q_1, q_2, q_3, q_4\}^T = \{u_1, v_1, u_2, v_2, u_3, v_3, u_4, v_4\}^T$$

总体节点力列阵为

$$\{R\} = \{R_1, R_2, R_3, R_4\}^T = \{R_{1x}, R_{1y}, R_{2x}, R_{2y}, R_{3x}, R_{3y}, R_{4x}, R_{4y}\}^T$$

由于节点 1 仅属于单元 e_1，节点 4 仅属于单元 e_2，这两个节点的总体节点力等于各自单元在该节点处的节点力

$$R_1 = F_1^{e_1}, \quad R_4 = F_4^{e_2}$$

节点 2、3 由单元 e_1 和单元 e_2 共有，这两个节点的总体节点力为两个单元节点力之和，即

$$R_2 = F_2^{e_1} + F_2^{e_2}, \quad R_3 = F_3^{e_1} + F_3^{e_2}$$

弹性体的总体有限元基本方程为

$$[K]\{q\} = \{R\} \tag{3-52}$$

展开后，即

$$[K]_{8\times8}\begin{Bmatrix} q_1 \\ q_2 \\ q_3 \\ q_4 \end{Bmatrix}_{8\times1} = \begin{Bmatrix} R_1 = F_1^{e_1} \\ R_2 = F_2^{e_1} + F_2^{e_2} \\ R_3 = F_3^{e_1} + F_3^{e_2} \\ R_4 = F_4^{e_2} \end{Bmatrix}_{8\times1} \tag{3-53}$$

为了方便叠加，将式（3-50）和式（3-51）拓展为总体有限元基本方程的格式，单元 e_1 和 e_2 的基本方程化为

$$
\begin{matrix} & 1 & 2 & 3 & 4 \end{matrix}
$$
$$
\begin{matrix} 1 \\ 2 \\ 3 \\ 4 \end{matrix}
\begin{bmatrix} [k_{11}] & [k_{12}] & [k_{13}] & 0 \\ [k_{21}] & [k_{22}] & [k_{23}] & 0 \\ [k_{31}] & [k_{32}] & [k_{33}] & 0 \\ 0 & 0 & 0 & 0 \end{bmatrix}_{8\times8}^{e_1}
\begin{Bmatrix} q_1 \\ q_2 \\ q_3 \\ q_4 \end{Bmatrix}_{8\times1}^{e_1}
= \begin{Bmatrix} F_1 \\ F_2 \\ F_3 \\ F_4 \end{Bmatrix}_{8\times1}^{e_1} \tag{3-54}
$$

$$
\begin{matrix} & 1 & 2 & 3 & 4 \end{matrix}
$$
$$
\begin{matrix} 1 \\ 2 \\ 3 \\ 4 \end{matrix}
\begin{bmatrix} 0 & 0 & 0 & 0 \\ 0 & [k_{22}] & [k_{23}] & [k_{24}] \\ 0 & [k_{32}] & [k_{33}] & [k_{34}] \\ 0 & [k_{42}] & [k_{43}] & [k_{44}] \end{bmatrix}_{8\times8}^{e_2}
\begin{Bmatrix} q_1 \\ q_2 \\ q_3 \\ q_4 \end{Bmatrix}_{8\times1}^{e_2}
= \begin{Bmatrix} F_1 \\ F_2 \\ F_3 \\ F_4 \end{Bmatrix}_{8\times1}^{e_2} \tag{3-55}
$$

代入式（3-53），总体有限元基本方程为

$$
\begin{matrix} & 1 & 2 & 3 & 4 \end{matrix}
$$
$$
\begin{matrix} 1 \\ 2 \\ 3 \\ 4 \end{matrix}
\begin{bmatrix} [k_{11}]^{e_1} & [k_{12}]^{e_1} & [k_{13}]^{e_1} & 0 \\ [k_{21}]^{e_1} & [k_{22}]^{e_1+e_2} & [k_{23}]^{e_1+e_2} & [k_{24}]^{e_2} \\ [k_{31}]^{e_1} & [k_{32}]^{e_1+e_2} & [k_{33}]^{e_1+e_2} & [k_{34}]^{e_2} \\ 0 & [k_{42}]^{e_2} & [k_{43}]^{e_2} & [k_{44}]^{e_2} \end{bmatrix}_{8\times8}
\begin{Bmatrix} q_1 \\ q_2 \\ q_3 \\ q_4 \end{Bmatrix}_{8\times1}
= \begin{Bmatrix} R_1 = F_1^{e_1} \\ R_2 = F_2^{e_1+e_2} \\ R_3 = F_3^{e_1+e_2} \\ R_4 = F_4^{e_2} \end{Bmatrix}_{8\times1} \tag{3-56}
$$

式中，每一子矩阵 $[k_{sr}]$ $(s=1, 2, 3, 4; r=1, 2, 3, 4)$ 都是 2×2 都是方阵，按式（3-23）计算，由于 $[k_{sr}] = [k_{rs}]$，总体刚度矩阵 $[K]$ 为 8×8 的对称矩阵。每一个节点位移 $q_k = \{u_k, v_k\}^T$ $(k=1, 2, 3, 4)$ 有两个分量，总体位移 $\{q\}$ 为 8×1 的列阵。每一个节点的总体节点力 $R_k = \{R_{kx}, R_{ky}\}^T$ $(k=1, 2, 3, 4)$ 有两个分量，总体节点力列阵为 $\{R\}$ 为 8×1 的列阵。

式（3-56）中的总体刚度矩阵 $[K]$ 可以看作是式（3-50）和式（3-51）中的单元刚度矩阵拓展后，由式（3-54）和式（3-55）中的单元刚度矩阵叠加而成的

$$[K] = [K]^{e_1} + [K]^{e_2}$$

如果细化单元，使单元总数为 E，节点总数为 n，同理，拓展每一个单元的刚度矩阵为 $2n \times 2n$ 的矩阵，则总体单元刚度矩阵为

$$[K] = \sum_{e=1}^{E} [K]^e \qquad (3-57)$$

以上过程用了两个单元的集成，表示了总体刚度矩阵的生成方法，以及总体有限元基本方程的建立方法。当有更多单元和节点时，生成方法和过程是一样的。如果节点数为 n，总体刚度矩阵 $[K]$ 为 $2n \times 2n$ 的对称矩阵。

4. 总体刚度矩阵的性质

总体刚度矩阵的形成过程，实际上是所有单元刚度矩阵 $[k]^e$ 扩展与叠加的过程。总体刚度矩阵具有单元刚度矩阵的性质。

（1）对称性、奇异性、主元恒正性

由于每一个单元的刚度矩阵是对称的，总体刚度矩阵由所有单元刚度矩阵叠加而成，因此，总体刚度矩阵也具有对称性、奇异性和主元恒正性。

在有限元分析计算中，利用总体刚度矩阵的对称性，可只存储矩阵的上三角或下三角元素，从而节省存储容量。

（2）稀疏性和带状分布

稀疏性是指总体刚度矩阵中存在大量的零元素。

带状分布是指总体刚度矩阵中的非零元素集中分布在主对角线两侧的带状区域内，如图 3-11 所示。每一行从对角线元素开始（包括对角线元素）到该行最后一个非零元素为止，所包括的非零元素的个数称为该行的半带宽，用 b 表示（见图 3-11）。各行的半带宽是不一样的，所有各行中最大的半带宽称为最大半带宽，用 B 表示。最大半带宽 B 取决于所有单元中所包含的三个节点号的最大差值（用 D 表示），以及每个节点的自由度数（以 f 表示），这几个参数间的关系为

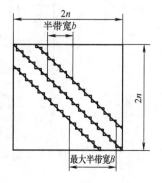

图 3-11 带状区域

$$B = f(D+1)$$

对于平面单元，每个节点有两个自由度（$f = 2$），有

$$B = 2(D+1)$$

对于空间单元，每个节点有三个自由度（$f = 3$），有

$$B = 3(D + 1)$$

由于总体刚度矩阵是对称的，在求解过程中，只有带宽内的元素会发生变化，所以只需存储包括对角线元素的对角线以上（或以下）半带宽内的元素，这样存储的总体刚度矩阵称为上（下）三角矩阵。

对于相同的弹性体结构，生成相同的单元和节点，不同的节点编排方式，生成的总体刚度矩阵半带宽不一样，最终计算工作量和计算时间也将不同。图3-12（a）中节点编号对应的总体刚度矩阵如图3-12（b）所示，＊表示非零元素，需要保存106个元素；图3-13（a）中节点编号所对应的总体刚度矩阵如图3-13（b）所示，需要保存122个元素。因此，图3-12（a）所示节点编号方式要优于图3-13（a）所示编号方式。

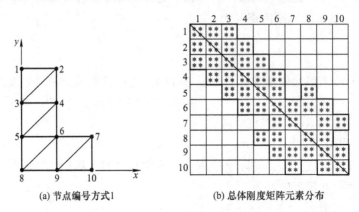

(a) 节点编号方式1　　　　　　　　　(b) 总体刚度矩阵元素分布

图3-12　节点编号方式1及总体刚度矩阵元素分布

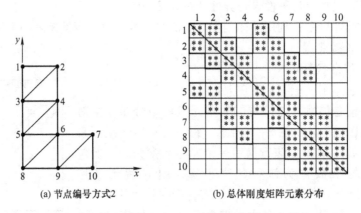

(a) 节点编号方式2　　　　　　　　　(b) 总体刚度矩阵元素分布

图3-13　节点编号方式2及总体刚度矩阵元素分布

这里的计算模型只有10个节点，如果节点数增多，则总体刚度矩阵的对称性、稀疏性和带状分布的特点会将更加突出。

3.1.7　边界约束条件的处理

在进行应力分析时，必须排除物体的刚体运动。工程问题是用边界约束条件来控制的，其约束力虽未知，但给定了位移，就能排除刚体的移动与转动的可能性。为了避免出现刚体运动，也可以采用另一种人为的办法，在计算中规定位移较小的某一点为"死点"，它的两个位移分量都为零；如果再约束不能有绕该点转动的分量，那么就可以完全限制该点的刚体运动，使刚度矩阵成为一个非奇异矩阵，从而可求解位移值。为此，需对总体刚度矩阵进行某些修改，下面以图 3-14 所示弹性结构为例，说明对总体刚度矩阵的修改方法。

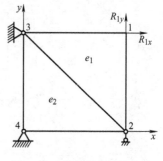

图 3-14 所示正方形的边长为 a，弹性模量为 E，泊松比 $\mu = 0$，厚度为 t，$R_{1x} = 10$，$R_{1y} = 10$；节点 3、4 固定约束，节点 2 为支撑约束，求节点 1、2 的位移。

根据约束条件，已知的节点位移有：

$$v_2 = 0,\ u_3 = v_3 = 0,\ u_4 = v_4 = 0。$$

图 3-14　节点约束及节点力

已知的节点力有：

$$R_{1x} = 10,\ R_{1y} = 10,\ R_{2x} = 0。$$

按照 3.1.6 节介绍的方法，单元 e_1 和单元 e_2 的刚度矩阵分别为

$$[k]^{e_1} = \frac{Et}{2}\begin{bmatrix} 1.5 & 0.5 & 1 & -0.5 & -0.5 & 0 \\ 0.5 & 1.5 & 0 & -0.5 & -0.5 & -1 \\ 1 & 0 & 1 & 0 & 0 & 0 \\ -0.5 & -0.5 & 0 & 0.5 & 0.5 & 0 \\ -0.5 & -0.5 & 0 & 0.5 & 0.5 & 0 \\ 0 & -1 & 0 & 0 & 0 & 1 \end{bmatrix}^{e_1}$$

$$[k]^{e_2} = \frac{Et}{2}\begin{bmatrix} 1.5 & 0.5 & 1 & -0.5 & -0.5 & 0 \\ 0.5 & 1.5 & 0 & -0.5 & -0.5 & -1 \\ 1 & 0 & 1 & 0 & 0 & 0 \\ -0.5 & -0.5 & 0 & 0.5 & 0.5 & 0 \\ -0.5 & -0.5 & 0 & 0.5 & 0.5 & 0 \\ 0 & -1 & 0 & 0 & 0 & 1 \end{bmatrix}^{e_2}$$

由 $[k]^{e_1}$ 和 $[k]^{e_2}$ 形成总体刚度矩阵 $[K]$ 和总体有限元基本方程 $[K]\{q\} = \{R\}$ 为

$$\frac{Et}{2}\begin{bmatrix} 1.5 & 0.5 & -0.5 & 0 & 1 & -0.5 & 0 & 0 \\ 0.5 & 1.5 & -0.5 & -1 & 0 & -0.5 & 0 & 0 \\ -0.5 & -0.5 & 1.5 & 0 & 0 & 0.5 & 1 & 0 \\ 0 & -1 & 0 & 1.5 & 0.5 & 0 & -0.5 & -0.5 \\ 1 & 0 & 0 & 0.5 & 1.5 & 0 & -0.5 & -0.5 \\ -0.5 & -0.5 & 0.5 & 0 & 0 & 1.5 & 0 & -1 \\ 0 & 0 & 1 & -0.5 & -0.5 & 0 & 1.5 & 0.5 \\ 0 & 0 & 0 & -0.5 & -0.5 & -1 & 0.5 & 1.5 \end{bmatrix} \begin{Bmatrix} u_1 \\ v_1 \\ u_2 \\ v_2=0 \\ u_3=0 \\ v_3=0 \\ u_4=0 \\ v_4=0 \end{Bmatrix} = \begin{Bmatrix} R_{1x}=10 \\ R_{1y}=10 \\ R_{2x}=0 \\ R_{2y} \\ R_{3x} \\ R_{3y} \\ R_{4x} \\ R_{4y} \end{Bmatrix} \quad (3\text{-}58)$$

为了减少总体刚度矩阵的大小、节约计算时间，在上式中，将已知位移的行和列从上式中划出或去掉（虚线部分），仅保留未知位移对应的行和列，式（3-57）变化为

$$\frac{Et}{2}\begin{bmatrix} 1.5 & 0.5 & -0.5 \\ 0.5 & 1.5 & -0.5 \\ -0.5 & -0.5 & 1.5 \end{bmatrix}\begin{Bmatrix} u_1 \\ v_1 \\ u_2 \end{Bmatrix} = \begin{Bmatrix} 10 \\ 10 \\ 0 \end{Bmatrix} \tag{3-59}$$

式（3-59）与式（3-58）是等效的，由式（3-59）可首先求出未知的位移

$$u_1 = \frac{12}{Et},\ v_1 = \frac{12}{Et},\ u_2 = \frac{8}{Et}$$

这样全部的节点位移得以求出。通过对总体有限元基本方程 $[K]\{q\} = \{R\}$ 进行修改，将已知位移分量对应的行和列去掉，可减少线性方程的个数，首先求出全部未知的位移分量。

在有位移约束的节点上，存在节点力，称为支反力。在全部位移成为已知后，由式（3-58），未知的节点力或支反力可逐个、单独求出，即

$$R_{ix} = K_{2i-1,1}u_1 + K_{2i-1,2}v_1 + \cdots + K_{2i-1,8}v_8 \quad (i = 2,3,4)$$

$$R_{iy} = K_{2i,1}u_1 + K_{2i,2}v_1 + \cdots + K_{2i,8}v_8 \quad (i = 2,3,4)$$

$$R_{2y} = -\frac{12}{Et},\ R_{3x} = \frac{12}{Et},\ R_{3y} = \frac{4}{Et},\ R_{4x} = \frac{8}{Et},\ R_{4y} = 0$$

这里仅以两个单元为例，说明了位移边界条件的处理方法和支反力的计算。

当有多个单元和节点时，一般采取以下方法处理位移边界条件。

1. 零位移边界条件的处理

如图 3-15 所示，假设弹性体区域内划分单元数为 E，节点数为 n，总体刚度矩阵 $[K]$ 为 $2n \times 2n$ 的对称矩阵，总体位移 $\{q\}$ 为 $2n \times 1$ 的列阵，总体节点力 $\{R\}$ 为 $2n \times 1$ 的列阵。如图 3-15 所示，假设已知节点的位移边界条件为

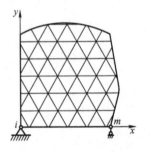

图 3-15　零位移边界条件

$$u_i = 0,\ v_i = 0,\ v_m = 0$$

有两种方法可对位移边界条件进行处理。

（1）去行去列法

在形成总体刚度矩阵后，将 u_i、v_i 对应的 $2i-1$ 行、$2i$ 行和 $2i-1$ 列、$2i$ 列，以及 v_m 对应的 $2m$ 行和 $2m$ 列，从总体刚度矩阵中删去，如总体有限元基本方程（3-58），由于删去了 3 行 3 列，总体刚度矩阵 $[K]$ 变化为 $(2n-3) \times (2n-3)$ 阶的方阵 $[\tilde{K}]$，总体位移 $\{q\}$ 和总体节点力 $\{R\}$ 也分别变化为 $2n-3$ 个分量的列阵 $\{\tilde{q}\}$ 和 $\{\tilde{R}\}$。总体有限元基本方程（3-58）可写为

$$\begin{bmatrix} k_{1,1} & k_{1,2} & \cdots & k_{1,2i-1} & k_{1,2i} & \cdots & k_{1,2m} & \cdots & k_{1,2n} \\ k_{2,1} & k_{2,2} & \cdots & k_{2,2i-1} & k_{2,2i} & \cdots & k_{2,2m} & \cdots & k_{2,2n} \\ \vdots & \vdots & & \vdots & \vdots & & \vdots & & \vdots \\ k_{2i-1,1} & k_{2i-1,2} & \cdots & k_{2i-1,2i-1} & k_{2i-1,2i} & \cdots & k_{2i-1,2m} & \cdots & k_{2i-1,2n} \\ k_{2i,1} & k_{2i,2} & \cdots & k_{2i,2i-1} & k_{2i,2i} & \cdots & k_{2i,2m} & \cdots & k_{2i,2n} \\ \vdots & \vdots & & \vdots & \vdots & & \vdots & & \vdots \\ k_{2m,1} & k_{2m,2} & \cdots & k_{2m,2i-1} & k_{2m,2i} & \cdots & k_{2m,2m} & \cdots & k_{2m,2n} \\ \vdots & \vdots & & \vdots & \vdots & & \vdots & & \vdots \\ k_{2n,1} & k_{2n,2} & \cdots & k_{2n,2i-1} & k_{2n,2i} & \cdots & k_{2n,2m} & \cdots & k_{2n,2n} \end{bmatrix} \begin{Bmatrix} u_1 \\ v_1 \\ \vdots \\ u_i=0 \\ v_i=0 \\ \vdots \\ v_m=0 \\ \vdots \\ v_n \end{Bmatrix} = \begin{Bmatrix} R_{1x} \\ R_{1y} \\ \vdots \\ R_{ix} \\ R_{iy} \\ \vdots \\ R_{my} \\ \vdots \\ R_{ny} \end{Bmatrix}$$

$$(3\text{-}60)$$

或简写为

$$[\tilde{K}]\{\tilde{q}\} = \{\tilde{R}\} \tag{3-61}$$

这种方法使线性方程的个数或阶次减少，但对矩阵的元素需要重新排列编号。由式 (3-61) 可直接求出未知的位移。总体位移 $\{q\}$ 求出后，再由式 (3-60) 求出总体节点力 $\{R\}$。

（2）对角线元素改 1 法

如果某个节点的位移分量为零，则在总体刚度矩阵中，将对应行和列上对角线元素改为 1，其他元素置为 0，并把总体节点力 $\{R\}$ 列阵中对应元素该为 0。对于图 3-15 所示同样的边界条件 $u_i=0$，$v_i=0$，$v_m=0$，式 (3-60) 可变为

$$\begin{bmatrix} k_{1,1} & k_{1,2} & \cdots & 0 & 0 & \cdots & 0 & \cdots & k_{1,2n} \\ k_{2,1} & k_{2,2} & \cdots & 0 & 0 & \cdots & 0 & \cdots & k_{2,2n} \\ & & & & & & & & \vdots \\ 0 & 0 & 0 & 1 & 0 & 0 & 0 & 0 & 0 \\ 0 & 0 & 0 & 0 & 1 & 0 & 0 & 0 & 0 \\ & & & & & & & & \\ 0 & 0 & 0 & 0 & 0 & 0 & 1 & 0 & 0 \\ & & & & & & & & \\ k_{2n,1} & k_{2n,2} & \cdots & 0 & 0 & \cdots & 0 & \cdots & k_{2n,2n} \end{bmatrix} \begin{Bmatrix} u_1 \\ v_1 \\ \vdots \\ u_i=0 \\ v_i=0 \\ \vdots \\ v_m=0 \\ \vdots \\ v_n \end{Bmatrix} = \begin{Bmatrix} R_{1x} \\ R_{1y} \\ \vdots \\ R_{ix}=0 \\ R_{iy}=0 \\ \vdots \\ R_{my}=0 \\ \vdots \\ R_{ny} \end{Bmatrix} \tag{3-62}$$

与图 3-14 对应的总体有限元基本方程 (3-58) 变为

$$\frac{Et}{2}\begin{bmatrix} 1.5 & 0.5 & -0.5 & 0 & 0 & 0 & 0 & 0 \\ 0.5 & 1.5 & -0.5 & 0 & 0 & 0 & 0 & 0 \\ -0.5 & -0.5 & 1.5 & 0 & 0 & 0 & 0 & 0 \\ 0 & 0 & 0 & 1 & 0 & 0 & 0 & 0 \\ 0 & 0 & 0 & 0 & 1 & 0 & 0 & 0 \\ 0 & 0 & 0 & 0 & 0 & 1 & 0 & 0 \\ 0 & 0 & 1 & 0 & 0 & 0 & 1 & 0 \\ 0 & 0 & 0 & 0 & 0 & 0 & 0 & 1 \end{bmatrix} \begin{Bmatrix} u_1 \\ v_1 \\ u_2 \\ v_2=0 \\ u_3=0 \\ v_3=0 \\ u_4=0 \\ v_4=0 \end{Bmatrix} = \begin{Bmatrix} R_{1x}=10 \\ R_{1y}=10 \\ R_{2x}=0 \\ 0 \\ 0 \\ 0 \\ 0 \\ 0 \end{Bmatrix} \tag{3-63}$$

这种方法不改变总体刚度矩阵的阶次和总体有限元基本方程，但只能处理零位移边界

条件。

2. 非零位移边界条件的处理——乘大数法

如果已知节点的位移为非零位移，为一个常数，例如

$$u_i = \bar{u}_i, \ v_i = \bar{v}_i, \ v_m = \bar{v}_m$$

在总体有限元方程中，将 u_i、v_i 和 v_m 对应行（列）对角线上的元素 k_{ii} 乘以一个大数 M 比如 $M = 10^{20}$，k_{ii} 改为 Mk_{ii}，其他元素保持不变，并把总体节点力列阵 $\{R\}$ 中的对应元素改为 "$Mk_{ii} \cdot$ 已知位移"，总体位移 $\{q\}$ 中的元素均为未知元素。式（3-60）即改为

$$\begin{bmatrix} k_{1,1} & k_{1,2} & \cdots & k_{1,2i-1} & k_{1,2i} & \cdots & k_{1,2m} & \cdots & k_{1,2n} \\ k_{2,1} & k_{2,2} & \cdots & k_{2,2i-2} & k_{2,2i} & \cdots & k_{2,2m} & \cdots & k_{2,2n} \\ \vdots & \vdots & & \vdots & \vdots & & \vdots & & \vdots \\ k_{2i-1,1} & k_{2i-1,2} & \cdots & \boxed{Mk_{2i-1,2i-1}} & k_{2i-1,2i} & \cdots & k_{2i-1,2m} & \cdots & k_{2i-1,2n} \\ k_{2i,1} & k_{2i,2} & & k_{2i,2i-1} & \boxed{Mk_{2i,2i}} & \cdots & k_{2i,2m} & \cdots & k_{2i,2n} \\ \vdots & \vdots & & \vdots & \vdots & & \vdots & & \vdots \\ k_{2m,1} & k_{2m,2} & \cdots & k_{2m,2i-1} & k_{2m,2i} & \cdots & \boxed{Mk_{2m,2m}} & \cdots & k_{2m,2n} \\ \vdots & \vdots & & \vdots & \vdots & & \vdots & & \vdots \\ k_{2n,1} & k_{2n,2} & \cdots & k_{2n,2i-1} & k_{2n,2i} & \cdots & k_{2n,2m} & \cdots & k_{2n,2n} \end{bmatrix} \begin{bmatrix} u_1 \\ v_1 \\ \vdots \\ u_i \\ v_i \\ \vdots \\ v_m \\ \vdots \\ v_n \end{bmatrix} = \begin{bmatrix} R_{1x} \\ R_{1y} \\ \vdots \\ \boxed{Mk_{2i-1,2i-1} \bar{u}_i} \\ \boxed{Mk_{2i,2i} \bar{v}_i} \\ \vdots \\ \boxed{Mk_{2m,2m} \bar{v}_m} \\ \vdots \\ R_{ny} \end{bmatrix}$$

$$\tag{3-64}$$

下面以 $2m$ 行为例加以说明。由于 $Mk_{2m,2m} \gg k_{2m,2m}$，方程（3-64）的左边对应 $2m$ 行的方程为

$$k_{2m,1} u_1 + k_{2m,2} v_1 + \cdots + Mk_{2m,2m} v_m + \cdots + k_{2m,2n} v_n \approx Mk_{2m,2m} v_m$$

由于 M 是一个非常大的数，上式 "$\approx$" 左边 $Mk_{2m,2m} \bar{v}_m$ 以外的其他项之和可以忽略，则有

$$Mk_{2m,2m} v_m = Mk_{2m,2m} \bar{v}_m$$

即有

$$v_m = \bar{v}_m \tag{3-65}$$

通过乘大数法，保证求出的位移 $\{q\}$ 满足已知的位移边界条件。乘大数法的优点非常明显，在编写计算程序时，常用这种方法。

3.1.8　支反力的计算

如图 3-15 所示，如果包含 E 个单元、n 个节点的弹性体，在节点 i 和 m 处有刚性约束

$$u_i = 0, \ v_i = 0, \ v_m = 0$$

虽然相应的位移为零，但存在着未知的支反力，通常需要进行计算。

通过式（3-61）或式（3-62）可求出其他未知的位移分量，弹性体的总体位移 $\{q\}$ 成

为已知。根据总体有限元基本方程 $[K]\{q\}=\{R\}$，可求出支反力 R_{ix}、R_{iy}、R_{my}，分别等于对应行的各个刚度元素乘以总体位移 $\{q\}$ 相应节点位移值之和，即

$$\begin{cases} R_{ix} = k_{2i-1,1}u_1 + k_{2m-1,2}v_1 + \cdots + k_{2i-1,2i-1}u_i + k_{2i-1,2i}v_i + \cdots + k_{2i-1,2n}v_n \\ R_{iy} = k_{2i,1}u_1 + k_{2i,2}v_1 + \cdots + k_{2i,2i-1}u_i + k_{2i,2i}v_i + \cdots + k_{2i,2n}v_n \\ R_{my} = k_{2m,1}u_1 + k_{2m,2}v_1 + \cdots + k_{2m,2m-2}u_m + k_{2m,2m}v_m + \cdots + k_{2m,2n}v_n \end{cases} \tag{3-66}$$

3.1.9 主应力、主方向的确定及计算结果的整理

1. 主应力与主方向的确定

由解线性方程组 $[K]\{q\}=\{R\}$ 求得各总体节点位移 $\{q\}$ 的分量，从而已知所有单元的节点位移 $\{q\}^e(e=1,2,\cdots,E)$，由式（3-11）和式（3-13）可计算出每一个单元的应变 $\{\varepsilon\}^e$ 和应力 $\{\sigma\}^e$

$$\begin{cases} \{\varepsilon\}^e = [B]^e\{q\}^e \quad (e=1,2,\cdots,E) \\ \{\sigma\}^e = [S]^e\{q\}^e \quad (e=1,2,\cdots,E) \end{cases}$$

所有单元的应变 $\{\varepsilon\}^e$ 和应力 $\{\sigma\}^e$ 均为常数。

由于平面应力问题的 $\sigma_z=\tau_{yz}=\tau_{zx}=0$，$z$ 方向尺寸远小于 x 和 y 方向的尺寸，2.2.4 节中应力状态分析的六面微分体变为图 3-16（a）所示的 $\mathrm{d}x\mathrm{d}y$ 矩形微分面，t 为单元厚度，假设 bc 为主平面，α 是主方向 N 和主应力 σ 与 x 方向的夹角，在 bc 主平面上 $\tau=0$，如图 3-16（b）所示，方向余弦为

$$l=\cos(N,x)=\cos\alpha, \quad m=\cos(N,y)=\sin\alpha$$

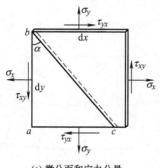 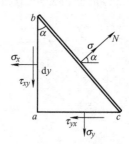

(a) 微分面和应力分量　　　　　(b) 主应力和主方向

图 3-16 平面问题主应力

根据力的平衡条件

$$\sum X=0, \quad \sum Y=0,$$

有

$$\begin{cases} \sigma \cdot bc \cdot t\cos\alpha - \sigma_x ab \cdot t - \tau_{yx}ac \cdot t = 0 \\ \sigma \cdot bc \cdot t\sin\alpha - \sigma_y ac \cdot t - \tau_{xy}ab \cdot t = 0 \end{cases} \tag{3-67}$$

将上式两边除以 $bc \cdot t$，因 $\tau_{xy} = \tau_{yx}$，上式化为

$$\tan\alpha = \frac{\sin\alpha}{\cos\alpha} = \frac{\sigma - \sigma_x}{\tau_{xy}}, \quad \tan\alpha = \frac{\sin\alpha}{\cos\alpha} = \frac{\tau_{xy}}{\sigma - \sigma_y} \tag{3-68}$$

消去式（3-68）中的 $\tan\alpha$，并整理得

$$\sigma^2 - (\sigma_x + \sigma_y)\sigma + (\sigma_x\sigma_y - \tau_{xy}^2) = 0 \tag{3-69}$$

式（3-69）的两个根 σ_1 与 σ_2 就是两个主应力

$$\frac{\sigma_1}{\sigma_2} = \frac{\sigma_x + \sigma_y}{2} \pm \sqrt{\left(\frac{\sigma_x - \sigma_y}{2}\right)^2 + \tau_{xy}^2} \tag{3-70}$$

式中，σ_1 是最大主应力；σ_2 是最小主应力。

由式（3-68），两个主应力对应的主方向分别为

$$a_1 = \arctan\left(\frac{\sigma_1 - \sigma_x}{\tau_{xy}}\right), \quad a_2 = \arctan\left(\frac{\sigma_2 - \sigma_x}{\tau_{xy}}\right) \tag{3-71}$$

如果是平面应变问题，还需增加 z 方向的应力计算，即

$$\sigma_z = \mu(\sigma_x + \sigma_y)$$

2. 计算结果的整理

计算结果有位移与应力两个方面。位移一般都无须进行整理，直接用各节点的位移矢量，可画出弹性体的位移图线，如图 3-17（a）所示，双点画线表示变形前的形状。3 节点三角形单元是常应力单元，各个单元的应力，一般在三角形的形心位置处，按一定比例绘制主应力 σ_1、σ_2 矢量，拉应力用箭头表示，压应力用平头或反向箭头表示，如图 3-17（a）所示，以此表示弹性体的应力分布情况。

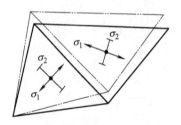
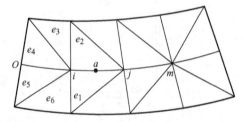

(a) 位移图线和主应力方向　　　　　　　　(b) 单元边界应力计算

图 3-17　位移图线和主应力表示

由于 3 节点三角形单元是常应力单元，且相邻单元的节点处和边界上存在应力不连续和突变。因此对于单元边界应力的处理，常采用绕节点平均法和二单元平均法这两种方法。

（1）单元共有节点应力的计算方法——绕节点平均法

如果一个节点是两个或两个以上单元共有的节点，用环绕该节点各单元的常应力加以平均，来计算该节点的应力，再根据平均应力计算该节点的主应力。

如图 3-17（b）所示，节点 i 是 $e_1 \sim e_6$ 这 6 个单元的共有点，节点 m 是 8 个单元的共有点，应力取平均值，有

$$\{\sigma_i\} = \frac{1}{6}(\{\sigma_i\}^{e_1} + \{\sigma_i\}^{e_2} + \{\sigma_i\}^{e_3} + \{\sigma_i\}^{e_4} + \{\sigma_i\}^{e_5} + \{\sigma_i\}^{e_6}) \qquad (3-72)$$

$$\{\sigma_m\} = \frac{1}{8}\sum_{e=1}^{8}\{\sigma_m\}^e$$

为了使平均应力较准确地表征节点处的实际应力，环绕该节点的各个单元面积不能相差太大，环绕该节点的单元边界之间的夹角也不能相差太大。

用绕节点平均法计算的节点应力，在弹性体内节点处具有较好的表征性，但在边界节点处表征性较差。边界的节点应力一般根据内节点的应力，通过抛物线插值的方法推算求得。例如图 3-17（b）所示边界节点 O 点的应力，是由节点 i、j、m 的应力抛物线插值推算而得，这样可改进它的表征性，具体插值方法见参考文献 [1]。

（2）单元共有边界上的应力计算——二单元平均法

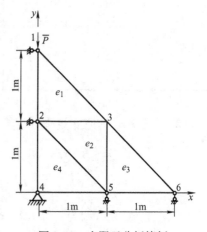

两单元共有边界上的应力，是把两个相邻单元的常应力加以平均来计算的，称为两单元平均法。如图 3-17b 所示，点 a 为 e_1、e_2 两单元公共边界上的点，应力取两单元的平均值，即

$$\{\sigma_a\} = \frac{1}{2}(\{\sigma\}^{e_1} + \{\sigma\}^{e_2}) \qquad (3-73)$$

3.1.10　平面问题有限元法举例

为了说明平面问题有限元分析的方法和步骤，以图 3-18 中的模型为例，介绍求解的步骤和过程。

图 3-18 所示为一三角形薄板，厚度 $t = 0.01\text{m}$，节

图 3-18　有限元分析算例

点 1 处有沿厚度方向均匀分布的载荷 $\overline{P} = 10^7\text{N/m}$，弹性模量 $E = 2\times10^{11}\text{N/m}^2$，泊松比 $\mu = 0.3$，各节点的约束条件如图 3-18 所示。试分析薄板的变形、应变和应力。

1. 生成单元、节点坐标，以及 b_k、c_k 值

如图 3-18 所示，将薄板分为 4 个三角形单元，节点数为 6，$E = 4$，$n = 6$。节点坐标见表 3-1。各单元的 b_k、c_k 值见表 3-2。

表 3-1　节点坐标

节点号	x 坐标	y 坐标
1	0	2
2	0	1
3	1	1
4	0	0
5	1	0
6	2	0

表 3-2　单元、节点顺序及 b_k、c_k 值

单元	i	j	m	b_k	c_k
e_1	1	2	3	$b_1 = y_2 - y_3 = 0$ $b_2 = y_3 - y_1 = -1$ $b_3 = y_1 - y_2 = 1$	$c_1 = x_3 - x_2 = 1$ $c_2 = x_1 - x_3 = -1$ $c_3 = x_2 - x_1 = 0$
e_2	2	5	3	$b_2 = y_5 - y_3 = -1$ $b_5 = y_3 - y_2 = 0$ $b_3 = y_2 - y_5 = 1$	$c_2 = x_3 - x_5 = 0$ $c_5 = x_2 - x_3 = -1$ $c_3 = x_5 - x_2 = 1$
e_3	3	5	6	$b_3 = y_5 - y_6 = 0$ $b_5 = y_6 - y_3 = -1$ $b_6 = y_3 - y_5 = 1$	$c_3 = x_6 - x_5 = 1$ $c_5 = x_3 - x_6 = -1$ $c_6 = x_5 - x_3 = 0$
e_4	2	4	5	$b_2 = y_4 - y_5 = 0$ $b_4 = y_5 - y_2 = -1$ $b_5 = y_2 - y_4 = 1$	$c_2 = x_5 - x_4 = 1$ $c_4 = x_2 - x_5 = -1$ $c_5 = x_4 - x_2 = 0$

2. 求各单元的应变矩阵 $[B]^e$ 与弹性矩阵 $[D]$

$$[B]^{e_1} = [B]^{e_3} = [B]^{e_4}$$

$$= \frac{1}{2A}\begin{bmatrix} b_i & 0 & b_j & 0 & b_m & 0 \\ 0 & c_i & 0 & c_j & 0 & c_m \\ c_i & b_i & c_j & b_j & c_m & b_m \end{bmatrix} = \frac{1}{1000}\begin{bmatrix} 0 & 0 & -1 & 0 & 1 & 0 \\ 0 & 1 & 0 & -1 & 0 & 0 \\ 1 & 0 & -1 & -1 & 0 & 1 \end{bmatrix}$$

$$[B]^{e_2} = \frac{1}{1000}\begin{bmatrix} -1 & 0 & 0 & 0 & 1 & 0 \\ 0 & 0 & 0 & -1 & 0 & 1 \\ 0 & -1 & -1 & 0 & 1 & 1 \end{bmatrix}$$

$$[D] = \frac{E}{1-\mu^2}\begin{bmatrix} 1 & \mu & 0 \\ \mu & 1 & 0 \\ 0 & 0 & \dfrac{1-\mu}{2} \end{bmatrix} = \frac{E}{0.91}\begin{bmatrix} 1 & 0.3 & 0 \\ 0.3 & 1 & 0 \\ 0 & 0 & 0.35 \end{bmatrix}$$

3. 求单元的应力矩阵 $[S]^e$ 与单元刚度矩阵 $[k]^e$

$$[S]^{e_1} = [S]^{e_3} = [S]^{e_4} = [D][B]^{e_1}$$

$$= \frac{E}{910}\begin{bmatrix} 0 & 0.3 & -1 & -0.3 & 1 & 0 \\ 0 & 1 & -0.3 & -1 & 0.3 & 0 \\ 0.35 & 0 & -0.35 & -0.35 & 0 & 0.35 \end{bmatrix}$$

$$[S]^{e_2} = [D][B]^{e_2}$$

$$= \frac{E}{910}\begin{bmatrix} -1 & 0 & 0 & -0.3 & 1 & 0.3 \\ -0.3 & 0 & 0 & -1 & 0.3 & 1 \\ 0 & -0.35 & -0.35 & 0 & 0.35 & 0.35 \end{bmatrix}$$

$$[k]^{e_1} = [k]^{e_3} = [k]^{e_4}$$
$$= At[B]^{e_1 \mathrm{T}}[S]^{e_1}$$

$$= \frac{E}{1.82}\begin{bmatrix} 0.35 & 0 & -0.35 & -0.35 & 0 & 0.35 \\ 0 & 1 & -0.3 & -1 & 0.3 & 0 \\ -0.35 & -0.3 & 1.35 & 0.65 & -1 & -0.35 \\ -0.35 & -1 & 0.65 & 1.35 & -0.3 & -0.35 \\ 0 & 0.3 & -1 & -0.3 & 1 & 0 \\ 0.35 & 0 & -0.35 & -0.35 & 0 & 0.35 \end{bmatrix}$$

$$[k]^{e_2} = At[B]^{e_2 \mathrm{T}}[S]^{e_2} = \frac{E}{1.82}\begin{bmatrix} 1 & 0 & 0 & 0.3 & -1 & -0.3 \\ 0 & 0.35 & 0.35 & 0 & -0.35 & -0.35 \\ 0 & 0.35 & 0.35 & 0 & -0.35 & -0.35 \\ 0.3 & 0 & 0 & 1 & -0.3 & -1 \\ -1 & -0.35 & -0.35 & -0.3 & 1.35 & 0.65 \\ -0.3 & -0.35 & -0.35 & -1 & 0.65 & 1.35 \end{bmatrix}$$

4. 形成总体刚度矩阵 $[K]$

按 3.1.6 节中的方法，将 $[k]^{e_1} \sim [k]^{e_4}$ 扩展为 12×12 的矩阵，总体刚度矩阵为

$$[K]_{12 \times 12} = [k]^{e_1}_{12 \times 12} + [k]^{e_2}_{12 \times 12} + [k]^{e_3}_{12 \times 12} + [k]^{e_4}_{12 \times 12}$$

$$= \frac{E}{1.82}\begin{bmatrix} 0.35 & & & & & & & & & & & \\ 0 & 1 & & & & & & & & & & \\ -0.35 & -0.3 & 2.7 & & & \text{对} & & & \text{称} & & & \\ -0.35 & -1 & 0.65 & 2.7 & & & & & & & & \\ 0 & 0.3 & -2 & -0.65 & 2.7 & & & & & & & \\ 0.35 & 0 & -0.65 & -0.7 & 0.65 & 2.7 & & & & & & \\ 0 & 0 & -0.35 & -0.3 & 0 & 0 & 1.35 & & & & & \\ 0 & 0 & -0.35 & -1 & 0 & 0 & 0.65 & 1.35 & & & & \\ 0 & 0 & 0 & 0.65 & -0.7 & -0.65 & -1 & -0.3 & 2.7 & & & \\ 0 & 0 & 0.65 & 0 & -0.65 & -2 & -0.35 & -0.35 & 0.65 & 2.7 & & \\ 0 & 0 & 0 & 0 & 0 & 0.3 & 0 & 0 & -1 & -0.3 & 1 & \\ 0 & 0 & 0 & 0 & 0.35 & 0 & 0 & 0 & -0.35 & -0.35 & 0 & 0.35 \end{bmatrix}$$

5. 约束条件及节点载荷

如图 3-18 所示，已知薄板的节点位移约束条件为

$$u_1 = 0, \ u_2 = 0, \ u_4 = 0, \ v_4 = 0, \ v_5 = 0, \ v_6 = 0$$

已知节点力载荷为

$$R_{1y} = -\overline{P}t = -10^5 \mathrm{N}, \ R_{2y} = 0, \ R_{3x} = 0, \ R_{3y} = 0, \ R_{5x} = 0, \ R_{6x} = 0$$

6. 建立总体有限元方程并求解位移

总体有限元方程为

$$[K]\{q\} = \{R\}$$

矩阵展开后为

$$\frac{E}{1.82}\begin{bmatrix} 0.35 & & & & & & & & & & & \\ 0 & 1 & & & & & & & & & & \\ -0.35 & -0.3 & 2.7 & & & & 对 & & 称 & & & \\ -0.35 & -1 & 0.65 & 2.7 & & & & & & & & \\ 0 & 0.3 & -2 & -0.65 & 2.7 & & & & & & & \\ 0.35 & 0 & -0.65 & -0.7 & 0.65 & 2.7 & & & & & & \\ 0 & 0 & -0.35 & -0.3 & 0 & 0 & 1.35 & & & & & \\ 0 & 0 & -0.35 & -1 & 0 & 0 & 0.65 & 1.35 & & & & \\ 0 & 0 & 0 & 0.65 & -0.7 & -0.65 & -1 & -0.3 & 2.7 & & & \\ 0 & 0 & 0.65 & 0 & -0.65 & -2 & -0.35 & -0.35 & 0.65 & 2.7 & & \\ 0 & 0 & 0 & 0 & 0.3 & 0 & 0 & -1 & -0.3 & 1 & & \\ 0 & 0 & 0 & 0 & 0.35 & 0 & 0 & 0 & -0.35 & -0.35 & 0 & 0.35 \end{bmatrix}\begin{Bmatrix} u_1 = 0 \\ v_1 \\ u_2 = 0 \\ v_2 \\ u_3 \\ v_3 \\ u_4 = 0 \\ v_4 = 0 \\ u_5 \\ v_5 = 0 \\ u_6 \\ v_6 = 0 \end{Bmatrix}$$

$$=\begin{Bmatrix} R_{1x} \\ R_{1y} = -10^5 \\ R_{2x} \\ R_{2y} = 0 \\ R_{3x} = 0 \\ R_{3y} = 0 \\ R_{4x} \\ R_{4y} \\ R_{5x} = 0 \\ R_{5y} \\ R_{6x} = 0 \\ R_{6y} \end{Bmatrix} \tag{3-74}$$

根据零位移边界条件的"去行去列"法，上式矩阵中，将位移分量为 0 对应的第 1、3、7、8、10、12 行和列划出，剩下的 6 个线性方程组为

$$\begin{cases} \dfrac{E}{1.82}(v_1 - v_2 + 0.3u_3) = -10000 \\ -v_1 + 2.7v_2 - 0.65u_3 - 0.7v_3 + 0.65u_5 = 0 \\ 0.3v_1 - 0.65v_2 + 2.7u_3 + 0.65v_3 - 0.7u_3 = 0 \\ -0.7v_2 + 0.65u_3 + 2.7v_3 - 0.65u_5 + 0.3u_6 = 0 \\ 0.65v_2 - 0.7u_3 - 0.65v_3 + 2.7u_5 - u_6 = 0 \\ 0.3v_3 - u_5 + u_6 = 0 \end{cases}$$

求解得

$$v_1 = -0.1639\text{mm}, \quad v_2 = -0.0689\text{mm}$$

$$u_3 = 0.0132\text{mm}, \quad v_3 = -0.0180\text{mm}$$

$$u_5 = 0.0281\text{mm}, \quad u_6 = 0.0335\text{mm}$$

至此，总体位移 $\{q\} = \{u_1, v_1, u_2, \cdots, v_{12}\}^{\mathrm{T}}$ 得以求出。图 3-19 表示变形后的薄板。

7. 求支反力

由式（3-74），逐个求出方程右边未知的节点力分量为

$$R_{1x} = k_{1,1}u_1 + k_{1,2}v_1 + \cdots + k_{1,12}v_6 = 19596\text{N}$$

$$R_{2x} = k_{2,1}u_1 + k_{2,2}v_1 + \cdots + k_{2,12}v_6 = -11441\text{N}$$

$$R_{4x} = k_{7,1}u_1 + k_{7,2}v_1 + \cdots + k_{7,12}v_6 = -8154.5\text{N}$$

$$R_{4y} = k_{8,1}u_1 + k_{8,2}v_1 + \cdots + k_{8,12}v_6 = 66529\text{N}$$

$$R_{5y} = k_{10,1}u_1 + k_{10,2}v_1 + \cdots + k_{10,12}v_6 = 39192\text{N}$$

$$R_{6y} = k_{12,1}u_1 + k_{12,2}v_1 + \cdots + k_{12,12}v_6 = -5720.7\text{N}$$

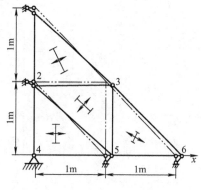

图 3-19　变形后的薄板

8. 计算各单元的应变 $\{\varepsilon\}^e$ 和应力 $\{\sigma\}^e$

（1）单元的应变 $\{\varepsilon\}^e$

由几何方程，各单元的应变为

$$\{\varepsilon\}^{e_1} = \left\{\begin{array}{c} \varepsilon_x \\ \varepsilon_y \\ \gamma_{xy} \end{array}\right\}^{e_1} = [B]^{e_1}\{q\}^{e_1} = \left\{\begin{array}{c} 0.13239 \times 10^{-4} \\ -0.94972 \times 10^{-4} \\ 0.50949 \times 10^{-4} \end{array}\right\}$$

$$\{\varepsilon\}^{e_2} = \left\{\begin{array}{c} \varepsilon_x \\ \varepsilon_y \\ \gamma_{xy} \end{array}\right\}^{e_2} = [B]^{e_2}\{q\}^{e_2} = \left\{\begin{array}{c} 0.13239 \times 10^{-4} \\ -0.18026 \times 10^{-4} \\ 0.36075 \times 10^{-4} \end{array}\right\}$$

$$\{\varepsilon\}^{e_3} = \left\{\begin{array}{c} \varepsilon_x \\ \varepsilon_y \\ \gamma_{xy} \end{array}\right\}^{e_3} = [B]^{e_3}\{q\}^{e_3} = \left\{\begin{array}{c} 0.05408 \times 10^{-4} \\ -0.18026 \times 10^{-4} \\ -0.14874 \times 10^{-4} \end{array}\right\}$$

$$\{\varepsilon\}^{e_4} = \left\{\begin{array}{c} \varepsilon_x \\ \varepsilon_y \\ \gamma_{xy} \end{array}\right\}^{e_4} = [B]^{e_4}\{q\}^{e_4} = \left\{\begin{array}{c} 0.28113 \times 10^{-4} \\ -0.68975 \times 10^{-4} \\ 0 \end{array}\right\}$$

注意：虽然 e_1、e_3、e_4 三个单元的应变矩阵相同 $[B]^{e_1} = [B]^{e_3} = [B]^{e_4}$，但各单元的节点位移 $\{q\}^{e_1}$、$\{q\}^{e_3}$、$\{q\}^{e_4}$ 却不一样，所以各单元的应变 $\{\varepsilon\}^{e_1}$、$\{\varepsilon\}^{e_3}$、$\{\varepsilon\}^{e_4}$ 也是不一样的。

（2）单元的应力 $\{\sigma\}^e$

由物理方程，各单元的应力为

$$\{\sigma\}^{e_1} = \begin{Bmatrix} \sigma_x \\ \sigma_y \\ \tau_{xy} \end{Bmatrix}^{e_1} = [S]^{e_1}\{q\}^{e_1} = \begin{Bmatrix} -3.3521 \\ -20.0 \\ 3.9192 \end{Bmatrix} \text{N/mm}^2$$

$$\{\sigma\}^{e_2} = \begin{Bmatrix} \sigma_x \\ \sigma_y \\ \tau_{xy} \end{Bmatrix}^{e_2} = [S]^{e_2}\{q\}^{e_2} = \begin{Bmatrix} 1.7212 \\ -3.0889 \\ 2.7750 \end{Bmatrix} \text{N/mm}^2$$

$$\{\sigma\}^{e_3} = \begin{Bmatrix} \sigma_x \\ \sigma_y \\ \tau_{xy} \end{Bmatrix}^{e_3} = [S]^{e_3}\{q\}^{e_3} = \begin{Bmatrix} 0 \\ -3.6053 \\ -1.1441 \end{Bmatrix} \text{N/mm}^2$$

$$\{\sigma\}^{e_4} = \begin{Bmatrix} \sigma_x \\ \sigma_y \\ \tau_{xy} \end{Bmatrix}^{e_4} = [S]^{e_4}\{q\}^{e_4} = \begin{Bmatrix} 1.6309 \\ -13.306 \\ 0 \end{Bmatrix} \text{N/mm}^2$$

注意：虽然 e_1、e_3、e_4 三个单元的应力矩阵相同 $[S]^{e_1} = [S]^{e_3} = [S]^{e_4}$，但各单元的节点位移 $\{q\}^{e_1}$、$\{q\}^{e_3}$、$\{q\}^{e_4}$ 不一样，因此各单元的应力 $\{\sigma\}^{e_1}$、$\{\sigma\}^{e_3}$、$\{\sigma\}^{e_4}$ 是不一样的。

9. 计算各单元的主应力和主方向

由式（3-70）和式（3-71），各单元的主应力和主方向为

$$\begin{cases} \begin{Bmatrix} \sigma_1 \\ \sigma_2 \end{Bmatrix}^{e_1} = \dfrac{1}{2}\left[(\sigma_x^{e_1} + \sigma_y^{e_1}) \pm \sqrt{(\sigma_x^{e_1} - \sigma_y^{e_1})^2 + 4(\tau_{xy}^{e_1})^2}\right] = \begin{Bmatrix} 6.7240 \\ -30.076 \end{Bmatrix} \text{N/mm}^2 \\[4mm] \alpha^{e_1} = \arctan\left(\dfrac{\sigma_1^{e_1} - \sigma_x^{e_1}}{\tau_{xy}^{e_1}}\right) = 68.75° \end{cases}$$

$$\begin{cases} \begin{Bmatrix} \sigma_1 \\ \sigma_2 \end{Bmatrix}^{e_2} = \dfrac{1}{2}\left[(\sigma_x^{e_2} + \sigma_y^{e_2}) \pm \sqrt{(\sigma_x^{e_2} - \sigma_y^{e_2})^2 + 4(\tau_{xy}^{e_2})^2}\right] = \begin{Bmatrix} 9.9749 \\ -4.9339 \end{Bmatrix} \text{N/mm}^2 \\[4mm] \alpha^{e_2} = \arctan\left(\dfrac{\sigma_1^{e_2} - \sigma_x^{e_2}}{\tau_{xy}^{e_2}}\right) = 70.93° \end{cases}$$

$$\begin{cases} \begin{Bmatrix} \sigma_1 \\ \sigma_2 \end{Bmatrix}^{e_3} = \dfrac{1}{2}\left[(\sigma_x^{e_3} + \sigma_y^{e_3}) \pm \sqrt{(\sigma_x^{e_3} - \sigma_y^{e_3})^2 + 4(\tau_{xy}^{e_3})^2}\right] = \begin{Bmatrix} 4.2674 \\ -6.0727 \end{Bmatrix} \text{N/mm}^2 \\[4mm] \alpha^{e_3} = \arctan\left(\dfrac{\sigma_1^{e_3} - \sigma_x^{e_3}}{\tau_{xy}^{e_3}}\right) = -74.99° \end{cases}$$

$$\begin{cases} \begin{Bmatrix} \sigma_1 \\ \sigma_2 \end{Bmatrix}^{e_4} = \dfrac{1}{2} \left[(\sigma_x^{e_4} + \sigma_y^{e_4}) \pm \sqrt{(\sigma_x^{e_4} - \sigma_y^{e_4})^2 + 4(\tau_{xy}^{e_4})^2} \right] = \begin{Bmatrix} 9.0994 \\ -20.7745 \end{Bmatrix} \text{N/mm}^2 \\[3mm] \alpha^{e_4} = \arctan\left(\dfrac{\sigma_1^{e_4} - \sigma_x^{e_4}}{\tau_{xy}^{e_4}} \right) = 0° \end{cases}$$

各单元主应力 σ_1、σ_2 矢量的大小和方向，如图 3-19 所示。

10. 强度校验

由于薄板是金属材料，采用第四强度理论，即冯·米泽斯（von Mises）强度理论来进行强度校验。

由式（2-118），Von Mises 强度理论表示为

$$\sigma_{\max} = \sqrt{\frac{1}{2}\left[(\sigma_1 - \sigma_2)^2 + (\sigma_2 - \sigma_3)^2 + (\sigma_3 - \sigma_1)^2 \right]} \leqslant [\sigma]$$

对于平面有限元问题，上式中 $\sigma_3 = 0$，$[\sigma]$ 为材料的许用应力。由此可求出各单元的 Von Mises 应力为

$$\sigma_{\max}^e = \sqrt{\frac{1}{2}\left[(\sigma_1^e - \sigma_2^e)^2 + (\sigma_2^e - \sigma_3^e)^2 + (\sigma_3^e - \sigma_1^e)^2 \right]} \quad (e = e_1, e_2, e_3, e_4)$$

由此可校验各单元的强度。

本节仅以 4 个单元为例，说明 3 节点三角形单元有限元法求解的基本方法和解题步骤。对于有较多单元和节点的结构，需进行大量的矩阵运算和线性方程组求解，或通过编程和采用专业的有限元分析软件来完成。

本章仅详细介绍 3 节点三角形单元，该单元刚度矩阵的形成过程，根据虚位移原理或最小位能原理建立单元基本方程的方法，以及非节点载荷的移置方法，同样适用于后续介绍的其他平面单元，相关公式可直接引用，将不再一一详细介绍。

3.2　4 节点矩形单元

3 节点三角形单元的位移函数是坐标 (x, y) 的线性函数，导致单元为常数应变和常应力状态，在单元边界处存在突变和不连续，这往往就会导致与实际情况有较大的误差。为了提高计算精度，更好地反映弹性体的位移状态和应力状态，可采用较精密的单元，也就是具有较高次位移函数的单元。本节介绍 4 节点矩形单元。

矩形单元如图 3-20 所示，以 4 个顶点为节点，单元基本未知量为节点位移。

3.2.1　4 节点矩形单元的位移函数

如图 3-20 所示，设矩形单元的 4 个节点

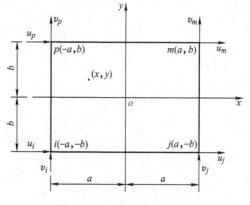

图 3-20　4 节点四边形单元

按逆时针顺序排列为 i、j、m、p；定义矩形单元坐标系 oxy 如图 3-20 所示；定义矩形 x 与 y 方向的边长分别为 $2a$、$2b$。每个节点的坐标分别为 $i(-a, -b)$、$j(a, -b)$、$m(a, b)$、$p(-a, b)$。每个矩形单元有 8 个位移分量，即

$$\{q\}^e = \begin{Bmatrix} q_i \\ q_j \\ q_m \\ q_p \end{Bmatrix} = \{u_i, v_i, u_j, v_j, u_m, v_m, u_p, v_p\}^T \tag{3-75}$$

假设单元内任意一点 (x, y) 的位移函数为

$$\{q\}_{(x, y)} = \begin{cases} u(x, y) = a_1 + a_2 x + a_3 y + a_4 xy \\ v(x, y) = a_5 + a_6 x + a_7 y + a_8 xy \end{cases} \tag{3-76}$$

在 4 个节点上的位移需满足式（3-76），有

$$\begin{cases} u_i = a_1 - aa_2 - ba_3 + aba_4 \\ v_i = a_5 - aa_6 - ba_7 + aba_8 \\ u_j = a_1 + aa_2 - ba_3 - aba_4 \\ v_j = a_5 + aa_6 - ba_7 - aba_8 \\ u_m = a_1 + aa_2 + ba_3 + aba_4 \\ v_m = a_5 + aa_6 + ba_7 + aba_8 \\ u_p = a_1 - aa_2 + ba_3 - aba_4 \\ v_p = a_5 - aa_6 + ba_7 - aba_8 \end{cases} \tag{3-77}$$

由式（3-77）解出 a_1、a_2、$\cdots$、a_8，并代入式（3-76），得

$$\{q\}_{(x, y)} = \begin{cases} u(x, y) = N_i u_i + N_j u_j + N_m u_m + N_p u_p \\ v(x, y) = N_i v_i + N_j v_j + N_m v_m + N_p v_p \end{cases} \tag{3-78}$$

式中，

$$\begin{cases} N_i = \dfrac{1}{4}\left(1 - \dfrac{x}{a}\right)\left(1 - \dfrac{y}{b}\right) \\[2mm] N_j = \dfrac{1}{4}\left(1 + \dfrac{x}{a}\right)\left(1 - \dfrac{y}{b}\right) \\[2mm] N_m = \dfrac{1}{4}\left(1 + \dfrac{x}{a}\right)\left(1 + \dfrac{y}{b}\right) \\[2mm] N_p = \dfrac{1}{4}\left(1 - \dfrac{x}{a}\right)\left(1 + \dfrac{y}{b}\right) \end{cases} \tag{3-79}$$

式（3-79）称为 4 节点矩阵单元位移的形状函数。式（3-78）写成矩阵形式为

$$\{q\}_{(x,y)} = \begin{Bmatrix} u(x,y) \\ v(x,y) \end{Bmatrix} = \begin{bmatrix} N_i & 0 & N_j & 0 & N_m & 0 & N_p & 0 \\ 0 & N_i & 0 & N_j & 0 & N_m & 0 & N_p \end{bmatrix} \begin{Bmatrix} u_i \\ v_i \\ u_j \\ v_j \\ u_m \\ v_m \\ u_p \\ v_p \end{Bmatrix} = [N]_{2\times8}\{q\}_{8\times1}^e$$

(3-80)

即

$$\{q\}_{(x,y)} = [N]_{2\times8}\{q\}_{8\times1}^e \tag{3-81}$$

式中，形函数矩阵为

$$[N] = \begin{bmatrix} N_i & 0 & N_j & 0 & N_m & 0 & N_p & 0 \\ 0 & N_i & 0 & N_j & 0 & N_m & 0 & N_p \end{bmatrix}_{2\times8} \tag{3-82}$$

由式（3-76）可知，在单元的边界上（即 $x = \pm a$，$y = \pm b$），位移分量是按线性变化的，与 3 节点三角形单元相同，在 4 节点矩形单元任意两相邻单元的公共边界上位移是连续的。

3.2.2　4 节点矩形单元的应变与应力

1. 单元的应变

由前所述，平面问题的应变为

$$\{\varepsilon\}^e = \begin{Bmatrix} \varepsilon_x \\ \varepsilon_y \\ \gamma_{xy} \end{Bmatrix}^e = \begin{Bmatrix} \dfrac{\partial u}{\partial x} \\[2mm] \dfrac{\partial v}{\partial y} \\[2mm] \dfrac{\partial u}{\partial y} + \dfrac{\partial v}{\partial x} \end{Bmatrix} = \begin{bmatrix} \dfrac{\partial N_i}{\partial x} & 0 & \dfrac{\partial N_j}{\partial x} & 0 & \dfrac{\partial N_m}{\partial x} & 0 & \dfrac{\partial N_p}{\partial x} & 0 \\[2mm] 0 & \dfrac{\partial N_i}{\partial y} & 0 & \dfrac{\partial N_j}{\partial y} & 0 & \dfrac{\partial N_m}{\partial y} & 0 & \dfrac{\partial N_p}{\partial y} \\[2mm] \dfrac{\partial N_i}{\partial y} & \dfrac{\partial N_i}{\partial x} & \dfrac{\partial N_j}{\partial y} & \dfrac{\partial N_j}{\partial x} & \dfrac{\partial N_m}{\partial y} & \dfrac{\partial N_m}{\partial x} & \dfrac{\partial N_p}{\partial y} & \dfrac{\partial N_p}{\partial x} \end{bmatrix}^e \{q\}^{eT}$$

(3-83)

对式（3-79）求偏导，得

$$\begin{cases} \dfrac{\partial N_i}{\partial x} = -\dfrac{1}{4a}\left(1 - \dfrac{y}{b}\right), & \dfrac{\partial N_i}{\partial y} = -\dfrac{1}{4b}\left(1 - \dfrac{x}{a}\right) \\[3mm] \dfrac{\partial N_j}{\partial x} = \dfrac{1}{4a}\left(1 - \dfrac{y}{b}\right), & \dfrac{\partial N_j}{\partial y} = -\dfrac{1}{4b}\left(1 + \dfrac{x}{a}\right) \\[3mm] \dfrac{\partial N_m}{\partial x} = \dfrac{1}{4a}\left(1 + \dfrac{y}{b}\right), & \dfrac{\partial N_m}{\partial y} = \dfrac{1}{4b}\left(1 + \dfrac{x}{a}\right) \\[3mm] \dfrac{\partial N_p}{\partial x} = -\dfrac{1}{4a}\left(1 + \dfrac{y}{b}\right), & \dfrac{\partial N_p}{\partial y} = \dfrac{1}{4b}\left(1 - \dfrac{x}{a}\right) \end{cases} \tag{3-84}$$

将式（3-84）代入式（3-83）中的应变公式，得

$$\{\varepsilon\}^e = \left\{\begin{matrix}\varepsilon_x\\\varepsilon_y\\\gamma_{xy}\end{matrix}\right\}^e = \left\{\begin{matrix}\dfrac{\partial u}{\partial x}\\[2mm]\dfrac{\partial v}{\partial y}\\[2mm]\dfrac{\partial u}{\partial y}+\dfrac{\partial v}{\partial x}\end{matrix}\right\} = \left\{\begin{matrix}\dfrac{1}{4ab}\big[-(b-y)u_i+(b-y)u_j+(b+y)u_m-(b+y)u_p\big]\\[2mm]\dfrac{1}{4ab}\big[-(a-x)v_i-(a+x)v_j+(a+x)v_m+(a-x)v_p\big]\\[2mm]\dfrac{1}{4ab}\big[-(a-x)u_i-(a+x)u_j+(a+x)u_m+(a-x)u_p-\\[2mm](b-y)v_i+(b-y)v_j+(b+y)v_m-(b+y)v_p\big]\end{matrix}\right\}$$

$$(3\text{-}85)$$

将式（3-85）写成矩阵形式为

$$\{\varepsilon\}_{3\times1}^e = [B]_{3\times8}^e\{q\}_{8\times1}^e \tag{3-86}$$

式中

$$[B]_{3\times8}^e = \frac{1}{4ab}\begin{bmatrix}-(b-y) & 0 & b-y & 0 & b+y & 0 & -(b+y) & 0\\0 & -(a-x) & 0 & -(a+x) & 0 & a+x & 0 & a-x\\-(a-x) & -(b-y) & -(a+x) & b-y & a+x & b+y & a-x & -(b+y)\end{bmatrix}$$

$$(3\text{-}87)$$

$$\{q\}^e = \{u_i,\ v_i,\ u_j,\ v_j,\ u_m,\ v_m,\ u_p,\ v_p\}_{8\times1}^{\mathrm{T}} \tag{3-88}$$

由式（3-85）与式（3-87）可看出，单元的内任意一点的应变，是坐标 (x, y) 的一次函数，ε_x 是 y 的线性函数，ε_y 是 x 的线性函数，γ_{xy} 是 (x, y) 的线性函数。4 节点矩形四边形单元的应变不再为常应变，是坐标 (x, y) 的一次函数。4 节点矩形单元的应变精度高于 3 节点三角形单元。

2. 单元的应力

由弹性力学物理方程，单元内任意一点的应力表达式为

$$\{\sigma\}^e = [D]\{\varepsilon\}^e = [D][B]^e\{q\}^e = [S]^e\{q\}^e \tag{3-89}$$

式中

$$[S]_{3\times8}^e = [D]_{3\times3}[B]_{3\times8}^e$$

$$= \frac{E}{4ab(1-\mu^2)}\cdot\begin{bmatrix}-(b-y) & -\mu(a-x) & b-y & -\mu(a+x)\\-\mu(b-y) & -(a-x) & \mu(b-y) & -(a+x)\\-\dfrac{1-\mu}{2}(a-x) & -\dfrac{1-\mu}{2}(b-y) & -\dfrac{1-\mu}{2}(a+x) & \dfrac{1-\mu}{2}(b-y)\end{bmatrix}$$

$$\begin{matrix}b+y & \mu(a+x) & -(b+y) & \mu(a-x)\\\mu(b+y) & a+x & -\mu(b+y) & a-x\\\dfrac{1-\mu}{2}(a+x) & \dfrac{1-\mu}{2}(b+y) & \dfrac{1-\mu}{2}(a-x) & -\dfrac{1-\mu}{2}(b+y)\end{matrix}$$

$$(3\text{-}90)$$

从式（3-90）可看出，应力矩阵 $[S]$ 中的每一个元素，是坐标 x 或 y 的线性函数。4 节点矩形单元的应力不再为常应力，应力分量 σ_x、σ_y 和 τ_{xy} 是坐标 (x, y) 的一次函数。因

此在计算同一弹性体结构时，如节点数目相等，4 节点矩形单元的精度高于 3 节点三角形单元。

3.2.3　4 节点矩形单元的刚度矩阵和基本方程

1. 单元的刚度矩阵

4 节点矩形单元的刚度矩阵为

$$[k]^e = \iint_e [B]^{e\mathrm{T}}[D][B]^e t\mathrm{d}x\mathrm{d}y \tag{3-91}$$

将 $[B]^{e\mathrm{T}}$、$[D]$ 及 $[B]^e$ 相乘，得

$$[B]^{e\mathrm{T}}[D][B]^e = [B]^{e\mathrm{T}}[S]^e = \frac{E}{16a^2b^2(1-\mu^2)} \cdot [\ ] \tag{3-92}$$

矩阵 $[\ ]$ 中各元素如下

$$
\begin{bmatrix}
(b-y)^2+\frac{1-\mu}{2}(a-x)^2 & & & \\[6pt]
\mu(a-x)(b-y)+\frac{1-\mu}{2}(a-x)(b-y) & (a-x)^2+\frac{1-\mu}{2}(b-y)^2 & & \\[6pt]
-b(b-y)^2+\frac{1-\mu}{2}(a^2-x^2) & -\mu(a-x)(b-y)+\frac{1-\mu}{2}(a+x)(b-y) & (b+y)^2+\frac{1-\mu}{2}(a+x)^2 & \\[6pt]
\mu(a+x)(b-y)-\frac{1-\mu}{2}(a-x)(b-y) & (a^2-x^2)-\frac{1-\mu}{2}(b-y)^2 & -\mu(a+x)(b-y)-\frac{1-\mu}{2}(a+x)(b-y) & (a+x)^2+\frac{1-\mu}{2}(b-y)^2 \\[6pt]
-(b^2-y^2)-\frac{1-\mu}{2}(a^2-x^2) & -\mu(a-x)(b+y)-\frac{1-\mu}{2}(a+x)(b-y) & (b^2-y^2)-\frac{1-\mu}{2}(a+x)^2 & -\mu(a+x)(b-y)+\frac{1-\mu}{2}(a+x)(b-y) \\[6pt]
-\mu(a+x)(b-y)-\frac{1-\mu}{2}(a-x)(b-y) & -(a^2-x^2)-\frac{1-\mu}{2}(b-y)^2 & \mu(a+x)(b-y)-\frac{1-\mu}{2}(a+x)(b-y) & -(a+x)^2+\frac{1-\mu}{2}(b-y)^2 \\[6pt]
(b^2-y^2)-\frac{1-\mu}{2}(a-x)^2 & \mu(a-x)(b+y)-\frac{1-\mu}{2}(a-x)(b-y) & -(b^2-y^2)-\frac{1-\mu}{2}(a^2-x^2) & \mu(a+x)(b+y)+\frac{1-\mu}{2}(a-x)(b-y) \\[6pt]
-\mu(a-x)(b-y)+\frac{1-\mu}{2}(a-x)(b+y) & -(a-x)^2+\frac{1-\mu}{2}(b+y)^2 & \mu(a-x)(b-y)+\frac{1-\mu}{2}(a+x)(b+y) & -(a^2-x^2)-\frac{1-\mu}{2}(b^2-y^2)
\end{bmatrix}
$$

$$
\begin{bmatrix}
& & & & & & & & \\
& & & \text{对} \quad \text{称} & & & & \\
\hline
(b+y)^2 + \\
\dfrac{1-\mu}{2}(a+x)^2 \\
\hline
\mu(a+x)(b+y) + & (a+x)^2 + \\
\dfrac{1-\mu}{2}(a+x)(b-y) & \dfrac{1-\mu}{2}(b+y)^2 \\
\hline
-(b+y)^2 + & -\mu(a+x)(b+y) + & (b+y)^2 + \\
\dfrac{1-\mu}{2}(a^2-x^2) & \dfrac{1-\mu}{2}(a-x)(b+y) & \dfrac{1-\mu}{2}(a-x)^2 \\
\hline
\mu(a-x)(b+y) - & (a^2-x^2) - & -\mu(a-x)(b+y) - & (a-x)^2 + \\
\dfrac{1-\mu}{2}(a+x)(b+y) & \dfrac{1-\mu}{2}(b+y)^2 & \dfrac{1-\mu}{2}(a-x)(b+y) & \dfrac{1-\mu}{2}(b+y)^2
\end{bmatrix}_{8\times 8}
\tag{3-93}
$$

从上式可看出，$[B]^{e\mathrm{T}}[D][B]^e 3$ 个矩阵相乘，为一个 8×8 的方阵，矩阵中的每一元素都是 (x, y) 的二元二次函数。对式（3-93）中的每个元素进行积分，例如

$$
k_{11} = \frac{Et}{16a^2b^2(1-\mu^2)}\iint_e \left[(b-y)^2 + \frac{1-\mu}{2}(a-x)^2\right]\mathrm{d}x\mathrm{d}y = \frac{Et}{1-\mu^2}\left[\frac{b}{3a} + \frac{(1-\mu)a}{6b}\right]
$$

$$
k_{21} = \frac{Et}{16a^2b^2(1-\mu^2)}\iint_e \left[\mu(a-x)(b-y) + \frac{1-\mu}{2}(a-x)(b-y)\right]\mathrm{d}x\mathrm{d}y = \frac{Et}{1-\mu^2}\cdot\frac{1+\mu}{8}
$$

其余各元素同样积分，可求得单元刚度矩阵 $[k]^e$ 如下：

$$
[k]^e = \frac{Et}{1-\mu^2}
\begin{bmatrix}
\frac{b}{3a}+\frac{(1-\mu)a}{6b} \\
\frac{1+\mu}{8} & \frac{a}{3b}+\frac{(1-\mu)b}{6a} & & & & & \text{对} \quad \text{称} \\
-\frac{b}{3a}+\frac{(1-\mu)a}{12b} & \frac{1-3\mu}{8} & \frac{a}{3b}+\frac{(1-\mu)a}{6b} \\
-\frac{1-3\mu}{8} & -\frac{a}{6b}-\frac{(1-\mu)b}{6a} & -\frac{1+\mu}{8} & \frac{a}{3b}+\frac{(1-\mu)b}{6a} \\
-\frac{b}{6a}-\frac{(1-\mu)a}{12b} & -\frac{1+\mu}{8} & \frac{b}{6a}-\frac{(1-\mu)a}{6b} & \frac{1-3\mu}{8} & \frac{b}{3a}+\frac{(1-\mu)a}{6b} \\
-\frac{1+\mu}{8} & -\frac{a}{6b}-\frac{(1-\mu)b}{12a} & -\frac{1-3\mu}{8} & -\frac{a}{3b}+\frac{(1-\mu)b}{12a} & \frac{1+\mu}{8} & \frac{a}{3b}+\frac{(1-\mu)b}{6a} \\
\frac{b}{6a}-\frac{(1-\mu)a}{6b} & -\frac{1-3\mu}{8} & -\frac{b}{6a}-\frac{(1-\mu)a}{12b} & \frac{1+\mu}{8} & -\frac{b}{3a}+\frac{(1-\mu)a}{12b} & \frac{1-3\mu}{8} & \frac{b}{3a}+\frac{(1-\mu)a}{6b} \\
\frac{1-3\mu}{8} & -\frac{a}{3b}+\frac{(1-\mu)b}{12a} & \frac{1+\mu}{8} & -\frac{b}{6a}-\frac{(1-\mu)b}{12a} & -\frac{1-3\mu}{8} & -\frac{a}{6b}-\frac{(1-\mu)b}{6a} & -\frac{1+\mu}{8} & \frac{a}{3b}+\frac{(1-\mu)b}{6a}
\end{bmatrix}
$$

$$\tag{3-94}$$

由式（3-94）可看出，对单元刚度矩阵 $[k]^e = \iint\limits_e [B]^{eT}[D][B]^e t \mathrm{d}x \mathrm{d}y$ 求定积分后，单

元刚度矩阵 $[k]^e$ 是 8×8 的常数对称矩阵，$[k]^e$ 中的每一元素为常数，并由弹性模量 E、泊松比 μ、单元长 a、宽 b 以及厚度 t 确定。若将单元刚度矩阵 $[k]^e$ 写成 2×2 分块矩阵形式，则单元刚度矩阵为 4×4 的方阵

$$[k]^e = \begin{bmatrix} [k_{ii}] & [k_{ij}] & [k_{im}] & [k_{ip}] \\ [k_{ji}] & [k_{jj}] & [k_{jm}] & [k_{jp}] \\ [k_{mi}] & [k_{mj}] & [k_{mm}] & [k_{mp}] \\ [k_{pi}] & [k_{pj}] & [k_{pm}] & [k_{pp}] \end{bmatrix}^e_{8 \times 8} \tag{3-95}$$

2. 单元的基本方程

与 3 节点三角形单元基本方程形成的过程一样，根据虚位移原理或最小位能原理，同样可得出 4 节点矩形单元的基本方程，即节点力与节点位移之间的关系式

$$[k]^e \{q\}^e = \{F\}^e \tag{3-96}$$

式中，$\{F\}^e$ 为 e 单元的等效节点力列阵。分块矩阵表示的单元基本方程为

$$\begin{bmatrix} [k_{ii}] & [k_{ij}] & [k_{im}] & [k_{ip}] \\ [k_{ji}] & [k_{jj}] & [k_{jm}] & [k_{jp}] \\ [k_{mi}] & [k_{mj}] & [k_{mm}] & [k_{mp}] \\ [k_{pi}] & [k_{pj}] & [k_{pm}] & [k_{pp}] \end{bmatrix}^e_{8 \times 8} \begin{Bmatrix} q_i \\ q_j \\ q_m \\ q_p \end{Bmatrix}^e_{8 \times 1} = \begin{Bmatrix} F_i \\ F_j \\ F_m \\ F_p \end{Bmatrix}^e_{8 \times 1}$$

3.2.4　非节点载荷的移置

作用在平面弹性体上的外载荷，如集中力、体积力、面力等，在划分单元后，不一定刚好作用在节点上，而单元基本方程的建立是以节点力为基础的，所以需要将非节点载荷等效移置到节点上。3 节点三角形单元非节点载荷的移置方法，同样也适用于 4 节点矩形单元，因此可直接引用相关公式。

1. 集中力的移置

如图 3-21 所示，假设单元 e 在任一点 $(x,$ $y)$ 处受集中力 $\{P\}^e = \{P_x, P_y\}^T$ 作用，移置到节点的等效节点力列阵为

$$\{F_P\}^e = \{F_{ix}, F_{iy}, F_{jx}, F_{jy}, F_{mx}, F_{my}, F_{px}, F_{py}\}^T_P$$

假想这个单元产生约束允许的虚位移，节点的虚位移为 $\{\delta q\}^e$，由式（3-7），当集中力 $\{P\}$ 作用在点 (x, y) 处时相应虚位移为

$$\{\delta q\} = [N]\{\delta q\}^e$$

集中力 $\{P\}$ 在点 (x, y) 处虚位移 $\{\delta q\}$

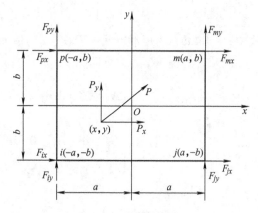

图 3-21　集中力移置

上所做的虚功为

$$P_x\delta u + P_y\delta u = \{\delta q\}^{e\mathrm{T}}\{P\}^e = \{[N]\{\delta q\}^e\}^{\mathrm{T}}\{P\}^e = \{\delta q\}^e[N]^{\mathrm{T}}\{P\}^e$$

等效节点力 $\{F_P\}^e$ 在节点虚位移 $\{\delta q\}^e$ 上所做的虚功为

$$F_{ix}\delta u_i + F_{iy}\delta v_i + F_{jx}\delta u_j + F_{jy}\delta v_j + F_{mx}\delta u_m + F_{my}\delta v_m = \{\delta q\}^{e\mathrm{T}}\{F_P\}^e$$

根据虚位移原理，集中力 $\{P\}^e$ 在 (x, y) 虚位移 $\{\delta q\}$ 上所做虚功，与等效节点力 $\{F_P\}^e$ 在节点虚位移 $\{\delta q\}^e$ 上所做虚功相等，即

$$\{\delta q\}^{e\mathrm{T}}\{F_P\}^e = \{\delta q\}^{e\mathrm{T}}[N]^{\mathrm{T}}\{P\}^e \tag{3-97}$$

由于虚位移 $\{\delta q\}$ 是任意的，因而节点虚位移 $\{\delta q\}^{e\mathrm{T}}$ 也是任意的，等效节点力为

$$\{F_P\}^e = [N]^{\mathrm{T}}\{P\}^e \tag{3-98}$$

展开后的等效节点力列阵为

$$\{F_P\}^e_{8\times1} = \{F_{ix}, F_{iy}, F_{jx}, F_{jy}, F_{mx}, F_{my}, F_{px}, F_{py}\}^{\mathrm{T}}$$

$$= \begin{bmatrix} N_i & 0 & N_j & 0 & N_m & 0 & N_p & 0 \\ 0 & N_i & 0 & N_j & 0 & N_m & 0 & N_p \end{bmatrix}^{\mathrm{T}}_{8\times2} \begin{Bmatrix} P_x \\ P_y \end{Bmatrix}^e_{2\times1} \tag{3-99}$$

2. 体积力的移置

如图 3-22 所示，如果单元 e 有分布的单位体积力载荷 $\{G\}^e = \{G_x, G_y\}^{\mathrm{T}}$，把微分体积 $\mathrm{d}x\mathrm{d}y \cdot t$ 上的体积力 $\{G\}\mathrm{d}x\mathrm{d}y \cdot t$ 当作集中力，利用式（3-98）进行积分，可得移置后的等效节点力列阵为

$$\{F_G\}^e = \iint_e [N]^{\mathrm{T}}\{G\}\mathrm{d}x\mathrm{d}y \cdot t \tag{3-100}$$

假设单元 e 的重力为 W，方向为 $-y$。单位体积力为

$$\{G\}^e = \begin{Bmatrix} G_x \\ G_y \end{Bmatrix} = \begin{Bmatrix} 0 \\ -\dfrac{W}{tA} \end{Bmatrix}$$

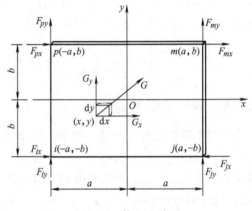

图 3-22 体积力移置

式中，$A = 4ab$，为矩形单元的面积；t 为单元厚度。

展开后的等效节点力列阵为

$$\{F_G\}^e_{8\times1} = \iint_e [N]^{\mathrm{T}}\{G\}^e \mathrm{d}x\mathrm{d}y \cdot t$$

$$= \iint_e \begin{bmatrix} N_i & 0 & N_j & 0 & N_m & 0 & N_p & 0 \\ 0 & N_i & 0 & N_j & 0 & N_m & 0 & N_p \end{bmatrix}^{\mathrm{T}}_{8\times2} \cdot \begin{Bmatrix} 0 \\ -\dfrac{W}{tA} \end{Bmatrix}_{2\times1} t\mathrm{d}x\mathrm{d}y$$

$$= -W\left\{0, \ \frac{1}{4}, \ 0, \ \frac{1}{4}, \ 0, \ \frac{1}{4}, \ 0, \ \frac{1}{4}\right\}^{\mathrm{T}}$$

由上式可知，$-y$ 方向的重力 W 移置到每一个节点上的等效载荷：在 x 方向均为零，y 方向均为 $-\dfrac{1}{4}W$。

3. 面力的移置

4 节点矩形单元面力的移置的方法与 3 节点三角形相同，单元边界上面力移置后的等效节点力为

$$\{F_{\bar{P}}\}^e = \int_l [N]^{\mathrm{T}}\{\bar{P}\}^e \mathrm{d}l \cdot t$$

如图 3-23（a）所示，如果单元在任意边界 ij 上有线性分布的面力，在边界上的节点 i 处面力为 0，另一个节点 j 处面力为最大值 $\bar{P}$，则根据上式积分后的结果为

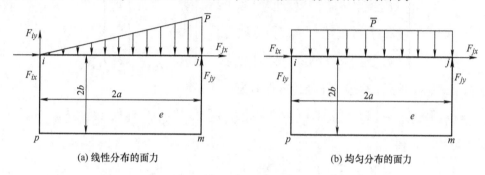

(a) 线性分布的面力　　　　　　　　　(b) 均匀分布的面力

图 3-23　面力的移置

$$F_{ix} = 0, \ F_{iy} = -\frac{1}{3}\left(\bar{P} \cdot 2a \cdot t\right), \ F_{jx} = 0, \ F_{jy} = -\frac{2}{3}\left(\bar{P} \cdot 2a \cdot t\right)$$

从以上结果可看出，总面力的 1/3 移到节点 i 上，2/3 移到 j 节点上，其余节点为 0。

如果在 ij 边界上存在如图 3-23（b）所示的均匀分布面力，则移置后的等效节点力为

$$F_{ix} = 0, \quad F_{iy} = -\frac{1}{2}\left(\bar{P} \cdot 2a \cdot t\right), \quad F_{jx} = 0, \quad F_{jy} = -\frac{1}{2}\left(\bar{P} \cdot 2a \cdot t\right)$$

4. 单元总的节点力列阵

如果在单元 e 上存在集中力 $\{P\}^e$、体积力 $\{G\}^e$ 和面力 $\{\bar{P}\}^e$，分别计算出移置后的等效节点力 $\{F_P\}^e$、$\{F_G\}^e$ 和 $\{F_{\bar{P}}\}^e$，单元总的节点力列阵为

$$\{F\}^e = \{F_P\}^e + \{F_G\}^e + \{F_{\bar{P}}\}^e \tag{3-101}$$

单元基本方程 $[k]^e\{q\}^e = \{F\}^e$ 中的节点力列阵 $\{F\}^e$，应由式（3-101）计算而得。

3.2.5　总体有限元基本方程和总体刚度矩阵的建立

4 节点矩形单元总体有限元方程的建立以及总体刚度矩阵的形成过程与 3 节点三角形单元类似，这里不再详述。

1. 总体有限元基本方程

当用 4 节点矩形单元划分弹性体区域时，生成多个单元和节点，单元之间通过节点相连，任意节点 i 处相连的单元有多个，节点 i 处的节点力为 $\{R_i\} = \{R_{ix}, R_{iy}\}^{\mathrm{T}}$，计入所有与节点 i 相连接单元的节点力

$$\{R_i\} = \left\{ \begin{matrix} R_{ix} \\ R_{iy} \end{matrix} \right\} = \left\{ \begin{matrix} \sum\limits_e F_{ix} \\ \sum\limits_e F_{iy} \end{matrix} \right\} \tag{3-102}$$

简写为

$$\{R_i\} = \sum_e \{F_i\}^e \tag{3-103}$$

在任意一个单元 e 中，由分块矩阵表示的单元基本方程为

$$\begin{bmatrix} [k_{ii}] & [k_{ij}] & [k_{im}] & [k_{ip}] \\ [k_{ji}] & [k_{jj}] & [k_{jm}] & [k_{jp}] \\ [k_{mi}] & [k_{mj}] & [k_{mm}] & [k_{mp}] \\ [k_{pi}] & [k_{pj}] & [k_{pm}] & [k_{pp}] \end{bmatrix}^e_{8\times8} \left\{ \begin{matrix} q_i \\ q_j \\ q_m \\ q_p \end{matrix} \right\}^e_{8\times1} = \left\{ \begin{matrix} F_i \\ F_j \\ F_m \\ F_p \end{matrix} \right\}^e_{8\times1}$$

根据上式，在单元 e 中节点 i 处的节点力为

$$\{F_i\}^e = [k_{ii}]^e\{q_i\}^e + [k_{ij}]^e\{q_j\}^e + [k_{im}]^e\{q_m\}^e + [k_{ip}]^e\{q_p\}^e = [k_{ii} \quad k_{ij} \quad k_{im} \quad k_{ip}]^e\{q\}^e$$

代入式（3-103），得

$$\{R_i\} = \sum_e \{F_i\}^e = \sum_e [k_{ii} \quad k_{ij} \quad k_{im} \quad k_{ip} \quad]^e\{q\}^e \tag{3-104}$$

式（3-104）为所有与节点 i 相连单元，在节点 i 处节点力之和可简写为

$$\sum_e \sum [k_{is}]\{q_s\}^e = \{R_i\} \quad (s = i, j, m, p) \tag{3-105}$$

式（3-105）为节点 i 的平衡方程，表示节点 i 处的节点力与相关单元节点位移之间的关系。如果整个弹性体区域有 E 个单元，n 个节点，将全部单元进行集合，可得到弹性体的总体有限元基本方程

$$[K]\{q\} = \{R\} \tag{3-106}$$

式中，$[K]$ 为总体刚度矩阵，它是 $2n \times 2n$ 的方阵，n 为节点总数；$\{q\}$ 为总体位移列阵，是 $2n \times 1$ 的列阵；$\{R\}$ 为总体节点力列阵，是 $2n \times 1$ 的列阵，表示移置到各节点的节点力列阵。弹性体的总体有限元基本方程（3-106）表示 $2n$ 个线性方程组，因此可用来求解 $2n$ 个未知的节点位移和节点力分量。

2. 总体刚度矩阵的形成和性质

4 节点矩形单元总体刚度矩阵的形成过程，与 3 节点三角形单元总体刚度矩阵的形成过程一样，实际上是所有单元刚度矩阵的叠加过程，这里不再赘述。如果有 n 个节点，则总体刚度矩阵 $[K]$ 为 $2n \times 2n$ 的对称方阵。

4 节点矩形单元的总体刚度矩阵也具有以下性质。

（1）对称性、奇异性、主元恒正性

由于每一个单元的刚度矩阵 $[K]^e$ 是对称的，总体刚度矩阵 $[K]$ 由所有单元刚度矩阵 $[K]^e$ 扩展与叠加而成，因此，总体刚度矩阵 $[K]$ 也具有对称性、奇异性和主元恒正性。

在有限元计算中，利用总体刚度矩阵的对称性，可只存储矩阵的上三角或下三角元素，

从而节省存储容量。

（2）稀疏性和带状分布

稀疏性是指总体刚度矩阵中存在大量的零元素。

带状分布是指总体刚度矩阵中的非零元素集中分布在主对角线两侧的带状区域内。

以上 4 节点矩形单元的分析和结果是对平面应力问题而言的，对于平面应变问题。只需将所有式中的 E 换为 $\dfrac{E}{1-\mu^2}$，μ 换为 $\dfrac{\mu}{1-\mu}$，便可得到平面应变问题分析的结果。

综上所述，4 节点矩形单元采用了二次位移函数，精度比 3 节点三角形单元高。但是矩形单元也有缺陷，它不能适应斜交边界和曲线边界，同时也不便于在不同部位采用不同大小的单元。为了弥补这些缺陷，可把矩形单元和三角形单元混合使用，也可以在小矩形单元与大矩形单元之间用三角形单元过渡。

3.3　6 节点三角形单元

3 节点三角形单元能较好地适应各种形状的边界，但它是一种常应变单元（单元内应力都是常量），因此不如 4 节点矩形单元那样能较好地反映实际应力的变化。为了弥补这一缺点，可采用三角形高次单元，即在三角形单元的三条线上各增加一个节点，如图 3-24（a）所示，除了三角形的三个顶点 i、j、m 外，定义节点 i 对边上的中点为节点 1，节点 j 对边上的中点为节点 2，m 节点对边上的中点为节点 3。6 节点三角形单元有 12 个节点位移分量，即

$$\{q\}^e = \{u_i,\ v_i,\ u_j,\ v_j,\ u_m,\ v_m,\ u_1,\ v_1,\ u_2,\ v_2,\ u_3,\ v_3\}^{eT}$$

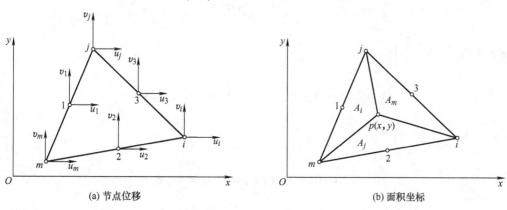

(a) 节点位移　　　　　　　　　　　　　　(b) 面积坐标

图 3-24　6 节点三角形单元

在有限元方法中，为了方便 6 节点三角形单元的位移、应力、应变和基本方程的表示，常用面积坐标代替一般的直角坐标，以便简化各类方程的表示。面积坐标不仅可以简化应力矩阵、刚度矩阵和节点力列阵的运算，而且它不随三角形的单元的形状和方位改变，对于计算机的应用也十分有利。这里先介绍面积坐标。

3.3.1　6 节点三角形单元的面积坐标

在如图 3-24（b）所示的三角形单元中，过单元内任意一点 $p(x,\ y)$，与三角形的三个

顶点 i、j、m 相连，又形成 3 个三角形，A_i、A_j、A_m 分别定义为 $\triangle pjm$、$\triangle pim$ 与 $\triangle pij$ 的面积，A 为三角形 $\triangle ijm$ 的面积。定义点 $p\ (x, y)$ 的面积坐标为

$$L_i = \frac{A_i}{A}, \quad L_j = \frac{A_j}{A}, \quad L_m = \frac{A_m}{A} \tag{3-107}$$

点 $p\ (x, y)$ 的位置可以用 L_i、L_j、L_m 这 3 个比值来确定。因为 $A_i + A_j + A_m = A$，根据式 (3-107) 可得关系式

$$L_i + L_j + L_m = 1 \tag{3-108}$$

因此有 $0 \leqslant L_i \leqslant 1 (i = i, j, m)$，且 3 个面积坐标 L_i、L_j、L_m 不是完全相互独立的。面积坐标不同于总体的直角坐标，它定义于一个三角形单元之内，是一种局部坐标。

根据面积坐标的定义，6 个节点处的面积坐标分别为

节点 $i\ (1, 0, 0)$

$$A_i = A, \ A_j = A_m = 0, \ L_i = 1, \ L_j = 0, \ L_m = 0$$

节点 $j\ (0, 1, 0)$

$$A_j = A, \ A_i = A_m = 0, \ L_i = 0, \ L_j = 1, \ L_m = 0$$

节点 $m\ (0, 0, 1)$

$$A_m = A, \ A_i = A_j = 0, \ L_i = 0, \ L_j = 0, \ L_m = 1$$

节点 $1\left(0, \dfrac{1}{2}, \dfrac{1}{2}\right)$

$$A_i = 0, \ A_j = A_m = \frac{1}{2}A, \ L_i = 0, \ L_j = \frac{1}{2}, \ L_m = \frac{1}{2}$$

节点 $2\left(\dfrac{1}{2}, 0, \dfrac{1}{2}\right)$

$$A_j = 0, \ A_i = A_m = \frac{1}{2}A, \ L_j = 0, \ L_i = \frac{1}{2}, \ L_m = \frac{1}{2}$$

节点 $3\left(\dfrac{1}{2}, \dfrac{1}{2}, 0\right)$

$$A_m = 0, \ A_i = A_j = \frac{1}{2}A, \ L_m = 0, \ L_i = \frac{1}{2}, \ L_j = \frac{1}{2}$$

6 个节点的面积坐标如图 3-25 所示，单元内各点的坐标值是由不超过 1 的无量纲值来确定的。这样的局部坐标也称为自然坐标，对于积分运算十分简便。

单元划分完成后，节点坐标 $i(x_i, y_i)$、$j(x_j, y_j)$、$m(x_m, y_m)$ 为已知，$\triangle ijm$ 的面积 A 为

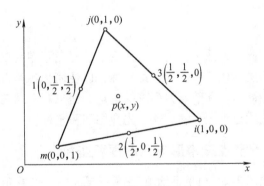

图 3-25　节点的面积坐标

$$A = \frac{1}{2} \begin{vmatrix} 1 & x_i & y_i \\ 1 & x_j & y_j \\ 1 & x_m & y_m \end{vmatrix} = \frac{1}{2}(x_i y_j + x_j y_m + x_m y_i - x_i y_m - x_j y_i - x_m y_j)$$

同理，$\triangle pjm$、$\triangle pim$ 和 $\triangle pij$ 的面积 A_i、A_j、A_m 分别为

$$A_i = \frac{1}{2} \begin{vmatrix} 1 & x & y \\ 1 & x_j & y_j \\ 1 & x_m & y_m \end{vmatrix}$$

$$= \frac{1}{2}[(x_j y_m - x_m y_j) + (y_j - y_m)x + (x_m - x_j)y] \quad (i = i, j, m)$$

与 3 节点三角形单元一样，在上式中定义

$$\begin{cases} a_i = x_j y_m - x_m y_j \\ b_i = y_j - y_m \qquad (i = i, j, m) \\ c_i = x_m - x_j \end{cases} \tag{3-109}$$

有

$$A_i = \frac{1}{2}(a_i + b_i x + c_i y) \quad (i = i, j, m) \tag{3-110}$$

将式 (3-110) 代入式 (3-107)，可得直角坐标 (x, y) 表示的面积坐标 L_i、L_j、L_m 为

$$\begin{cases} L_i = (a_i + b_i x + c_i y)/2A \\ L_j = (a_j + b_j x + c_j y)/2A \\ L_m = (a_m + b_m x + c_m y)/2A \end{cases} \tag{3-111}$$

矩阵形式可表示为

$$\begin{Bmatrix} L_i \\ L_j \\ L_m \end{Bmatrix} = \frac{1}{2A} \begin{bmatrix} a_i & b_i & c_i \\ a_j & b_j & c_j \\ a_m & b_m & c_m \end{bmatrix} \begin{Bmatrix} 1 \\ x \\ y \end{Bmatrix} \tag{3-112}$$

由式 (3-112)，可得用面积坐标 L_i、L_j、L_m 表示的直角坐标 (x, y) 为

$$\begin{cases} x = x_i L_i + x_j L_j + x_m L_m \\ y = y_i L_i + y_j L_j + y_m L_m \end{cases} \tag{3-113}$$

根据式 (3-112) 与式 (3-113)，写成矩阵形式为

$$\begin{Bmatrix} 1 \\ x \\ y \end{Bmatrix} = \begin{bmatrix} 1 & 1 & 1 \\ x_i & x_j & x_m \\ y_i & y_j & y_m \end{bmatrix} \begin{Bmatrix} L_i \\ L_j \\ L_m \end{Bmatrix} \tag{3-114}$$

3.3.2　6节点三角形单元的位移函数和形函数

6节点三角形单元有12个节点位移，即

$$\{q\}^e = \{u_i, v_i, u_j, v_j, u_m, v_m, u_1, v_1, u_2, v_2, u_3, v_3\}^{eT}$$

单元内任意一点$p(x, y)$的位移为$\{q\} = \{u, v\}^T$，假设位移函数采用完全的二次多项式

$$\{q\} = \begin{Bmatrix} u(x, y) \\ v(x, y) \end{Bmatrix} = \begin{cases} a_1 + a_2x + a_3y + a_4x^2 + a_5xy + a_6y^2 \\ a_7 + a_8x + a_9y + a_{10}x^2 + a_{11}xy + a_{12}y^2 \end{cases} \tag{3-115}$$

待定常数$a_1 \sim a_6$可由6个节点的水平位移分量确定，$a_7 \sim a_{12}$可由6个节点的垂直位移分量确定。a_1、a_2、a_3和a_7、a_8、a_9反映了刚体位移和常量应变。由于位移函数采用了二次多项式，所以在任意两个单元的相邻边界上，位移分量是按抛物线变化的，这也就保证了边界上位移的连续性。

为了计算简便起见，采用面积坐标来表达。把边界的节点取在三角形三条边的中点上，分别用1、2、3表示，6个节点的面积坐标如图3-25所示。参照3节点三角形单元和4节点矩形单元，6节点三角形单元的位移函数表示为

$$\{q\} = \begin{Bmatrix} u(x, y) \\ v(x, y) \end{Bmatrix} = \begin{cases} N_iu_i + N_ju_j + N_mu_m + N_1u_1 + N_2u_2 + N_3u_3 \\ N_iv_i + N_jv_j + N_mv_m + N_1v_1 + N_2v_2 + N_3v_3 \end{cases} \tag{3-116}$$

式中，N_i、N_j、N_m和N_1、N_2、N_3是用面积坐标表示的形函数。

顶点i、j、m处

$$N_i = \frac{a_i + b_ix + c_iy}{2A}\left(\frac{a_i + b_ix + c_iy}{A} - 1\right) = L_i(2L_i - 1) \quad (i = i, j, m) \tag{3-117}$$

边中点1、2、3处

$$N_1 = \frac{a_j + b_jx + c_jy}{A} \cdot \frac{a_m + b_mx + c_my}{A} = 4 \cdot L_jL_m(1 = 1, 2, 3; j = j, m, i) \tag{3-118}$$

式（3-116）中的位移函数用矩阵形式表示为

$$\{q\} = \begin{Bmatrix} u \\ v \end{Bmatrix}_{2\times1} = [N]_{2\times12}\{q\}^e_{12\times1} \tag{3-119}$$

式中，

$$[N] = \begin{bmatrix} N_i & 0 & N_j & 0 & N_m & 0 & N_1 & 0 & N_2 & 0 & N_3 & 0 \\ 0 & N & 0 & N_j & 0 & N_m & 0 & N_1 & 0 & N_2 & 0 & N_3 \end{bmatrix}_{2\times12}$$

$$\{q\}^e = \{u_i, v_i, u_j, v_j, u_m, v_m, u_1, v_1, u_2, v_2, u_3, v_3\}^{eT}$$

利用式（3-117）与式（3-118），并将图3-25所示6个节点的面积坐标依次代入式（3-116），将得出u分别等于u_i，u_j，u_m，u_1，u_2，u_3；v分别等于v_i，v_j，v_m，v_1，v_2，v_3。从式（3-117）和式（3-118）可以看出，形状函数是面积坐标的二次式，也是直角坐标的二次式，都能在6个节点处满足相应的节点位移，因而式（3-115）与式（3-119）是等同

的，同样都能保证解答的收敛性。

3.3.3　6 节点三角形单元的应变与应力

1. 单元的应变

根据弹性力学几何方程，平面问题单元的应变为

$$\{\boldsymbol{\varepsilon}\}^e = \begin{Bmatrix} \varepsilon_x \\ \varepsilon_y \\ \gamma_{xy} \end{Bmatrix}^e = \begin{Bmatrix} \dfrac{\partial u}{\partial x} \\[2mm] \dfrac{\partial v}{\partial y} \\[2mm] \dfrac{\partial u}{\partial y} + \dfrac{\partial v}{\partial x} \end{Bmatrix}^e$$

$$\varepsilon_x = \frac{\partial u}{\partial x} = \frac{\partial N_i}{\partial x}u_i + \frac{\partial N_j}{\partial x}u_j + \frac{\partial N_m}{\partial x}u_m + \frac{\partial N_1}{\partial x}u_1 + \frac{\partial N_2}{\partial x}u_2 + \frac{\partial N_3}{\partial x}u_3$$

$$= \sum_{i=i,j,m} \frac{\partial N_i}{\partial x}u_i + \sum_{1=1,2,3} \frac{\partial N_1}{\partial x}u_1$$

式中，

$$\frac{\partial N_i}{\partial x} = \frac{\partial N_i}{\partial L_i} \cdot \frac{\partial L_i}{\partial x} = \frac{b_i(4L_i - 1)}{2A} \quad (i = i, j, m)$$

$$\frac{\partial N_1}{\partial x} = \frac{\partial N_1}{\partial L_j} \cdot \frac{\partial L_j}{\partial x} + \frac{\partial N_1}{\partial L_m} \cdot \frac{\partial L_m}{\partial x} = \frac{4(b_j L_m + b_m L_j)}{2A} \quad (1 = 1, 2, 3; j = j, m, i)$$

从而得

$$\varepsilon_x = \frac{1}{2A}\big[b_i(4L_i - 1)u_i + b_j(4L_j - 1)u_j + b_m(4L_m - 1)u_m + \tag{3-120}$$

$$4(b_j L_m + b_m L_j)u_1 + 4(b_m L_i + b_i L_m)u_2 + 4(b_i L_j + b_j L_i)u_3 \big]$$

同理可得

$$\varepsilon_y = \frac{\partial v}{\partial y} = \sum_{i=i,j,m} \frac{\partial N_i}{\partial y}v_i + \sum_{1=1,2,3} \frac{\partial N_1}{\partial y}v_1$$

$$\tag{3-121}$$

$$= \frac{1}{2A}\big[c_i(4L_i - 1)v_i + c_j(4L_j - 1)v_j + c_m(4L_m - 1)v_m + $$

$$4(c_j L_m + c_m L_j)v_1 + 4(c_m L_i + c_i L_m)v_2 + 4(c_i L_j + c_j L_i)v_3 \big]$$

$$\gamma_{xy} = \frac{\partial u}{\partial y} + \frac{\partial v}{\partial x} = \sum_{i=i,j,m} \left(\frac{\partial N_i}{\partial y}u_i + \frac{\partial N_i}{\partial x}v_i \right) + \sum_{1=1,2,3} \left(\frac{\partial N_1}{\partial y}u_1 + \frac{\partial N_1}{\partial x}v_1 \right)$$

$$= \frac{1}{2A}\big[c_i(4L_i - 1)u_i + c_j(4L_j - 1)u_j + c_m(4L_m - 1)u_m + 4(c_j L_m + c_m L_j)u_1 + $$

$$4(c_m L_i + c_i L_m)u_2 + 4(c_i L_j + c_j L_i)u_3 + b_i(4L_i - 1)v_i + b_j(4L_j - 1)v_j + $$

$$b_m(4L_m - 1)v_m + 4(b_j L_m + b_m L_j)v_1 + 4(b_m L_i + b_i L_m)v_2 + 4(b_i L_j + b_j L_i)v_3 \big]$$

$$\tag{3-122}$$

写成矩阵形式为

$$\{\varepsilon\}^e = \begin{Bmatrix} \varepsilon_x \\ \varepsilon_y \\ \gamma_{xy} \end{Bmatrix}^e = [B]^e \{q\}^e$$

式中，

$$[B]_{3\times12}^e = \frac{1}{2A}\begin{bmatrix} b_i(4L_i-1) & 0 & b_j(4L_j-1) & 0 & b_m(4L_m-1) & 0 \\ 0 & c_i(4L_i-1) & 0 & c_j(4L_j-1) & 0 & c_m(4L_m-1) \\ c_i(4L_i-1) & b_i(4L_i-1) & c_j(4L_j-1) & b_j(4L_j-1) & c_m(4L_m-1) & b_m(4L_m-1) \end{bmatrix}$$

$$\begin{matrix} 4(b_jL_m+b_mL_j) & 0 & 4(b_mL_i+b_iL_m) & 0 & 4(b_iL_j+b_jL_i) & 0 \\ 0 & 4(c_jL_m+c_mL_j) & 0 & 4(c_mL_i+c_iL_m) & 0 & 4(c_iL_j+c_jL_i) \\ 4(c_jL_m+c_mL_j) & 4(b_jL_m+b_mL_j) & 4(c_mL_i+c_iL_m) & 4(b_mL_i+b_iL_m) & 4(c_iL_j+c_jL_i) & 4(b_iL_j+b_jL_i) \end{matrix}$$

$$= \begin{bmatrix} B_i & B_j & B_m & B_1 & B_2 & B_3 \end{bmatrix} \tag{3-123}$$

上式中

$$[B_i] = \frac{1}{2A}\begin{bmatrix} b_i(4L_i-1) & 0 \\ 0 & c_i(4L_i-1) \\ c_i(4L_i-1) & b_i(4L_i-1) \end{bmatrix} \quad (i=i,j,m)$$

$$[B_1] = \frac{1}{2A}\begin{bmatrix} 4(b_jL_m+b_mL_j) & 0 \\ 0 & 4(c_jL_m+c_mL_j) \\ 4(c_jL_m+c_mL_j) & 4(b_jL_m+b_mL_j) \end{bmatrix} \quad (1=1,2,3; j=j,m,i)$$

由上述各式可知，每一个应变分量 ε_x、ε_y、γ_{xy} 是面积坐标 L_i、L_j、L_m 的一次式，因而也是直角坐标 (x,y) 的一次式，是 (x,y) 的线性函数。对比 4 节点矩形单元的应变 "ε_x 是 y 的线性函数，ε_y 是 x 的线性函数，γ_{xy} 是 (x,y) 的线性函数"，可得出，6 节点三角形单元的精度要高于 4 节点矩形单元和 3 节点三角形单元。

2. 单元应力

由弹性力学物理方程，平面问题单元的应力为

$$\{\sigma\}^e = \begin{Bmatrix} \sigma_x \\ \sigma_y \\ \tau_{xy} \end{Bmatrix}^e = [D]\{\varepsilon\}^e = [D][B]^e\{q\}^e = [S]^e\{q\}^e$$

式中，应力矩阵为

$$[S]^e = [D][B]^e = \frac{E}{1-\mu^2}\begin{bmatrix} 1 & \mu & 0 \\ \mu & 1 & 0 \\ 0 & 0 & \dfrac{1-\mu}{2} \end{bmatrix}[B]^e$$

$$= \frac{E}{2(1-\mu^2)} \begin{bmatrix} b_i(4L_i-1) & \mu c_i(4L_i-1) & b_j(4L_j-1) & \mu c_j(4L_j-1) \\ \mu b_i(4L_i-1) & c_i(4L_i-1) & \mu b_j(4L_j-1) & c_j(4L_j-1) \\ \frac{1-\mu}{2}c_i(4L_i-1) & \frac{1-\mu}{2}b_i(4L_i-1) & \frac{1-\mu}{2}c_j(4L_j-1) & \frac{1-\mu}{2}b_j(4L_j-1) \end{bmatrix}$$

$$\begin{matrix} b_m(4L_m-1) & \mu c_m(4L_m-1) & 4(b_jL_m+b_mL_j) & 4\mu(c_jL_m+c_mL_j) \\ \mu b_m(4L_m-1) & c_m(4L_m-1) & 4\mu(b_jL_m+b_mL_j) & 4(c_jL_m+c_mL_j) \\ \frac{1-\mu}{2}c_m(4L_m-1) & \frac{1-\mu}{2}b_m(4L_m-1) & 2(1-\mu)(c_jL_m+c_mL_j) & 2(1-\mu)(b_jL_m+b_mL_j) \end{matrix}$$

$$\begin{matrix} 4(b_mL_i+b_iL_m) & 4\mu(c_mL_i+c_iL_m) & 4(b_iL_j+b_jL_i) & 4\mu(c_iL_j+c_jL_i) \\ 4\mu(b_mL_i+b_iL_m) & 4(c_mL_i+c_iL_m) & 4\mu(b_iL_j+b_jL_i) & 4(c_iL_j+c_jL_i) \\ 2(1-\mu)(c_mL_i+c_iL_m) & 2(1-\mu)(b_mL_i+b_iL_m) & 2(1-\mu)(c_iL_j+c_jL_i) & 2(1-\mu)(b_iL_j+b_jL_i) \end{matrix}$$

$$= [S_i \quad S_j \quad S_m \quad S_1 \quad S_2 \quad S_3]^e \tag{3-124}$$

上式中

$$[S_i] = \frac{E}{4(1-\mu^2)A}(4L_i-1)\begin{bmatrix} 2b_i & 2\mu c_i \\ 2\mu b_i & 2c_i \\ (1-\mu)c_i & (1-\mu)b_i \end{bmatrix} \quad (i=i,j,m)$$

$$[S_1] = \frac{E}{4(1-\mu^2)A}\begin{bmatrix} 8(b_jL_m+b_mL_j) & 8\mu(c_jL_m+c_mL_j) \\ 8\mu(b_jL_m+b_mL_j) & 8(c_jL_m+c_mL_j) \\ 4(1-\mu)(c_jL_m+c_mL_j) & 4(1-\mu)(b_jL_m+b_mL_j) \end{bmatrix}(1=1,2,3;j=j,m,i)$$

由于应力矩阵 $[S]^e$ 的每一元素都是面积坐标的一次式，也就是直角坐标 (x,y) 的一次式，因此单元中的应力 $\{\sigma\}^e$ 是 (x,y) 的线性函数。

6 节点三角形单元采用完全二次多项式的位移函数，这种单元的应变和应力都不再是常量，而是按线性变化的，因此能更好地反映实际的应力状态。这种单元不仅适应性好，而且具有计算精度高的优点。

3.3.4　6节点三角形单元的刚度矩阵和基本方程

与 3 节点三角形单元基本方程的形成过程一样，根据虚位移原理或最小位能原理，同样可得出 6 节点三角形单元的基本方程，即节点力 $\{F\}^e$ 与节点位移 $\{q\}^e$ 之间的关系式

$$[k]^e\{q\}^e = \{F\}^e$$

式中，$[k]^e$ 为单元刚度矩阵；$\{F\}^e$ 为等效节点力列阵

$$\{F\}^e = \{F_{ix},\ F_{iy},\ F_{jx},\ F_{jy},\ F_{mx},\ F_{my},\ F_{1x},\ F_{1y},\ F_{2x},\ F_{2y},\ F_{3x},\ F_{3y}\}^T$$

单元刚度矩阵 $[k]^e$ 是 12×12 的方阵，其通式仍为

$$[k]^e = \iint_e [B]^{eT}[D][B]^e t\mathrm{d}x\mathrm{d}y \tag{3-125}$$

将式（3-123）转置后与式（3-124）相乘，并应用下列面积坐标的幂函数在单元上的

积分公式

$$\iint_e L_i^a L_j^b L_m^c \, dxdy = \frac{a!\, b!\, c!}{(a+b+c+2)!} \cdot 2A \tag{3-126}$$

$$\iint_e L_i \, dxdy = \frac{1!\, 0!\, 0!}{(1+0+0+2)!} \cdot 2A = \frac{1}{3}A \qquad (i=i,\,j,\,m) \tag{3-127}$$

$$\iint_e L_i^2 \, dxdy = \frac{2!\, 0!\, 0!}{(2+0+0+2)!} \cdot 2A = \frac{1}{6}A \qquad (i=i,\,j,\,m) \tag{3-128}$$

$$\iint_e L_i L_j \, dxdy = \frac{1!\, 1!\, 0!}{(1+1+0+2)!} \cdot 2A = \frac{1}{12}A \qquad (i=i,\,j,\,m) \tag{3-129}$$

对其中各元素进行积分，再利用关系式 $b_i + b_j + b_m = 0$ 和 $c_i + c_j + c_m = 0$ 加以简化，最后得

$$[k]^e = \frac{Et}{24(1-\mu^2)A}
\begin{bmatrix}
[F_i] & [p_{ij}] & [p_{im}] & [0] & [-4p_{im}] & [-4p_{ij}] \\
[p_{ji}] & [F_j] & [p_{jm}] & [-4p_{jm}] & [0] & [-4p_{ji}] \\
[p_{im}] & [p_{mj}] & [F_m] & [-4p_{mj}] & [-4p_{mi}] & [0] \\
[0] & [-4p_{mj}] & [-4p_{jm}] & [G_i] & [Q_{ij}] & [Q_{im}] \\
[-4p_{mi}] & [0] & [-4p_{im}] & [Q_{ji}] & [G_j] & [Q_{jm}] \\
[-4p_{ji}] & [-4p_{ij}] & [0] & [Q_{mi}] & [Q_{mj}] & [G_m]
\end{bmatrix}$$

$$\tag{3-130}$$

式中，

$$[F_i] = \begin{bmatrix} 6b_i^2 + 3(1-\mu)c_i^2 & 3(1+\mu)b_ic_i \\ 3(1+\mu)b_ic_i & 6c_i^2 + 3(1-\mu)b_i^2 \end{bmatrix} \qquad (i=i,\,j,\,m)$$

$$[G_i] = \begin{bmatrix} 16\,(b_i^2 - b_jb_m) + 8\,(1-\mu)\,(c_i^2 - c_jc_m) & 4\,(1+\mu)\,(b_ic_i + b_jc_j + b_mc_m) \\ 4\,(1+\mu)\,(b_ic_i + b_jc_j + b_mc_m) & 16\,(c_i^2 - c_jc_m) + 8\,(1-\mu)\,(b_i^2 - b_jb_m) \end{bmatrix}$$
$$(i=i,\,j,\,m)$$

$$[p_{rs}] = \begin{bmatrix} -2b_rb_s - (1-\mu)c_rc_s & -2\mu b_rc_s - (1-\mu)c_rb_s \\ -2\mu c_rb_s - (1-\mu)b_rc_s & -2c_rc_s - (1-\mu)b_rb_s \end{bmatrix} \qquad (r=i,\,j,\,m;s=i,\,j,\,m)$$

$$[Q_{rs}] = \begin{bmatrix} 16b_rb_s + 8(1-\mu)c_rc_s & 4(1+\mu)(c_rb_s + b_rc_s) \\ 4(1+\mu)(c_rb_s + b_rc_s) & 16c_rc_s + 8(1-\mu)b_rb_s \end{bmatrix} \qquad (r=i,\,j,\,m;s=i,\,j,\,m)$$

从以上分析可看出，虽然 6 节点单元的应变矩阵 $[B]^e$ 和应力矩阵 $[S]^e$ 均为 $(x,\,y)$ 的一次函数，由式 (3-125) 取定积分后，单元刚度矩阵 $[k]^e$ 中的每一元素均为常数。

对于平面应变问题，要在应力矩阵及刚度矩阵的各个公式中，将 E 改换为 $\dfrac{E}{1-\mu^2}$，将 μ

改换为 $\dfrac{\mu}{1-\mu}$。

3.3.5　非节点载荷的移置

6 节点三角形单元的非节点载荷等效移置的方法与前面介绍过的单元节点力移置方法一样，这里不再详细介绍。本节仅介绍移置后的节点力列阵结果。

1. 集中力的移置

假设单元 e 内任一点 (x,y) 处受集中力 $\{P\}^e=\{P_x,\ P_y\}^{\mathrm{T}}$ 作用，移置到节点的等效节点力列阵为

$$\{F_P\}^e=\{F_{ix},\ F_{iy},\ F_{jx},\ F_{jy},\ F_{mx},\ F_{my},\ F_{1x},\ F_{1y},\ F_{2x},\ F_{2y},\ F_{3x},\ F_{3y}\}^{\mathrm{T}}_P$$

等效节点力列阵为

$$\{F_P\}^e=[N]^{\mathrm{T}}\{P\}^e \tag{3-131}$$

展开后的等效节点力列阵为

$$\{F_P\}^e_{12\times 1}=\{F_{ix},\ F_{iy},\ F_{jx},\ F_{jy},\ F_{mx},\ F_{my},\ F_{1x},\ F_{1y},\ F_{2x},\ F_{2y},\ F_{3x},\ F_{3y}\}^{\mathrm{T}}$$

$$=\begin{bmatrix} N_i & 0 & N_j & 0 & N_m & 0 & N_1 & 0 & N_2 & 0 & N_3 & 0 \\ 0 & N_i & 0 & N_j & 0 & N_m & 0 & N_1 & 0 & N_2 & 0 & N_3 \end{bmatrix}^{\mathrm{T}}_{8\times 2}\begin{Bmatrix} P_x \\ P_y \end{Bmatrix}^e_{2\times 1}$$

2. 体积力的移置

设单元重力为 W，方向指向 $-y$ 方向。单位体积力分量为

$$\{G\}^e=\begin{Bmatrix} G_x \\ G_y \end{Bmatrix}=\begin{Bmatrix} 0 \\ -\dfrac{W}{At} \end{Bmatrix}$$

式中，A 为三角形单元的面积；t 为单元厚度。

等效移置到各个节点的体积力载荷列阵为

$$\{F_G\}^e=\iint\limits_e [N]^{\mathrm{T}}\{G\}\,\mathrm{d}x\mathrm{d}y\cdot t$$

$$=\iint\limits_e\begin{bmatrix} N_i & 0 & N_j & 0 & N_m & 0 & N_1 & 0 & N_2 & 0 & N_3 & 0 \\ 0 & N_i & 0 & N_j & 0 & N_m & 0 & N_1 & 0 & N_2 & 0 & N_3 \end{bmatrix}^{\mathrm{T}}_{12\times 12}\cdot\begin{Bmatrix} 0 \\ -\dfrac{W}{At} \end{Bmatrix}\mathrm{d}x\mathrm{d}y\cdot t$$

$$=-\frac{W}{A}\iint\limits_e[0\ \ N_i\ \ 0\ \ N_j\ \ 0\ \ N_m\ \ 0\ \ N_1\ \ 0\ \ N_2\ \ 0\ \ N_3]^{\mathrm{T}}\mathrm{d}x\mathrm{d}y \tag{3-132}$$

利用积分公式 (3-126) ~公式 (3-129)，可求得

$$\iint\limits_e N_i\mathrm{d}x\mathrm{d}y=\iint\limits_e L_i(2L_i-1)\mathrm{d}x\mathrm{d}y=\frac{1}{3}A-\frac{1}{3}A=0\quad (i=i,j,m)$$

$$\iint\limits_e N_k\mathrm{d}x\mathrm{d}y=\iint\limits_e 4L_jL_m\mathrm{d}x\mathrm{d}y=\frac{1}{3}A\qquad (k=1,2,3)$$

将以上两式代入式 (3-132)，求得载荷列阵为

$$\{F_G\}^e_{12\times1} = -W\left\{0, 0, 0, 0, 0, 0, 0, \frac{1}{3}, 0, \frac{1}{3}, 0, \frac{1}{3}\right\}^{\mathrm{T}} \tag{3-133}$$

式（3-133）表明，当 $-y$ 方向的重力 W 作为体积力等效移置到每一个节点上时，只需要向单元边界中点 1、2、3（而不是 i、j、m）上移置，而且 1、2、3 节点上的节点力在 $-y$ 方向的分量为 $-W/3$。

3. 面力移置

假设单元在边界 ij 上作用有沿 x 方向线性变化的面力，如图 3-26 所示，边界 ij 的长为 l，在节点 i 处面力为 $\overline{P}$，在节点 j 处面力为 0，面力与边界 ij 的夹角为 α。面积坐标 L_i 在点 i 为 1，在点 j 为 0，并沿边界 ij 按线性变化。边界 ij 上任意点 (x, y) 的面力分量可表示为

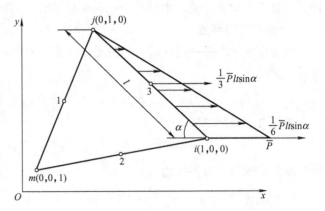

图 3-26　6 节点三角形单元的面力移置

$$\{\overline{P}\}_{(x, y)} = \left\{\begin{array}{c} \overline{P}L_i \\ 0 \end{array}\right\}$$

由式（3-40），移置到各个节点的等效面力载荷列阵为

$$\{F_{\overline{P}}\}^e = \int_l [N]^{\mathrm{T}}\{\overline{P}\}^e \mathrm{d}l \cdot t$$

$$= \int_l \left[\begin{array}{cccccccccccc} N_i & 0 & N_j & 0 & N_m & 0 & N_1 & 0 & N_2 & 0 & N_3 & 0 \\ 0 & N_i & 0 & N_j & 0 & N_m & 0 & N_1 & 0 & N_2 & 0 & N_3 \end{array}\right]^{\mathrm{T}} \cdot \left\{\begin{array}{c} \overline{P}L_i \\ 0 \end{array}\right\}\mathrm{d}l \cdot t$$

$$= \overline{P}t\int_l [N_i \ \ 0 \ \ N_j \ \ 0 \ \ N_m \ \ 0 \ \ N_1 \ \ 0 \ \ N_2 \ \ 0 \ \ N_3 \ \ 0]^{\mathrm{T}}L_i \mathrm{d}l \tag{3-134}$$

由于分布面力仅作用在边界 ij 上，所以有

$$N_i = L_i\ (2L_i - 1)$$

$$N_j = L_j\ (2L_j - 1)$$

$$N_3 = 4L_iL_j$$

$$N_1 = N_2 = N_m = 0$$

将上式代入式（3-134），并对其中各元素进行积分，得

$$\int_l N_i \cdot L_i \mathrm{d}l = \int_l L_i(2L_i - 1) \cdot L_i \mathrm{d}l = \int_l (2L_i^3 - L_i^2) \mathrm{d}l = \frac{1}{6}l$$

$$\int_l N_j \cdot L_i \mathrm{d}l = \int_l L_j(2L_j - 1) \cdot L_i \mathrm{d}l = \int_l (2L_j^2 L_i - L_j L_i) \mathrm{d}l = 0$$

$$\int_l N_3 \cdot L_i \mathrm{d}l = \int_l 4L_iL_j \cdot L_i \mathrm{d}l = \int_l 4L_i^2 L_j \mathrm{d}l = \frac{1}{3}l$$

将积分结果代入式（3-134），得

$$\{F_{\overline{P}}\}_{12\times1}^e = \frac{\overline{P}l \cdot t}{2}\sin\alpha\left\{\frac{1}{3},\ \ 0,\ \ 0,\ \ 0,\ \ 0,\ \ 0,\ \ 0,\ \ 0,\ \ 0,\ \ 0,\ \ \frac{2}{3},\ \ 0\right\}^{\mathrm{T}}$$

$$(3\text{-}135)$$

这就是说，只需要把总面力 $\overline{P}l \cdot t\sin\alpha/2$ 的 $1/3$ 移置到节点 i，$2/3$ 移置到中间的节点 3。根据这一原则，可以应用叠加原理，求得边界上任意线性分布面力等效移置后的节点力列阵。

4. 单元总的节点力列阵

如果在 6 节点三角形单元 e 上存在有集中力 $\{P\}^e$、体积力 $\{G\}^e$ 和面力 $\{\overline{P}\}^e$，分别计算出移置后的等效节点力 $\{F_P\}^e$、$\{F_G\}^e$ 和 $\{F_{\overline{P}}\}^e$，则单元总的节点力列阵为

$$\{F\}^e = \{F_P\}^e + \{F_G\}^e + \{F_{\overline{P}}\}^e$$

单元基本方程 $[k]\{q\}^e = \{F\}^e$ 中的节点力列阵 $\{F\}^e$ 应由上式计算而得。

3.3.6　总体有限元基本方程和总体刚度矩阵的建立

6 节点三角形单元总体有限元方程的建立以及总体刚度矩阵的形成过程，与 3 节点三角形单元类似，这里不再详述。

1. 总体有限元基本方程

当用 6 节点三角形单元划分弹性体区域时，生成多个单元和节点，单元之间通过节点相连，任意节点 i 处相连的单元有多个，节点 i 处的节点力为 $\{R_i\} = \{R_{ix}, R_{iy}\}^{\mathrm{T}}$，计入所有与节点 i 相连接单元的节点力

$$\{R_i\} = \begin{Bmatrix} R_{ix} \\ R_{iy} \end{Bmatrix} = \begin{Bmatrix} \sum_e F_{ix} \\ \sum_e F_{iy} \end{Bmatrix} \tag{3-136}$$

简写为

$$\{R_i\} = \sum_e \{F_i\}^e \tag{3-137}$$

在任意一个单元 e 中，由分块矩阵表示的单元基本方程为

$$\begin{bmatrix} [k_{ii}] & [k_{ij}] & [k_{im}] & [k_{i1}] & [k_{i2}] & [k_{i3}] \\ [k_{ji}] & [k_{jj}] & [k_{jm}] & [k_{j1}] & [k_{j2}] & [k_{j3}] \\ [k_{mi}] & [k_{mj}] & [k_{mm}] & [k_{m1}] & [k_{m2}] & [k_{m3}] \\ [k_{1i}] & [k_{1j}] & [k_{1m}] & [k_{11}] & [k_{12}] & [k_{13}] \\ [k_{2i}] & [k_{2j}] & [k_{2m}] & [k_{21}] & [k_{22}] & [k_{23}] \\ [k_{3i}] & [k_{3j}] & [k_{3m}] & [k_{31}] & [k_{32}] & [k_{33}] \end{bmatrix}_{12\times12}^e \begin{Bmatrix} q_i \\ q_j \\ q_m \\ q_1 \\ q_2 \\ q_3 \end{Bmatrix}_{12\times1}^e = \begin{Bmatrix} F_i \\ F_j \\ F_m \\ F_1 \\ F_2 \\ F_3 \end{Bmatrix}_{12\times1}^e$$

根据上式，在单元 e 中的节点 i 处的节点力为

$$\{F_i\}^e = [k_{ii}]^e\{q_i\}^e + [k_{ij}]^e\{q_j\}^e + \cdots + [k_{i3}]^e\{q_3\}^e$$

$$= [[k_{ii}] \quad [k_{ij}] \quad [k_{im}] \quad [k_{i1}] \quad [k_{i2}] \quad [k_{i3}]]^e \{q\}^e$$

$$= \sum_s [k_{is}]\{q_s\}^e \qquad (s = i, j, m, 1, 2, 3)$$

代入式 (3-137)，有

$$\{R_i\} = \sum_e \{F_i\}^e = \sum_e \sum_s [k_{is}]\{q_s\}^e \qquad (s = i, j, m, 1, 2, 3) \qquad (3\text{-}138)$$

式 (3-138) 为节点 i 的平衡方程，表示节点 i 处的节点力与相关单元节点位移之间的关系。如果整个弹性体区域有 E 个单元，n 个节点，将全部单元进行集合，可得到弹性体的总体有限元基本方程

$$[K]\{q\} = \{R\} \qquad (3\text{-}139)$$

式中，$[K]$ 为总体刚度矩阵，它是为 $2n \times 2n$ 的方阵，n 为节点总数；$\{q\}$ 为总体位移列阵，是 $2n \times 1$ 的列阵；$\{R\}$ 为总体节点力列阵，是 $2n \times 1$ 的列阵，表示移置到各节点的节点力载荷。

式 (3-139) 表示 $2n$ 个线性方程组，可求解 $2n$ 个未知的节点位移和节点力分量。

2. 总体刚度矩阵的形成和性质

6 节点三角形单元总体刚度矩阵形成的过程与 3 节点三角形单元总体刚度矩阵的形成过程一样，实际上是所有单元刚度矩阵扩展与叠加的过程，这里不再赘述。如果有 n 个节点，则总体刚度矩阵 $[K]$ 为 $2n \times 2n$ 的对称方阵。

6 节点三角形单元的总体刚度矩阵也具有以下性质。

（1）对称性、奇异性、主元恒正性

由于每一个单元的刚度矩阵 $[k]^e$ 是对称的，总体刚度矩阵 $[K]$ 由所有单元刚度矩阵扩展与叠加而成，因此，总体刚度矩阵 $[K]$ 也具有对称性、奇异性和主元恒正性。

在有限元计算中，利用总体刚度矩阵的对称性，可只存储矩阵的上三角或下三角元素，从而节省存储容量。

（2）稀疏性和带状分布

稀疏性是指总体刚度矩阵中存在大量的零元素。

带状分布是指总体刚度矩阵中的非零元素集中分布在主对角线两侧的带状区域内。

在以上 6 节点三角形单元分析中，对于平面应变问题，应将各式中的 E 换为 $\dfrac{E}{1-\mu^2}$，μ 换为 $\dfrac{\mu}{1-\mu}$。

采用 6 节点三角形单元进行计算，单元精度比 3 节点三角形单元与 4 节点矩形单元都高，且适合于任何不规则的边界条件，整理计算成果也较简单，但由于节点较多，总体刚度矩阵的带宽较大，所以计算时间较长。

3.4　平面等参元简介

在二维平面问题中，最简单的单元是 3 节点三角形单元，其次是 4 节点矩形单元。利用

3 节点三角形单元可以容易地进行网格划分和边界形状逼近，应用比较灵活，但缺点是单元的应力和应变为常数，在有应力集中的区域，即便采用密集的单元，仍不能较好地反映实际应力的变化情况。4 节点矩形单元的优点是，单元的应力和应变是线性变化的，反映实际应力分布的能力较好，但缺点是单元不能适应曲线边界和斜边界，不能随便改变大小，适应性差。虽然可以通过增加节点的方法来提高单元精度，如 6 节点三角形单元、10 节点三角形单元、8 节点四边形单元、12 节点四边形单元等，但增加节点带来的问题是，计算时间大大增加，且对曲线边界，仍不能较好地逼近。为了改善单元曲线边界的适应性、提高计算精度，要求四边形单元是任意非矩形的四边形单元。

对应任意形状的四边形单元，同样可以通过单元的节点来描述。节点的作用，一方面是描述单元的几何形状，另一方面可表征节点的位移值。当描述单元几何形状与表征节点位移所采用的节点参数相同时，称为等参数单元，简称等参元。

等参元是有限元法中使用最普遍、应用最广泛的单元，目前在主流的大型通用程序中被广泛采用。等参元具有便于描述几何形状复杂的边界、易于构造多节点的高精度单元、可以采用标准化的单元分析格式等优点。

本节介绍 4 节点四边形等参单元和 8 节点四边形等参单元的分析方法和过程。

3.4.1　4 节点任意四边形单元的位移函数和形函数

任意四边形单元，如图 3-27（a）所示，一般为非矩形单元，它具有矩形单元的特点，又能适应复杂边界条件。这种单元形式在岩土工程中应用得非常广泛，例如模拟施工开挖步骤、研究围岩应力状态、计算边坡稳定等诸多方面都获得了良好的效果。

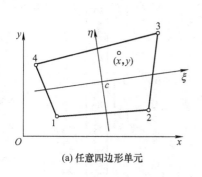
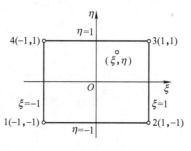

(a) 任意四边形单元　　　　　　　　　　　(b) 坐标变换后的母单元

图 3-27　平面 4 节点等参元

如图 3-27（a）所示的任意四边形单元，单元的 4 个边与 x、y 坐标不平行，也不相等。为了便于进行单元特性分析，在单元内部建立一个局部坐标系 $\xi\eta$，进行坐标变换，变换后的局部坐标系为一个边长为 2 的正方形，如图 3-27（b）所示，变换后的局部坐标系为 $O\xi\eta$，正方形的 4 个节点与图 3-27（a）所示任意四边形的 4 个节点一一对应；$\eta = \pm 1$ 的边与实际单元的 3-4 和 1-2 边对应，$\xi = \pm 1$ 边与实际单元的 2-3 和 1-4 边对应，正方形内点 (ξ, η) 与实际单元的点 (x, y) 一一对应。在正方形的 4 个节点处，坐标 (ξ_i, η_i)（$i = 1$，2，3，4）的值分别取值 1 或 -1，如图 3-27（b）所示。这样，通过坐标变化，将实际单元映射为一个正方形单元，称为实际单元的母单元。坐标变换的关系为

$$\begin{cases} x = \dfrac{x_1}{4}(1-\xi)(1-\eta) + \dfrac{x_2}{4}(1+\xi)(1-\eta) + \dfrac{x_3}{4}(1+\xi)(1+\eta) + \dfrac{x_4}{4}(1-\xi)(1+\eta) \\[3mm] y = \dfrac{y_1}{4}(1-\xi)(1-\eta) + \dfrac{y_2}{4}(1+\xi)(1-\eta) + \dfrac{y_3}{4}(1+\xi)(1+\eta) + \dfrac{y_4}{4}(1-\xi)(1+\eta) \end{cases}$$

$$(3\text{-}140)$$

上式表示局部坐标 (ξ, η) 与整体坐标 (x, y) 的关系。已知局部坐标 (ξ, η) 可对应地反映出整体坐标 (x, y)。例如，在正方形单元的节点 1 处，$\xi = 1$、$\eta = 1$，代入上式后，由式（3-140）可得到 $x = x_1$、$y = y_1$，其他点上也可得出相同的结论。在局部坐标的原点 O 处，$\xi = 0$、$\eta = 0$，由式（3-140）可得四边形单元的形心坐标

$$\begin{cases} x_c = \dfrac{1}{4}(x_1 + x_2 + x_3 + x_4) \\[3mm] y_c = \dfrac{1}{4}(y_1 + y_2 + y_3 + y_4) \end{cases}$$

$$(3\text{-}141)$$

由于局部坐标相对于总体坐标是线性变化的，因此单元上每一点的两种坐标值都是一一对应的。已知某一点的局部坐标值可用式（3-140）导出相应的整体坐标值，反之亦然。

图 3-27（a）中的任意四边形单元是弹性体离散化后的实际单元，图 3-27（b）中边长为 2 的正方形单元称为母单元。有了假想的母单元后，按照前面介绍的有限元分析方法，正方形单元内任意一点的位移 $\{q\}_{(\xi, \eta)}$ 是用节点位移 $\{q\}^e$ 来表示的，参照 4 节点矩形单元的位移函数（3-78），正方形单元的位移函数为

$$\{q\}_{(\xi, \eta)} = \begin{Bmatrix} u \\ v \end{Bmatrix} = \begin{cases} N_1 u_1 + N_2 u_2 + N_3 u_3 + N_4 u_4 \\ N_1 v_1 + N_2 v_2 + N_3 v_3 + N_4 v_4 \end{cases}$$

$$= \begin{bmatrix} N_1 & 0 & N_2 & 0 & N_3 & 0 & N_4 & 0 \\ 0 & N_1 & 0 & N_2 & 0 & N_3 & 0 & N_4 \end{bmatrix} \begin{Bmatrix} u_1 \\ v_1 \\ u_2 \\ v_2 \\ u_3 \\ v_3 \\ u_4 \\ v_4 \end{Bmatrix} \qquad (3\text{-}142)$$

$$= [N]\{q\}^e$$

式中，$[N]$ 为形函数矩阵，其中元素 $N_i(i = 1, 2, 3, 4)$ 为

$$\begin{cases} N_1 = \dfrac{1}{4}(1-\xi)(1-\eta) \\[3mm] N_2 = \dfrac{1}{4}(1+\xi)(1-\eta) \\[3mm] N_3 = \dfrac{1}{4}(1+\xi)(1+\eta) \\[3mm] N_4 = \dfrac{1}{4}(1-\xi)(1+\eta) \end{cases}$$

$$(3\text{-}143)$$

或

$$N_i = \frac{1}{4}(1 + \xi_i\xi)(1 + \eta_i\eta)(i = 1, 2, 3, 4) \tag{3-144}$$

ξ_i 和 η_i 表示 4 个节点的局部坐标值 $(\eta_i, \xi_i)(i = 1, 2, 3, 4)$，每个方向的坐标 ξ_i 或 η_i 取 1 或 -1。

在单元的边界上，$\xi = \pm 1$，$\eta = \pm 1$ 对于任意四边形单元的位移函数 (3-142) 和形函数 (3-143)，位移是 (x, y) 的线性式，是连续的且满足收敛条件。

例如，在图 3-27b 所示节点 2 处，坐标值为 $\xi = 1$、$\eta = -1$，根据式 (3-143) 求出 $N_i(i = 1, 2, 3, 4)$，代入式 (3-142)，可得 $u = u_2$、$v = v_2$。其他节点仍然可以得出相同的结果。

在母单元的四条边上，位移是线性变化的。例如，在图 3-27 (b) 所示 1-2 边上，将 $\eta = -1$ 代入式 (3-143)，可求得

$$N_1 = \frac{1}{2}(1 - \xi), N_2 = \frac{1}{2}(1 + \xi), N_3 = N_4 = 0$$

将其代入式 (3-142)，得母单元 12 边界上的位移为

$$\{q\}_{12} = \begin{Bmatrix} u \\ v \end{Bmatrix} = \begin{cases} \dfrac{1}{2}(1 - \xi)u_1 + \dfrac{1}{2}(1 + \xi)u_2 \\ \dfrac{1}{2}(1 - \xi)v_1 + \dfrac{1}{2}(1 + \xi)v_2 \end{cases} \tag{3-145}$$

式 (3-145) 表明母单元 1-2 边线上任意一点的位移 (u, v) 随局部坐标 ξ 线性变化。满足了边界条件和位移在单元边界上线性变化，保证了相邻单元在边界上位移的连续性，从而满足收敛条件。

比较式 (3-140) 和式 (3-142)，可以发现位移函数和坐标变换采用了相同的形函数，即四边形单元内任意一点的坐标，可由 4 个节点的坐标和形函数表示

$$\begin{cases} x = \sum\limits_{i=1}^{4} N_i x_i \\ y = \sum\limits_{i=1}^{4} N_i y_i \end{cases} \tag{3-146}$$

所以这种单元称为等参数单元，简称等参元。如果位移函数采用的形函数的阶次高于坐标变换的形函数，则这种单元称为超参元，反之称为亚参元。在这三类单元中，等参单元用得最多。

3.4.2 二维等参单元的数学分析

在进行等参单元的力学分析时，要用到各个形函数对整体坐标求导数、局部坐标系下的微分面积等相关的表达式，为了方便后续力学分析的表达，要进行数学分析和表达式的推导。

1. 形函数对于整体坐标的导数

根据复合函数的求导规则，有

$$\begin{cases} \dfrac{\partial N_i}{\partial \xi} = \dfrac{\partial N_i}{\partial x}\dfrac{\partial x}{\partial \xi} + \dfrac{\partial N_i}{\partial y}\dfrac{\partial y}{\partial \xi} \\[3mm] \dfrac{\partial N_i}{\partial \eta} = \dfrac{\partial N_i}{\partial x}\dfrac{\partial x}{\partial \eta} + \dfrac{\partial N_i}{\partial y}\dfrac{\partial y}{\partial \eta} \end{cases} \quad (i = 1, 2, 3, 4)$$

上式写成矩阵形式为

$$\begin{Bmatrix} \dfrac{\partial N_i}{\partial \xi} \\[3mm] \dfrac{\partial N_i}{\partial \eta} \end{Bmatrix} = \begin{bmatrix} \dfrac{\partial x}{\partial \xi} & \dfrac{\partial y}{\partial \xi} \\[3mm] \dfrac{\partial x}{\partial \eta} & \dfrac{\partial y}{\partial \eta} \end{bmatrix} \begin{Bmatrix} \dfrac{\partial N_i}{\partial x} \\[3mm] \dfrac{\partial N_i}{\partial y} \end{Bmatrix} = [J]\begin{Bmatrix} \dfrac{\partial N_i}{\partial x} \\[3mm] \dfrac{\partial N_i}{\partial y} \end{Bmatrix} \quad (i = 1, 2, 3, 4) \tag{3-147}$$

式中，$[J] = \begin{bmatrix} \dfrac{\partial x}{\partial \xi} & \dfrac{\partial y}{\partial \xi} \\[3mm] \dfrac{\partial x}{\partial \eta} & \dfrac{\partial y}{\partial \eta} \end{bmatrix}$ 称为雅可比（Jacobian）矩阵。由式（3-147），形函数对 x，y 求偏

导数为

$$\begin{Bmatrix} \dfrac{\partial N_i}{\partial x} \\[3mm] \dfrac{\partial N_i}{\partial y} \end{Bmatrix} = [J]^{-1}\begin{Bmatrix} \dfrac{\partial N_i}{\partial \xi} \\[3mm] \dfrac{\partial N_i}{\partial \eta} \end{Bmatrix} \quad (i = 1, 2, 3, 4) \tag{3-148}$$

其中，$[J]^{-1}$ 为雅可比矩阵的逆矩阵

$$[J]^{-1} = \frac{1}{|J|}\begin{bmatrix} \dfrac{\partial y}{\partial \eta} & -\dfrac{\partial y}{\partial \xi} \\[3mm] -\dfrac{\partial x}{\partial \eta} & \dfrac{\partial x}{\partial \xi} \end{bmatrix} \tag{3-149}$$

上式中，$|J|$ 为雅可比行列式。将式（3-146）代入雅可比矩阵 $[J]$，有

$$[J] = \begin{bmatrix} \dfrac{\partial x}{\partial \xi} & \dfrac{\partial y}{\partial \xi} \\[3mm] \dfrac{\partial x}{\partial \eta} & \dfrac{\partial y}{\partial \eta} \end{bmatrix} = \begin{bmatrix} \displaystyle\sum_{i=1}^{4}\dfrac{\partial N_i}{\partial \xi}x_i & \displaystyle\sum_{i=1}^{4}\dfrac{\partial N_i}{\partial \xi}y_i \\[3mm] \displaystyle\sum_{i=1}^{4}\dfrac{\partial N_i}{\partial \eta}x_i & \displaystyle\sum_{i=1}^{4}\dfrac{\partial N_i}{\partial \eta}y_i \end{bmatrix} = \begin{bmatrix} \dfrac{\partial N_1}{\partial \xi} & \dfrac{\partial N_2}{\partial \xi} & \dfrac{\partial N_3}{\partial \xi} & \dfrac{\partial N_4}{\partial \xi} \\[3mm] \dfrac{\partial N_1}{\partial \eta} & \dfrac{\partial N_2}{\partial \eta} & \dfrac{\partial N_3}{\partial \eta} & \dfrac{\partial N_4}{\partial \eta} \end{bmatrix}\begin{bmatrix} x_1 & y_1 \\ x_2 & y_2 \\ x_3 & y_3 \\ x_4 & y_4 \end{bmatrix}$$

$$= \frac{1}{4}\begin{bmatrix} -(1-\eta) & 1-\eta & 1+\eta & -(1+\eta) \\ -(1-\xi) & 1-\xi & 1+\xi & -(1+\xi) \end{bmatrix}\begin{bmatrix} x_1 & y_1 \\ x_2 & y_2 \\ x_3 & y_3 \\ x_4 & y_4 \end{bmatrix} \tag{3-150}$$

由式（3-150）可以看出，只要已知整体坐标系下 4 个节点的坐标 $(x_i, y_i)(i = 1, 2, 3, 4)$，雅可比矩阵 $[J]$ 就成为 ξ 或 η 的线性函数。如果指定了局部坐标值 (ξ, η)，则雅可比

矩阵 $[J]$ 可求出, 从而可求出雅可比逆矩阵 $[J]^{-1}$ 。

2. 微分面积的转换

假设空间任意一点 $p(x, y)$ 沿局部坐标 (ξ, η) 中的微分面如图 3-28 所示, 沿 ξ、η 轴方向的微分矢量为 $\vec{a}$、$\vec{b}$。设 $\vec{i}$、$\vec{j}$ 分别为沿 x、y 轴方向的单位矢量, a_x、a_y 为矢量 $\vec{a}$ 在 x、y 轴上的投影, b_x、b_y 为矢量 $\vec{b}$ 在 x、y 轴上的投影, 则有

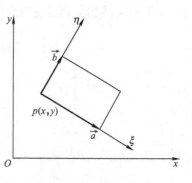

图 3-28 微分面的变换

$$\vec{a} = a_x \vec{i} + a_y \vec{j}, \quad b = b_x \vec{x} + b_y \vec{y} \quad (3\text{-}151)$$

由于 ξ 方向的矢量 $\vec{a}$ 只随 ξ 坐标变化, 而 η 坐标不变, 所以 $\vec{a}$、$\vec{b}$ 在直角坐标轴 x、y 上的投影为

$$a_x = \frac{\partial x}{\partial \xi} \mathrm{d}\xi, \quad a_y = \frac{\partial y}{\partial \xi} \mathrm{d}\xi, \quad b_x = \frac{\partial x}{\partial \eta} \mathrm{d}\eta, \quad b_y = \frac{\partial y}{\partial \eta} \mathrm{d}\eta \quad (3\text{-}152)$$

根据矢量运算法则, 微分矢量 $\vec{a}$、$\vec{b}$ 形成为平行四边形面积为

$$\begin{aligned}
\mathrm{d}A = \vec{a} \times \vec{b} &= (a_x \vec{i} + a_y \vec{j}) \times (b_x \vec{i} + b_y \vec{j}) \\
&= a_x b_x \vec{i} \times \vec{i} + a_x b_y \vec{i} \times \vec{j} + a_y b_x \vec{j} \times \vec{i} + a_y b_y \vec{j} \times \vec{j}
\end{aligned} \quad (3\text{-}153)$$

由于 x、y 互相垂直, $\vec{i}$、$\vec{j}$ 互相垂直, 有

$$\vec{i} \times \vec{i} = 1, \quad \vec{j} \times \vec{j} = 1, \quad \vec{i} \times \vec{j} = \vec{j} \times \vec{i} = 0$$

由式 (3-153) 和式 (3-152) 有

$$\mathrm{d}A = \vec{a} \times \vec{b} = (a_x \vec{i} + a_y \vec{j}) \times (b_x \vec{i} + b_y \vec{j}) = a_x b_x + a_y b_y = \begin{vmatrix} a_x & a_y \\ b_x & b_x \end{vmatrix}$$

$$= \begin{vmatrix} \dfrac{\partial x}{\partial \xi}\mathrm{d}\xi & \dfrac{\partial y}{\partial \xi}\mathrm{d}\xi \\ \dfrac{\partial x}{\partial \eta}\mathrm{d}\eta & \dfrac{\partial y}{\partial \eta}\mathrm{d}\eta \end{vmatrix} = \begin{vmatrix} \dfrac{\partial x}{\partial \xi} & \dfrac{\partial y}{\partial \xi} \\ \dfrac{\partial x}{\partial \eta} & \dfrac{\partial y}{\partial \eta} \end{vmatrix} \mathrm{d}\xi \mathrm{d}\eta = |J|\mathrm{d}\xi \mathrm{d}\eta \quad (3\text{-}154)$$

在直角坐标中, 微分面的面积为

$$\mathrm{d}A = \mathrm{d}x\mathrm{d}y$$

所以有

$$\mathrm{d}A = \mathrm{d}x\mathrm{d}y = |J|\mathrm{d}\xi \mathrm{d}\eta \quad (3\text{-}155)$$

式中, $\mathrm{d}x\mathrm{d}y$ 为实际单元中的微分面积; $\mathrm{d}\xi \mathrm{d}\eta$ 是母单元中的微分面积; 雅可比行列式的值 $|J|$ 相当于一个面积放大系数。

3.4.3 二维等参元的应变、应力、刚度矩阵和等效节点力

下面以任意 4 节点四边形单元为例, 对二维等参元进行单元分析, 计算等参元的应变、应力、刚度矩阵和节点力列阵。

1. 单元的应变和应力

平面应力问题单元的应变为

$$\{\varepsilon\}^e = \begin{Bmatrix} \varepsilon_x \\ \varepsilon_y \\ \gamma_{xy} \end{Bmatrix}^e = \begin{Bmatrix} \dfrac{\partial u}{\partial x} \\[2mm] \dfrac{\partial v}{\partial y} \\[2mm] \dfrac{\partial u}{\partial y} + \dfrac{\partial v}{\partial x} \end{Bmatrix} = [B]^e\{q\}^e = [B_1 \quad B_2 \quad B_3 \quad B_4]^e\{q\}^e \qquad (3\text{-}156)$$

其中，应变矩阵 $[B]^e$ 的子矩阵为

$$[B_i] = \begin{bmatrix} \dfrac{\partial N_i}{\partial x} & 0 \\[2mm] 0 & \dfrac{\partial N_i}{\partial y} \\[2mm] \dfrac{\partial N_i}{\partial y} & \dfrac{\partial N_i}{\partial x} \end{bmatrix} \qquad (i = 1, 2, 3, 4) \qquad (3\text{-}157)$$

由式 (3-148)，形函数对整体坐标 (x, y) 求导数，其形式为

$$\begin{Bmatrix} \dfrac{\partial N_i}{\partial x} \\[2mm] \dfrac{\partial N_i}{\partial y} \end{Bmatrix} = [J]^{-1}\begin{Bmatrix} \dfrac{\partial N_i}{\partial \xi} \\[2mm] \dfrac{\partial N_i}{\partial \eta} \end{Bmatrix} \qquad (i = 1, 2, 3, 4) \qquad (3\text{-}158)$$

由式 (3-143) 和式 (3-144)，形函数对局部坐标系的导数为

$$\begin{cases} \dfrac{\partial N_i}{\partial \xi} = \dfrac{1}{4}(1 + \eta\eta_i)\xi_i \\[3mm] \dfrac{\partial N_i}{\partial \eta} = \dfrac{1}{4}(1 + \xi\xi_i)\eta_i \end{cases} \qquad (i = 1, 2, 3, 4;\ \xi_i = \pm 1;\ \eta_i = \pm 1) \qquad (3\text{-}159)$$

式 (3-158) 变化为

$$\begin{Bmatrix} \dfrac{\partial N_i}{\partial x} \\[2mm] \dfrac{\partial N_i}{\partial y} \end{Bmatrix} = [J]^{-1}\begin{Bmatrix} \dfrac{\partial N_i}{\partial \xi} \\[2mm] \dfrac{\partial N_i}{\partial \eta} \end{Bmatrix} = [J]^{-1}\begin{Bmatrix} \dfrac{1}{4}(1 + \eta\eta_i)\xi_i \\[3mm] \dfrac{1}{4}(1 + \xi\xi_i)\eta_i \end{Bmatrix} \qquad (i = 1, 2, 3, 4)$$

式 (3-157) 应变分块矩阵变换为

$$[B_i] = \begin{bmatrix} \dfrac{\partial N_i}{\partial x} & 0 \\[2mm] 0 & \dfrac{\partial N_i}{\partial y} \\[2mm] \dfrac{\partial N_i}{\partial y} & \dfrac{\partial N_i}{\partial x} \end{bmatrix} = \dfrac{1}{4}[J]^{-1}\begin{bmatrix} (1 + \eta\eta_i)\xi_i & 0 \\[2mm] 0 & (1 + \xi\xi_i)\eta_i \\[2mm] (1 + \xi\xi_i)\eta_i & (1 + \eta\eta_i)\xi_i \end{bmatrix} \qquad (i = 1, 2, 3, 4)$$

$$(3\text{-}160)$$

由式（3-156）和式（3-160）可看出，单元的内任意一点的应变 $\{\varepsilon\}^e$ 是局部坐标（ξ, η）的一次函数，ε_x 是 η 的线性函数，ε_y 是 ξ 的线性函数，γ_{xy} 是（ξ, η）的线性函数。由于局部坐标（ξ, η）与总体坐标（x, y）是线性相关的，应变 $\{\varepsilon\}^e$ 也是坐标（x, y）的一次函数。与 4 节点矩形单元一样，4 节点四边形等参单元的应变不再是常应变，4 节点四边形等参单元的精度与 4 节点矩形单元一样的精度一样。

2. 单元的应力

平面问题单元的应力为

$$\{\sigma\}^e = [D][B]^e\{q\}^e = [S]^e\{q\}^e$$

应力矩阵为

$$[S]^e = [D][B]^e \tag{3-161}$$

其中，$[D]$ 为弹性矩阵

$$[D] = \frac{E}{1-\mu^2}\begin{bmatrix} 1 & \mu & 0 \\ \mu & 1 & 0 \\ 0 & 0 & \dfrac{1-\mu}{2} \end{bmatrix}$$

上式是对平面应力问题而言的，如果是平面应变问题，则进行如下变换即可

$$E = \frac{E}{1-\mu^2}, \mu = \frac{\mu}{1-\mu}$$

3. 单元基本方程和刚度矩阵

与前面介绍过的单元一样，任意四边形单元的基本方程为

$$[k]^e\{q\}^e = \{F\}^e$$

式中，$[k]^e$ 为单元刚度矩阵；$\{F\}^e$ 为等效节点力列阵

$$\{F\}^e = \{F_{1x}, F_{1y}, F_{2x}, F_{2y}, F_{3x}, F_{3y}, F_{4x}, F_{4y}\}^T$$

单元刚度矩阵 $[k]^e$ 是 8×8 的方阵，其通式仍为

$$[k]^e = \iint [B]^{eT}[D][B]^e \mathrm{d}x\mathrm{d}y \cdot t = \int_{-1}^{1}\int_{-1}^{1}[B]^{eT}[D][B]^e |J|\mathrm{d}\xi\mathrm{d}\eta \cdot t$$

$$= \begin{bmatrix} [k_{11}] & [k_{12}] & [k_{13}] & [k_{14}] \\ [k_{21}] & [k_{22}] & [k_{23}] & [k_{24}] \\ [k_{31}] & [k_{32}] & [k_{33}] & [k_{34}] \\ [k_{41}] & [k_{42}] & [k_{43}] & [k_{44}] \end{bmatrix}^e \tag{3-162}$$

其中分块矩阵为

$$[k_{ij}]^e = \int_{-1}^{1}\int_{-1}^{1} \begin{bmatrix} \dfrac{\partial N_i}{\partial x} & 0 & \dfrac{\partial N_i}{\partial y} \\[2mm] 0 & \dfrac{\partial N_i}{\partial y} & \dfrac{\partial N_i}{\partial x} \end{bmatrix} \begin{bmatrix} \dfrac{E}{1-\mu^2} & \dfrac{\mu E}{1-\mu^2} & 0 \\[2mm] \dfrac{\mu E}{1-\mu^2} & \dfrac{E}{1-\mu^2} & 0 \\[2mm] 0 & 0 & \dfrac{E}{2(1+\mu)} \end{bmatrix} \begin{bmatrix} \dfrac{\partial N_i}{\partial x} & 0 \\[2mm] 0 & \dfrac{\partial N_i}{\partial y} \\[2mm] \dfrac{\partial N_i}{\partial y} & \dfrac{\partial N_i}{\partial x} \end{bmatrix} |J| \mathrm{d}\xi \mathrm{d}\eta \cdot t$$

$$(i = 1, 2, 3, 4; j = 1, 2, 3, 4) \tag{3-163}$$

对式 (3-163) 求定积分后，分块矩阵 $[k_{ij}]^e$ 为 2×2 的常数矩阵，单元刚度矩阵 $[k]^e$ 为 8×8 的对称方阵。

虽然在局部坐标系下，式 (3-163) 中定积分的上、下限简单 (从 -1 到 1)，但应变矩阵 $[B]^e$ 和雅可比行列式 $|J|$ 都是函数矩阵，式 (3-163) 中的每一元素的定积分难以求得解析解，一般等参元刚度矩阵的积分计算采用高斯数值积分的方法求得，具体方法参见 3.5 节或其他相关资料。

4. 等效节点力的移置

等效节点力的移置方法与 3.2.4 节中所介绍过的相同，计算公式也具有相同的形式，区别在于，等参元的等效节点力移置计算是在局部坐标系下进行的。

(1) 集中力的移置

当单元 e 在任意一点有集中力 $\{P\}^e = \{P_x, P_y\}^{\mathrm{T}}$ 作用时，移置后的等效节点力列阵为

$$\{F_P\}^e = [N]^{\mathrm{T}}\{P\}^e \tag{3-164}$$

(2) 体积力的移置

当单元 e 有单位体积力 $\{G\}^e$ 作用时，移置后的等效节点力列阵为

$$\{F_G\}^e = \iint_e [N]^{\mathrm{T}}\{G\}^e \mathrm{d}x\mathrm{d}y \cdot t = \int_{-1}^{1}\int_{-1}^{1} [N]^{\mathrm{T}}\{G\}^e |J| \mathrm{d}\xi\mathrm{d}\eta \cdot t \tag{3-165}$$

式中，t 为单元的厚度；$|J|$ 为等参元的雅可比行列式。

在有限元方法中，式 (3-165) 的积分计算采用的是高斯数值积分方法，具体方法参见 3.5 节或其他相关资料。

(3) 面力的移置

当单元 e 在某一边界 l 上有面力 $\{\overline{P}\}^e$ 作用时，载荷列阵为

$$\{F_{\overline{P}}\}^e = \int_l [N]^{\mathrm{T}}\{\overline{P}\}^e \mathrm{d}l \cdot t \tag{3-166}$$

如果 $\overline{P}$ 作用在 $\xi = \pm 1$ 的边线上，载荷列阵为

$$\{F_{\overline{P}}\}^e_\xi = \int_{-1}^{1} \frac{1}{2} l [N]^{\mathrm{T}}_{\xi=\pm1}\{\overline{P}\}^e \mathrm{d}\eta \cdot t \tag{3-167}$$

如果 $\overline{P}$ 作用在 $\eta = \pm 1$ 的边线上，载荷列阵为

$$\{F_{\overline{P}}\}^e_\eta = \int_{-1}^{1} \frac{1}{2} l [N]^{\mathrm{T}}_{\eta=\pm1}\{\overline{P}\}^e \mathrm{d}\xi \cdot t \tag{3-168}$$

式中，t 为单元的厚度。

在有限元方法中，式（3-167）和式（3-168）中的积分计算，一般采用高斯数值积分方法，具体方法参见 3.5 节或其他相关资料。

如果在单元 e 上存在有集中力 $\{P\}^e$、体积力 $\{G\}^e$ 和面力 $\{\bar{P}\}^e$，分别计算出移置后的等效节点力 $\{F_P\}^e$、$\{F_G\}^e$ 和 $\{F_{\bar{P}}\}^e$，单元总的节点力列阵为

$$\{F\}^e = \{F_P\}^e + \{F_G\}^e + \{F_{\bar{P}}\}^e \tag{3-169}$$

单元基本方程 $[k]^e\{q\}^e = \{F\}^e$ 中的节点力列阵 $\{F\}^e$ 应由式（3-169）计算而得。

任意四边形等参单元总体有限元方程的建立，以及总体刚度矩阵的形成过程，与 4 节点矩形单元类似，这里不再详述。

3.4.4　8 节点四边形等参元

1. 单元的坐标变换、位移函数和形函数

8 点曲边四边形单元如图 3-29（a）所示，除了由 4 个顶点定义的节点 1、2、3、4 外，在每一个边界上增加一个节点，新增的节点为 5、6、7、8。为了便于进行单元特性分析，在单元内部建立一个局部坐标系 $c\xi\eta$ 进行坐标变换，变换后的局部坐标系为一个边长为 2 的正方形，如图 3-29（b）所示，变换后的局部坐标系为 $O\xi\eta$，正方形的 8 个节点与图 3-29（a）所示任意四边形的 8 个节点一一对应；正方形内点 (ξ, η) 与实际单元的点 (x, y) 一一对应。在正方形的 8 个节点处，节点坐标 (ξ_i, η_i)（$i = 1, 2, \cdots, 8$）的值分别取值 1、-1 或 0，如图 3-29（b）所示。这样，通过坐标变化，将实际单元映射为一个正方形单元，称为母单元。母单元及 8 个节点对应的坐标如图 3-29（b）所示。

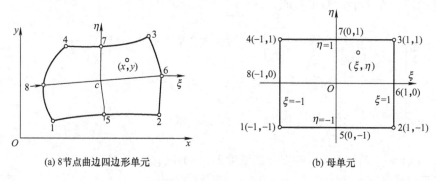

(a) 8 节点曲边四边形单元　　　　　　　(b) 母单元

图 3-29　8 节点四边形单元

与 4 节点四边形等参元一样，8 节点四边形等参元的坐标变换和位移函数采用了相同的插值形函数，即

$$\begin{cases} x = \displaystyle\sum_{i=1}^{8} N_i x_i \\[2mm] y = \displaystyle\sum_{i=1}^{8} N_i y_i \end{cases} \tag{3-170}$$

8 节点曲边四边形单元内任意一点的位移函数为

$$\{q\}^{e}_{(x,y)} = \begin{Bmatrix} u \\ v \end{Bmatrix} = \begin{cases} \sum\limits_{i=1}^{8} N_i u_i \\ \sum\limits_{i=1}^{8} N_i v_i \end{cases} \tag{3-171}$$

按照图 3-29（b）所示节点顺序号，形函数 $N_i(i = 1, 2, \cdots, 8)$ 为

$$\begin{cases} N_1 = \dfrac{1}{4}(1-\xi)(1-\eta)(-\xi-\eta-1), & N_2 = \dfrac{1}{4}(1+\xi)(1-\eta)(\xi-\eta-1) \\[2mm] N_3 = \dfrac{1}{4}(1+\xi)(1+\eta)(\xi+\eta-1), & N_4 = \dfrac{1}{4}(1-\xi)(1+\eta)(-\xi+\eta-1) \\[2mm] N_5 = \dfrac{1}{2}(1-\xi^2)(1-\eta), & N_7 = \dfrac{1}{2}(1-\xi^2)(1+\eta) \\[2mm] N_6 = \dfrac{1}{2}(1-\eta^2)(1+\xi), & N_8 = \dfrac{1}{2}(1-\eta^2)(1-\xi) \end{cases}$$

$$\tag{3-172}$$

例如，在正方形单元的节点 1 处，$\xi = -1$、$\eta = -1$，由式（3-172）求出 $N_i(i = 1, \cdots, 8)$ 后，代入式（3-170），可得到 $x = x_1$、$y = y_1$；代入式（3-171），可得到 $u = u_1$、$v = v_1$，其他坐标仍然可以得到相同的结果。说明假设的位移函数和形函数，在节点上满足位移边界条件。

式（3-172）中的形函数可写成

$$\begin{cases} N_i = \dfrac{1}{4}(1+\xi_i\xi)(1+\eta_i\eta)(\xi_i\xi+\eta_i\eta-1) & (i = 1, 2, 3, 4) \\[2mm] N_i = \dfrac{1}{2}(1-\xi^2)(1+\eta_i\eta) & (i = 5, 7) \\[2mm] N_i = \dfrac{1}{2}(1-\eta^2)(1+\xi_i\xi) & (i = 6, 8) \end{cases} \tag{3-173}$$

式中，ξ_i、$\eta_i(i = 1, 2, \cdots, 8)$ 的值分别取值 1、-1 或 0。

2. 单元的应变和应力

平面问题单元的应变为

$$\{\varepsilon\}^e = \begin{Bmatrix} \varepsilon_x \\ \varepsilon_y \\ \gamma_{xy} \end{Bmatrix}^e = \begin{Bmatrix} \dfrac{\partial u}{\partial x} \\[2mm] \dfrac{\partial v}{\partial y} \\[2mm] \dfrac{\partial u}{\partial y} + \dfrac{\partial v}{\partial x} \end{Bmatrix} = [B]^e\{q\}^e$$

$$= [\,B_1 \quad B_2 \quad B_3 \quad B_4 \quad B_5 \quad B_6 \quad B_7 \quad B_8\,]^e\{q\}^e$$

其中，应变矩阵 $[B]^e$ 的分块子矩阵为

$$[B_i]^e = \begin{bmatrix} \dfrac{\partial N_i}{\partial x} & 0 \\[2mm] 0 & \dfrac{\partial N_i}{\partial y} \\[2mm] \dfrac{\partial N_i}{\partial y} & \dfrac{\partial N_i}{\partial x} \end{bmatrix} \quad (i = 1, 2, \cdots, 8) \tag{3-174}$$

由式 (3-148)，形函数对整体坐标 (x, y) 求偏导数后为

$$\left\{ \begin{matrix} \dfrac{\partial N_i}{\partial x} \\[2mm] \dfrac{\partial N_i}{\partial y} \end{matrix} \right\} = [J]^{-1} \left\{ \begin{matrix} \dfrac{\partial N_i}{\partial \xi} \\[2mm] \dfrac{\partial N_i}{\partial \eta} \end{matrix} \right\} \quad (i = 1, 2, \cdots, 8) \tag{3-175}$$

由式 (3-173)，有

$$\begin{cases} \dfrac{\partial N_i}{\partial \xi} = \dfrac{1}{4}\xi_i(1 + \eta_i\eta)(\xi_i\xi + 2\eta_i\eta), \dfrac{\partial N_i}{\partial \eta} = \dfrac{1}{4}\eta_i(1 + \xi_i\xi)(\eta_i\eta + 2\xi_i\xi) \quad (i = 1, 2, 3, 4) \\[3mm] \dfrac{\partial N_i}{\partial \xi} = -\xi(1 + \eta_i\eta), \dfrac{\partial N_i}{\partial \xi} = \dfrac{1}{2}\eta_i(1 - \xi^2) \quad (i = 5, 7) \\[3mm] \dfrac{\partial N_i}{\partial \xi} = \dfrac{1}{2}\eta_i(1 - \eta^2), \dfrac{\partial N_i}{\partial \eta} = -\eta(1 + \xi_i\xi) \quad (i = 6, 8) \end{cases}$$

$$\tag{3-176}$$

由上式可看出，$\dfrac{\partial N_i}{\partial \xi}$ 和 $\dfrac{\partial N_i}{\partial \eta}$ 均是 (ξ, η) 的二元二次函数，由式 (3-175) 所得的 $\dfrac{\partial N_i}{\partial x}$ 和 $\dfrac{\partial N_i}{\partial y}$ 也是 (ξ, η) 的二元二次函数，式 (3-174) 所示的应变分块矩阵 $[B_i]^e$ 中的元素也是 (ξ, η) 的二元二次函数，即单元的内任意一点的应变 $\{\varepsilon\}^e$ 是局部坐标 (ξ, η) 的二元二次函数。由于局部坐标 (ξ, η) 与总体坐标 (x, y) 是线性相关的，所以应变 $\{\varepsilon\}^e$ 也是 (x, y) 的二元二次函数。

由以上分析可知，8 节点四边形等参元的精度要高于前面介绍的其他各类单元。

3. 单元的应力

平面问题单元的应力为

$$\{\sigma\}^e = [D]\{\varepsilon\}^e = [D][B]^e\{q\}^e = [S]^e\{q\}^e$$

应力矩阵为

$$[S]^e = [D][B]^e \tag{3-177}$$

由于应变 $\{\varepsilon\}^e$ 是 (x, y) 的二元二次函数，单元的应力 $\{\sigma\}^e$ 也是 (x, y) 的二元二次函数。

4. 单元基本方程和刚度矩阵

与前面介绍过的单元一样，8 节点四边形单元的基本方程为

$$[k]^e\{q\}^e = \{F\}^e$$

式中，$[k]^e$ 为单元刚度矩阵；$\{F\}^e$ 为等效节点力列阵：

$$\{F\}^e = \{F_{1x}, F_{1y}, F_{2x}, \cdots, F_{8y}\}^{\mathrm{T}}_{16 \times 1}$$

单元刚度矩阵 $[k]^e$ 是 16×16 的方阵。其通式仍为

$$[k]^e = \iint_e [B]^{e\mathrm{T}}[D][B]^e \mathrm{d}x\mathrm{d}y \cdot t = \int_{-1}^{1}\int_{-1}^{1}[B]^{e\mathrm{T}}[D][B]^e|J|\mathrm{d}\xi\mathrm{d}\eta \cdot t$$

式中，t 为单元的厚度。

单元刚度矩阵的分块矩阵为

$$[k_{ij}]^e = \iint_e [B_i]^{e\mathrm{T}}[D][B_j]^e\mathrm{d}x\mathrm{d}y \cdot t = \int_{-1}^{1}\int_{-1}^{1}[B_i]^{e\mathrm{T}}[D][B_j]^e|J|\mathrm{d}\xi\mathrm{d}\eta \cdot t$$

$$(i = 1, 2, \cdots, 8; \quad j = 1, 2, \cdots, 8)$$

以上单元刚度矩阵中的每一个元素，都是计算从 -1 到 1 的定积分，通常采用高斯数值积分方法计算。

5. 非节点载荷移置

8 节点四边形单元非节点载荷的移置方法与其他单元载荷的移置方法相同。

（1）集中力的移置

当单元 e 在任意一点有集中力载荷 $\{P\}^e = \{P_x, P_y\}^{\mathrm{T}}$ 作用时，移置后的等效节点力列阵为

$$\{F_P\}^e = [N]^{\mathrm{T}}\{P\}^e \tag{3-178}$$

（2）体积力的移置

当单元 e 有单位体积力 $\{G\}^e$ 作用时，移置后的等效节点力列阵为

$$\{F_G\}^e = \iint_e [N]^{\mathrm{T}}\{G\}^e\mathrm{d}x\mathrm{d}y \cdot t = \int_{-1}^{1}\int_{-1}^{1}[N]^{\mathrm{T}}\{G\}^e|J|\mathrm{d}\xi\mathrm{d}\eta \cdot t \tag{3-179}$$

式中，t 为单元的厚度，$|J|$ 为等参元的雅可比行列式。

式（3-179）计算从 -1 到 1 的定积分，通常采用高斯数值积分方法计算。

（3）面力的移置

当单元 e 在某一边界 l 上有面力 $\{\overline{P}\}^e$ 作用时，等效移置后的节点力列阵为

$$\{F_{\overline{P}}\}^e = \int_l [N]^{\mathrm{T}}\{\overline{P}\}^e\mathrm{d}l \cdot t \tag{3-180}$$

上式与任意四边形单元的面力移置公式相同，但在计算时有些差别。其坐标转换式为

$$\begin{cases} \mathrm{d}x = \dfrac{\partial x}{\partial \xi}\mathrm{d}\xi + \dfrac{\partial x}{\partial \eta}\mathrm{d}\eta \\[2mm] \mathrm{d}y = \dfrac{\partial y}{\partial \xi}\mathrm{d}\xi + \dfrac{\partial y}{\partial \eta}\mathrm{d}\eta \\[2mm] \mathrm{d}l = \sqrt{(\mathrm{d}x)^2 + (\mathrm{d}y)^2} \end{cases} \tag{3-181}$$

在 $\xi = \pm 1$ 的边上，$\mathrm{d}\xi = 0$，则有

$$\mathrm{d}l = \sqrt{\left(\frac{\partial x}{\partial \eta}\right)^2 + \left(\frac{\partial y}{\partial \eta}\right)^2}\mathrm{d}\eta = \sqrt{\left(\sum_{i=1}^{8}\frac{\partial N_i}{\partial \eta}x_i\right)^2 + \left(\sum_{i=1}^{8}\frac{\partial N_i}{\partial \eta}y_i\right)^2}\mathrm{d}\eta \tag{3-182}$$

在 $\eta = \pm 1$ 的边上，$\mathrm{d}\eta = 0$，则有

$$\mathrm{d}l = \sqrt{\left(\frac{\partial x}{\partial \xi}\right)^2 + \left(\frac{\partial y}{\partial \xi}\right)^2} \,\mathrm{d}\xi = \sqrt{\left(\sum_{i=1}^{8} \frac{\partial N_i}{\partial \xi} x_i\right)^2 + \left(\sum_{i=1}^{8} \frac{\partial N_i}{\partial \xi} y_i\right)^2} \,\mathrm{d}\xi \tag{3-183}$$

如果在单元 e 上存在集中力 $\{P\}^e$、体积力 $\{G\}^e$ 和面力 $\{\overline{P}\}^e$，分别计算出移置后的等效节点力 $\{F_P\}^e$、$\{F_G\}^e$ 和 $\{F_{\overline{P}}\}^e$，单元总的节点力列阵为

$$\{F\}^e = \{F_P\}^e + \{F_G\}^e + \{F_{\overline{P}}\}^e \tag{3-184}$$

单元基本方程 $[k]^e \{q\}^e = \{F\}^e$ 中的节点力列阵 $\{F\}^e$，应由式（3-184）计算而得。

任意四边形等参单元总体有限元方程的建立，以及总体刚度矩阵的形成过程，与 4 节点矩形单元类似，这里不再详述。

有了单元的刚度矩阵 $[k]^e$ 和载荷列阵 $\{F\}^e$，就可以进行总体分析，求出节点位移，进而求出各单元的应力。

3.5　高斯数值积分简介

在求单元的刚度矩阵和载荷列阵时，需要进行如下形式的积分

$$\int_{-1}^{1} f(\xi)\,\mathrm{d}\xi, \ \int_{-1}^{1}\int_{-1}^{1} f(\xi, \eta)\,\mathrm{d}\xi\mathrm{d}\eta, \ \int_{-1}^{1}\int_{-1}^{1}\int_{-1}^{1} f(\xi, \eta, \zeta)\,\mathrm{d}\xi\mathrm{d}\eta\mathrm{d}\zeta$$

被积函数 f 包含了形函数及其导数的复杂组合，对于这样的问题，是很难甚至无法求得解析解的。而在有限元计算中，通常采用数值积分方法。一般来说，数值积分有两类：一类是采用等间距积分点，如梯形法、抛物线法；另一类是采用不等间距积分点，如高斯法。有限元程序中基本采用高斯积分法，本书仅对高斯数值积分方法进行简要介绍，其他积分方法，请读者参考有关文献。

上式分别是从 -1 到 1 的一维定积分、二重定积分、三重定积分，表示为高斯数值积分后依次为

$$\begin{cases} \displaystyle\int_{-1}^{1} f(\xi)\,\mathrm{d}\xi = \sum_{i=1}^{n} f(\xi_i) w_i + R_n \\[3mm] \displaystyle\int_{-1}^{1}\int_{-1}^{1} f(\xi, \eta)\,\mathrm{d}\xi\mathrm{d}\eta = \sum_{i=1}^{n_i}\sum_{j=1}^{n_j} f(\xi_i, \eta_j) w_i w_j + R_n \\[3mm] \displaystyle\int_{-1}^{1}\int_{-1}^{1}\int_{-1}^{1} f(\xi, \eta, \zeta)\,\mathrm{d}\xi\mathrm{d}\eta\mathrm{d}\zeta = \sum_{i=1}^{n_i}\sum_{j=1}^{n_j}\sum_{k=1}^{n_k} f(\xi_i, \eta_j, \zeta_k) w_i w_j w_k + R_n \end{cases} \tag{3-185}$$

式中，ξ_i、(ξ_i, η_j) 和 (ξ_i, η_j, ζ_k) 是高斯积分点的坐标；$f(\xi_i)$、$f(\xi_i, \eta_j)$ 和 $f(\xi_i, \eta_j, \zeta_k)$ 是积分点处的函数值；w_i（$i = i, j, k$）为加权系数；n 是所取积分点的数目；R_n 是当积分点为 n 时，高斯积分与原积分的误差。

3.5.1　一维高斯积分

一维高斯积分 $\int_{-1}^{1} f(\xi)\,\mathrm{d}\xi$ 的精确结果为函数 $f(\xi)$ 在区间（-1，1）的面积，如图 3-30 所示。

高斯积分法先求出各不等间距积分点处的函数值，然后乘以各自的加权系数，最后再求

和，以这种方法求出积分的精确值或近似值。如图 3-30 所示，一维高斯积分的公式为

$$\int_{-1}^{1} f(\xi)\,\mathrm{d}\xi = f(\xi_1)w_1 + f(\xi_2)w_2 + \cdots + f(\xi_n)w_n + R_n \tag{3-186}$$

式中，$f(\xi_i)$（$i=1, 2, \cdots, n$）是被积函数在积分点 ξ_i 处的值；w_i（$i=1, 2, \cdots, n$）是加权系数；n 是所选取积分点的数目。从图 3-30 可以看出，$f(\xi_i)w_i$ 等同于用矩形的面积近似代替曲线围成的面积。

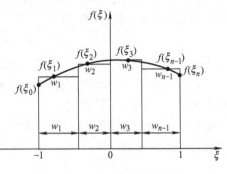

图 3-30　高斯数值积分

当取 n 个积分点时，高斯积分具有 $2n-1$ 阶的精度，如果被积函数是不高于 $2n-1$ 次的多项式，则积分结果是精确且没有误差的，即

$$R_n = 0 \tag{3-187}$$

1. 一点高斯积分

当 $\int_{-1}^{1} f(\xi)\,\mathrm{d}\xi$ 取 1 个积分点，即 $n=1$ 时，如果 $f(\xi)$ 为 $2n-1=1$ 的一次多项式，则积分结果是精确的，即 $R_n=0$。

$f(\xi)$ 的一次多项式为

$$f(\xi) = c_0 + c_1\xi$$

取 $n=1$ 个积分点，式（3-186）变为

$$\int_{-1}^{1} f(\xi)\,\mathrm{d}\xi = f(\xi_1)w_1 + R_1$$

有

$$R_1 = \int_{-1}^{1} f(\xi)\,\mathrm{d}\xi - f(\xi_1)w_1 = \int_{-1}^{1}(c_0 + c_1\xi)\,\mathrm{d}\xi - (c_0 + c_1\xi_1)w_1 = c_0(2 - w_1) - c_1\xi_1 w_1 = 0$$

上式若要成立，必须满足

$$w_1 = 2,\ \xi_1 = 0$$

因此，如果 $f(\xi)$ 是一次多项式，则高斯积分为精确积分，即

$$\int_{-1}^{1} f(\xi)\,\mathrm{d}\xi = f(\xi_1)w_1 = 2f(0)$$

2. 两点高斯积分

如果 $\int_{-1}^{1} f(\xi)\,\mathrm{d}\xi$ 取两个积分点，即 $n=2$ 时，如果被积函数 $f(\xi)$ 为 ξ 的三次多项式（$2n-1=3$），积分结果是精确的，即 $R_n = 0$。

$f(\xi)$ 的二次多项式为

$$f(\xi) = c_0 + c_1\xi + c_2\xi^2 + c_3\xi^3 \tag{3-188}$$

取 $n=2$ 个积分点，式（3-186）变为

$$\int_{-1}^{1} f(\xi)\,\mathrm{d}\xi = f(\xi_1)w_1 + f(\xi_2)w_2 + R_2 \tag{3-189}$$

式（3-189）左边的精确积分值为

$$\int_{-1}^{1} f(\xi)\,\mathrm{d}\xi = \int_{-1}^{1}(c_0 + c_1\xi + c_2\xi^2 + c_3\xi^3)\,\mathrm{d}\xi = 2c_0 + \frac{2}{3}c_2 \tag{3-190}$$

式（3-189）右边的值为

$$f(\xi_1)w_1 + f(\xi_2)w_2 + R_2$$
$$= (c_0 + c_1\xi_1 + c_2\xi_1^2 + c_3\xi_1^3)w_1 + (c_0 + c_1\xi_2 + c_2\xi_2^2 + c_3\xi_2^3)w_2 + R_2 \quad (3\text{-}191)$$

要使高斯积分精确，必须要求 $R_2 = 0$，比较式（3-190）和式（3-191），有

$$(c_0 + c_1\xi_1 + c_2\xi_1^2 + c_3\xi_1^3)w_1 + (c_0 + c_1\xi_2 + c_2\xi_2^2 + c_3\xi_2^3)w_2 = 2c_0 + \frac{2}{3}c_2 \quad (3\text{-}192)$$

要使以上等式完全成立，则必须满足

$$\begin{cases} w_1 + w_2 = 2 \\ w_1\xi_1 + w_2\xi_2 = 0 \\ w_1\xi_1^2 + w_2\xi_2^2 = \dfrac{2}{3} \\ w_1\xi_1^3 + w_2\xi_2^3 = 0 \end{cases} \quad (3\text{-}193)$$

求解以上方程组，可得积分点坐标 ξ_1、ξ_2 和加权系数 w_1、w_2 为

$$\xi_1 = -\xi_2 = -\frac{1}{\sqrt{3}} = -0.577\,350\,269\,2, \quad w_1 = w_2 = 1$$

两点高斯积分的结果为

$$\int_{-1}^{1} f(\xi)\,\mathrm{d}\xi = f(\xi_1)w_1 + f(\xi_2)w_2$$

同样的方法，可以确定 $n=3$ 或 $n=4$ 个积分点时的积分点坐标和加权系数。表 3-3 列出了在积分域 $(-1, 1)$ 内，当 $n=1\sim6$ 时的积分点坐标和相应的加权系数。

表 3-3　一维高斯积分点的坐标和对应的加权系数

积分点的数量	积分点坐标	积分加权系数
1	0	2
2	$\pm 1/\sqrt{3} = \pm 0.577\,350\,269\,189\,626$	1
3	$\pm 0.774\,596\,669\,241\,483$ 0	0.555 555 555 555 556 0.888 888 888 888 889
4	$\pm 0.861\,136\,311\,594\,053$ $\pm 0.339\,981\,043\,584\,856$	0.347 854 845 137 454 0.652 145 154 862 546
5	$\pm 0.906\,179\,845\,938\,664$ $\pm 0.538\,469\,310\,105\,683$ 0	0.236 926 885 056 189 0.478 628 670 499 366 0.568 888 888 888 889
6	$\pm 0.932\,469\,514\,203\,152$ $\pm 0.661\,209\,386\,466\,265$ $\pm 0.238\,619\,186\,083\,197$	0.171 324 492 379 170 0.360 761 573 048 139 0.467 913 934 572 691

由以上分析可知，当 $f(\xi)$ 为多项式，且采用 n 个积分点时，如果多项式的最高次数小于等于 $2n-1$，得出的高斯积分的结果是精确的。

3.5.2　二维和三维高斯积分

对于二维和三维高斯积分，可以采用微积分中多重积分的方法，在计算内层积分时，使

外层积分变量为常量，然后再进行外层积分。例如，在求二重积分 $\int_{-1}^{1} \int_{-1}^{1} f(\xi, \eta) \mathrm{d}\xi \mathrm{d}\eta$ 的值时，可以先对 ξ 进行积分，这时将 η 视为是一个常量，于是有

$$\int_{-1}^{1} f(\xi, \eta) \mathrm{d}\xi \approx \sum_{i=1}^{n_i} w_i f(\xi_i, \eta) \tag{3-194}$$

再对 η 进行积分，将 ξ 视为是一个常量，有

$$\int_{-1}^{1} \int_{-1}^{1} f(\xi, \eta) \mathrm{d}\xi \mathrm{d}\eta = \int_{-1}^{1} \sum_{i=1}^{n_i} w_i f(\xi_i, \eta) \mathrm{d}\eta \approx \sum_{i=1}^{n_i} \sum_{j=1}^{n_j} f(\xi_i, \eta_i) w_i w_j \tag{3-195}$$

式（3-195）是二维的高斯积分公式。其中 n_i 和 n_j 是 ξ 和 η 方向积分点的数量，ξ_i 和 η_j 是积分点的坐标，w_i 和 w_j 是积分点相应的加权系数。如果 $f(\xi, \eta)$ 是 (ξ, η) 不高于 $2n-1$ 次的多项式，则采用 $n_i \cdot n_j$ 个积分点时式（3-195）的积分是精确的。

通过同样的方法，可得出三维高斯积分公式为

$$\int_{-1}^{1} \int_{-1}^{1} \int_{-1}^{1} f(\xi, \eta, \zeta) \mathrm{d}\xi \mathrm{d}\eta \mathrm{d}\zeta \approx \sum_{i=1}^{n_i} \sum_{j=1}^{n_j} \sum_{k=1}^{n_k} f(\xi_i, \eta_j, \zeta_k) w_i w_j w_k \tag{3-196}$$

式中，n_i、n_j、n_k 是 ξ、η、ζ 方向积分点的数量；ξ_i、η_j、ζ_k 是积分点的坐标；w_i、w_j、w_k 是积分点相应的加权系数。如果 $f(\xi, \eta, \zeta)$ 是不高于 $2n-1$ 次的多项式，则采用 $n_i \cdot n_j \cdot n_k$ 个积分点时式（3-196）的积分是精确的。

例3.1　已知 $N_3(\xi, \eta) = \frac{1}{4}(1+\xi)(1+\eta)$ 是 4 节点四边形单元的一个形函数，试采用高斯积分法，计算 $\int_{-1}^{1} N_3(\xi, \eta) \mathrm{d}\xi$ 在边界 $\eta = 1$ 上的积分值。

解： 在边界 $\eta = 1$ 上，被积函数变为

$$N_3(\xi) = \frac{1}{4}(1+\xi)(1+1) = \frac{1}{2}(1+\xi)$$

由于被积函数较简单，很容易求得解析解为

$$\int_{-1}^{1} N_3(\xi, \eta) \mathrm{d}\xi = \int_{-1}^{1} \frac{1}{2}(1+\xi) \mathrm{d}\xi = 1$$

采用高斯积分法，因为被积函数为一次函数，选取积分点的数量 $n=1$，由表3-3可知，积分点坐标为 $\xi_1 = 0$，加权系数 $w_1 = 2$，由式（3-186），在边界 $\eta = 1$ 上有

$$\int_{-1}^{1} N_3(\xi, \eta) \mathrm{d}\xi = \int_{-1}^{1} N_3(\xi) \mathrm{d}\xi = N(\xi_1) w_1 = \frac{1}{2}(1+\xi_1) w_1 = 1$$

本题的被积函数为简单的一次函数，因此高斯积分结果与解析解相同。

例3.2　采用高斯积分法，求解 8 节点等参元的形函数之一 $N_3 = \frac{1}{4}(1+\xi)(1+\eta)(\xi+\eta-1)$ 在边界 $\eta = 1$ 上的高斯积分。

解： 在边界 $\eta = 1$ 上，被积分函数为

$$f(\xi, \eta) = N_3 = \frac{1}{4}(1+\xi)(1+\eta)(\xi+\eta-1) = \frac{1}{2}(1+\xi)\xi \tag{a}$$

在边界 $\eta = 1$ 上，积分的解析解为

$$\int_{-1}^{1} \int_{-1}^{1} f(\xi, \eta) \mathrm{d}\xi \mathrm{d}\eta = \int_{-1}^{1} f(\xi) \mathrm{d}\xi = \int_{-1}^{1} \frac{1}{2}(1+\xi)\xi \mathrm{d}\xi = \frac{1}{3}$$

采用高斯积分法，因为被积函数为二次函数，可以取两个高斯积分点，由表 3-3 可知，两个积分点的坐标以及加权系数为

$$\xi_1 = -\xi_2 = -\frac{1}{\sqrt{3}} = -0.5773502692, \quad w_1 = w_2 = 1$$

由式（3-172）在边界 $\eta = 1$ 上的高斯积分的解为

$$\int_{-1}^{1}\int_{-1}^{1} f(\xi, \eta)\,\mathrm{d}\xi\mathrm{d}\eta = \int_{-1}^{1} f(\xi)\,\mathrm{d}\xi \approx f(\xi_1)w_1 + f(\xi_2)w_2 \qquad (b)$$

将式（a）代入式（b），有

$$\int_{-1}^{1}\int_{-1}^{1} f(\xi, \eta)\,\mathrm{d}\xi\mathrm{d}\eta = \int_{-1}^{1} f(\xi)\,\mathrm{d}\xi \approx f(\xi_1)w_1 + f(\xi_2)w_2$$
$$= \frac{1}{2}\Big[\Big(1 - \frac{1}{\sqrt{3}}\Big)\times\Big(-\frac{1}{\sqrt{3}}\Big)\Big]\times 1 + \frac{1}{2}\Big[\Big(1 + \frac{1}{\sqrt{3}}\Big)\times\frac{1}{\sqrt{3}}\Big]\times 1 = \frac{1}{3}$$

对本题，高斯积分结果与解析解相同。

对于二维、三维高斯数值积分，积分点的数量 n 在不同的坐标方向可以不同。只要 $f(\xi, \eta)$ 或 $f(\xi, \eta, \zeta)$ 多项式的最高次数 $m \le 2n-1$，式（3-195）和式（3-196）的积分是精确的。反过来说，对于 m 次的多项式被积函数 $f(\xi, \eta)$ 或 $f(\xi, \eta, \zeta)$，为了积分值完全精确，积分点的数量必须取满足 $n \ge \dfrac{m+1}{2}$。采用高斯求积法可以用较少的积分点达到较满意的精度，在有限元计算中所采用的数值积分，绝大多数都是高斯积分法。

对于 4 节点四边形等参元，一般取 2×2 高斯积分点就可以满足积分精度要求；对于 8 节点四边形等参元，一般取 2×2 或 3×3 高斯积分点进行计算。

3.6　平面单元精度的比较

本章介绍了 5 种最常用的平面单元，单元精度从低到高，依次如下（见图 3-31）：

3 节点三角形单元 → 4 节点矩形单元和 4 节点四边形等参元 → 6 节点三角形单元 → 8 节点四边形等参元。

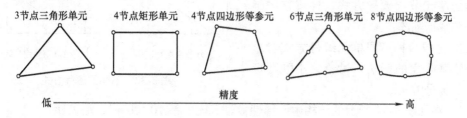

图 3-31　单元精度比较

通过以上分析可知，单元的节点数越多，单元的精度越高，单元的刚度矩阵的行、列维数为节点数 2 倍，所需计算存储空间越多，计算工作量越大。

除了本章介绍的各类平面单元外，还有其他不同形状、不同节点的单元。如 4 节点三角形单元、5 节点三角形单元、5 节点四边形单元、6 节点四边形单元和 7 节点四边形单元等单元，如图 3-32 所示。等参元的构造思路和计算方法是相同的，对于不同节点的单元，定

义形函数是关键，一旦确定了形函数，就可以方便地定义坐标转换方式和单元位移函数，还可以按有限元通用的计算方法和步骤，计算单元刚度矩阵和等效节点力列阵，然后进行总体单元刚度矩阵和总体节点力列阵的集成，从而完成有限元的计算。这些单元的计算方法，请读者参见相关文献。

4节点三角形单元　　5节点三角形单元　　5节点四边形单元　　6节点四边形单元　　7节点四边形单元

图 3-32　其他不同形状、不同节点的单元

习　　题

3.1　什么是节点位移 $\{q\}^e$，什么是单元任意点位移 $\{q\}$，两者之间的关系式是什么？

3.2　什么是形函数，形函数有什么性质？证明 3 节点三角形单元的 3 个形函数之和为 1，即 $N_1 + N_2 + N_3 = 1$。

3.3　在创建了单元位移函数后，根据什么生成单元的应变矩阵？根据什么生成单元的应力矩阵。

3.4　刚度矩阵表示哪两个力学变量之间的关系？单元刚度矩阵中各元素的物理意义是什么？

3.5　什么是节点力，什么是等效节点力？根据什么原理，可以将作用在单元内的载荷等效移置到节点上。

3.6　总体刚度矩阵是如何集成的？如图 3-33 所示的模型，假设厚度为 0.1m，在 y 方向有 $10^5 \mathrm{N/m^3}$ 的体积力作用：

（1）按图 3-33（a）和图 3-33（b）两种不同的单元节点编号方式，计算整体刚度矩阵和载荷列阵；

（2）比较两种不同单元编号方式对总体刚度矩阵带宽的影响，讨论减小刚度矩阵带宽的编号方法。

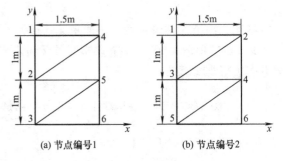

(a) 节点编号1　　　　　(b) 节点编号2

图 3-33　不同的编号方式

3.7　在如图 3-34 所示的结构中，弹性模量 $E = 2.1 \times 10^{11} \mathrm{N/m^2}$，泊松比 $\mu = 0.3$，厚度 $t = 0.025\mathrm{m}$，载荷 $\overline{P} = 10^8 \mathrm{N/m}$，采用 3 节点三角形单元，单元和节点的生成方式如图 3-34 所示，按平面应力问题计算，参照 3.1.8 节的有限元计算方法和步骤，完成结构在载荷作用下的强度计算和支反力计算。

3.8　图 3-35 所示为一受集中力 $P = 10000\mathrm{N}$ 作用的结构，弹性模量 $E = 2 \times 10^{11} \mathrm{N/m^2}$，泊松比 $\mu = 0.29$，厚度 $t = 0.01\mathrm{m}$，按平面应力问题计算，采用 4 节点四边形单元，求出各节点的位移、应力和节点力，并与 4 个三角形单元求得的结果进行比较。

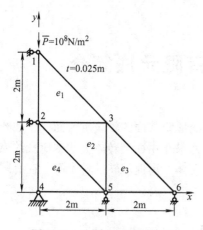

图 3-34　习题 3.7 平面单元

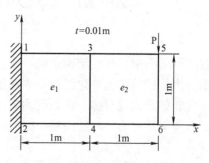

图 3-35　习题 3.8 平面单元

3.9　什么是等参元？3 节点三角形单元是等参元吗？

3.10　写出如图 3-36 所示 4 节点等参元的坐标变换式。

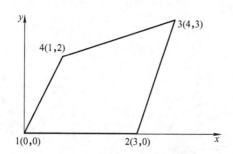

图 3-36　习题 3.10 坐标变换

3.11　采用高斯积分法，计算 4 节点四边形等参元的形函数之一 $N_3 = \dfrac{1}{4}(1 + \xi)(1 + \eta)$ 在边界 $\xi = 1$ 上的高斯积分。

参 考 文 献

[1] 赵均海，汪梦甫. 弹性力学及有限元 [M]. 武汉：武汉理工大学出版社，2003.

[2] 张国瑞. 有限元法 [M]. 北京：机械工业出版社，1991.

[3] 梁醒培，王辉. 应用有限元分析 [M]. 北京：清华大学出版社，2010.

[4] 刘怀恒. 结构及弹性力学有限元法 [M]. 西安：西北工业大学出版社，2007.

[5] 夏建芳. 有限元法原理与 ANSYS 应用 [M]. 北京：国防工业出版社，2011. 10.

[6] 王勖成，邵敏. 有限单元法基本原理和数值方法 [M]. 北京：清华大学出版社，1999.

[7] 谢眙权，何福宝. 弹性和塑性力学中的有限元法 [M]. 北京：机械工业出版社，1981.

[8] T R Chamdrupatla，A D Belegundu. 工程中的有限元方法 [M]. 3 版. 曾攀，译. 北京：清华大学出版社，2006.

第4章 轴对称问题有限元法简介

在实际工程中，有些结构是旋转体，由一个平面图形绕共面的轴线旋转而成，如柴油机的活塞、汽轮机的转子、化工设备中的压力容器等。如果作用在旋转体上的载荷及约束条件也关于旋转体的轴线对称，例如受均匀内压的圆柱形筒体、高速旋转的转子等。在有限元分析中，该类问题称为轴对称问题。

4.1 轴对称问题的基本概念和基本方程

在进行轴对称问题分析时，通常采用圆柱坐标 (r, θ, z) 替代直角坐标 (x, y, z)，如图 4-1（a）、（b）所示。半径方向称为径向 r，圆周方向称为环向 θ，旋转体轴向方向称为轴向 z，（轴线也称为对称轴）。

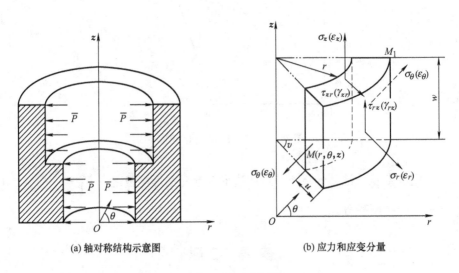

(a) 轴对称结构示意图　　　(b) 应力和应变分量

图 4-1　轴对称问题

如图 4-1（a）所示，轴对称问题由于结构、载荷和约束均关于 z 轴对称，当结构产生变形时，过轴线任意截面上的位移、应变和应力都一样，位移、应变和应力与环向坐标 θ 无关，只是 r、z 的函数。因此原来的空间三维问题可简化为以 r、z 为变量的二维问题，如图 4-1（b）所示。

在轴对称问题中，如图 4-1（b）所示，定义旋转体内任意一点 $M(r, \theta, z)$ 沿 r、θ、z 方向的位移分别为径向位移 u、环向位移 v 和轴向位移 w，任意点 $M(r, \theta, z)$ 的位移表示为 $\{q\} = \{u, v, w\}^T$，基于轴对称问题的特点，有以下性质：

（1）环向位移 $v = 0$，径向位移 u 和轴向位移 w 是 (r, z) 的函数，即

$$\{q\} = \begin{Bmatrix} u(r,z) \\ v = 0 \\ w(r,z) \end{Bmatrix}$$

（2）环向 θ 的剪应力和剪应变为 0，如图 4-1（b）所示，其他应力和应变分量是（r, z）的函数，即

$$\tau_{r\theta} = \tau_{z\theta} = 0, \quad \gamma_{r\theta} = \gamma_{z\theta} = 0$$

这样，轴对称问题的应变为 $\{\varepsilon\} = \{\varepsilon_r, \varepsilon_\theta, \varepsilon_z, \gamma_{rz}\}^{\mathrm{T}}$，有 4 个分量；应力分量为 $\{\sigma\} = \{\sigma_r, \sigma_\theta, \sigma_z, \tau_{rz}\}^{\mathrm{T}}$，也是 4 个分量。

虽然没有了环向位移（即 $v=0$），但却存在环向正应力 σ_θ 和环向正应变 ε_θ，只是并非独立的变量。如图 4-1（b）所示任意一点 $M(r, \theta, z)$，如果沿径向 r 方向产生了位移 u，半径变化为 $r+u$，环向周长的变化率即为环向正应变 ε_θ

$$\varepsilon_\theta = \frac{2\pi(r+u) - 2\pi r}{2\pi r} = \frac{u}{r}$$

由以上分析可知，在轴对称应力问题中，每个点有 4 个应变分量，如图 4-1（b）所示。由弹性力学几何方程，应变列阵为

$$\{\varepsilon\} = \begin{Bmatrix} \varepsilon_r \\ \varepsilon_\theta \\ \varepsilon_z \\ \gamma_{rz} \end{Bmatrix} = \begin{Bmatrix} \dfrac{\partial u}{\partial r} \\[2mm] \dfrac{u}{r} \\[2mm] \dfrac{\partial w}{\partial z} \\[2mm] \dfrac{\partial w}{\partial r} + \dfrac{\partial u}{\partial z} \end{Bmatrix} \tag{4-1}$$

由弹性力学物理方程，应力 $\{\sigma\} = \{\sigma_r, \sigma_\theta, \sigma_z, \tau_{rz}\}^{\mathrm{T}}$ 与应变 $\{\varepsilon\} = \{\varepsilon_r, \varepsilon_\theta, \varepsilon_z, \gamma_{rz}\}^{\mathrm{T}}$ 之间的关系为

$$\begin{Bmatrix} \varepsilon_r \\ \varepsilon_\theta \\ \varepsilon_z \\ \gamma_{rz} \end{Bmatrix} = \begin{Bmatrix} \dfrac{1}{E}[\sigma_r - \mu(\sigma_\theta + \sigma_z)] \\[3mm] \dfrac{1}{E}[\sigma_\theta - \mu(\sigma_r + \sigma_z)] \\[3mm] \dfrac{1}{E}[\sigma_z - \mu(\sigma_r + \sigma_\theta)] \\[3mm] \dfrac{2(1+\mu)}{E}\tau_{rz} \end{Bmatrix} \tag{4-2}$$

式中，E 为材料的弹性模量；μ 为泊松比。

由式（4-2）可得轴对称问题的应力为

$$\{\sigma\} = \begin{Bmatrix} \sigma_r \\ \sigma_\theta \\ \sigma_z \\ \tau_{rz} \end{Bmatrix} = \frac{E(1-\mu)}{(1+\mu)(1-2\mu)} \begin{bmatrix} 1 & \dfrac{\mu}{1-\mu} & \dfrac{\mu}{1-\mu} & 0 \\ \dfrac{\mu}{1-\mu} & 1 & \dfrac{\mu}{1-\mu} & 0 \\ \dfrac{\mu}{1-\mu} & \dfrac{\mu}{1-\mu} & 1 & 0 \\ 0 & 0 & 0 & \dfrac{1-2\mu}{2(1-\mu)} \end{bmatrix} \begin{Bmatrix} \varepsilon_r \\ \varepsilon_\theta \\ \varepsilon_z \\ \gamma_{rz} \end{Bmatrix} \tag{4-3}$$

简写为

$$\sigma\} = [D]\{\varepsilon\} \tag{4-4}$$

上式中，$[D]$ 为弹性矩阵，它是一个 4×4 的对称矩阵

$$[D]_{4 \times 4} = \frac{E(1-\mu)}{(1+\mu)(1-2\mu)} \begin{bmatrix} 1 & \dfrac{\mu}{1-\mu} & \dfrac{\mu}{1-\mu} & 0 \\ \dfrac{\mu}{1-\mu} & 1 & \dfrac{\mu}{1-\mu} & 0 \\ \dfrac{\mu}{1-\mu} & \dfrac{\mu}{1-\mu} & 1 & 0 \\ 0 & 0 & 0 & \dfrac{1-2\mu}{2(1-\mu)} \end{bmatrix}_{4 \times 4} \tag{4-5}$$

　　由于轴对称问题的结构、载荷和约束均关于 z 轴对称，当结构产生变形时，任意环向截面（子午面）上的位移、应变和应力都一样，原来的空间三维问题就可简化为以 r、z 为变量的二维平面问题来求解。与平面问题一样，二维轴对称问题可以使用 3 节点三角形单元、6 节点三角形单元、4 节点四边形单元、8 节点四边形单元等类似的单元进行有限元分析，但与平面问题不同，平面问题的单元本身是平面，而轴对称问题的单元实际上则是一个圆环体。本章仅以 3 节点三角形单元为例，对轴对称问题的有限元方程进行介绍，其他单元的求解方法、过程和步骤一样。

4.2　轴对称三角形单元

　　有限元法解决轴对称应力问题的思路与平面问题类似，将弹性体划分为有限个单元，单元内任意一点的位移可以通过单元节点位移来插值求出。根据单元的位移函数，可求出弹性体相应的应变、应力，根据虚位移原理或最小位能原理，可得单元的刚度矩阵和基本方程，求解单元基本方程，即可求出节点位移的近似值。

4.2.1　轴对称 3 节点三角形单元的含义

　　用有限元法求解轴对称问题时，在对称截面内划分如图 4-2（a）所示的三角形单元，其中的任意三角形单元 e 如图 4-2（b）所示，实际上它代表的是三角形单元绕轴线 z 旋转所形成的三棱环体，如图 4-2（c）所示。这与平面问题中的三角形单元是不同的。

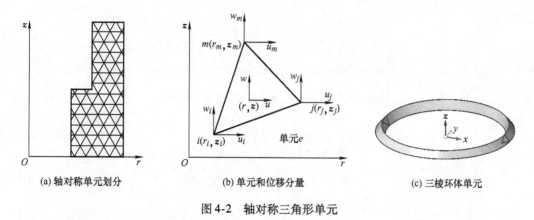

(a) 轴对称单元划分　　　　　　(b) 单元和位移分量　　　　　　(c) 三棱环体单元

图 4-2　轴对称三角形单元

4.2.2　位移函数

从图 4-2（a）中所划分的单元中取任意单元 e，如图 4-2（b）所示。按逆时针方向定义三角形的节点编号为 i、j、m，三个节点对应的坐标分别为 (r_i, z_i)、(r_j, z_j)、(r_m, z_m)，三个节点的位移分别为 $\{q_i\} = \{u_i, w_i\}^{\mathrm{T}}$、$\{q_j\} = \{u_j, w_j\}^{\mathrm{T}}$、$\{q_m\} = \{u_m, w_m\}^{\mathrm{T}}$，如图 4-2（b）所示，节点位移列阵为

$$\{q\}^e = \{u_i, w_i, u_j, w_j, u_m, w_m\}^{\mathrm{T}}$$

假设三个节点 i、j、m 的坐标 (r_i, z_i)、(r_j, z_j)、(r_m, z_m) 和节点位移 $\{q\}^e$ 为已知，对称平面内任意一点 (r, z) 的位移为 $\{q\} = \{u, v\}^{\mathrm{T}}$，与 3 节点三角形单元的位移函数一样，假设轴对称问题的位移函数为

$$\{q\} = \begin{Bmatrix} u \\ w \end{Bmatrix} = \begin{cases} a_1 + a_2 r + a_3 z \\ a_4 + a_5 r + a_6 z \end{cases} \tag{4-6}$$

在节点 i、j、m 处，必须满足上式，有

$$\begin{cases} u_i = a_1 + a_2 r_i + a_3 z_i \\ w_i = a_4 + a_5 r_i + a_6 z_i \\ \quad\vdots \\ w_m = a_4 + a_5 r_m + a_6 z_m \end{cases} \tag{4-7}$$

求解上式，可求出待定系数 $a_1 \sim a_6$ 如下

$$\begin{cases} a_1 = \dfrac{1}{2A}(a_i u_i + a_j u_j + a_m u_m) \\[2mm] a_2 = \dfrac{1}{2A}(b_i u_i + b_j u_j + b_m u_m) \\[2mm] a_3 = \dfrac{1}{2A}(c_i u_i + c_j u_j + c_m u_m) \\[2mm] a_4 = \dfrac{1}{2A}(a_i w_i + a_j w_j + a_m w_m) \\[2mm] a_5 = \dfrac{1}{2A}(b_i w_i + b_j w_j + b_m w_m) \\[2mm] a_6 = \dfrac{1}{2A}(c_i w_i + c_j w_j + c_m w_m) \end{cases} \tag{4-8}$$

上式中，

$$\begin{cases} a_i = r_j z_m - r_m z_j, \ b_i = z_j - z_m, \ c_i = -r_j + r_m \\ a_j = r_m z_i - r_i z_m, \ b_j = z_m - z_i, \ c_j = -r_m + r_i \\ a_m = r_i z_j - r_j z_i, \ b_m = z_i - z_j, \ c_i = -r_i + r_j \end{cases}$$

或表示为

$$\begin{cases} a_i = r_j z_m - r_m z_j \\ b_i = z_j - z_m \qquad\qquad (i = i, j, m) \\ c_i = -r_j + r_m \end{cases} \tag{4-9}$$

$$A = \frac{1}{2} \begin{vmatrix} 1 & x_i & y_i \\ 1 & x_j & y_j \\ 1 & x_m & y_m \end{vmatrix}$$

为三角形单元面积。

由式（4-9）可看出，a_i、b_i、$c_i (i = i, j, m)$ 只与单元节点 i、j、m 的节点坐标（r_i, z_i）、（r_j, z_j）、（r_m, z_m）有关，只要单元划分完成，节点坐标成为已知，a_i、b_i、$c_i (i = i, j, m)$ 和面积 A 就可计算出。

将式（4-8）代入式（4-6），并整理得

$$\{q\} = \begin{Bmatrix} u \\ v \end{Bmatrix} = \begin{Bmatrix} N_i u_i + N_j u_j + N_m u_m \\ N_i w_i + N_j w_j + N_m w_m \end{Bmatrix}$$

$$= \begin{bmatrix} N_i & 0 & N_j & 0 & N_m & 0 \\ 0 & N_i & 0 & N_j & 0 & N_m \end{bmatrix} \begin{Bmatrix} u_i \\ w_i \\ u_j \\ w_j \\ u_m \\ w_m \end{Bmatrix}$$

$$= [N] \{q\}^e$$

简写为

$$\{q\} = [N]\{q\}^e \tag{4-10}$$

上式中，$[N]$ 为形函数矩阵

$$[N] = \begin{bmatrix} N_i & 0 & N_j & 0 & N_m & 0 \\ 0 & N_i & 0 & N_j & 0 & N_m \end{bmatrix} \tag{4-11}$$

形函数矩阵 $[N]$ 中的非零元素为

$$\begin{cases} N_i = \dfrac{1}{2A}(a_i + b_i r + c_i z) \\[2mm] N_j = \dfrac{1}{2A}(a_j + b_j r + c_j z) \\[2mm] N_m = \dfrac{1}{2A}(a_m + b_m r + c_m z) \end{cases} \tag{4-12}$$

$\{q\}^e = \{u_i, \ w_i, \ u_j, \ w_j, \ u_m, \ w_m\}^{\mathrm{T}}$ 为节点 i、j、m 的位移列阵。

4.2.3　单元的应变和应力

1. 单元的应变

式（4-1）为轴对称问题的几何方程，将式（4-10）代入式（4-1）并求偏导数，得单元应变为

$$\{\varepsilon\}^e = \begin{Bmatrix} \varepsilon_r \\ \varepsilon_\theta \\ \varepsilon_z \\ \gamma_{rz} \end{Bmatrix}^e = \begin{Bmatrix} \dfrac{\partial u}{\partial r} \\[2mm] \dfrac{u}{r} \\[2mm] \dfrac{\partial w}{\partial z} \\[2mm] \dfrac{\partial w}{\partial r} + \dfrac{\partial u}{\partial z} \end{Bmatrix}$$

$$= \frac{1}{2A} \begin{bmatrix} b_i & 0 & b_j & 0 & b_m & 0 \\[2mm] \dfrac{a_i + b_i r + c_i z}{r} & 0 & \dfrac{a_j + b_j r + c_j z}{r} & 0 & \dfrac{a_m + b_m r + c_m z}{r} & 0 \\[2mm] 0 & c_i & 0 & c_j & 0 & c_m \\[2mm] c_i & b_i & c_j & b_j & c_m & b_m \end{bmatrix} \begin{Bmatrix} u_i \\ w_i \\ u_j \\ w_j \\ u_m \\ w_m \end{Bmatrix} \tag{4-13}$$

令

$$f_i = \frac{a_i + b_i r + c_i z}{r} \quad (i = i, \ j, \ m)$$

单元的应变矩阵为

$$[B]^e = \frac{1}{2A} \begin{bmatrix} b_i & 0 & b_j & 0 & b_m & 0 \\ f_i & 0 & f_j & 0 & f_m & 0 \\ 0 & c_i & 0 & c_j & 0 & c_m \\ c_i & b_i & c_j & b_j & c_m & b_m \end{bmatrix}_{4 \times 6} \tag{4-14}$$

轴对称问题的应变为

$$\{\varepsilon\}^e = \left\{\begin{matrix} \varepsilon_r \\ \varepsilon_\theta \\ \varepsilon_z \\ \gamma_{rz} \end{matrix}\right\}^e = [B]^e \{q\}^e \tag{4-15}$$

若写成分块矩阵，则为

$$\{\varepsilon\}^e = [\,B_i \quad B_j \quad B_m\,]^e \left\{\begin{matrix} q_i \\ q_j \\ q_m \end{matrix}\right\}^e \tag{4-16}$$

上式中，应变矩阵的分块矩阵为

$$[B_i] = \frac{1}{2A} \begin{bmatrix} b_i & 0 \\ f_i & 0 \\ 0 & c_i \\ c_i & b_i \end{bmatrix}_{4 \times 2} \qquad (i = i, j, m) \tag{4-17}$$

　　由式（4-13）可见，当三角形单元的 3 个节点坐标和节点位移已知时，在轴对称问题的 4 个应变分量中，ε_r、ε_z、γ_{rz} 分量为常数；环向应变分量 ε_θ 是 r、z 的函数，不是常应变，因而单元应变矩阵 $[B]^e$ 不再为常数矩阵，这一点与平面 3 节点三角形单元是不同的。

　　2. 单元的应力

　　由物理方程（4-4），单元的应力为

$$\{\sigma\}^e = [D]\{\varepsilon\}^e = [D][B]^e\{q\}^e = [S]^e\{q\}^e \tag{4-18}$$

上式中，$[D]$ 为三角形单元的弹性矩阵，$[S]^e$ 为单元应力矩阵

$$[S]^e = [D][B]^e = [D][\,B_i \quad B_j \quad B_m\,]^e = [\,S_i \quad S_j \quad S_m\,]^e \tag{4-19}$$

　　应力矩阵的分块矩阵为

$$[S_i] = \frac{E(1-\mu)}{2(1+\mu)(1-2\mu)A} \begin{bmatrix} b_i + \dfrac{\mu}{1-\mu}f_i & \dfrac{\mu}{1-\mu}c_i \\[2mm] \dfrac{\mu}{1-\mu}b_i + f_i & \dfrac{\mu}{1-\mu}c_i \\[2mm] \dfrac{\mu}{1-\mu}(b_i + f_i) & c_i \\[2mm] \dfrac{1-2\mu}{2(1-\mu)}c_i & \dfrac{1-2\mu}{2(1-\mu)}b_i \end{bmatrix}_{4 \times 2} \quad (i = i, j, m) \tag{4-20}$$

　　由式（4-20）可看出，分块应力矩阵 $[S_i]$ 中，第 4 行为常数，第 1、2、3 行中包含有

$f_i (i = i, j, m)$，它是 r、z 的函数，由此可知，轴对称问题的 4 个应力分量中，剪应力 τ_{rz} 为常数，其他正应力分量 σ_r、σ_θ、σ_z 是 r、z 的函数，且是由 f_i（$i = i, j, m$）产生的。这与平面 3 节点三角形单元是不同的。

4.2.4　单元的基本方程——节点力与节点位移间的关系

轴对称应力问题的单元，实际上是三棱环单元，如图 4-3 所示，应按三棱环体单元进行体积分。由于各被积函数都与 θ 无关，因此体单元的积分可视为积分在如图 4-4 所示的三角形子午面单元中进行的。单元的体积为"周长 × 截面积"，即

$$V = 2\pi r \cdot A$$

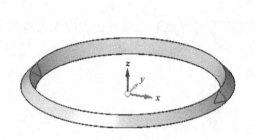

图 4-3　轴对称三棱环体单元

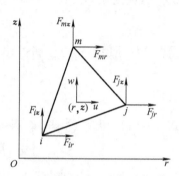

图 4-4　节点位移和节点力分量

单元内微分面 $dA = drdz$ 对应的环形微分体的体积为

$$dV = 2\pi r \cdot drdz \tag{4-21}$$

与平面问题分析方法一样，根据虚位移原理，可推导单元基本方程和单元刚度矩阵。

将作用在单元 e 上的所有外力载荷移置到 3 个节点上（移置方法见 4.2.6 节），如图 4-4 所示，单元 e 对应的节点力列阵为

$$\{F\}^e = \{F_{ir}, F_{iz}, F_{jr}, F_{jz}, F_{mr}, F_{mz}\}^{eT}_{6 \times 1} \tag{4-22}$$

假设单元处于平衡状态下，节点 i、j、m 处产生了微小的虚位移为

$$\{\delta q\}^e = \{\delta u_i, \delta w_i, \delta u_j, \delta w_j, \delta u_m, \delta w_m\}^{eT}$$

由位移函数（4-10），单元内任意一点的虚位移为

$$\{\delta q\} = [N]\{\delta q\}^e \tag{4-23}$$

由几何方程（4-15），虚位移产生的虚应变为

$$\{\delta\varepsilon\}^e = [B]^e\{\delta q\}^e \tag{4-24}$$

节点力 $\{F\}^e$ 在节点虚位移 $\{\delta q\}^e$ 上所做的虚功为

$$\delta W = F_{ir}\delta u_i + F_{iz}\delta w_i + F_{jr}\delta u_j + F_{jz}\delta w_j + F_{mr}\delta u_m + F_{mz}\delta w_m = \{\delta q\}^{eT}\{F\}^e \tag{4-25}$$

由式（2-99）可知，单元应力 $\{\sigma\}^e = [S]^e\{\varepsilon\}^e = [D][B]^e\{q\}^e$ 在虚应变 $\{\delta\varepsilon\}^e$ 上所做虚功为

$$\delta U = \iiint\limits_V \{\delta\varepsilon\}^{eT} \{\sigma\}^e \mathrm{d}V = \iint\limits_e \{[B]^e \{\delta q\}^e\}^{\mathrm{T}} \{[D][B]^e \{q\}^e\} 2\pi r \cdot \mathrm{d}r\mathrm{d}z$$

$$= \{\delta q\}^{eT} \cdot 2\pi \iint\limits_e [B]^{eT} [D][B]^e r \mathrm{d}r\mathrm{d}z \cdot \{q\}^e$$

$$= \{\delta q\}^{eT} \cdot [k]^e \{q\}^e \tag{4-26}$$

上式中

$$[k]^e = 2\pi \int\limits_e [B]^{eT} [D][B]^e r\mathrm{d}r\mathrm{d}z \tag{4-27}$$

$[k]^e$ 称为单元刚度矩阵。式（4-26）还可写为

$$\delta U = \{\delta q\}^{eT} [k]^e \{q\}^e \tag{4-28}$$

根据虚位移原理，外力在虚位移上所做虚功 δW 等于弹性体内应力在虚应变上所做虚功 δU

$$\delta U = \delta W$$

由式（4-25）和式（4-28），有

$$\{\delta q\}^{eT} [k]^e \{q\}^e = \{\delta q\}^{eT} \{F\}^e$$

由于虚位移是任意且连续的，上式两边同时除以虚位移列阵 $\{\delta q\}^{eT}$，有

$$[k]^e \{q\}^e = \{F\}^e \tag{4-29}$$

上式称为轴对称单元的基本方程，它表示了节点位移与节点力之间的关系。

4.2.5　单元的刚度矩阵

由式（4-27），轴对称三角形单元的刚度矩阵为

$$[k]^e_{6\times6} = 2\pi \iint\limits_A [B]^{eT}_{6\times4} [D]_{4\times4} [B]^e_{4\times6} r\mathrm{d}r\mathrm{d}z \tag{4-30}$$

轴对称问题的单元刚度矩阵 $[k]^e$ 是一个 6×6 的方阵，矩阵中的每一元素取定积分后都是常数。式（4-29）中的单元基本方程，表示 6 个线性方程组，可求解 6 个未知的节点位移和节点力。

轴对称问题与平面问题的不同之处是，平面问题中微分体的体积为 $\mathrm{d}V = t\mathrm{d}x\mathrm{d}y$，而轴对称问题中微分体的体积为 $\mathrm{d}V = 2\pi r \cdot \mathrm{d}r\mathrm{d}z$。平面 3 节点三角形单元的应变矩阵 $[B]^e$ 为常数矩阵，所以单元刚度矩阵 $[k]^e$ 也为常数矩阵，计算较简单。而轴对称问题的应变矩阵 $[B]^e$ 中的元素不全是常数，单元刚度矩阵 $[k]^e$ 需要根据式（4-30）进行积分计算，计算较复杂。

轴对称问题的单元刚度矩阵 $[k]^e$ 可以通过直接积分来计算[1]，但是比较繁琐，且对节点在对称轴上（$r = 0$）的单元还要进行专门的处理，请读者参见参考文献 [1]、[2]。为了简化计算，一般采用近似的方法进行计算[1,2]，即用三角形的形心坐标 r_c、z_c 来代替刚度矩阵 $[k]^e$ 中的变量 r、z，这样既避免了复杂的积分运算，也避免了当节点在对称轴上（$r = 0$）时带来的麻烦，但要求单元划分得足够小，才能有较好的近似度。

4.2.6　非节点载荷的移置

　　轴对称问题非节点载荷移置的方法，与平面问题的移置方法一样，可根据虚位移原理进行等效移置，但与平面问题的移置分析有所不同，当对集中力、体积力、面力进行移置时，是移置到如图 4-3 所示整个三棱环体上的。

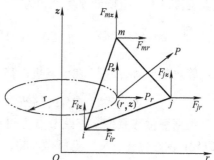

1. 集中力的移置

　　如图 4-5 所示，假设单元 e 在任一点 (r, z) 处，受单位弧长的集中力 $\{P\}^e = \{P_r, P_z\}^{eT}$ 作用，移置到节点的等效节点力列阵为

$$\{F_P\}^e = \{F_{ir}, F_{iz}, F_{jr}, F_{jz}, F_{mr}, F_{mz}\}^T_P$$

图 4-5　集中力的移置

　　如图 4-5 所示，轴对称问题的集中力，是指作用点 (r, z) 绕 z 轴旋转一周的圆周上，全部的作用力，$\{P\}^e$ 是指作用在圆周 $2\pi r$ 上单位弧长的力，整个周长上的集中力为 $2\pi r \{P\}^e$。

　　假想单元 e 产生了约束允许的虚位移，节点的虚位移为 $\{\delta q\}^e$，由式（4-10）可知，单元内任意点 (r, z) 处的虚位移为

$$\{\delta q\} = [N]\{\delta q\}^e$$

　　集中力 $2\pi r \{P\}^e$ 在虚位移 $\{\delta q\}$ 上所做虚功为

$$2\pi r P_r \delta u + 2\pi r P_z \delta w = 2\pi r \{\delta q\}^{eT}\{P\}^e = 2\pi r \left([N]\{\delta q\}^e\right)^T\{P\}^e$$
$$= 2\pi r \{\delta q\}^{eT}[N]^T\{P\}^e \tag{4-31}$$

　　等效节点力 $\{F_P\}^e$ 在节点虚位移 $\{\delta q\}^e$ 上所做虚功

$$F_{ir}\delta u_i + F_{iz}\delta w_i + F_{jr}\delta u_j + F_{jz}\delta w_j + F_{mr}\delta u_m + F_{mz}\delta w_m = \{\delta q\}^{eT}\{F_P\}^e \tag{4-32}$$

　　根据虚位移原理，集中力 $2\pi r \{P\}^e$ 在虚位移 $\{\delta q\}$ 上所做虚功，等于节点力 $\{F_P\}^e$ 在节点虚位移 $\{\delta q\}^e$ 上所做虚功，由式（4-31）和式（4-32），有

$$\{\delta q\}^{eT}\{F_P\}^e = 2\pi r \{\delta q\}^{eT}[N]^T\{P\}^e \tag{4-33}$$

　　由于虚位移是任意的，$\{\delta q\}^{eT}$ 也是任意的，有

$$\{F_P\}^e = 2\pi r [N]^T\{P\}^e \tag{4-34}$$

展开后为

$$\{F_P\}^e = \{F_{ir}, \ F_{iz}, \ F_{jr}, \ F_{jz}, \ F_{mr}, \ F_{mz}\}^T_P$$
$$= 2\pi r \begin{bmatrix} N_i & 0 & N_j & 0 & N_m & 0 \\ 0 & N_i & 0 & N_j & 0 & N_m \end{bmatrix}^T \begin{Bmatrix} P_r \\ P_z \end{Bmatrix} \tag{4-35}$$

2. 体积力的移置

　　如果轴对称单元 e 作用有单位体积力 $\{G\}^e = \{G_r, \ G_z\}^{eT}$，移置到节点的等效节点力列阵为

$$\{F_G\}^e = \{F_{ir}, \ F_{iz}, \ F_{jr}, \ F_{jz}, \ F_{mr}, \ F_{mz}\}_G^{\mathrm{T}}$$

把微分体积 $dV = 2\pi r dr dz$ 上的体积力 $\{G\}^e dV$ 作为集中力。假想单元 e 产生了约束所允许的节点虚位移 $\{\delta q\}^e$，单元内任意一点的虚位移为 $\{\delta q\} = [N]\{\delta q\}^e$，则集中力 $\{G\}^e dV$ 在虚位移 $\{\delta q\}$ 上所做虚功之和为

$$\iiint_V \{\delta q\}^{\mathrm{T}} \{G\}^e dV = \iint_e \{[N]\{\delta q\}^e\}^{\mathrm{T}} \{G\}^e 2\pi r dr dz = \{\delta q\}^{e\mathrm{T}} \cdot 2\pi \iint_e [N]^{\mathrm{T}} \{G\}^e r dr dz$$

等效节点力 $\{F_G\}^e$ 在节点虚位移 $\{\delta q\}^e$ 上所做虚功之和为

$$F_{ir}\delta u_i + F_{iz}\delta w_i + F_{jr}\delta u_j + F_{jz}\delta w_j + F_{mr}\delta u_m + F_{mz}\delta w_m = \{\delta q\}^{e\mathrm{T}} \{F_G\}^e$$

根据虚位移原理，等效节点力 $\{F_G\}^e$ 在节点虚位移 $\{\delta q\}^e$ 上所做虚功，等于集中力 $\{G\}^e dV$ 在虚位移 $\{\delta q\}$ 上所做虚功，有

$$\{\delta q\}^{e\mathrm{T}} \{F_G\}^e = \{\delta q\}^{e\mathrm{T}} \cdot 2\pi \iint_e [N]^{\mathrm{T}} \{G\}^e r dr dz$$

由于假设的节点虚位移 $\{\delta q\}^e$ 是任意的，体积力 $\{G\}^e = \{G_r, \ G_z\}^{e\mathrm{T}}$ 移置后的等效节点力列阵为

$$\{F_G\}^e = 2\pi \iint_e [N]^{\mathrm{T}} \{G\}^e r dr dz = 2\pi \iint_e \begin{bmatrix} N_i & 0 \\ 0 & N_i \\ N_j & 0 \\ 0 & N_j \\ N_m & 0 \\ 0 & N_m \end{bmatrix} \begin{Bmatrix} G_r \\ G_z \end{Bmatrix}^e r dr dz \tag{4-36}$$

工程中经常遇到的轴对称问题，其体积力一般有两种：一种是重力，另一种是绕 z 轴转动而产生的离心惯性力，下面将分别加以讨论。

（1）重力的移置

如果单位体积力是沿 $-z$ 方向的重力 g，则单位体积力列阵为

$$\{G\}^e = \begin{Bmatrix} 0 \\ -g \end{Bmatrix}^e \tag{4-37}$$

将式（4-37）代入式（4-36），移置后的等效节点力列阵为

$$\{F_G\}^e = 2\pi \iint_e \begin{bmatrix} N_i & 0 \\ 0 & N_i \\ N_j & 0 \\ 0 & N_j \\ N_m & 0 \\ 0 & N_m \end{bmatrix} \begin{Bmatrix} 0 \\ -g \end{Bmatrix}^e r dr dz = -2\pi g \begin{Bmatrix} 0 \\ \iint_e N_i r dr dz \\ 0 \\ \iint_e N_j r dr dz \\ 0 \\ \iint_e N_m r dr dz \end{Bmatrix} \tag{4-38}$$

为了简化和方便计算，假设单元重力 $\{G\}^e$ 集中作用在 $\triangle ijm$ 的形心（r_c，z_c）处，形心坐标为

$$r_c = \frac{(r_i + r_j + r_m)}{3}, \quad z_c = \frac{(z_i + z_j + z_m)}{3} \tag{4-39}$$

在式（4-38）中，近似取 $r = r_c$，则式（4-38）所表示的等效节点力列阵可近似为

$$\{F_G\}^e = -2\pi g r_c \left\{\begin{array}{c} 0 \\ \iint_e N_i \mathrm{d}r\mathrm{d}z \\ 0 \\ \iint_e N_j \mathrm{d}r\mathrm{d}z \\ 0 \\ \iint_e N_m \mathrm{d}r\mathrm{d}z \end{array}\right\} = -\frac{2\pi g r_c A}{3} \left\{\begin{array}{c} 0 \\ 1 \\ 0 \\ 1 \\ 0 \\ 1 \end{array}\right\} \tag{4-40}$$

上式中，A 为轴对称三角形的面积。由上式可见，单元的重力转换为等效节点力，可近似地平均分配到 i、j、m 这三个节点上，每一节点的等效节点力分量为 $\{0, \ -2\pi g r_c A/3\}^{\mathrm{T}}$，即节点力在 r 方向上的分量为 0，z 方向上的分量为 $-2\pi g r_c A/3$。

（2）离心惯性力的移置

如果体积力是绕 z 轴转动而产生的离心惯性力，则单位体积离心力为 $\rho\omega^2 r$，单位体积力列阵为

$$\{G\}^e = \left\{\begin{array}{c} \rho\omega^2 r \\ 0 \end{array}\right\}^e \tag{4-41}$$

式中，ρ 为材料密度；ω^2 为绕 z 轴转动的角速度；r 为点到旋转轴的半径。

将式（4-41）代入式（4-36），移置后的等效节点力列阵为

$$\{F_G\}^e = 2\pi \iint_e \left[\begin{array}{cc} N_i & 0 \\ 0 & N_i \\ N_j & 0 \\ 0 & N_j \\ N_m & 0 \\ 0 & N_m \end{array}\right] \left\{\begin{array}{c} \rho\omega^2 r \\ 0 \end{array}\right\}^e r\mathrm{d}r\mathrm{d}z = 2\pi\rho\omega^2 \left\{\begin{array}{c} \iint_e N_i r^2 \mathrm{d}r\mathrm{d}z \\ 0 \\ \iint_e N_j r^2 \mathrm{d}r\mathrm{d}z \\ 0 \\ \iint_e N_m r^2 \mathrm{d}r\mathrm{d}z \\ 0 \end{array}\right\} \tag{4-42}$$

同理，为了简化和方便计算，假设单元的离心惯性力 $\{G\}^e$ 集中作用在 $\triangle ijm$ 的形心（r_c，z_c）处，在式（4-42）中，取 $r = r_c$，则式（4-42）表示的单元体积力列阵可近似为

$$\{F_G\}^e = 2\pi\rho\omega^2 r_c^2 \left\{ \begin{array}{c} \iint_e N_i drdz \\ 0 \\ \iint_e N_j drdz \\ 0 \\ \iint_e N_m drdz \\ 0 \end{array} \right\} = \frac{2\pi\rho\omega^2 r_c^2}{3} \left\{ \begin{array}{c} 1 \\ 0 \\ 1 \\ 0 \\ 1 \\ 0 \end{array} \right\} \tag{4-43}$$

由上式可看出，由于旋转在单元上产生的离心力，作为体积力移置到节点上，可近似地平均分配到 i、j、m 这三个节点上，每一节点的等效节点力分量为 $\{2\pi\rho\omega^2 r_c^2/3, 0\}^T$，节点力在 r 方向上的分量为 $2\pi\rho\omega^2 r_c^2/3$，z 方向上的分量为 0。

如果单元受重力和离心惯性力的共同作用，则等效节点力等于重力和离心力分别移置后的等效节点力之和。

3. 面力的移置

在轴对称问题中，表面力一般垂直于其作用面，如图 4-6 所示。在图 4-6（a）所示单元 e 的边界 im 上，作用有垂直于边界的单位长度面力 $\{\overline{P}\}^e = \{\overline{P_r}, \overline{P_z}\}^T$，移置到节点的等效节点力列阵为

$$\{F_{\overline{P}}\}^e = \{F_{ir}, F_{iz}, F_{jr}, F_{jz}, F_{mr}, F_{mz}\}^T_{\overline{P}}$$

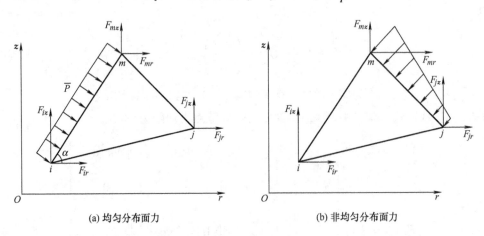

(a) 均匀分布面力　　　　　　　　　　　　(b) 非均匀分布面力

图 4-6　面力的移置

把图 4-6(a) 所示单元边界 im 上微分段 dl 上的力 $\{\overline{P}\}^e dl$ 作为集中力。假想单元 e 产生了约束所允许的虚位移，根据虚位移原理，集中力 $\{\overline{P}\}^e dl$ 在虚位移 $\{\delta q\}$ 上所做虚功，等于等效节点力 $\{F_{\overline{P}}\}^e$ 在节点虚位移 $\{\delta q\}^e$ 上所做虚功，即

$$\{\delta q\}^{eT}\{F_{\overline{P}}\}^e = 2\pi \int_l \{\delta q\}^{eT}\{\overline{P}\}^e r dl = \{\delta q\}^{eT} \cdot 2\pi \int_l [N]^T \{\overline{P}\}^e r dl$$

式中，l 为边界 im 的边长。由于虚位移是任意的，所以有

$$\{F_{\overline{P}}\}^e = 2\pi \int_l [N]^T \{\overline{P}\}^e r\mathrm{d}l = 2\pi \int_l \begin{bmatrix} N_i & 0 \\ 0 & N_i \\ N_j & 0 \\ 0 & N_j \\ N_m & 0 \\ 0 & N_m \end{bmatrix} \left\{ \begin{array}{c} \overline{P}_r \\ \overline{P}_z \end{array} \right\}^e r\mathrm{d}l \tag{4-44}$$

如图 4-6（a）所示，如果边界 im 的边长为 l，它与 r 方向的夹角为 α，则表面力 $\overline{P}$ 在 r 和 z 方向的分量为

$$\{\overline{P}\}^e = \left\{ \begin{array}{c} \overline{P}_r \\ \overline{P}_z \end{array} \right\} = \left\{ \begin{array}{c} \overline{P}\sin\alpha \\ -\overline{P}\cos\alpha \end{array} \right\} = \overline{P} \left\{ \begin{array}{c} (z_m - z_i)/l \\ (r_i - r_m)/l \end{array} \right\} \tag{4-45}$$

将式（4-45）代入式（4-44），积分结果为

$$\{F_{\overline{P}}\}^e = \frac{\pi \overline{P}}{3} \left\{ \begin{array}{c} (2r_i + r_m)(z_m - z_i) \\ (2r_i + r_m)(r_i - r_m) \\ 0 \\ 0 \\ (r_i + 2r_m)(z_m - z_i) \\ (r_i + 2r_m)(r_i - r_m) \end{array} \right\} \tag{4-46}$$

由式（4-46）可看出，在图 4-6（a）所示边界 im 上作用的面力，移置后只有节点 i 和节点 m 上有等效节点力，j 节点上没有等效节点力。当表面力为图 4-6（a）所示均布载荷时，节点 i 和节点 m 上的等效节点力是一样的，各承担 1/2 的面力载荷。

对于图 4-6（b）所示在边界 jm 上作用的非均匀分布的面载荷，$\{\overline{P}\}^e = \{\overline{P}_r, \overline{P}_z\}^T$ 沿边界 jm 不是常数，是线性变化的，需由式（4-44）沿边界 jm 进行积分计算，节点 j 和节点 m 上的等效节点力将不一样；在面力没有作用的节点上，等效节点力为 0。

从上述分析过程可以看出，各类非节点载荷向节点进行等效移置的方法和步骤，与平面问题是相同的，不同的是，轴对称单元是一个如图 4-3 所示的三棱环体，移置后的节点力也是在整个圆周上的节点力。

4. 单元总节点力列阵

如果在单元 e 上存在集中力 $\{P\}^e$、体积力 $\{G\}^e$ 和面力 $\{\overline{P}\}^e$，分别计算出移置后的等效节点力 $\{F_P\}^e$、$\{F_G\}^e$ 和 $\{F_{\overline{P}}\}^e$，单元总的节点力列阵为

$$\{F\}^e = \{F_P\}^e + \{F_G\}^e + \{F_{\overline{P}}\}^e \tag{4-47}$$

单元基本方程 $[k]^e \{q\}^e = \{F\}^e$ 中的节点力列阵 $\{F\}^e$，应由式（4-47）计算而得。

4.2.7　单元的集合

轴对称问题单元刚度矩阵的集合方法，与平面问题单元的集合方法一样，这里不再赘述。在整个实体区域中，如果单元总数为 E，节点数为 n，总体刚度矩阵为

$$[K] = \sum_e [k]^e \tag{4-48}$$

总体节点位移列阵为 $\{q\} = \sum_e \{q\}^e$，总体节点力列阵为 $\{R\} = \sum_e \{F\}^e$，轴对称问题弹性体的总体基本方程为

$$[K]\{q\} = \{R\} \tag{4-49}$$

上式为 $2n$ 个线性方程组，具体解算方法和步骤，与平面 3 节点三角形单元一样，请读者参见 3.1.6 节，解此线性代数方程组，即可求得各个节点的位移和节点力。

4.2.8　应变、应力分量的计算

由式（4-13）可知，轴对称问题单元的环向应变 ε_θ 不是常量，而是坐标 (r, z) 的函数。假设轴对称 3 节点三角形单元三个节点 i、j、m 的坐标分别为 (r_i, z_i)、(r_j, z_j)、(r_m, z_m)，节点位移为 $\{q\}^e = \{u_i, w_i, u_j w_j, u_m, w_m\}^{\mathrm{T}}$，则单元的形心坐标为

$$\begin{cases} r_c = \dfrac{1}{3}(r_i + r_j + r_m) \\[2mm] z_c = \dfrac{1}{3}(z_i + z_j + z_m) \end{cases}$$

由式（4-13）可得单元形心 (r_c, z_c) 处的应变分量为

$$\{\varepsilon\}_c^e = \begin{Bmatrix} \varepsilon_r \\ \varepsilon_\theta \\ \varepsilon_z \\ \gamma_{rz} \end{Bmatrix}_c = \begin{cases} \dfrac{1}{2A}(b_i u_i + b_j u_j + b_m u_m) \\[3mm] \dfrac{1}{2A}\left(\dfrac{a_i + b_i r_c + c_i z_c}{r_c} u_i + \dfrac{a_j + b_j r_c + c_j z_c}{r_c} u_j + \dfrac{a_m + b_m r_c + c_m z_c}{r_c} u_m \right) \\[3mm] \dfrac{1}{2A}(c_i w_i + c_j w_j + c_m w_m) \\[3mm] \dfrac{1}{2A}(c_i u_i + b_i w_i + c_j u_j + b_j w_j + c_m u_m + b_m w_m) \end{cases}$$

$$\tag{4-50}$$

由式（4-3）可得到单元形心 (r_c, z_c) 处的应力分量为

$$\{\sigma\}_c^e = \begin{Bmatrix} \sigma_r \\ \sigma_\theta \\ \sigma_z \\ \tau_{rz} \end{Bmatrix} = \frac{E}{(1+\mu)(1-2\mu)} \begin{bmatrix} 1-\mu & \mu & \mu & 0 \\ \mu & 1-\mu & \mu & 0 \\ \mu & \mu & 1-\mu & 0 \\ 0 & 0 & 0 & \dfrac{1-2\mu}{2} \end{bmatrix} \begin{Bmatrix} \varepsilon_r \\ \varepsilon_\theta \\ \varepsilon_z \\ \gamma_{rz} \end{Bmatrix}_c \tag{4-51}$$

当有多个单元时，每个节点的应力，通常取为围绕该节点的所有单元应力的平均值。

本章仅介绍了轴对称问题中 3 节点三角形单元有限元法求解的方法和步骤。对于其他单元，如 6 节点三角形单元、4 节点四边形单元、8 节点四边形单元等，这些单元有限元方程的建立、刚度矩阵的形成、等效节点力的移置等过程和方法，与轴对称 3 节点三角形单元一样，鉴于篇幅所限，本书不再介绍。感兴趣的读者，请参见相关资料。

习 题

4.1 本章介绍的轴对称 3 节点三角形的位移函数，与平面 3 节点三角形单元的位移函数一样，都是坐标的一次函数，平面 3 节点三角形单元是常应变和常应力单元，为什么轴对称 3 节点三角形中的应变和应力不是常数？

4.2 参照平面 4 节点矩形单元的位移函数，建立轴对称 4 节点矩形单元的位移函数，并给出单元的应变和应力矩阵。

4.3 根据图 4-7 所示结构的计算模型，并给出位移边界条件。

4.4 如图 4-8 所示，圆盘绕中心轴 z 轴匀速旋转，角速度为 ω，按轴对称问题进行有限元计算，试分析计算模型，并给出位移边界条件。

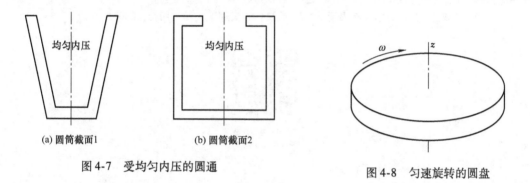

(a) 圆筒截面1   (b) 圆筒截面2

图 4-7 受均匀内压的圆通

图 4-8 匀速旋转的圆盘

4.5 如图 4-9 所示，一开口圆筒承受内压 $p = 3\text{MPa}$，长度单位为 mm，弹性模量 $E = 200\text{GPa}$，泊松比 $\mu = 0.3$，按轴对称问题分析其变形和主应力分布。

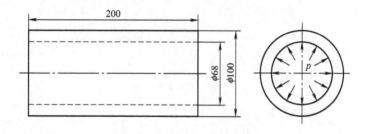

图 4-9 承受内压的开口圆筒

4.6 如图 4-10 所示，一封闭圆筒承受内压 $p = 3\text{MPa}$，长度单位为 mm，弹性模量 $E = 200\text{GPa}$，泊松比 $\mu = 0.3$，按轴对称问题分析其变形和主应力分布。

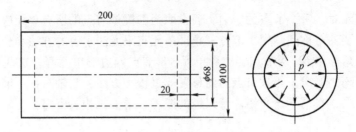

图 4-10　承受内压的闭口圆筒

参 考 文 献

［1］王勖成，邵敏. 有限单元法基本原理和数值方法［M］. 北京：清华大学出版社，1999.

［2］谢眙权，何福宝. 弹性和塑性力学中的有限元法［M］. 北京：机械工业出版社，1981.

［3］范钦珊. 轴对称应力分析［M］. 北京：高等教育出版社，1985.

［4］T R Chamdrupatla，A D Belegundu. 工程中的有限元方法［M］. 3 版. 曾攀，译. 北京：清华大学出版社，2006.

［5］梁醒培，王辉. 应用有限元分析［M］. 北京：清华大学出版社，2010.

［6］张国瑞. 有限元法［M］. 北京：机械工业出版社，1991.

［7］赵均海，汪梦甫. 弹性力学及有限元［M］. 武汉：武汉理工大学出版社，2003.

第5章 空间问题有限元法

本章介绍空间问题中四面体单元、六面体单元和等参元的有限元计算方法和步骤。

5.1 引言

第 3 章介绍了平面问题的有限元方法，用同样的理论和方法，推广到空间弹性体上。与平面问题相比，空间问题的"规模"大增。每个节点的坐标为 (x_i, y_i, z_i)，位移分量增加到 3 个分量

$$\{q\} = \{u, v, w\}^{\mathrm{T}}$$

应变分量和应力分量分别增加到 6 个分量

$$\{\varepsilon\} = \{\varepsilon_x, \varepsilon_y, \varepsilon_z, \gamma_{xy}, \gamma_{yz}, \gamma_{zx}\}^{\mathrm{T}}, \{\sigma\} = \{\sigma_x, \sigma_y, \sigma_z, \tau_{xy}, \tau_{yz}, \tau_{zx}\}^{\mathrm{T}}$$

弹性力学几何方程为

$$\{\varepsilon\} = \begin{Bmatrix} \varepsilon_x \\ \varepsilon_y \\ \varepsilon_z \\ \gamma_{xy} \\ \gamma_{yz} \\ \gamma_{zx} \end{Bmatrix} = \begin{Bmatrix} \dfrac{\partial u}{\partial x} \\ \dfrac{\partial v}{\partial y} \\ \dfrac{\partial w}{\partial z} \\ \dfrac{\partial v}{\partial x} + \dfrac{\partial u}{\partial y} \\ \dfrac{\partial w}{\partial y} + \dfrac{\partial v}{\partial z} \\ \dfrac{\partial u}{\partial z} + \dfrac{\partial w}{\partial x} \end{Bmatrix} = \begin{bmatrix} \dfrac{\partial}{\partial x} & 0 & 0 \\ 0 & \dfrac{\partial}{\partial y} & 0 \\ 0 & 0 & \dfrac{\partial}{\partial z} \\ \dfrac{\partial}{\partial y} & \dfrac{\partial}{\partial x} & 0 \\ 0 & \dfrac{\partial}{\partial z} & \dfrac{\partial}{\partial y} \\ \dfrac{\partial}{\partial z} & 0 & \dfrac{\partial}{\partial x} \end{bmatrix} \begin{Bmatrix} u \\ v \\ w \end{Bmatrix} = [B]\{q\} \tag{5-1}$$

弹性矩阵为

$$[D] = \frac{E}{(1+\mu)(1-2\mu)} \begin{bmatrix} 1-\mu & \mu & \mu & 0 & 0 & 0 \\ \mu & 1-\mu & \mu & 0 & 0 & 0 \\ \mu & \mu & 1-\mu & 0 & 0 & 0 \\ 0 & 0 & 0 & \dfrac{1-2\mu}{2} & 0 & 0 \\ 0 & 0 & 0 & 0 & \dfrac{1-2\mu}{2} & 0 \\ 0 & 0 & 0 & 0 & 0 & \dfrac{1-2\mu}{2} \end{bmatrix} \tag{5-2}$$

所以，空间问题的总未知数要比平面问题多很多，求解规模大很多，计算起来也是比较烦琐的。

5.2　4 节点四面体单元

5.2.1　4 节点四面体单元的位移函数和形函数

图 5-1 所示为在三维空间坐标系 $Oxyz$ 中的任意一个四面体单元 e，4 个节 i、j、m、p 为四面体的顶点。每个节点有 3 个位移

$$q_i\{u_i, v_i, w_i\} \qquad (i = i, j, m, p)$$

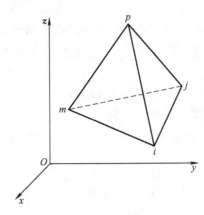

图 5-1　4 节点四面体单元

一个单元共有 12 个节点位移，节点位移 $\{q\}^e$ 列阵是

$$\{q\}^e = \{u_i, v_i, w_i, u_j, v_j, w_j, u_m, v_m, w_m, u_p, v_p, w_p\}^{\mathrm{T}}_{12 \times 1} = \{q_i, q_j, q_m, q_p\}^{\mathrm{T}}$$

与弹性平面问题的三角形单元类似，这里假设单元内任意一点 (x, y, z) 的位移函数 $\{q\}_{(x,y,z)}$ 是 (x, y, z) 的三维线性函数，即

$$\{q\}_{(x,y,z)} = \begin{Bmatrix} u \\ v \\ w \end{Bmatrix}_{(x,y,z)} = \begin{cases} a_1 + a_2 x + a_3 y + a_4 z \\ a_5 + a_6 x + a_7 y + a_8 z \\ a_9 + a_{10} x + a_{11} y + a_{12} z \end{cases} \tag{5-3}$$

如果利用节点 i、j、m、p 的位移分量 $q_i\{u_i, v_i, w_i\}$、$q_j\{u_j, v_j, w_j\}$、$q_m\{u_m, v_m, w_m\}$、$q_p\{u_p, v_p, w_p\}$ 进行函数插值，则单元内任意一点 (x, y, z) 的位移函数可以表示为

$$\begin{aligned} \{q\}_{(x,y,z)} &= \begin{Bmatrix} u \\ v \\ w \end{Bmatrix}_{(x,y,z)} \\ &= \begin{cases} N_i(x,y,z)u_i + N_j(x,y,z)u_j + N_m(x,y,z)u_m + N_p(x,y,z)u_p \\ N_i(x,y,z)v_i + N_j(x,y,z)v_j + N_m(x,y,z)v_m + N_p(x,y,z)v_p \\ N_i(x,y,z)w_i + N_j(x,y,z)w_j + N_m(x,y,z)w_m + N_p(x,y,z)w_p \end{cases} \end{aligned} \tag{5-4}$$

用矩阵方式表示，简写为

$$\{q\} = [N]\{q\}^e \tag{5-5}$$

式中，$\{q\}^e = \{u_i, v_i, w_i, u_j, v_j, w_j, u_m, v_m, w_m, u_p, v_p, w_p\}^{\mathrm{T}}_{12 \times 1}$ 为节点位移列阵；$[N]$ 为四面体单元的形函数矩阵，它是 3 行 12 列的矩阵

$$[N]_{(x,y,z)} = \begin{bmatrix} N_i & 0 & 0 & N_j & 0 & 0 & N_m & 0 & 0 & N_p & 0 & 0 \\ 0 & N_i & 0 & 0 & N_j & 0 & 0 & N_m & 0 & 0 & N_p & 0 \\ 0 & 0 & N_i & 0 & 0 & N_j & 0 & 0 & N_m & 0 & 0 & N_p \end{bmatrix}_{3 \times 12}$$

其中,

$$\begin{cases} N_i(x,y,z) = \dfrac{1}{6V}(a_i + b_i x + c_i y + d_i z) \\[2mm] N_j(x,y,z) = -\dfrac{1}{6V}(a_j + b_j x + c_j y + d_j z) \\[2mm] N_m(x,y,z) = \dfrac{1}{6V}(a_m + b_m x + c_m y + d_m z) \\[2mm] N_p(x,y,z) = -\dfrac{1}{6V}(a_p + b_p x + c_p y + d_p z) \end{cases} \tag{5-6}$$

$$a_i = \begin{vmatrix} x_j & y_j & z_j \\ x_m & y_m & z_m \\ x_p & y_p & z_p \end{vmatrix}, \quad b_i = -\begin{vmatrix} 1 & y_j & z_j \\ 1 & y_m & z_m \\ 1 & y_p & z_p \end{vmatrix}, \quad c_i = \begin{vmatrix} 1 & x_j & z_j \\ 1 & x_m & z_m \\ 1 & x_p & z_p \end{vmatrix} \quad (i = i,\ j,\ m,\ p)$$

$$d_i = -\begin{vmatrix} 1 & y_j & z_j \\ 1 & y_m & z_m \\ 1 & y_p & z_p \end{vmatrix} - \begin{vmatrix} 1 & x_j & y_j \\ 1 & x_m & y_m \\ 1 & x_p & y_p \end{vmatrix} \quad (i = i,\ j,\ m,\ p)$$

$$V = \frac{1}{6}\begin{vmatrix} 1 & x_i & y_i & z_i \\ 1 & x_j & y_j & z_j \\ 1 & x_m & y_m & z_m \\ 1 & x_p & y_p & z_p \end{vmatrix} \tag{5-7}$$

V 是四面体 $ijmp$ 的体积。从以上分析可看出, a_i、b_i、c_i、d_i $(i = i,\ j,\ m,\ p)$ 由节点坐标 $(x_i,\ y_i,\ z_i)(i = i,\ j,\ m,\ p)$ 确定,只要单元划分完成,单元节点坐标就成为已知, a_i、b_i、c_i、d_i $(i = i,\ j,\ m,\ p)$ 可根据上式计算出。

为了使四面体的体积不为负值,单元节点编号 i、j、m、p 必须依照右手定则进行编排,即在右手坐标系中,当沿 $i \rightarrow j \rightarrow m$ 的方向转动时,右手拇指指向节点 p 的方向。

式 (5-4) 中的插值函数满足节点处的位移值。例如,在节点 i 处,坐标值为 $(x_i,\ y_i,\ z_i)$,根据式 (5-7) 和式 (5-6) 求出在节点 i 处的 N_i $(x,\ y,\ z)(i = i,\ j,\ m,\ p)$ 后,代入式 (5-4),可得 $u = u_i$, $v = v_i$, $w = w_i$,其他节点仍然可以得出相同的结果。

单元的形函数 N_i $(x,\ y,\ z)(i = i,\ j,\ m,\ p)$ 是单元位移函数的插值函数,其几何意义是明显的,如图 5-2 (a) 所示,在节点 i 处有沿 x 方向的单位位移,其他位移为 0 时,即 $u_i = 1$, $v_i = w_i = u_j = \cdots = w_p = 0$ 时,由式 (5-4),节点 i 处 x 方向的位移为

$$u_i = N_i(x_i,y_i,z_i)u_i + N_j(x_i,y_i,z_i)u_j + N_m(x_i,y_i,z_i)u_m + N_p(x_i,y_i,z_i)u_p$$
$$= N_i(x_i,y_i,z_i)u_i$$

上式若要成立必须满足 N_i $(x_i,\ y_i,\ z_i)$ $= 1$。形函数 N_k $(x,\ y,\ z)$ 在节点处的值是

$$N_k(x_i,y_i,z_i) = \begin{cases} 0 & (k \neq i) \\ 1 & (k = i) \end{cases} \quad (k,\ i = i,\ j,\ m,\ p) \tag{5-8}$$

即 N_k (x, y, z) 在节点 k $(k=i, j, m, p)$ 处的值为 1，其他节点处的值为 0。例如，在节点 i 处，N_i (x_i, y_i, z_i) $= 1$，其他节点处 N_i (x_j, y_j, z_j) $= 0$ $(j=j, m, p)$。

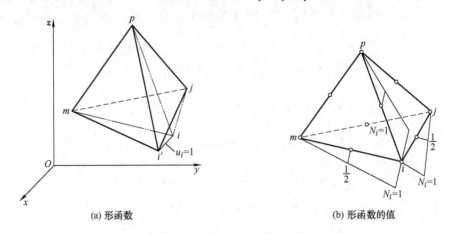

(a) 形函数　　　　　　　　　　　　　　(b) 形函数的值

图 5-2　形函数和形函数的值

由于 N_i (x, y, z) $(i=i, j, m, p)$ 是 (x, y, z) 的线性函数，如图 5-2（b）所示，在四面体的 6 条棱线 ij、im、ip、jm、jp、mp 的中点上，(N_i, N_j, N_m, N_p) 4 个形函数的值分别为 $\left(\frac{1}{2}, \frac{1}{2}, 0, 0\right)$、$\left(\frac{1}{2}, 0, \frac{1}{2}, 0\right)$、$\left(\frac{1}{2}, 0, 0, \frac{1}{2}\right)$、$\left(0, \frac{1}{2}, \frac{1}{2}, 0\right)$、$\left(0, \frac{1}{2}, 0, \frac{1}{2}\right)$、$\left(0, 0, \frac{1}{2}, \frac{1}{2}\right)$。

式（5-3）表示单元内任意点的位移 $\{q\}$ 函数是坐标 (x, y, z) 的线性函数，故位移在两个相邻单元共同边界面上是连续的。式（5-3）表示的单元位移函数能够保证有限元法解的收敛性。

5.2.2　4 节点四面体单元的应变和应力

1. 单元的应变

根据空间问题几何方程式（5-1），以及位移函数式（5-3），4 节点四面体单元的应变为

$$\{\varepsilon\}^e = [B]^e \{q\}^e \tag{5-9}$$

式中，$\{q\}^e = \{u_i, v_i, w_i, u_j, v_j, w_j, u_m, v_m, w_m, u_p, v_p, w_p\}^{\mathrm{T}}_{12 \times 1}$ 为节点位移列阵；$[B]^e$ 为单元应变矩阵，应变矩阵写成分块形式为

$$[B]^e = [[B_i] \quad -[B_j] \quad [B_m] \quad -[B_p]]^e \tag{5-10}$$

其中，分块子矩阵 $[B_i]$ 为

$$[B_i] = \frac{1}{6V} \begin{bmatrix} b_i & 0 & 0 \\ 0 & c_i & 0 \\ 0 & 0 & d_i \\ c_i & b_i & 0 \\ 0 & d_i & c_i \\ d_i & 0 & b_i \end{bmatrix} \quad (i=i, j, m, p) \tag{5-11}$$

由式（5-6）～式（5-7）的分析可知，b_i、c_i、d_i 和 V 是由单元节点坐标（x_i，y_i，z_i）（$i = i$，j，m，p）确定的常数。只要生成了单元，就确定了节点坐标，b_i、c_i、d_i 和体积 V 为常数。式（5-11）中的分块矩阵 $[B_i]$ 为常数矩阵，所以应变矩阵 $[B]^e$ 的元素都是常量，成为常数矩阵。由此可见，单元应变 $\{\varepsilon\}^e$ 中的分量 $\{\varepsilon_x，\varepsilon_y，\varepsilon_z，\gamma_{xy}，\gamma_{yz}，\gamma_{zx}\}^T$ 都是常数，与坐标（x，y，z）无关。因此，4 节点四面体单元也称为空间问题的常应变单元。同一单元内的应变是一样的，相邻两单元在公共边界面上存在着应变的不连续或突变。一般通过细分单元、减小单元尺寸来提高计算精度。

2. 单元的应力

由弹性力学物理方程，单元的应力为

$$\{\sigma\}^e = [D]\{\varepsilon\}^e = [D][B]^e\{q\}^e = [S]^e\{q\}^e \tag{5-12}$$

式中，$[S]^e = [D][B]^e$ 为应力矩阵。

将弹性矩阵 $[D]$ 和应变矩阵 $[B]^e$ 代入应力矩阵 $[S]^e$，可得空间 4 节点四面体单元的应力矩阵 $[S]^e$，写成分块形式为

$$[S]^e = [[S_i] \quad -[S_j] \quad [S_m] \quad -[S_p]]^e \tag{5-13}$$

其中分块子矩阵为

$$[S_i] = \frac{E(1-\mu)}{6(1+\mu)(1-2\mu)V}\begin{bmatrix} b_i & \dfrac{\mu}{1-\mu}c_i & \dfrac{\mu}{1-\mu}d_i \\[2mm] \dfrac{\mu}{1-\mu}b_i & c_i & \dfrac{\mu}{1-\mu}d_i \\[2mm] \dfrac{\mu}{1-\mu}b_i & \dfrac{\mu}{1-\mu}c_i & d_i \\[2mm] \dfrac{1-2\mu}{2(1-\mu)}c_i & \dfrac{1-2\mu}{2(1-\mu)}b_i & 0 \\[2mm] 0 & \dfrac{1-2\mu}{2(1-\mu)}d_i & \dfrac{1-2\mu}{2(1-\mu)}c_i \\[2mm] \dfrac{1-2\mu}{2(1-\mu)}d_i & 0 & \dfrac{1-2\mu}{2(1-\mu)}b_i \end{bmatrix}_{6\times3} \quad (i = i, j, m, p)$$

$$\tag{5-14}$$

上式中，b_i、c_i、d_i 和 V 是由单元节点坐标（x_i，y_i，z_i）（$i = i$，j，m，p）确定的常数。只要生成了单元，确定了节点坐标，b_i、c_i、d_i 和 V 为常数。弹性模量 E 和泊松比 μ 也是常数。所以，应力矩阵 $[S]^e$ 是常数矩阵。单元应力 $\{\sigma\}^e$ 中的分量 $\{\sigma_x，\sigma_y，\sigma_z，\tau_{xy}，\tau_{yz}，\tau_{zx}\}^T$ 都是常数，与坐标（x，y，z）无关。因此，4 节点四面体单元也称为空间问题的常应力单元。同一单元内的应力是一样的，相邻两单元在公共边界面上，存在着应力的不连续或突变。

5.2.3　4 节点四面体单元的基本方程和刚度矩阵

应用虚位移原理和虚功方程，按照平面问题的类似推导，可得到空间问题单元的基本方程为

$$[k]^e\{q\}^e = \{F\}^e \tag{5-15}$$

式中，$\{F\}^e = \{F_{ix}, F_{iy}, F_{iz}, F_{jx}, F_{jy}, F_{jz}, F_{mx}, F_{my}, F_{mz}, F_{px}, F_{py}, F_{pz}\}^T_{12 \times 1}$ 为等效节点力列阵；$[k]^e$ 为单元刚度矩阵。

单元的刚度矩阵为

$$[k]^e = \iiint\limits_V [B]^{eT}[D][B]^e \mathrm{d}x\mathrm{d}y\mathrm{d}z \qquad (5\text{-}16)$$

由于 $[B]^e$ 及 $[D]$ 中的元素都是常量，$\iiint\limits_V \mathrm{d}x\mathrm{d}y\mathrm{d}z = V$，因此式（5-16）可简写为

$$[k]^e = [B]^{eT}[D][B]^e V \qquad (5\text{-}17)$$

上式中的单元刚度矩阵的分块矩阵为

$$[k]^e = \begin{bmatrix} [k_{ii}] & -[k_{ij}] & [k_{im}] & -[k_{ip}] \\ -[k_{ji}] & [k_{jj}] & -[k_{jm}] & [k_{jp}] \\ [k_{mi}] & -[k_{mj}] & [k_{mm}] & -[k_{mp}] \\ -[k_{pi}] & [k_{pj}] & -[k_{pm}] & [k_{pp}] \end{bmatrix}^e \qquad (5\text{-}18)$$

其中，任意子矩阵 $[k_{rs}]$ 由下式计算

$$[k_{rs}] = [B_r]^{eT}[D][B_s]^e V = \frac{E(1-\mu)}{36V(1+\mu)(1-2\mu)} \begin{bmatrix} k_1 & k_4 & k_7 \\ k_2 & k_5 & k_8 \\ k_3 & k_6 & k_9 \end{bmatrix} \quad (r, s = i, j, m, p)$$

$$(5\text{-}19)$$

式中，

$$\begin{cases} k_1 = b_r b_s + A_2(c_r c_s + d_r d_s), & k_2 = A_1 c_r b_s + A_2 b_r c_s \\ k_3 = A_1 d_r b_s + A_2 b_r d_s, & k_4 = A_1 b_r c_s + A_2 c_r b_s \\ k_5 = c_r c_s + A_2(b_r b_s + d_r d_s), & k_6 = A_1 d_r c_s + A_2 c_r d_s \\ k_7 = A_1 b_r d_s + A_2 d_r b_s, & k_8 = A_1 c_r d_s + A_2 d_r c_s \\ k_9 = d_r d_s + A_2(b_r b_s + c_r c_s) & \\ A_1 = \dfrac{\mu}{1-\mu}, & A_2 = \dfrac{1-2\mu}{2(1-\mu)} \end{cases} \qquad (5\text{-}20)$$

由式（5-18）~式（5-20）可以看出，单元刚度矩阵 $[k]^e$ 为 12×12 的常数对称矩阵。与平面问题的单元刚度矩阵一样，仍然具有对称性、奇异性和主元恒正性等单元性质，这里不再赘述。

5.2.4　4 节点四面体单元非节点载荷的移置

通过与平面问题中相同的推导，可得出空间问题中等效节点载荷的普遍公式。

1. 集中力的移置

如果在单元 e 内有集中力 $\{P\}^e = \{P_x, P_y, P_z\}^{eT}$，根据虚位移原理，可得到移置后的等效节点力列阵为

$$\{F_P\}^e = [N]^T\{P\}^e \qquad (5\text{-}21)$$

2. 体积力的移置

如果单元 e 有单位体积力 $\{G\}^e = \{G_x, G_y, G_y\}^{eT}$，把微分体积 $\mathrm{d}x\mathrm{d}y\mathrm{d}z$ 上的体积力

$\{G\}$ dxdydz 作为集中力，由式（5-21）积分，可得移置后的等效节点力列阵为

$$\{F_G\}^e = \iiint\limits_V [N]^{\mathrm{T}}\{G\}^e \mathrm{d}x\mathrm{d}y\mathrm{d}z \tag{5-22}$$

例如，设四面体单元 $ijmp$ 所受重力为 W，方向为 $-z$，试求自重的等效节点载荷。因为

$$\{G\}^e = \{G_x, G_y, G_y\}^{e\mathrm{T}} = \left\{0, 0, -\frac{W}{V}\right\}^{e\mathrm{T}}$$

由式（5-22）可得

$$\{F_G\}^e = \iiint\limits_V [N]^{\mathrm{T}}\{G\}^e \mathrm{d}x\mathrm{d}y\mathrm{d}z = -\frac{1}{4}W\{0, 0, 1, 0, 0, 1, 0, 0, 1, 0, 0, 1\}^{\mathrm{T}}$$

上式表示当作用在单元的重力等效移置到 4 个节点上时，节点力仅有 z 方向上的分量，且 4 个节点在 z 方向上的节点力相同，都是 1/4 单元的重力。

3. 面力的移置

如果在四面体单元 e 的某一边界面上分布有面力 $\{\overline{P}\} = \{\overline{P}_x, \overline{P}_y, \overline{P}_z\}^{\mathrm{T}}$，把微分面 d$A$ 上的力 $\{\overline{P}\} \cdot \mathrm{d}A$ 作为集中力，可得移置后的等效节点力列阵为

$$\{F_{\overline{P}}\}^e = \iint\limits_A [N]^{\mathrm{T}}\{\overline{P}\}^e \mathrm{d}A \tag{5-23}$$

式中，dA 为该边界面上的微分面积。

例如，在四面体中 $\triangle ijm$ 所在的表面上作用有面力，且呈线性分布，将各节点处的强度设为

$$\{\overline{P}_i\} = \{\overline{P}_{ix}, \overline{P}_{iy}, \overline{P}_{iz}\}^{\mathrm{T}} \quad (i = i, j, m)$$

应用式（5-23），可得其等效节点载荷为

$$\{F_{\overline{P}}\}_i^e = \frac{1}{6}\left(\{\overline{P}_i\} + \frac{1}{2}\{\overline{P}_j\} + \frac{1}{2}\{\overline{P}_m\}\right)A_{ijm} \ (i = i, j, m), \ \{F_{\overline{P}}\}_p^e = \{0, 0, 0\}^{\mathrm{T}}$$

式中，A_{ijm} 为 $\triangle ijm$ 的面积。

以上分析说明，作用在四面体单元 ijm 平面上的面力等效移置后，仅移置到共面的节点 i、j、m 上，异面节点 p 上的等效节点力为 0。

4. 单元总节点力列阵

如果在单元 e 上存在有集中力 $\{P\}^e$、体积力 $\{G\}^e$ 和面力 $\{\overline{P}\}^e$，分别计算出移置后的等效节点力 $\{F_P\}^e$、$\{F_G\}^e$ 和 $\{F_{\overline{P}}\}^e$，单元总的节点力列阵为

$$\{F\}^e = \{F_P\}^e + \{F_G\}^e + \{F_{\overline{P}}\}^e$$

单元基本方程 $[k]^e\{q\}^e = \{F\}^e$ 中的节点力列阵 $\{F\}^e$，应由上式计算而得。

5.2.5　总体有限元基本方程和总体刚度矩阵的建立

4 节点四面体单元总体有限元方程的建立，以及总体刚度矩阵的形成过程，与 3 节点三角形单元类似。

1. 总体有限元基本方程

当用 4 节点四面体单元划分空间弹性体区域时，生成多个单元和节点，单元之间通过节点相连，任意节点 i 处相连的单元有多个，节点 i 处的节点力为 $\{R_i\} = \{R_{ix}, R_{iy}, R_{iz}\}^{\mathrm{T}}$，

计入所有与节点 i 相连接单元的节点力

$$\{R_i\} = \begin{Bmatrix} R_{ix} \\ R_{iy} \\ R_{iz} \end{Bmatrix} = \begin{Bmatrix} \sum_e F_{ix} \\ \sum_e F_{iy} \\ \sum_e F_{iz} \end{Bmatrix} \tag{5-24}$$

也可简写为

$$\{R_i\} = \sum_e \{F_i\}^e \tag{5-25}$$

在任意一个单元 e 中，由分块矩阵表示的单元 e 的基本方程为

$$\begin{bmatrix} [k_{ii}] & [k_{ij}] & [k_{im}] & [k_{ip}] \\ [k_{ji}] & [k_{jj}] & [k_{jm}] & [k_{jp}] \\ [k_{mi}] & [k_{mj}] & [k_{mm}] & [k_{mp}] \\ [k_{pi}] & [k_{pj}] & [k_{pm}] & [k_{pp}] \end{bmatrix}^e_{12\times12} \begin{Bmatrix} q_i \\ q_j \\ q_m \\ q_p \end{Bmatrix}^e_{12\times1} = \begin{Bmatrix} F_i \\ F_j \\ F_m \\ F_p \end{Bmatrix}^e_{12\times1}$$

根据上式，在单元 e 中的节点 i 处的节点力为

$$\{F_i\}^e = [k_{ii}]^e \{q_i\}^e + [k_{ij}]^e \{q_j\}^e + [k_{im}]^e \{q_m\}^e + [k_{ip}]^e \{q_p\}^e = [k_{ii} \quad k_{ij} \quad k_{im} \quad k_{ip}]^e \{q\}^e$$

如果有多个单元以节点 i 为顶点，则节点 i 处的节点力为各单元在节点 i 处节点力之和，即

$$\{R_i\} = \sum_e \{F_i\}^e = \sum_e [k_{ii} \quad k_{ij} \quad k_{im} \quad k_{ip}]^e \{q\}^e \tag{5-26}$$

也可简写为

$$\sum_e \sum_s [k_{is}] \{q_s\}^e = \{R_i\} \quad (s = i, \ j, \ m, \ p) \tag{5-27}$$

式（5-27）为节点 i 的平衡方程，表示节点 i 处的节点力与相关单元节点位移之间的关系。如果整个弹性体区域有 E 个单元，n 个节点，将全部单元进行集合，可得到弹性体的总体有限元基本方程

$$[K]\{q\} = \{R\} \tag{5-28}$$

式中，$[K]$ 为总体刚度矩阵，它是 $3n \times 3n$ 的方阵，n 为节点总数；$\{q\}$ 为总体位移列阵，是 $3n \times 1$ 的列阵；$\{R\}$ 为总体节点力列阵，是 $3n \times 1$ 的列阵，表示移置到各节点的节点力载荷。

式（5-28）表示 $3n$ 个线性方程组。

2. 总体刚度矩阵的形成和性质

4 节点四面体单元总体刚度矩阵的形成过程与 3 节点三角形单元总体刚度矩阵的形成过程一样，实际上都是所有单元刚度矩阵扩展与叠加的过程，这里不再赘述。如果有 n 个节点，则总体刚度矩阵 $[K]$ 为 $3n \times 3n$ 的对称方阵。

4 节点四面体单元的总体刚度矩阵也具有以下性质：

（1）对称性、奇异性、主元恒正性

由于每一个单元的刚度矩阵是对称的，总体刚度矩阵由所有单元刚度矩阵叠加而成，因此，总体刚度矩阵也具有对称性、奇异性和主元恒正性。

在有限元分析计算中，利用总体刚度矩阵的对称性，可只存储矩阵的上三角或下三角元素，从而节省存储容量。

（2）稀疏性和带状分布

稀疏性是指总体刚度矩阵中存在大量的零元素。

带状分布是指总体刚度矩阵中的非零元素集中分布在主对角线两侧的带状区域内。

综上所述，4 节点四面体单元采用了线性位移函数，是常应变和常应力单元，在单元的边界面处存在应变和应力的不连续，一般可通过细化单元来提高单元精度。

5.3　10 节点四面体单元

简单的 4 节点四面体单元是一种常应变、常应力单元，不能较好地反映单元内部实际应变和应力的变化。为了弥补这一缺陷缺点，可采用四面体高次单元，即在四面体单元的每一条边的中点处各增加一个节点（见图 5-3），除了四面体的 4 个顶点 i、j、m、p 外，增加了另外 6 个节点，节点 1~6 的位置如图 5-3 所示，这样单元共有 10 个节点，每个节点有 3 个位移分量，节点位移 $\{q\}^e$ 有 30 个分量，即

$$\{q\}^e = \{u_i,\ v_i,\ w_i,\ \cdots,\ u_6,\ v_6,\ w_6\}^T_{30 \times 1}$$

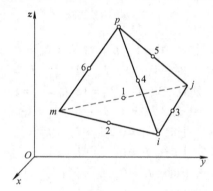

图 5-3　10 节点四面体单元

为了方便表示 10 节点四面体单元的有限元方程，这里先介绍体积坐标。

5.3.1　四面体单元的体积坐标

如图 5-4 所示，与 6 节点三角形单元的面积坐标类似，在四面体单元内任意点 c 的坐标为 $c\ (x,\ y,\ z)$，过点 c 作与 4 个顶点相连的直线，在单元内形成 4 个新的四面体 $cjmp$、$cimp$、$cijp$、$cijm$，定义它们的体积分别为 V_i、V_j、V_m、V_p。定义体积坐标 L_i、L_j、L_m、L_p 分别为

$$L_i = \frac{V_i}{V},\ L_j = \frac{V_j}{V},\ L_m = \frac{V_m}{V},\ L_p = \frac{V_p}{V} \tag{5-29}$$

式中，V 为四面体 $ijmp$ 的体积。各体积间的关系为

$$\begin{cases} V_i + V_j + V_m + V_p = V \\ L_i + L_j + L_m + L_p = 1 \end{cases} \tag{5-30}$$

当 $c\ (x,\ y,\ z)$ 在节点 i 处时，$V_i = V$，$L_i = 1$，$L_j = L_m = L_p = 0$；

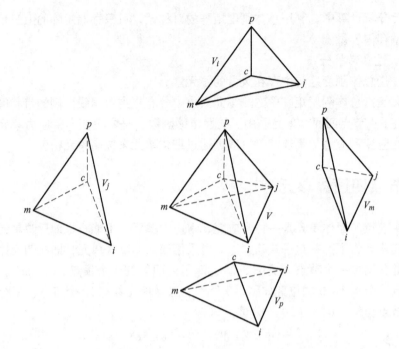

图 5-4　体积坐标

当 $c\ (x,\ y,\ z)$ 在节点 j 处时，$V_j = V$，$L_j = 1$，$L_i = L_m = L_p = 0$；

当 $c\ (x,\ y,\ z)$ 在节点 m 处时，$V_m = V$，$L_m = 1$，$L_i = L_j = L_p = 0$；

当 $c\ (x,\ y,\ z)$ 在节点 p 处时，$V_p = V$，$L_p = 1$，$L_i = L_j = L_m = 0$；

当 $c\ (x,\ y,\ z)$ 在平面 pij 上时，$L_m = 0$，$L_i + L_j + L_p = 1$；

当 $c\ (x,\ y,\ z)$ 在平面 pim 上时，$L_j = 0$，$L_i + L_m + L_p = 1$；

当 $c\ (x,\ y,\ z)$ 在平面 pjm 上时，$L_i = 0$，$L_j + L_m + L_p = 1$；

当 $c\ (x,\ y,\ z)$ 在平面 ijm 上时，$L_p = 0$，$L_i + L_j + L_m = 1$。

由式（5-7），V_i 和 V 的行列式为

$$V_i = \frac{1}{6}\begin{vmatrix} 1 & x & y & z \\ 1 & x_j & y_j & z_j \\ 1 & x_m & y_m & z_m \\ 1 & x_p & y_p & z_p \end{vmatrix}\ (i = i,\ j,\ m,\ p),\quad V = \frac{1}{6}\begin{vmatrix} 1 & x_i & y_i & z_i \\ 1 & x_j & y_j & z_j \\ 1 & x_m & y_m & z_m \\ 1 & x_p & y_p & z_p \end{vmatrix} \tag{5-31}$$

式中，$(x,\ y,\ z)$ 是点 c 在直角坐标系下的坐标。展开 V_i 各行列式，有

$$\begin{cases} V_i = \dfrac{1}{6}(a_i + b_i x + c_i y + d_i z) & (i = i,\ m) \\[2mm] V_j = -\dfrac{1}{6}(a_j + b_j x + c_j y + d_j z) & (j = j,\ p) \end{cases} \tag{5-32}$$

上式中，a_i、b_i、c_i、d_i（$i = i,\ j,\ m,\ p$）由 4 个顶点的坐标确定，即

$$a_i = \begin{vmatrix} x_j & y_j & z_j \\ x_m & y_m & z_m \\ x_p & y_p & z_p \end{vmatrix},\ b_i = -\begin{vmatrix} 1 & y_j & z_j \\ 1 & y_m & z_m \\ 1 & y_p & z_p \end{vmatrix},\ c_i = \begin{vmatrix} 1 & x_j & z_j \\ 1 & x_m & z_m \\ 1 & x_p & z_p \end{vmatrix}\quad (i = i,\ j,\ m,\ p)$$

$$d_i = - \begin{vmatrix} 1 & y_j & z_j \\ 1 & y_m & z_m \\ 1 & y_p & z_p \end{vmatrix} - \begin{vmatrix} 1 & x_j & y_j \\ 1 & x_m & y_m \\ 1 & x_p & y_p \end{vmatrix} \quad (i = i, j, m, p)$$

因此，体积坐标为

$$\begin{cases} L_i = \dfrac{1}{6V}(a_i + b_i x + c_i y + d_i z) \quad (i = i, m) \\ L_j = -\dfrac{1}{6V}(a_j + b_j x + c_j y + d_j z) \quad (j = j, p) \end{cases} \tag{5-33}$$

比较式（5-33）和式（5-6）可知，四面体的体积坐标 L_i、L_j、L_m、L_p 与 4 节点四面体单元的形函数 N_i、N_j、N_m、N_p 是相同的，即

$$L_i = N_i \quad (i = i, j, m, p) \tag{5-34}$$

式（5-33）表示了体积坐标 L_i、L_j、L_m、L_p 与直角坐标 (x, y, z) 的关系，通过求逆，可以得到相反的变换式，即

$$\begin{cases} x = L_i x_i + L_j x_j + L_m x_m + L_p x_p \\ y = L_i y_i + L_j y_j + L_m y_m + L_p y_p \\ z = L_i z_i + L_j z_j + L_m z_m + L_p z_p \end{cases} \tag{5-35}$$

在体积坐标中进行单元分析，要用到关于微分和积分的坐标变换。对直角坐标求导数，需通过复合函数求导数而得。

5.3.2　10 节点四面体单元的位移函数和形函数

为了提高有限单元法分析的精度，采用如图 5-3 所示的 10 节点四面体单元，顶点节点编号为 i，j，m，p，各棱边的中间节点编号为 1，2，3，4，5，6。节点位移为

$$\{q\}^e = \{u_i, v_i, w_i, u_j, v_j, w_j, u_m, v_m, w_m, u_p, v_p, w_p, u_1, v_1, w_1, u_2, v_2, w_2,$$
$$u_3, v_3, w_3, u_4, v_4, w_4, u_5, v_5, w_5, u_6, v_6, w_6\}_{30 \times 1}^T$$

与空间 4 节点四面体单元类似，这里假设单元内任意一点 (x, y, z) 处的位移函数 $\{q\}_{(x,y,z)}$ 由 10 个节点的位移插值生成，通用的位移函数为

$$\{q\}_{(x,y,z)} = \begin{Bmatrix} u \\ v \\ w \end{Bmatrix}_{(x,y,z)} = \begin{Bmatrix} \sum_i N_i(x,y,z) u_i \\ \sum_i N_i(x,y,z) v_i \\ \sum_i N_i(x,y,z) w_i \end{Bmatrix} = [N]^e \{q\}^e$$

$$(i = i, j, m, p, 1, 2, 3, 4, 5, 6) \tag{5-36}$$

上式中，形函数为

$$\begin{cases} N_i(x,y,z) = (2L_i - 1)L_i \quad (i = i, j, m, p) \\ N_1(x,y,z) = 4L_j L_m \quad (1 = 1, 2, 3; j, m = i, j, m) \\ N_4(x,y,z) = 6L_p L_i \quad (4 = 4, 5, 6; p, i = i, j, m) \end{cases} \tag{5-37}$$

从式（5-33）和式（5-37）可以看出，形函数 N_i (x, y, z) $(i = i, j, m, p, 1, 2, 3, 4, 5, 6)$ 是直角坐标 (x, y, z) 的三元二次函数，由式（5-36）可知，位移函数也是

直角坐标 (x, y, z) 的三元二次函数，位移函数在两个相邻单元共同边界面上是连续的，能保证有限元法求得的位移解答是收敛的。

式 (5-37) 中形函数 $N_i (x, y, z)$ $(i=i, j, m, p, 1, 2, 3, 4, 5, 6)$ 在节点处的值是

$$N_k(x_i, y_i, z_i) = \begin{cases} 0(k \neq i) \\ 1(k = i) \end{cases} \quad (k, i=i, j, m, p)$$

即 $N_k (x, y, z)$ 在节点 k $(k=i, j, m, p)$ 处的值为1，其他节点处的值为0。例如，在节点 i 处，$N_i (x_i, y_i, z_i) = 1$，其他 $N_i (x_j, y_j, z_j) = 0$ $(j=j, m, p, 1, 2, 3, 4, 5, 6)$。在节点 i 处，将节点坐标 (x_i, y_i, z_i) 代入式 (5-36)，可求得位移 $u=u_i$、$v=v_i$、$w=w_i$，其他节点仍然可以得出相同的结论。

5.3.3　10 节点四面体单元的应变和应力

1. 单元的应变

根据空间问题几何方程式 (5-1)，以及位移函数式 (5-36)，10 节点四面体的应变为

$$\{\varepsilon\}^e_{6 \times 1} = [B]^e_{6 \times 30} \{q\}^e_{30 \times 1} \tag{5-38}$$

式中，$\{q\}^e_{30 \times 1}$ 为节点位移列阵；$[B]^e_{6 \times 30}$ 为单元应变矩阵，每一元素为体积坐标 L_i $(i=i, j, p, m)$ 的一次函数，形成方法和过程与 4 节点四面体单元一样，不再赘述。

这里仅以 ε_x 为例，说明应变分量与坐标的关系

$$\varepsilon_x = \frac{\partial u}{\partial x} = \sum_i \frac{\partial N_i(x,y,z)}{\partial x} u_i \quad (i=i, j, m, p, 1, 2, 3, 4, 5, 6)$$

由式 (5-37) 可知，$\frac{\partial N_i(x,y,z)}{\partial x}$ $(i=i, j, m, p, 1, 2, 3, 4, 5, 6)$ 是体积坐标 L_i $(i=i, j, p, m)$ 的一次函数，即直角坐标 (x, y, z) 的三元一次函数，因此所有 ε_x 都是 (x, y, z) 的三元一次函数。

同理，可证明其他应变分量也是 (x, y, z) 的三元一次函数。

由以上分析可得出，10 节点四面体单元的应变 $\{\varepsilon\}^e$ 不再是常应变，而是直角坐标 (x, y, z) 的线性函数，单元精度高于 4 节点四面体，能够更好地表示单元应变的变化，且能适应各种复杂边界的实体。这种单元也被广泛地应用于空间问题的有限元计算。

2. 单元的应力

由弹性力学物理方程，单元的应力为

$$\{\sigma\}^e = [D]\{\varepsilon\}^e = [D][B]^e \{q\}^e = [S]^e \{q\}^e$$

式中，弹性矩阵 $[D]$ 是由弹性模量 E 和泊松比 μ 决定的常数矩阵，由于单元应变 $\{\varepsilon\}^e$ 是体积坐标 L_i $(i=i, j, p, m)$ 的一次函数，直角坐标 (x, y, z) 的三元一次函数，所以单元应力 $\{\sigma\}^e$ 也是体积坐标 L_i $(i=i, j, p, m)$ 的一次函数，直角坐标 (x, y, z) 的三元一次函数。

5.3.4　10 节点四面体单元的基本方程和刚度矩阵

应用虚位移原理和虚功方程，按照平面问题的类似推导，可得到空间问题单元的基本方程为

$$[k]^e \{q\}^e = \{F\}^e \tag{5-39}$$

式中，$\{F\}^e$ 为等效节点力列阵；$[k]^e$ 为单元刚度矩阵，空间单元的刚度矩阵为

$$[k]^e = \iiint\limits_V [B]^{eT}[D][B]^e \mathrm{d}x\mathrm{d}y\mathrm{d}z \tag{5-40}$$

应变矩阵 $[B]^e$ 中的每一元素为 (x, y, z) 的三元一次函数，$[B]^{eT}[D][B]^e$ 为 (x, y, z) 的三元二次函数，取定积分后单元刚度矩阵 $[k]^e$ 为常数矩阵，仍然具有对称性和奇异性。

非节点载荷的移置方法、总体刚度矩阵的形成方法、总体有限元基本方程求解等方法和步骤与前面介绍的方法一样，只是矩阵和方程数相对扩大了许多，这里不再赘述。

5.3.5　4 节点 48 自由度四面体单元简介

4 节点四面体单元是常应变单元，为了增加精度，除了增加节点外，还可以用增加节点位移分量的方法来提高单元的精度。

在 4 节点四面体单元的 4 个节点 i、j、m、p 中，除了 3 个位移分量 $\{q_i\} = \{u_i, v_i, w_i\}^T$ $(i = i, j, m, p)$ 之外，再引进位移分量的 9 个一阶导数，即

$$\frac{\partial u_i}{\partial x}, \frac{\partial u_i}{\partial y}, \frac{\partial u_i}{\partial z}, \frac{\partial v_i}{\partial x}, \frac{\partial v_i}{\partial y}, \frac{\partial v_i}{\partial z}, \frac{\partial w_i}{\partial x}, \frac{\partial w_i}{\partial y}, \frac{\partial w_i}{\partial z} \quad (i = i, j, m, p)$$

则作为节点参数，每个节点就有 12 个未知量

$$\left\{u_i, v_i, w_i, \frac{\partial u_i}{\partial x}, \frac{\partial u_i}{\partial y}, \frac{\partial u_i}{\partial z}, \frac{\partial v_i}{\partial x}, \frac{\partial v_i}{\partial y}, \frac{\partial v_i}{\partial z}, \frac{\partial w_i}{\partial x}, \frac{\partial w_i}{\partial y}, \frac{\partial w_i}{\partial z}\right\}^T \quad (i = i, j, m, p)$$

这样一来，在不增加节点数目的同时，还能提高位移函数的次数，改善单元特性。

与空间 4 节点四面体单元类似，这里假设单元内任意一点 (x, y, z) 处的位移函数 $\{q\}_{(x,y,z)}$ 由 4 个节点的位移插值生成，通用的位移函数为

$$\{q\}_{(x,y,z)} = \left\{\begin{matrix} u \\ v \\ w \end{matrix}\right\}_{(x,y,z)} = \left\{\begin{matrix} \sum\limits_i N_i(x,y,z)u_i \\ \sum\limits_i N_i(x,y,z)v_i \\ \sum\limits_i N_i(x,y,z)w_i \end{matrix}\right\} = [N]^e\{q\}^e \quad (i = i, j, m, p) \tag{5-41}$$

上式中，每一个形函数 $N_i(x, y, z)$ $(i = i, j, m, p)$ 用体积坐标 L_i $(i = i, j, p, m)$ 表示，包括了以下 16 个项

$$L_i, L_j, L_m, L_iL_j, L_iL_m, L_iL_p, L_jL_m, L_jL_p, L_mL_p$$
$$L_i^2L_j - L_j^2L_i, L_i^2L_m - L_m^2L_i, L_i^2L_p - L_p^2L_i,$$
$$L_j^2L_m - L_m^2L_j, L_j^2L_p - L_p^2L_j, L_m^2L_p - L_p^2L_m$$

所以形函数 $N_i(x, y, z)$ $(i = i, j, m, p)$ 是体积坐标 L_i $(i = i, j, p, m)$ 的三次式，也就是直角坐标 (x, y, z) 的三元三次函数。

用与 4 节点四面体单元相同的分析方法，不难分析出单元的应变 $\{\varepsilon\}^e$ 和应力 $\{\sigma\}^e$ 是体积坐标 L_i $(i = i, j, p, m)$ 的二次式，即直角坐标 (x, y, z) 的三元二次函数。单元精度高于 10 节点的四面体，可以更好地表示单元应变的变化，在单元边界面上，可保证应变的连续，但计算较为复杂。

5.4　8 节点六面体单元

5.4.1　8 节点六面体单元的位移函数和形函数

如同在平面问题中有矩形单元一样，空间问题中对应的则是六面体单元。最简单的六面体单元是 8 节点六面体单元，如图 5-5 所示。节点位移列阵为

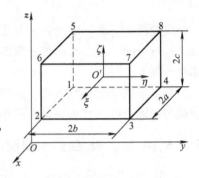

图 5-5　8 节点六面体单元

$$\{q\}^e = \{u_1,\ v_1,\ w_1,\ u_2,\ v_2,\ w_2,\ u_3,\ v_3,\ w_3,\ u_4,\ v_4,\ w_4,$$
$$u_5,\ v_5,\ w_5,\ u_6,\ v_6,\ w_6,\ u_7,\ v_7,\ w_7,\ u_8,\ v_8,\ w_8\}^{\mathrm{T}}$$

如图 5-5 所示，定义一个局部坐标 $O'\xi\eta\zeta$，原点 O' 在单元的形心上，其坐标为

$$x_0 = \frac{x_1 + x_2}{2},\ y_0 = \frac{y_1 + y_3}{2},\ z_0 = \frac{z_1 + z_5}{2}$$

局部坐标中 $O'\xi\eta\zeta$ 坐标轴的方向与直角坐标中 $Oxyz$ 相应坐标轴的方向一致，局部坐标 $(\xi,\ \eta,\ \zeta)$ 与直角坐标 $(x,\ y,\ z)$ 的对应关系式为

$$\begin{cases} \xi = \dfrac{1}{a}(x - x_0) \\[2mm] \eta = \dfrac{1}{b}(y - y_0) \\[2mm] \zeta = \dfrac{1}{c}(z - z_0) \end{cases} \tag{5-42}$$

式中，$2a$、$2b$、$2c$ 分别表示六面体沿 x、y、z 轴方向的边长，如图 5-5 所示，相对节点编号是 1，2，…，8，节点 $1\sim8$ 的局部坐标分别为

$$1\ (-1,\ -1,\ -1),\ 2\ (1,\ -1,\ -1),\ 3\ (1,\ 1,\ -1),\ 4\ (-1,\ 1,\ -1),$$
$$5\ (-1,\ -1,\ 1),\ 6\ (1,\ -1,\ 1),\ 7\ (1,\ 1,\ 1),\ 8\ (-1,\ 1,\ 1)$$

与前面介绍的单元类似，这里假设单元内任意一点 $(x,\ y,\ z)$ 处的位移函数 $\{q\}_{(x,y,z)}$ 由 8 个节点的位移插值生成，通用的位移函数为

$$\{q\}_{(x,y,z)} = \begin{Bmatrix} u \\ v \\ w \end{Bmatrix}_{(x,y,z)} = \begin{Bmatrix} \displaystyle\sum_{i=1}^{8} N_i(\xi,\eta,\zeta) u_i \\ \displaystyle\sum_{i=1}^{8} N_i(\xi,\eta,\zeta) v_i \\ \displaystyle\sum_{i=1}^{8} N_i(\xi,\eta,\zeta) w_i \end{Bmatrix} = [N]\{q\}^e \tag{5-43}$$

上式中，形函数 $N_i(\xi,\ \eta,\ \zeta)$ $(i=1,\ 2,\ \cdots,\ 8)$ 为局部坐标系下构造的插值函数

$$
\begin{cases}
N_1(\xi,\eta,\zeta) = \dfrac{1}{8}(1-\xi)(1-\eta)(1-\zeta)\,,\quad N_2(\xi,\eta,\zeta) = \dfrac{1}{8}(1+\xi)(1-\eta)(1-\zeta) \\[2mm]
N_3(\xi,\eta,\zeta) = \dfrac{1}{8}(1+\xi)(1+\eta)(1-\zeta)\,,\quad N_4(\xi,\eta,\zeta) = \dfrac{1}{8}(1-\xi)(1+\eta)(1-\zeta) \\[2mm]
N_5(\xi,\eta,\zeta) = \dfrac{1}{8}(1-\xi)(1-\eta)(1+\zeta)\,,\quad N_6(\xi,\eta,\zeta) = \dfrac{1}{8}(1+\xi)(1-\eta)(1+\zeta) \\[2mm]
N_7(\xi,\eta,\zeta) = \dfrac{1}{8}(1+\xi)(1+\eta)(1+\zeta)\,,\quad N_8(\xi,\eta,\zeta) = \dfrac{1}{8}(1-\xi)(1+\eta)(1+\zeta)
\end{cases}
$$

$$\tag{5-44}$$

可简写为

$$
N_i(\xi,\eta,\zeta) = \frac{1}{8}(1+\xi_i\xi)(1+\eta_i\eta)(1+\zeta_i\zeta) \quad (i=1,\,2,\,\cdots,\,8) \tag{5-45}
$$

式中，ξ_i、η_i、ζ_i 表示节点 i（$i=1,\,2,\,\cdots,\,8$）处的局部坐标值，取 -1 或 1。

　　式（5-44）中的形函数满足节点的位移，例如，在节点 1 处，将节点 1 的局部坐标 $(\xi_1,\,\eta_1,\,\zeta_1) = (-1,\,-1,\,-1)$ 代入式（5-44），有

$$
N_1(\xi_1,\eta_1,\zeta_1)=1,\ N_k(\xi_1,\eta_1,\zeta_1)=0\ (k=2,\,3,\,\cdots,\,8)
$$

将以上结果代入式（5-43），可得 $u=u_1$，$v=v_1$，$w=w_1$。其他节点可得出相同的结论。

　　式（5-43）中的形函数矩阵 $[N]$ 为

$$
[N]_{(\xi,\eta,\zeta)} =
\begin{bmatrix}
N_1 & 0 & 0 & N_2 & 0 & 0 & \cdots & N_8 & 0 & 0 \\
0 & N_1 & 0 & 0 & N_2 & 0 & \cdots & 0 & N_8 & 0 \\
0 & 0 & N_1 & 0 & 0 & N_2 & \cdots & 0 & 0 & N_8
\end{bmatrix}_{3\times24}
\tag{5-46}
$$

式中，形函数 N_i（ξ，η，ζ）（$i=1,\,2,\,\cdots,\,8$）在本节点 i（ξ_i，η_i，ζ_i）处的值为 1，在其他节点处的值为 0，即

$$
N_k(\xi_i,\eta_i,\zeta_i) =
\begin{cases}
1\,(k=i) \\
0\,(k\neq i)
\end{cases}
(i,\ k=1,\,2,\,\cdots,\,8)
$$

　　由式（5-44）可知，形函数 N_i（ξ，η，ζ）（$i=1,\,2,\,\cdots,\,8$）在节点以外的区域是局部坐标（ξ，η，ζ）的三元三次函数，也是直角坐标（x，y，z）的三元三次函数。

5.4.2　8 节点六面体单元的应变和应力

1. 单元的应变

　　根据空间问题几何方程（5-1），以及位移函数（5-43），8 节点六面体单元的应变为

$$
\{\varepsilon\}^e = [B]^e\{q\}^e \tag{5-47}
$$

式中，$\{q\}^e$ 为节点位移列阵；$[B]^e$ 为单元应变矩阵，写成分块矩阵的形式为

$$
[B]^e = [[B_1][B_2][B_3]\cdots[B_8]] \tag{5-48}
$$

其中，

$$
[B_i] =
\begin{bmatrix}
\dfrac{\partial N_i}{\partial x} & 0 & 0 & \dfrac{\partial N_i}{\partial y} & 0 & \dfrac{\partial N_i}{\partial z} \\[3mm]
0 & \dfrac{\partial N_i}{\partial y} & 0 & \dfrac{\partial N_i}{\partial x} & \dfrac{\partial N_i}{\partial z} & 0 \\[3mm]
0 & 0 & \dfrac{\partial N_i}{\partial z} & 0 & \dfrac{\partial N_i}{\partial y} & \dfrac{\partial N_i}{\partial x}
\end{bmatrix}^{\mathrm{T}}
\quad (i=1,\,2,\,3,\,\cdots,\,8) \tag{5-49}
$$

$\dfrac{\partial N_i}{\partial x}$、$\dfrac{\partial N_i}{\partial y}$、$\dfrac{\partial N_i}{\partial z}$分别为

$$\begin{cases} \dfrac{\partial N_i}{\partial x} = \dfrac{\xi_i}{8a}(1 + \eta_i\eta)(1 + \zeta_i\zeta) & (i = 1, 2, \cdots, 8) \\[3mm] \dfrac{\partial N_i}{\partial y} = \dfrac{\eta_i}{8b}(1 + \zeta_i\zeta)(1 + \xi_i\xi) & (i = 1, 2, \cdots, 8) \\[3mm] \dfrac{\partial N_i}{\partial z} = \dfrac{\zeta_i}{8c}(1 + \xi_i\xi)(1 + \eta_i\eta) & (i = 1, 2, \cdots, 8) \end{cases} \tag{5-50}$$

由式 (5-49)、式 (5-50) 可看出，$[B_i]$ 是局部坐标 (ξ, η, ζ) 的三元二次函数，所以应变 $\{\varepsilon\}^e$ 是局部坐标 (ξ, η, ζ) 的三元二次函数，也是直角坐标 (x, y, z) 的三元二次函数。其中 ε_x 是 (η, ζ) 或 (y, z) 的二次函数，ε_y 是 (ξ, ζ) 或 (x, z) 的二次函数，ε_z 是 (ξ, η) 或 (x, y) 的二次函数。由以上分析可得出，8 节点六面体单元的应变 $\{\varepsilon\}^e$ 不再是常应变单元，而是直角坐标 (x, y, z) 的三元二次函数，且单元精度高于 4 节点四面体。

2. 单元的应力

由弹性力学物理方程，单元的应力为

$$\{\sigma\}^e = [D]\{\varepsilon\}^e = [D][B]^e\{q\}^e = [S]^e\{q\}^e$$

式中，弹性矩阵 $[D]$ 是由弹性模量 E 和泊松比 μ 决定的常数矩阵，由于单元应变 $\{\varepsilon\}^e$ 是局部坐标 (ξ, η, ζ) 或直角坐标 (x, y, z) 的三元二次函数，因此单元应力 $\{\sigma\}^e$ 也是局部坐标 (ξ, η, ζ) 或直角坐标 (x, y, z) 的三元二次函数。

5.4.3　8 节点六面体单元的基本方程和刚度矩阵

应用虚位移原理和虚功方程，按照平面问题的类似推导，可以得到空间问题中单元的基本方程为

$$[k]^e\{q\}^e = \{F\}^e \tag{5-51}$$

式中，$\{F\}^e$ 为等效节点力列阵；$[k]^e$ 为单元刚度矩阵。

空间单元的刚度矩阵为

$$[k]^e = \iiint\limits_V [B]^{e\mathrm{T}}[D][B]^e \mathrm{d}x\mathrm{d}y\mathrm{d}z \tag{5-52}$$

将应变矩阵 $[B]^e$ 代入上式，取定积分后刚度矩阵 $[k]^e$ 为常数矩阵，用分块矩阵的形式可以表示为

$$[k]^e = \begin{bmatrix} [k_{11}] & [k_{12}] & [k_{13}] & \cdots & [k_{18}] \\ [k_{21}] & [k_{22}] & [k_{23}] & \cdots & [k_{28}] \\ \vdots & \vdots & \vdots & & \vdots \\ [k_{81}] & [k_{82}] & [k_{83}] & \cdots & [k_{88}] \end{bmatrix}^e_{24 \times 24} \tag{5-53}$$

其中任一子块 $[k_{ij}]$ 由下式计算

$$[k_{ij}] = \frac{E\mu}{16(1 + \mu)(1 - 2\mu)}\begin{bmatrix} k_1 & k_4 & k_7 \\ k_2 & k_5 & k_8 \\ k_3 & k_6 & k_9 \end{bmatrix} (i, j = 1, 2, \cdots, 8) \tag{5-54}$$

式中,

$$\begin{aligned}
k_1 &= (1 - \mu) \frac{\xi_i \xi_j}{4a^2}\Big(1 + \frac{\eta_i \eta_j}{3}\Big)\Big(1 + \frac{\zeta_i \zeta_j}{3}\Big) + \\
&\quad \frac{1 - 2\mu}{2}\Big[\frac{\eta_i \eta_j}{4b^2}\Big(1 + \frac{\xi_i \xi_j}{3}\Big)\Big(1 + \frac{\zeta_i \zeta_j}{3}\Big) + \frac{\zeta_i \zeta_j}{4c^2}\Big(1 + \frac{\zeta_i \zeta_j}{3}\Big)\Big(1 + \frac{\eta_i \eta_j}{3}\Big)\Big] \\
k_2 &= \frac{1}{4ab}\Big(1 + \frac{\zeta_i \zeta_j}{3}\Big)\Big(\mu \eta_i \xi_j + \frac{1 - 2\mu}{2}\xi_i \eta_j\Big) \\
k_3 &= \frac{1}{4ac}\Big(1 + \frac{\eta_i \eta_j}{3}\Big)\Big(\mu \zeta_i \xi_j + \frac{1 - 2\mu}{2}\xi_i \zeta_j\Big) \\
k_4 &= \frac{1}{4ab}\Big(1 + \frac{\zeta_i \zeta_j}{3}\Big)\Big(\mu \xi_i \eta_j + \frac{1 - 2\mu}{2}\eta_i \xi_j\Big) \\
k_5 &= (1 - \mu) \frac{\eta_i \eta_j}{4b^2}\Big(1 + \frac{\xi_i \xi_j}{3}\Big)\Big(1 + \frac{\zeta_i \zeta_j}{3}\Big) + \\
&\quad \frac{1 - 2\mu}{2}\Big[\frac{\xi_i \xi_j}{4a^2}\Big(1 + \frac{\eta_i \eta_j}{3}\Big)\Big(1 + \frac{\zeta_i \zeta_j}{3}\Big) + \frac{\zeta_i \zeta_j}{4c^2}\Big(1 + \frac{\xi_i \xi_j}{3}\Big)\Big(1 + \frac{\eta_i \eta_j}{3}\Big)\Big] \\
k_6 &= \frac{1}{4bc}\Big(1 + \frac{\xi_i \xi_j}{3}\Big)\Big(\mu \zeta_i \eta_j + \frac{1 - 2\mu}{2}\eta_i \zeta_j\Big) \\
k_7 &= \frac{1}{4ac}\Big(1 + \frac{\eta_i \eta_j}{3}\Big)\Big(\mu \xi_i \zeta_j + \frac{1 - 2\mu}{2}\zeta_i \xi_j\Big) \\
k_8 &= \frac{1}{4bc}\Big(1 + \frac{\xi_i \xi_j}{3}\Big)\Big(\mu \eta_i \zeta_j + \frac{1 - 2\mu}{2}\zeta_i \eta_j\Big) \\
k_9 &= (1 - \mu) \frac{\zeta_i \zeta_j}{4c^2}\Big(1 + \frac{\xi_i \xi_j}{3}\Big)\Big(1 + \frac{\eta_i \eta_j}{3}\Big) + \\
&\quad \frac{1 - 2\mu}{2}\Big[\frac{\xi_i \xi_j}{4a^2}\Big(1 + \frac{\eta_i \eta_j}{3}\Big)\Big(1 + \frac{\zeta_i \zeta_j}{3}\Big) + \frac{\eta_i \eta_j}{4b^2}\Big(1 + \frac{\xi_i \xi_j}{3}\Big)\Big(1 + \frac{\zeta_i \zeta_j}{3}\Big)\Big]
\end{aligned} \tag{5-55}$$

由式 (5-54) 和式 (5-55) 可以看出,$[k_{ij}] = [k_{ji}]$,刚度矩阵 $[k]^e$ 仍然具有对称性、奇异性和主元恒正性。

5.4.4 非节点载荷的移置方法

非节点载荷的移置方法和步骤与前面介绍的方法一样,这里不再赘述,仅给出相应的结果。

1. 集中力的移置

如果在单元 e 内有集中力 $\{P\}^e = \{P_x, P_y, P_z\}^{eT}$,根据虚位移原理,可得到移置后的等效节点力列阵为

$$\{F_P\}^e = [N]^T \{P\}^e$$

2. 体积力的移置

如果单元 e 有单位体积力 $\{G\}^e = \{G_x, G_y, G_y\}^{eT}$,把微分体积 $dxdydz$ 上的体积力 $\{G\} \, dxdydz$ 作为集中力,可得移置后的等效节点力列阵为

$$\{F_G\}^e = \iiint\limits_V [N]^T \{G\}^e \mathrm{d}x\mathrm{d}y\mathrm{d}z$$

例如，假设均质六面体的重力是 W，方向为 $-z$，单位体积力为 $\{G\}^e = \{0, 0, -W/V\}$，则重力等效移置到节点上的节点力分量为

$$\begin{cases} F_{iz} = -\dfrac{1}{8}W \\ F_{ix} = F_{iz} = 0 \end{cases} \quad (i = 1, 2, \cdots, 8) \tag{5-56}$$

重力 W 被 8 等分后平均地移置到 8 个节点上，每一个节点在 z 方向上的节点力分量为 $-W/8$，其他方向上的节点力分量为 0。

3. 面力的移置

如果在四面体单元 e 的某一边界面上分布有面力 $\{\overline{P}\} = \{\overline{P}_x, \overline{P}_y, \overline{P}_z\}^T$，把微分面 $\mathrm{d}A$ 上的力 $\{\overline{P}\} \cdot \mathrm{d}A$ 作为集中力，可得移置后的等效节点力列阵为

$$\{F_{\overline{P}}\}^e = \iint\limits_A [N]^T \{\overline{P}\}^e \mathrm{d}A$$

式中，$\mathrm{d}A$ 为该边界面上的微分面积。

在如图 5-5 所示六面体单元 $\xi = 1$ 的边界面 2-3-7-6 上，作用有垂直于边界面的双线性分布面力，面力在节点 2、3、7、6 上分别是 $\overline{P}_2$、$\overline{P}_3$、$\overline{P}_7$、$\overline{P}_6$，由上式计算，可得等效节点力为

$$\begin{cases} F_{2x} = \dfrac{bc}{9}[4\overline{P}_2 + 2(\overline{P}_4 + \overline{P}_6) + \overline{P}_7] \\[2mm] F_{3x} = \dfrac{bc}{9}[4\overline{P}_4 + 2(\overline{P}_2 + \overline{P}_7) + \overline{P}_6] \\[2mm] F_{7x} = \dfrac{bc}{9}[4\overline{P}_7 + 2(\overline{P}_4 + \overline{P}_6) + \overline{P}_2] \\[2mm] F_{6x} = \dfrac{bc}{9}[4\overline{P}_6 + 2(\overline{P}_2 + \overline{P}_7) + \overline{P}_4] \end{cases} \tag{5-57}$$

由上式可看出，作用在单元边界上的面力，等效移置后，只有面力作用边界面上的 4 个节点有等效节点力，其他节点上的等效节点力为 0。

4. 单元总节点力列阵

如果在单元 e 上存在有集中力 $\{P\}^e$、体积力 $\{G\}^e$ 和面力 $\{\overline{P}\}^e$，分别计算出移置后的等效节点力 $\{F_P\}^e$、$\{F_G\}^e$ 和 $\{F_{\overline{P}}\}^e$，单元总的节点力列阵为

$$\{F\}^e = \{F_P\}^e + \{F_G\}^e + \{F_{\overline{P}}\}^e$$

单元基本方程 $[k]^e \{q\}^e = \{F\}^e$ 中的节点力列阵 $\{F\}^e$，应由上式计算而得。

5.5　20 节点六面体单元

图 5-6 是 20 节点的六面体单元，除了六面体的 8 个顶点节点外，在六面体 12 条边线的中点处分别增加一个节点，共 20 个节点，节点编号如图 5-6 所示。

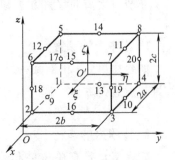

图 5-6　20 节点六面体单元

5.5.1 20 节点六面体单元的位移函数和形函数

图 5-6 所示 20 节点六面体单元的节点位移列阵有 60 个分量:

$$\{q\}^e = \{u_1,\ v_1,\ w_1,\ u_2,\ \cdots,\ u_{20},\ v_{20},\ w_{20}\}^{\mathrm{T}}_{60 \times 1}$$

和 8 节点六面体单元一样,构造如图 5-6 所示的局部坐标系 $O'\xi\eta\zeta$,原点 O' 在单元的形心上,坐标为

$$x_0 = \frac{x_1 + x_2}{2},\ y_0 = \frac{y_1 + y_3}{2},\ z_0 = \frac{z_1 + z_5}{2}$$

局部坐标轴的方向与直角坐标方向一致,局部坐标 $(\xi,\ \eta,\ \zeta)$ 与直角坐标 $(x,\ y,\ z)$ 的关系式为

$$\begin{cases} \xi = \dfrac{1}{a}(x - x_0) \\ \eta = \dfrac{1}{b}(y - y_0) \\ \zeta = \dfrac{1}{c}(z - z_0) \end{cases} \tag{5-58}$$

式中,$2a$、$2b$、$2c$ 分别表示六面体沿 x、y、z 方向的边长,如图 5-6 所示,在局部坐标系中,每一节点 i ($i = 1,\ 2,\ \cdots,\ 20$) 处,局部坐标 $(\xi_i,\ \eta_i,\ \zeta_i)$ ($i = 1,\ 2,\ \cdots,\ 20$) 的坐标值为 0、1 或 -1。

与前面介绍的单元类似,这里假设单元内任意一点 $(x,\ y,\ z)$ 的位移函数 $\{q\}_{(x,y,z)}$ 由 20 个节点的位移插值生成,通用的位移函数为

$$\{q\}_{(x,y,z)} = \begin{Bmatrix} u \\ v \\ w \end{Bmatrix}_{(x,y,z)} = \begin{Bmatrix} \sum\limits_{i=1}^{20} N_i(\xi,\eta,\zeta)u_i \\ \sum\limits_{i=1}^{20} N_i(\xi,\eta,\zeta)v_i \\ \sum\limits_{i=1}^{20} N_i(\xi,\eta,\zeta)w_i \end{Bmatrix} = [N]\{q\}^e \tag{5-59}$$

上式中,形函数 $N_i(\xi,\ \eta,\ \zeta)$ ($i = 1,\ 2,\ \cdots,\ 20$) 为局部坐标系 $O'\xi\eta\zeta$ 中构造的插值函数,每个节点对应的形函数为

$$\begin{cases} N_i(\xi,\eta,\zeta) = \dfrac{1}{8}(1 + \xi_i\xi)(1 + \eta_i\eta)(1 + \zeta_i\zeta)(\xi_i\xi + \eta_i\eta + \zeta_i\zeta - 2) & (i = 1,\ 2,\ \cdots,\ 8) \\ N_i(\xi,\eta,\zeta) = \dfrac{1}{4}(1 - \xi^2)(1 + \eta_i\eta)(1 + \zeta_i\zeta) & (i = 9,\ 10,\ 11,\ 12) \\ N_i(\xi,\eta,\zeta) = \dfrac{1}{4}(1 - \eta^2)(1 + \xi_i\xi)(1 + \zeta_i\zeta) & (i = 13,\ 14,\ 15,\ 16) \\ N_i(\xi,\eta,\zeta) = \dfrac{1}{4}(1 - \zeta^2)(1 + \xi_i\xi)(1 + \eta_i\eta) & (i = 17,\ 18,\ 19,\ 20) \end{cases} \tag{5-60}$$

式中,ξ_i、η_i、ζ_i 表示节点的局部坐标 $(\xi_i,\ \eta_i,\ \zeta_i)$ ($i = 1,\ 2,\ \cdots,\ 20$) 的坐标值,取 0、1 或 -1。

式 (5-60) 表示的形函数 $N_i(\xi,\ \eta,\ \zeta)$ 是局部坐标 $(\xi,\ \eta,\ \zeta)$ 的三元四次函数,且

满足节点的位移。形函数 N_i（ξ，η，ζ）（$i=1$，2，$\cdots$，20）在本节点 i（ξ_i，η_i，ζ_i）处的值为 1，其他节点处的值为 0，即

$$N_k = (\xi_i,\ \eta_i,\ \zeta_i) = \begin{cases} 1(k=i) \\ 0(k \ne i) \end{cases} \quad (i,\ k=1,\ 2\cdots,\ 20)$$

例如，在节点 8 处，将节点 8 的局部坐标（ξ_8，η_8，ζ_8）=（-1，1，1）代入式（5-60），有

$$N_8(\xi_8,\eta_8,\zeta_8)=1, N_k(\xi_8,\eta_8,\zeta_8)=0 \ (k=1,\ 2,\ \cdots,\ 7,\ 9,\ 10,\ \cdots,\ 20)$$

将以上结果代入式（5-59），可得 $u=u_8$，$v=v_8$，$w=w_8$。其他节点可得出相同的结论。

式（5-59）中的形函数矩阵 $[N]$ 为

$$[N]_{(\xi,\eta,\zeta)} = \begin{bmatrix} N_1 & 0 & 0 & N_2 & 0 & 0 & \cdots & N_{20} & 0 & 0 \\ 0 & N_1 & 0 & 0 & N_2 & 0 & \cdots & 0 & N_{20} & 0 \\ 0 & 0 & N_1 & 0 & 0 & N_2 & \cdots & 0 & 0 & N_{20} \end{bmatrix}_{3 \times 60} \tag{5-61}$$

形函数矩阵中的非零元素是局部坐标（ξ，η，ζ）的三元四次函数，也是直角坐标（x，y，z）的三元四次函数。

5.5.2　20 节点六面体单元的应变和应力

1. 单元的应变

根据空间问题几何方程式（5-1），以及位移函数式（5-59），20 节点六面体单元的应变为

$$\{\varepsilon\}^e = [B]^e\{q\}^e$$

式中，$\{q\}^e$ 为节点位移列阵；$[B]^e$ 为单元应变矩阵，写成分块矩阵的形式为

$$[B]^e = [[B_1] \quad [B_2] \quad [B_3] \quad \cdots \quad [B_{20}]]$$

其中，

$$[B_i] = \begin{bmatrix} \dfrac{\partial N_i}{\partial x} & 0 & 0 & \dfrac{\partial N_i}{\partial y} & 0 & \dfrac{\partial N_i}{\partial z} \\ 0 & \dfrac{\partial N_i}{\partial y} & 0 & \dfrac{\partial N_i}{\partial x} & \dfrac{\partial N_i}{\partial z} & 0 \\ 0 & 0 & \dfrac{\partial N_i}{\partial z} & 0 & \dfrac{\partial N_i}{\partial y} & \dfrac{\partial N_i}{\partial x} \end{bmatrix}^{\mathrm{T}} \quad (i=1,\ 2,\ 3,\ \cdots,\ 20)$$

由式（5-60）可看出，$\dfrac{\partial N_i}{\partial x}$，$\dfrac{\partial N_i}{\partial y}$，$\dfrac{\partial N_i}{\partial z}$（$i=1$，$2$，$\cdots$，$20$）是局部坐标（$\xi$，$\eta$，$\zeta$）的三元三次函数，所以 $[B_i]$ 是局部坐标（ξ，η，ζ）的三元三次函数，应变 $\{\varepsilon\}^e$ 是局部坐标（ξ，η，ζ）的三元三次函数，也是直角坐标（x，y，z）的三元三次函数。由以上分析可得出，20 节点六面体单元的精度远高于 8 节点六面体。同时计算复杂许多，矩阵维数扩大许多。

2. 单元的应力

由物理方程，单元的应力为

$$\{\sigma\}^e = [D]\{\varepsilon\}^e = [D][B]^e\{q\}^e = [S]^e\{q\}^e$$

式中，弹性矩阵 $[D]$ 是由弹性模量 E 和泊松比 μ 决定的常数矩阵，由于单元应变 $\{\varepsilon\}^e$ 是局部坐标（ξ，η，ζ）或直角坐标（x，y，z）的三元三次函数，所以单元应力 $\{\sigma\}^e$ 也是

局部坐标 (ξ, η, ζ) 或直角坐标 (x, y, z) 的三元三次函数。

5.5.3　20 节点六面体单元的基本方程和刚度矩阵

应用虚位移原理和虚功方程，按照平面问题的类似推导，可得到空间问题单元的基本方程为

$$[k]^e \{q\}^e = \{F\}^e$$

式中，$\{F\}^e$ 为等效节点力列阵；$[k]^e$ 为单元刚度矩阵。

空间单元的刚度矩阵为

$$[k]^e = \iiint\limits_V [B]^{eT}[D][B]^e \mathrm{d}x\mathrm{d}y\mathrm{d}z \tag{5-62}$$

将应变矩阵 $[B]^e$ 代入上式，定积分后刚度矩阵 $[h]^e$ 为常数矩阵，分块矩阵的形式表示为

$$[k]^e = \begin{bmatrix} [k_{1,1}] & [k_{1,2}] & [k_{1,3}] & \cdots & [k_{1,20}] \\ [k_{2,1}] & [k_{2,2}] & [k_{2,3}] & \cdots & [k_{2,20}] \\ \vdots & \vdots & \vdots & & \vdots \\ [k_{20,1}] & [k_{20,2}] & [k_{20,3}] & \cdots & [k_{20,20}] \end{bmatrix}^e_{60 \times 60}$$

单元刚度矩阵 $[k]^e$ 是 60×60 的对称矩阵，仍然具有刚度矩阵的对称性、奇异性、主元恒正性等通用的性质。

非节点载荷的移置方法、总体刚度矩阵的形成方法、总体有限元基本方程求解等方法和步骤与前面介绍的一样，只是矩阵和方程数扩大许多，这里不再赘述。

5.6　空间单元精度的比较

前面分析了 4 节点四面体单元、10 节点四面体单元、8 节点六面体单元和 20 节点六面体单元，从各单元的位移函数和形函数可以看出，六面体单元对应的位移函数多项式的次数高于四面体单元；从各单元的应变和应力分析可以看出，六面体单元的精度要高于四面体单元，但同时刚度矩阵的带宽和所要求解的大型线性方程组的数量也扩大很多，计算工作量增加很多，对计算机硬件的要求也较高。

如图 5-7 所示，四类单元精度从低到高依次为

4 节点四面体单元→10 节点四面体单元→8 节点六面体单元→20 节点六面体单元

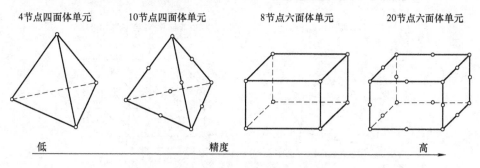

图 5-7　空间单元精度比较

总体来说，四面体单元能适用于任何外形复杂的分析对象，而六面体单元由于单元形状

过于规则，不容易与实际工程结构的复杂外形相贴合，在应用上会受到一定的限制。

在弹性体尺寸相当并且单元尺寸也相当的情况下，平面问题和空间问题需求解的总未知量个数相差悬殊。若平面问题有 100 个节点和 200 个未知数，对应的空间问题则猛增至 1000 个节点和 3000 个未知数。由此看出，空间问题求解的规模往往大得惊人。它要求计算机有很大的存储量，计算时间长得难以接受，这些都给应用有限单元法分析空间弹性体带来了许多困难。为了克服这些困难，可以从以下两个方面采取措施。

（1）采用高效率、高精度的空间单元，从而在有限的计算机内存和较短的计算时间内，获得精度适宜的解答。目前常见的高精度空间单元有两种类型。一种类型为含内节点的二次四面体单元，如 20 节点的六面体等；另一种类型为以位移导数为节点自由度的高精度单元，如 4 节点 48 自由度单元等。当结构复杂时，四面体或六面体单元必须采用曲面作为单元边界面，此时应采用空间等参元，才能有效划分单元，并得到较好的计算精度。

（2）充分利用结构的对称性、相似性和重复性，简化结构的计算简图，从而大大降低总未知数的个数。另一方面，应尽量采用子结构法集成总体刚度矩阵和求解结构总体基本方程，在许多情况下可以减少对计算机容量的需求或节约计算时间。

5.7 空间问题等参元简介

前面介绍的空间四面体单元和六面体单元中，单元的边是直线，单元的每一个边界面是由直线形成的平面。当结构复杂时，此类单元就不能再适用于曲面边界和斜面边界，因此适应性差。为了改善单元的适应性并提高计算精度，要求空间四面体单元和六面体单元的边界面可以是任意的曲面或斜面。空间等参单元可以很好地模拟曲面边界和斜面边界。

图 5-8（a）和图 5-8（c）所示为实际的曲面四面体单元和曲面六面体单元，单元的边

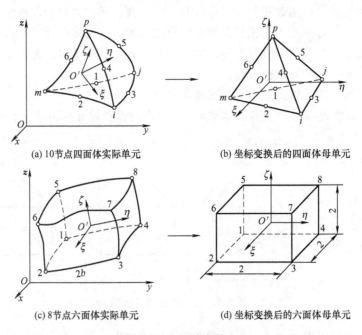

(a) 10 节点四面体实际单元   (b) 坐标变换后的四面体母单元

(c) 8 节点六面体实际单元   (d) 坐标变换后的六面体母单元

图 5-8 空间等参单元

界面为曲面或斜面，与 $Oxyz$ 任意坐标面不平行，统称为空间等参元。与平面等参元单元特性分析一样，为了便于对空间单元进行特性分析，在图 5-8（a）和图 5-8（c）的单元内部建立局部坐标系 $O'\xi\eta\zeta$，通过坐标变换，图 5-8（a）所示的曲面四面体单元变换为图 5-8（b）所示的标准四面体单元，称为四面体母单元；图 5-8（c）所示的曲面六面体单元变换为图 5-8（d）所示长度为 2 的正六面体单元，称为六面体母单元。等参元的节点与母单元的节点一一对应，例如，在图 5-8（c）所示实际单元中的节点 1，在直角坐标系 $Oxyz$ 中的坐标为 $(x_1，y_1，z_1)$，在图 5-8（d）局部坐标系 $O'\xi\eta\zeta$ 中的坐标为 $(-1，-1，-1)$。在图 5-8（c）所示实际单元中的体积分，等同于在图 5-8（d）母单元中从 -1 到 $+1$ 的体积分。

空间问题等参元的分析方法和过程与平面问题等参元基本一样，也取决于插值形函数，空间问题等参元的坐标变换和位移函数采用相同的插值形函数，分析过程中涉及相关的数学分析，需先进行介绍。

5.7.1　空间问题等参元的数学分析

1. 坐标转换和位移函数

空间问题等参元与平面问题等参元的基本概念相同，与平面问题等参元一样，空间问题等参元的坐标变换和位移函数采用相同的插值形函数。在局部坐标系 $O'\xi\eta\zeta$ 下，母单元内任意点 $(\xi，\eta，\zeta)$ 与实际单元的点 $(x，y，z)$ 相对应，空间问题等参元的坐标变换为

$$\begin{cases} x = \sum_{i=1}^{n} N_i(\xi,\eta,\zeta)x_i \\ y = \sum_{i=1}^{n} N_i(\xi,\eta,\zeta)y_i \\ z = \sum_{i=1}^{n} N_i(\xi,\eta,\zeta)z_i \end{cases} \tag{5-63}$$

空间问题等参元的位移函数为

$$\{q\}_{(x,y,z)} = \begin{Bmatrix} u \\ v \\ w \end{Bmatrix}_{(x,y,z)} = \begin{Bmatrix} \sum_{i=1}^{n} N_i(\xi,\eta,\zeta)u_i \\ \sum_{i=1}^{n} N_i(\xi,\eta,\zeta)v_i \\ \sum_{i=1}^{n} N_i(\xi,\eta,\zeta)w_i \end{Bmatrix} \tag{5-64}$$

以上两式中，n 为节点个数；$(x_i，y_i，z_i)$ $(i=1，2，\cdots，n)$ 为节点的直角坐标，$(\xi，\eta，\zeta)$ 是等参元的局部坐标；$(u_i，v_i，w_i)$ $(i=1，2，\cdots，n)$ 为节点位移；$N(\xi，\eta，\zeta)$ 是形函数。

2. 雅可比矩阵

如果单元的节点位移为 $\{q\}^e = \{u_i，v_i，w_i，\cdots，u_n，v_n，w_n\}^{\mathrm{T}}$ $(i=1，2，\cdots，n)$，单元的应变为

$$\{\varepsilon\}^e = [B]^e\{q\}^e \tag{5-65}$$

而应变矩阵 $[B]$ 的分块子矩阵为

$$[B]^e = [\ [B_1]\ [B_2]\ \cdots\ [B_n]\ ]$$

其中，

$$[B_i] = \begin{bmatrix} \dfrac{\partial N_i}{\partial x} & 0 & 0 \\[2mm] 0 & \dfrac{\partial N_i}{\partial y} & 0 \\[2mm] 0 & 0 & \dfrac{\partial N_i}{\partial z} \\[2mm] \dfrac{\partial N_i}{\partial y} & \dfrac{\partial N_i}{\partial x} & 0 \\[2mm] 0 & \dfrac{\partial N_i}{\partial z} & \dfrac{\partial N_i}{\partial y} \\[2mm] \dfrac{\partial N_i}{\partial z} & 0 & \dfrac{\partial N_i}{\partial x} \end{bmatrix}_{6\times3} \quad (i=1,\ 2,\ \cdots,\ n) \qquad (5\text{-}66)$$

根据复合函数的求导规则，有

$$\begin{cases} \dfrac{\partial N_i}{\partial \xi} = \dfrac{\partial N_i}{\partial x}\dfrac{\partial x}{\partial \xi} + \dfrac{\partial N_i}{\partial y}\dfrac{\partial y}{\partial \xi} + \dfrac{\partial N_i}{\partial z}\dfrac{\partial z}{\partial \xi} \\[2mm] \dfrac{\partial N_i}{\partial \eta} = \dfrac{\partial N_i}{\partial x}\dfrac{\partial x}{\partial \eta} + \dfrac{\partial N_i}{\partial y}\dfrac{\partial y}{\partial \eta} + \dfrac{\partial N_i}{\partial z}\dfrac{\partial z}{\partial \eta} \\[2mm] \dfrac{\partial N_i}{\partial \zeta} = \dfrac{\partial N_i}{\partial x}\dfrac{\partial x}{\partial \zeta} + \dfrac{\partial N_i}{\partial y}\dfrac{\partial y}{\partial \zeta} + \dfrac{\partial N_i}{\partial z}\dfrac{\partial z}{\partial \zeta} \end{cases} \quad (i=1,\ 2,\ \cdots,\ n) \qquad (5\text{-}67)$$

上式写成矩阵方式为

$$\begin{Bmatrix} \dfrac{\partial N_i}{\partial \xi} \\[2mm] \dfrac{\partial N_i}{\partial \eta} \\[2mm] \dfrac{\partial N_i}{\partial \zeta} \end{Bmatrix} = \begin{bmatrix} \dfrac{\partial x}{\partial \xi} & \dfrac{\partial y}{\partial \xi} & \dfrac{\partial z}{\partial \xi} \\[2mm] \dfrac{\partial x}{\partial \eta} & \dfrac{\partial y}{\partial \eta} & \dfrac{\partial z}{\partial \eta} \\[2mm] \dfrac{\partial x}{\partial \zeta} & \dfrac{\partial y}{\partial \zeta} & \dfrac{\partial z}{\partial \zeta} \end{bmatrix} \begin{Bmatrix} \dfrac{\partial N_i}{\partial x} \\[2mm] \dfrac{\partial N_i}{\partial y} \\[2mm] \dfrac{\partial N_i}{\partial z} \end{Bmatrix} = [J] \begin{Bmatrix} \dfrac{\partial N_i}{\partial x} \\[2mm] \dfrac{\partial N_i}{\partial y} \\[2mm] \dfrac{\partial N_i}{\partial z} \end{Bmatrix} \quad (i=1,\ 2,\ \cdots,\ n) \qquad (5\text{-}68)$$

式中，

$$[J] = \begin{bmatrix} \dfrac{\partial x}{\partial \xi} & \dfrac{\partial y}{\partial \xi} & \dfrac{\partial z}{\partial \xi} \\[2mm] \dfrac{\partial x}{\partial \eta} & \dfrac{\partial y}{\partial \eta} & \dfrac{\partial z}{\partial \eta} \\[2mm] \dfrac{\partial x}{\partial \zeta} & \dfrac{\partial y}{\partial \zeta} & \dfrac{\partial z}{\partial \zeta} \end{bmatrix} \qquad (5\text{-}69)$$

称为雅可比矩阵。由式（5-68），形函数对 $(x,\ y,\ z)$ 求偏导数，得

$$\begin{Bmatrix} \dfrac{\partial N_i}{\partial x} \\[2mm] \dfrac{\partial N_i}{\partial y} \\[2mm] \dfrac{\partial N_i}{\partial z} \end{Bmatrix} = [J]^{-1} \begin{Bmatrix} \dfrac{\partial N_i}{\partial \xi} \\[2mm] \dfrac{\partial N_i}{\partial \eta} \\[2mm] \dfrac{\partial N_i}{\partial \zeta} \end{Bmatrix} \quad (i=1,\ 2,\ \cdots,\ n) \qquad (5\text{-}70)$$

式中，$[J]^{-1}$ 为雅可比矩阵的逆矩阵，它表示直角坐标 (x, y, z) 与局部坐标 (ξ, η, ζ) 的变换关系。

将式 (5-63) 的 $x = \sum_{i=1}^{n} N_i (\xi, \eta, \zeta) x_i$，$y = \sum_{i=1}^{n} N_i (\xi, \eta, \zeta) y_i$，$z = \sum_{i=1}^{n} N_i (\xi, \eta, \zeta) z_i$ 代入式 (5-69)，有

$$[J] = \begin{bmatrix} \sum_{i=1}^{n} \dfrac{\partial N_i}{\partial \xi} x_i & \sum_{i=1}^{n} \dfrac{\partial N_i}{\partial \xi} y_i & \sum_{i=1}^{n} \dfrac{\partial N_i}{\partial \xi} z_i \\[2mm] \sum_{i=1}^{n} \dfrac{\partial N_i}{\partial \eta} x_i & \sum_{i=1}^{n} \dfrac{\partial N_i}{\partial \eta} y_i & \sum_{i=1}^{n} \dfrac{\partial N_i}{\partial \eta} z_i \\[2mm] \sum_{i=1}^{n} \dfrac{\partial N_i}{\partial \zeta} x_i & \sum_{i=1}^{n} \dfrac{\partial N_i}{\partial \zeta} y_i & \sum_{i=1}^{n} \dfrac{\partial N_i}{\partial \zeta} z_i \end{bmatrix} = \begin{bmatrix} \dfrac{\partial N_1}{\partial \xi} & \dfrac{\partial N_2}{\partial \xi} & \cdots & \dfrac{\partial N_n}{\partial \xi} \\[2mm] \dfrac{\partial N_1}{\partial \eta} & \dfrac{\partial N_2}{\partial \eta} & \cdots & \dfrac{\partial N_n}{\partial \eta} \\[2mm] \dfrac{\partial N_1}{\partial \zeta} & \dfrac{\partial N_2}{\partial \zeta} & \cdots & \dfrac{\partial N_n}{\partial \zeta} \end{bmatrix} \begin{bmatrix} x_1 & y_1 & z_1 \\ x_2 & y_2 & z_2 \\ \vdots & \vdots & \vdots \\ x_n & y_n & z_n \end{bmatrix}$$

$$(5\text{-}71)$$

由此可知，只要已知单元节点的直角坐标 (x_i, y_i, z_i) $(i = 1, 2, \cdots, n)$，求出形函数 $N_i (\xi, \eta, \zeta)$ $(i = 1, 2, \cdots, n)$ 对局部坐标 (ξ, η, ζ) 的偏导数 $\dfrac{\partial N_i}{\partial \xi}$，$\dfrac{\partial N_i}{\partial \eta}$，$\dfrac{\partial N_i}{\partial \zeta}$ $(i = 1, 2, \cdots, n)$，然后将其代入式 (5-71) 便可求得雅可比矩阵 $[J]$，从而求得雅可比逆矩阵 $[J]^{-1}$。由式 (5-70)，可求得形函数 $N_i (x, y, z)$ 对直角坐标 (x, y, z) 的偏导数 $\dfrac{\partial N_i}{\partial x}$，$\dfrac{\partial N_i}{\partial y}$，$\dfrac{\partial N_i}{\partial z}$ $(i = 1, 2, \cdots, n)$。由式 (5-66)，单元的应变矩阵 $[B]^e$ 可求出，由此可计算单元的应变 $\{\varepsilon\}^e$、应力 $\{\sigma\}^e$ 和刚度矩阵 $[k]^e$ 等。

3. 微分体的转换

假设空间内任意一点 $p(x, y, z)$ 沿局部坐标 $O'\xi\eta\zeta$ 中的微分体如图 5-9 所示，沿 ξ、η、ζ 各个方向的微分矢量为 $\vec{a}$、$\vec{b}$、$\vec{c}$。设 $\vec{i}$、$\vec{j}$、$\vec{k}$ 分别为沿 x、y、z 轴方向的单位矢量，a_x、a_y、a_z 为矢量 $\vec{a}$ 在 x、y、z 轴上的投影，b_x、b_y、b_z 为矢量 $\vec{b}$ 在 x、y、z 轴上的投影，c_x、c_y、c_z 为矢量 $\vec{c}$ 在 x、y、z 轴上的投影，则有

$$\begin{cases} \vec{a} = a_x \vec{i} + a_y \vec{j} + a_z \vec{k} \\ \vec{b} = b_x \vec{i} + b_y \vec{j} + b_z \vec{k} \\ \vec{c} = c_x \vec{i} + c_y \vec{j} + c_z \vec{k} \end{cases} \quad (5\text{-}72)$$

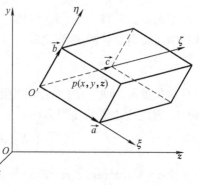

图 5-9 微分体的转换

由于 ξ 方向的矢量 $\vec{a}$ 只随 ξ 坐标变化，而 η、ζ 坐标不变，所以矢量 $\vec{a}$ 在直角坐标轴 x、y、z 上的投影分别为

$$a_x = \frac{\partial x}{\partial \xi} \mathrm{d}\xi, \qquad a_y = \frac{\partial y}{\partial \xi} \mathrm{d}\xi, \qquad a_z = \frac{\partial z}{\partial \xi} \mathrm{d}\xi$$

同理有

$$b_x = \frac{\partial x}{\partial \eta} \mathrm{d}\eta, \qquad b_y = \frac{\partial y}{\partial \eta} \mathrm{d}\eta, \qquad b_z = \frac{\partial z}{\partial \eta} \mathrm{d}\eta$$

$$c_x = \frac{\partial x}{\partial \zeta}\mathrm{d}\zeta, \qquad c_y = \frac{\partial y}{\partial \zeta}\mathrm{d}\zeta, \qquad b_z = \frac{\partial z}{\partial \zeta}\mathrm{d}\zeta$$

根据矢量运算法则，微分矢量$\vec{a}$、$\vec{b}$、$\vec{c}$形成的平行六面体体积为

$$\mathrm{d}V = \vec{a}\times\vec{b}\times\vec{c} = (a_x\vec{i}+a_y\vec{j}+a_z\vec{k})\times(b_x\vec{i}+b_y\vec{j}+b_z\vec{k})\times(c_x\vec{i}+c_y\vec{j}+c_z\vec{k}) \tag{5-73}$$

由于x、y、z互相垂直，$\vec{i}$、$\vec{j}$、$\vec{k}$互相垂直，有

$$\vec{i}\times\vec{i}=1,\ \vec{j}\times\vec{j}=1,\ \vec{k}\times\vec{k}=1,\ \vec{i}\times\vec{j}=\vec{j}\times\vec{i}=\vec{k}\times\vec{i}=\vec{i}\times\vec{k}=\vec{k}\times\vec{j}=\vec{j}\times\vec{k}=0$$

对式（5-73）进行展开，有

$$\mathrm{d}V = \vec{a}\times\vec{b}\times\vec{c} = a_x(b_yc_z-b_zc_y)+a_y(b_zc_x-b_xc_z)+a_z(b_xc_y-b_yc_x)$$

$$=\begin{vmatrix} a_x & a_y & a_z \\ b_x & b_x & b_z \\ c_x & c_y & c_z \end{vmatrix} = \begin{vmatrix} \frac{\partial x}{\partial \xi}\mathrm{d}\xi & \frac{\partial y}{\partial \xi}\mathrm{d}\xi & \frac{\partial z}{\partial \xi}\mathrm{d}\xi \\ \frac{\partial x}{\partial \eta}\mathrm{d}\eta & \frac{\partial y}{\partial \eta}\mathrm{d}\eta & \frac{\partial z}{\partial \eta}\mathrm{d}\eta \\ \frac{\partial x}{\partial \zeta}\mathrm{d}\zeta & \frac{\partial y}{\partial \zeta}\mathrm{d}\zeta & \frac{\partial z}{\partial \zeta}\mathrm{d}\zeta \end{vmatrix} = \begin{bmatrix} \frac{\partial x}{\partial \xi} & \frac{\partial y}{\partial \xi} & \frac{\partial z}{\partial \xi} \\ \frac{\partial x}{\partial \eta} & \frac{\partial y}{\partial \eta} & \frac{\partial z}{\partial \eta} \\ \frac{\partial x}{\partial \zeta} & \frac{\partial y}{\partial \zeta} & \frac{\partial z}{\partial \zeta} \end{bmatrix}\mathrm{d}\xi\mathrm{d}\eta\mathrm{d}\zeta$$

$$=|J|\,\mathrm{d}\xi\mathrm{d}\eta\mathrm{d}\zeta$$

在直角坐标中，微分体的体积为

$$\mathrm{d}V = \mathrm{d}x\mathrm{d}y\mathrm{d}z$$

所以有

$$\mathrm{d}V = \mathrm{d}x\mathrm{d}y\mathrm{d}z = |J|\mathrm{d}\xi\mathrm{d}\eta\mathrm{d}\zeta \tag{5-74}$$

式中，$\mathrm{d}x\mathrm{d}y\mathrm{d}z$为实际单元中微分体的体积；$\mathrm{d}\xi\mathrm{d}\eta\mathrm{d}\zeta$是局部坐标中的微分体体积；雅可比行列式的值$|J|$相当于一个体积放大系数。

4. 空间单元局部坐标面上的微分面和微分线段

根据矢量运算法则，图5-10（a）所示两个矢量$\vec{a}$、$\vec{b}$的矢量积为一个数量，等于两矢量的模与夹角余弦的乘积，即

$$\vec{a}\times\vec{b} = ab\cos\theta \tag{5-75}$$

由矢量$\vec{a}$、$\vec{b}$形成的平行四边形如图5-10（b）所示，四边形的底边长为a，高为$h=b\sin\theta$，因此四边形的面积为

$$A_{ab} = ah = ab\sin\theta = ab\sqrt{1-\cos^2\theta} \tag{5-76}$$

由$\vec{a}\times\vec{b}=ab\cos\theta$，$\cos^2\theta = \frac{(\vec{a}\times\vec{b})^2}{a^2b^2}$，代入上式，$A_{ab}$为

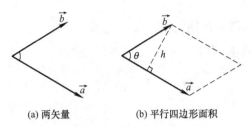

(a) 两矢量　　　　　(b) 平行四边形面积

图 5-10　矢量的乘积

$$A_{ab} = \sqrt{a^2 b^2 - (\vec{a} \times \vec{b})^2} \tag{5-77}$$

如果矢量 $\vec{a}$、$\vec{b}$ 是如图 5-9 所示 $O'\xi\eta$ 坐标下的微分面，则有

$$a^2 = a_x^2 + a_y^2 + a_z^2 = \left[\left(\frac{\partial x}{\partial \xi} \right)^2 + \left(\frac{\partial y}{\partial \xi} \right)^2 + \left(\frac{\partial z}{\partial \xi} \right)^2 \right] \mathrm{d}\xi^2$$

$$b^2 = b_x^2 + b_y^2 + b_z^2 = \left[\left(\frac{\partial x}{\partial \eta} \right)^2 + \left(\frac{\partial y}{\partial \eta} \right)^2 + \left(\frac{\partial z}{\partial \eta} \right)^2 \right] \mathrm{d}\eta^2$$

$$\begin{aligned}
(\vec{a} \times \vec{b})^2 &= \left[(a_x \vec{i} + a_y \vec{j} + a_z \vec{k}) \cdot (b_x \vec{i} + b_y \vec{j} + b_z \vec{k}) \right]^2 \\
&= \left[\left(\frac{\partial x}{\partial \xi} \vec{i} + \frac{\partial y}{\partial \xi} \vec{j} + \frac{\partial z}{\partial \xi} \vec{k} \right) \cdot \left(\frac{\partial x}{\partial \eta} \vec{i} + \frac{\partial y}{\partial \eta} \vec{j} + \frac{\partial z}{\partial \eta} \vec{k} \right) \right]^2 \\
&= \left(\frac{\partial x}{\partial \xi} \frac{\partial x}{\partial \eta} + \frac{\partial y}{\partial \xi} \frac{\partial y}{\partial \eta} + \frac{\partial z}{\partial \xi} \frac{\partial z}{\partial \eta} \right)^2
\end{aligned}$$

令 $E_\xi = \left[\left(\frac{\partial x}{\partial \xi} \right)^2 + \left(\frac{\partial y}{\partial \xi} \right)^2 + \left(\frac{\partial z}{\partial \xi} \right)^2 \right]$, $E_\eta = \left[\left(\frac{\partial x}{\partial \eta} \right)^2 + \left(\frac{\partial y}{\partial \eta} \right)^2 + \left(\frac{\partial z}{\partial \eta} \right)^2 \right]$ $(\xi, \eta = \xi, \eta, \zeta)$

有

$$a^2 = E_\xi \mathrm{d}\xi^2, \quad b^2 = E_\eta \mathrm{d}\eta^2$$

令

$$E_{\xi\eta} = \frac{\partial x}{\partial \xi} \frac{\partial x}{\partial \eta} + \frac{\partial y}{\partial \xi} \frac{\partial y}{\partial \eta} + \frac{\partial z}{\partial \xi} \frac{\partial z}{\partial \eta} \quad (\xi, \eta = \xi, \eta, \zeta)$$

由式（5-77），局部坐标系 (ξ, η, ζ) 中任意坐标下微分面的面积为

$$\mathrm{d}A_{\xi\eta} = A_{ab} = \sqrt{a^2 b^2 - (\vec{a} \times \vec{b})^2} = \sqrt{E_\xi E_\eta - E_{\xi\eta}^2} \mathrm{d}\xi\mathrm{d}\eta \quad (\xi, \eta = \xi, \eta, \zeta) \tag{5-78}$$

5. 等参元的刚度矩阵

大部分等参元坐标变化后，在局部坐标系 (ξ, η, ζ) 中，每一坐标的变化区间为 $(-1, 1)$，单元刚度矩阵的通式为

$$[k]^e = \iiint [B]^{eT} [D] [B]^e \mathrm{d}V = \int_{-1}^{1} \int_{-1}^{1} \int_{-1}^{1} [B]^{eT} [D] [B]^e |J| \mathrm{d}\xi\mathrm{d}\eta\mathrm{d}\zeta \tag{5-79}$$

写成分块矩阵的形式为

$$[k]^e = \begin{bmatrix} [k_{11}] & [k_{12}] & \cdots & [k_{1n}] \\ [k_{21}] & [k_{22}] & \cdots & [k_{2n}] \\ \vdots & \vdots & & \vdots \\ [k_{n1}] & [k_{n2}] & \cdots & [k_{nn}] \end{bmatrix}^e$$

各分块矩阵为

$$[k_{rs}] = \int_{-1}^{1} \int_{-1}^{1} \int_{-1}^{1} [B_r]^{eT} [D] [B_s]^e |J| \mathrm{d}\xi\mathrm{d}\eta\mathrm{d}\zeta \quad (r, s = 1, 2, \cdots, n)$$

刚度矩阵 $[k]^e$ 是一个 $3n \times 3n$ 的对称矩阵，由于被积函数较复杂，所以一般等参元刚度矩阵的积分计算常采用高斯数值积分的方法求得。

6. 等参元的载荷移置

空间问题等参元的载荷移置方法与前面介绍的方法一样。

（1）集中力载荷的移置

如果在单元 e 内有集中力 $\{P\}^e = \{P_x, P_y, P_z\}^{eT}$，根据虚位移原理，可得到等效节点载荷列阵为

$$\{F_P\}^e = [N]^T\{P\}^e \tag{5-80}$$

（2）体积力载荷的移置

如果单元有单位体积力载荷 $\{G\}^e = \{G_x,\ G_y,\ G_z\}^{eT}$，把微分体积 $\mathrm{d}x\mathrm{d}y\mathrm{d}z$ 上的体积力 $\{G\}\ \mathrm{d}x\mathrm{d}y\mathrm{d}z$ 作为集中力，可得移置后的等效节点力列阵为

$$\{F_G\}^e = \iiint\limits_V [N]^T\{G\}^e\mathrm{d}x\mathrm{d}y\mathrm{d}z = \int_{-1}^1\int_{-1}^1\int_{-1}^1 [N]^T\{G\}^e\,|J|\ \mathrm{d}\xi\mathrm{d}\eta\mathrm{d}\zeta \tag{5-81}$$

（3）面力的移置

如果在单元 e 某一边界面上（如 $\zeta = \pm1$ 的 $\xi\eta$ 面上），分布有面力 $\{\overline{P}\} = \{\overline{P}_x,\ \overline{P}_y,\ \overline{P}_z\}^T$，把微分面 $\mathrm{d}A_{\xi\eta}$ 上的力 $\{\overline{P}\}\cdot\mathrm{d}A_{\xi\eta}$ 作为集中力，可得移置后的等效节点力列阵为

$$\{F_{\overline{P}}\}^e = \iint\limits_{A_{\xi\eta}} [N]_{\zeta=\pm1}^T\{\overline{P}\}^e\mathrm{d}A_{\xi\eta} = \int_{-1}^1\int_{-1}^1 [N]_{\zeta=\pm1}^T\{\overline{P}\}^e\ \sqrt{E_\xi E_\eta - E_{\xi\eta}^2}\,\mathrm{d}\xi\mathrm{d}\eta \tag{5-82}$$

式中，$\mathrm{d}A_{\xi\eta} = \sqrt{E_\xi E_\eta - E_{\xi\eta}^2}\,\mathrm{d}\xi\mathrm{d}\eta$ 为局部坐标系下微分面的面积。当在 $\xi = \pm1$ 的 $\eta\zeta$ 面上或者 $\eta = \pm1$ 的 $\xi\zeta$ 面上分布有面力时，只需在式（5-82）中，将格式的 ξ、η、ζ 进行轮换。

以上载荷移置计算中，区间（-1，1）内的积分，一般采用高斯数值积分的方法求得。

7. 空间问题的高斯积分

与二维平面问题的积分方法一样，在空间问题三维单元中，单元体积内的积分常采用高斯积分的方法计算，通式为

$$\iiint\limits_V f(x,y,z)\mathrm{d}x\mathrm{d}y\mathrm{d}z = \int_{-1}^1\int_{-1}^1\int_{-1}^1 f^*(\xi,\eta,\zeta)\,|J|\ \mathrm{d}\xi\mathrm{d}\eta\mathrm{d}\zeta \tag{5-83}$$

通过坐标变换，大部分等参元的积分都可以转换为区间（-1，1）内的典型高斯积分，如刚度矩阵为

$$[k]^e = \int_{-1}^1\int_{-1}^1\int_{-1}^1 [B]^{eT}[D][B]^e\,|J|\ \mathrm{d}\xi\mathrm{d}\eta\mathrm{d}\zeta$$

体积力载荷移置列阵为

$$\{F_G\}^e = \int_{-1}^1\int_{-1}^1\int_{-1}^1 [N]^T\{G\}^e\,|J|\ \mathrm{d}\xi\mathrm{d}\eta\mathrm{d}\zeta$$

面力载荷移置列阵为

$$\{F_{\overline{P}}\}^e = \int_{-1}^1\int_{-1}^1 [N]_{\zeta=\pm1}^T\{\overline{P}\}^e\ \sqrt{E_\xi E_\eta - E_{\xi\eta}^2}\,\mathrm{d}\xi\mathrm{d}\eta$$

高斯数值积分的方法与第3章介绍过的方法一样，即

$$\begin{cases} \displaystyle\int_{-1}^1 f(\xi)\,\mathrm{d}\xi = \sum_{i=1}^n f(\xi_i)w_i + R_n \\[2mm] \displaystyle\int_{-1}^1\int_{-1}^1 f(\xi,\eta)\,\mathrm{d}\xi\mathrm{d}\eta = \sum_{i=1}^{n_i}\sum_{j=1}^{n_j} f(\xi_i,\eta_j)w_iw_j + R_n \\[2mm] \displaystyle\int_{-1}^1\int_{-1}^1\int_{-1}^1 f(\xi,\eta,\zeta)\,\mathrm{d}\xi\mathrm{d}\eta\mathrm{d}\zeta = \sum_{i=1}^{n_i}\sum_{j=1}^{n_j}\sum_{k=1}^{n_k} f(\xi_i,\eta_j,\zeta_k)w_iw_jw_k + R_n \end{cases} \tag{5-84}$$

式中，ξ_i、$(\xi_i,\ \eta_j)$ 和 $(\xi_i,\ \eta_j,\ \zeta_k)$ 是高斯积分点的坐标；$f(\xi_i)$、$f(\xi_i,\ \eta_j)$ 和 $f(\xi_i,\ \eta_j,\ \zeta_k)$ 是积分点处的函数值；w_i 为加权系数；n 是所取积分点的数目；R_n 是当积分点为 n 时，高斯积分与原积分的误差。积分点的确定以及计算方法，见本书3.5节。

以上数学分析适应于任何空间单元，不同的等参元单元，节点数不一样，插值形函数也不同，但计算方法和过程是一样的。下面介绍几种最常用的空间等参元。

5.7.2　六面体等参元简介

常用的六面体等参元的母单元包括 8 节点和 20 节点的立方体单元等。

1. 8 节点六面体等参元

图 5-11（a）所示为 8 节点曲面六面体，在该单元内建立局部坐标 $O'\xi\eta\zeta$，它与对应的直角坐标 $Oxyz$ 平行，映射后的母单元如图 5-11（b）所示，它是一个边长为 2 的正立方体，节点局部坐标 $(\xi_i,\ \eta_i,\ \zeta_i)$ $(i=1,\ 2,\ \cdots,\ 8)$ 的坐标值 ξ_i、η_i、ζ_i 可以取 -1 或 1。实际六面体的节点与映射后母单元的节点一一对应，如实际单元上的节点 3 $(x_3,\ y_3,\ z_3)$ 对应母单元的节点 3 $(1,\ 1,\ -1)$，如图 5-11（b）所示。单元内任意一点局部坐标 $(\xi,\ \eta,\ \zeta)$ 的坐标值 ξ、η、ζ 变化区间为 $(-1,\ 1)$。

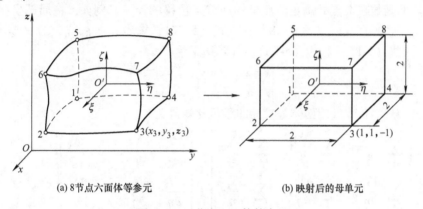

(a) 8 节点六面体等参元　　　　　　　　　(b) 映射后的母单元

图 5-11　8 节点六面体等参元

空间 8 节点六面体等参元的坐标变换为

$$\begin{cases} x = \displaystyle\sum_{i=1}^{8} N_i(\xi,\eta,\zeta)x_i \\[2mm] y = \displaystyle\sum_{i=1}^{8} N_i(\xi,\eta,\zeta)y_i \\[2mm] z = \displaystyle\sum_{i=1}^{8} N_i(\xi,\eta,\zeta)z_i \end{cases} \tag{5-85}$$

等参元的位移函数为

$$\begin{cases} u = \displaystyle\sum_{i=1}^{8} N_i(\xi,\eta,\zeta)u_i \\[2mm] v = \displaystyle\sum_{i=1}^{8} N_i(\xi,\eta,\zeta)v_i \\[2mm] w = \displaystyle\sum_{i=1}^{8} N_i(\xi,\eta,\zeta)w_i \end{cases} \tag{5-86}$$

8 节点六面体等参元的形函数为

$$\begin{cases} N_1(\xi,\eta,\zeta) = \frac{1}{8}(1-\xi)(1-\eta)(1-\zeta), \quad N_2(\xi,\eta,\zeta) = \frac{1}{8}(1+\xi)(1-\eta)(1-\zeta) \\[2mm] N_3(\xi,\eta,\zeta) = \frac{1}{8}(1+\xi)(1+\eta)(1-\zeta), \quad N_4(\xi,\eta,\zeta) = \frac{1}{8}(1-\xi)(1+\eta)(1-\zeta) \\[2mm] N_5(\xi,\eta,\zeta) = \frac{1}{8}(1-\xi)(1-\eta)(1+\zeta), \quad N_6(\xi,\eta,\zeta) = \frac{1}{8}(1+\xi)(1-\eta)(1+\zeta) \\[2mm] N_7(\xi,\eta,\zeta) = \frac{1}{8}(1+\xi)(1+\eta)(1+\zeta), \quad N_8(\xi,\eta,\zeta) = \frac{1}{8}(1-\xi)(1+\eta)(1+\zeta) \end{cases}$$

$$\tag{5-87}$$

也可以简写为

$$N_i(\xi,\eta,\zeta) = \frac{1}{8}(1+\xi_i\xi)(1+\eta_i\eta)(1+\zeta_i\zeta) \quad (i=1,~2,~3,~\cdots,~8) \tag{5-88}$$

式中，ξ_i、η_i、ζ_i 是节点（ξ_i，η_i，ζ_i）（$i=1$，2，$\cdots$，8）在局部坐标系下的坐标值，可以取 -1 或 1。形函数在节点处满足节点坐标和节点位移的计算。例如，将局部坐标中的节点坐标（ξ_i，η_i，ζ_i）（$i=1$，2，$\cdots$，8）代入式（5-87），求出 N_i（ξ，η，ζ）（$i=1$，2，$\cdots$，8），然后代入式（5-85）和式（5-86），计算结果为

$$x = x_i,~~ y = y_i,~~ z = z_i$$
$$u = u_i,~~ v = v_i,~~ w = w_i$$

由式（5-71），8 节点四面体等参元的雅可比矩阵为

$$[J] = \begin{bmatrix} \sum\limits_{i=1}^{8}\frac{\partial N_i}{\partial \xi}x_i & \sum\limits_{i=1}^{8}\frac{\partial N_i}{\partial \xi}y_i & \sum\limits_{i=1}^{8}\frac{\partial N_i}{\partial \xi}z_i \\[3mm] \sum\limits_{i=1}^{8}\frac{\partial N_i}{\partial \eta}x_i & \sum\limits_{i=1}^{8}\frac{\partial N_i}{\partial \eta}y_i & \sum\limits_{i=1}^{8}\frac{\partial N_i}{\partial \eta}z_i \\[3mm] \sum\limits_{i=1}^{8}\frac{\partial N_i}{\partial \zeta}x_i & \sum\limits_{i=1}^{8}\frac{\partial N_i}{\partial \zeta}y_i & \sum\limits_{i=1}^{8}\frac{\partial N_i}{\partial \zeta}z_i \end{bmatrix} = \begin{bmatrix} \frac{\partial N_1}{\partial \xi} & \frac{\partial N_2}{\partial \xi} & \cdots & \frac{\partial N_8}{\partial \xi} \\[2mm] \frac{\partial N_1}{\partial \eta} & \frac{\partial N_2}{\partial \eta} & \cdots & \frac{\partial N_8}{\partial \eta} \\[2mm] \frac{\partial N_1}{\partial \zeta} & \frac{\partial N_2}{\partial \zeta} & \cdots & \frac{\partial N_8}{\partial \zeta} \end{bmatrix} \begin{bmatrix} x_1 & y_1 & z_1 \\ x_2 & y_2 & z_2 \\ \vdots & \vdots & \vdots \\ x_8 & y_8 & z_8 \end{bmatrix}$$

$$\tag{5-89}$$

根据式（5-87）所定义的形函数，可求出形函数 N（ξ，η，ζ）对局部坐标（ξ，η，ζ）的偏导数 $\frac{\partial N_i}{\partial \xi}$，$\frac{\partial N_i}{\partial \eta}$，$\frac{\partial N_i}{\partial \zeta}$（$i=1$，$2$，$\cdots$，$8$），单元产生后，节点的直角坐标（$x_i$，$y_i$，$z_i$）（$i=1$，$2$，$\cdots$，$8$）已知，所以式（5-89），即雅可比矩阵 $[J]$ 可以求出，从而求得雅可比逆矩阵 $[J]^{-1}$。

由式（5-70），有

$$\begin{Bmatrix} \dfrac{\partial N_i}{\partial x} \\[3mm] \dfrac{\partial N_i}{\partial y} \\[3mm] \dfrac{\partial N_i}{\partial z} \end{Bmatrix} = [J]^{-1} \begin{Bmatrix} \dfrac{\partial N_i}{\partial \xi} \\[3mm] \dfrac{\partial N_i}{\partial \eta} \\[3mm] \dfrac{\partial N_i}{\partial \zeta} \end{Bmatrix} \quad (i=1,~2,~\cdots,~8)$$

由上式可求得形函数 N_i 对直角坐标（x，y，z）的偏导数 $\frac{\partial N_i}{\partial x}$，$\frac{\partial N_i}{\partial y}$，$\frac{\partial N_i}{\partial z}$（$i=1$，$2$，$\cdots$，

8）；由式（5-66），单元的应变矩阵 $[B]^e$ 可求出，由此可计算单元的应变 $\{\varepsilon\}^e$、应力 $\{\sigma\}^e$ 和刚度矩阵 $[k]^e$ 等。

由式（5-79），8 节点六面体等参元的刚度矩阵通式为

$$[k]^e = \iiint [B]^{e\mathrm{T}}[D][B]^e \mathrm{d}x\mathrm{d}y\mathrm{d}z = \int_{-1}^{1} \int_{-1}^{1} \int_{-1}^{1} [B]^{e\mathrm{T}}[D][B]^e |J| \, \mathrm{d}\xi\mathrm{d}\eta\mathrm{d}\zeta$$

高斯积分的计算，节点载荷的移置，单元应变、应力的计算方法和过程，与 5.7.1 节中介绍的方法一样，这里不再赘述。

2. 20 节点六面体等参元

图 5-12（a）所示为 20 节点曲面六面体，在该单元内建立局部坐标 $O'\xi\eta\zeta$，它与对应的直角坐标 $Oxyz$ 平行，映射后的母单元如图 5-12（b）所示，它是一个边长为 2 的正立方体，节点局部坐标 (ξ_i, η_i, ζ_i) $(i = 1, 2, \cdots, 20)$ 的坐标值 ξ_i、η_i、ζ_i 可以取 -1、0 或 1。实际六面体的节点与映射后母单元的节点一一对应，如实际单元上的节点 3 (x_3, y_3, z_3)、20 (x_{20}, y_{20}, z_{20}) 对应母单元的节点 3 $(1, 1, -1)$、20 $(-1, 1, 0)$，如图 5-11（b）所示。单元内任意一点局部坐标 (ξ, η, ζ) 的坐标值 ξ、η、ζ 变化区间为 $(-1, 1)$。

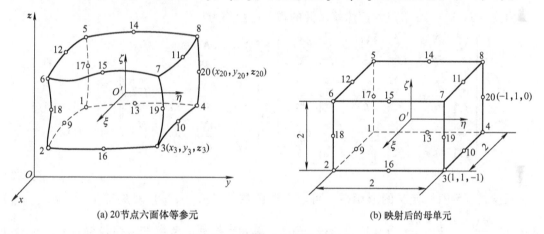

(a) 20节点六面体等参元　　　　　　　　　(b) 映射后的母单元

图 5-12　20 节点六面体等参元

20 节点六面体等参元的单元特性和有限元计算过程与 8 节点六面体等参元一样，只是节点数不一样，形函数不一样，但单元应变、应力、刚度矩阵等计算通式都是一样的。

空间 20 节点六面体单元的母单元到等参元的坐标变换和位移函数分别为

$$\begin{cases} x = \sum\limits_{i=1}^{20} N_i(\xi,\eta,\zeta)x_i \\ y = \sum\limits_{i=1}^{20} N_i(\xi,\eta,\zeta)y_i \\ z = \sum\limits_{i=1}^{20} N_i(\xi,\eta,\zeta)z_i \end{cases}, \quad \begin{cases} u = \sum\limits_{i=1}^{20} N_i(\xi,\eta,\zeta)u_i \\ v = \sum\limits_{i=1}^{20} N_i(\xi,\eta,\zeta)v_i \\ w = \sum\limits_{i=1}^{20} N_i(\xi,\eta,\zeta)w_i \end{cases} \tag{5-90}$$

20 节点六面体的形函数为

$$\begin{cases} N_i(\xi,\eta,\zeta) = \dfrac{1}{8}(1+\xi_i\xi)(1+\eta_i\eta)(1+\zeta_i\zeta)(\xi_i\xi+\eta_i\eta+\zeta_i\zeta-2) & (i=1,2,\cdots,8) \\[2mm] N_i(\xi,\eta,\zeta) = \dfrac{1}{4}(1-\xi^2)(1+\eta_i\eta)(1+\zeta_i\zeta) & (i=9,10,11,12) \\[2mm] N_i(\xi,\eta,\zeta) = \dfrac{1}{4}(1-\eta^2)(1+\xi_i\xi)(1+\zeta_i\zeta) & (i=13,14,15,16) \\[2mm] N_i(\xi,\eta,\zeta) = \dfrac{1}{4}(1-\zeta^2)(1+\xi_i\xi)(1+\eta_i\eta) & (i=17,18,19,20) \end{cases}$$

$$(5\text{-}91)$$

式中，ξ_i、η_i、ζ_i 是节点 (ξ_i,η_i,ζ_i) $(i=1,2,\cdots,20)$ 在局部坐标系下的坐标值，取值可以为 -1、0 或 1。形函数在节点处满足节点坐标和节点位移的计算。例如，将局部坐标中的节点坐标 (ξ_i,η_i,ζ_i) $(i=1,2,\cdots,20)$ 代入式 (5-91)，求出 $N_i(\xi,\eta,\zeta)$ $(i=1,2,\cdots,20)$，然后代入式 (5-90)，计算结果为

$$x = x_i,\quad y = y_i,\quad z = z_i$$
$$u = u_i,\quad v = v_i,\quad w = w_i$$

由式 (5-71)，20 节点六面体等参元的雅可比矩阵为

$$[J] = \begin{bmatrix} \displaystyle\sum_{i=1}^{20}\dfrac{\partial N_i}{\partial \xi}x_i & \displaystyle\sum_{i=1}^{20}\dfrac{\partial N_i}{\partial \xi}y_i & \displaystyle\sum_{i=1}^{20}\dfrac{\partial N_i}{\partial \xi}z_i \\[3mm] \displaystyle\sum_{i=1}^{20}\dfrac{\partial N_i}{\partial \eta}x_i & \displaystyle\sum_{i=1}^{20}\dfrac{\partial N_i}{\partial \eta}y_i & \displaystyle\sum_{i=1}^{20}\dfrac{\partial N_i}{\partial \eta}z_i \\[3mm] \displaystyle\sum_{i=1}^{20}\dfrac{\partial N_i}{\partial \zeta}x_i & \displaystyle\sum_{i=1}^{20}\dfrac{\partial N_i}{\partial \zeta}y_i & \displaystyle\sum_{i=1}^{20}\dfrac{\partial N_i}{\partial \zeta}z_i \end{bmatrix} = \begin{bmatrix} \dfrac{\partial N_1}{\partial \xi} & \dfrac{\partial N_2}{\partial \xi} & \cdots & \dfrac{\partial N_{20}}{\partial \xi} \\[3mm] \dfrac{\partial N_1}{\partial \eta} & \dfrac{\partial N_2}{\partial \eta} & \cdots & \dfrac{\partial N_{20}}{\partial \eta} \\[3mm] \dfrac{\partial N_1}{\partial \zeta} & \dfrac{\partial N_2}{\partial \zeta} & \cdots & \dfrac{\partial N_{20}}{\partial \zeta} \end{bmatrix} \begin{bmatrix} x_1 & y_1 & z_1 \\ x_2 & y_2 & z_2 \\ \vdots & \vdots & \vdots \\ x_{20} & y_{20} & z_{20} \end{bmatrix}$$

$$(5\text{-}92)$$

根据式 (5-91) 定义的形函数，可求出形函数 $N(\xi,\eta,\zeta)$ 对局部坐标 (ξ,η,ζ) 的偏导数 $\dfrac{\partial N_i}{\partial \xi}$，$\dfrac{\partial N_i}{\partial \eta}$，$\dfrac{\partial N_i}{\partial \zeta}$ $(i=1,2,\cdots,20)$，单元产生后，节点的直角坐标 (x_i,y_i,z_i) $(i=1,2,\cdots,20)$ 已知，所以式 (5-92)，即雅可比矩阵 $[J]$ 可以求出，从而求得雅可比逆矩阵 $[J]^{-1}$。

由式 (5-70)，有

$$\begin{Bmatrix} \dfrac{\partial N_i}{\partial x} \\[2mm] \dfrac{\partial N_i}{\partial y} \\[2mm] \dfrac{\partial N_i}{\partial z} \end{Bmatrix} = [J]^{-1} \begin{Bmatrix} \dfrac{\partial N_i}{\partial \xi} \\[2mm] \dfrac{\partial N_i}{\partial \eta} \\[2mm] \dfrac{\partial N_i}{\partial \zeta} \end{Bmatrix} \quad (i=1,2,\cdots,20)$$

由上式可求得形函数 N_i 对直角坐标 (x,y,z) 的偏导数 $\dfrac{\partial N_i}{\partial x}$，$\dfrac{\partial N_i}{\partial y}$，$\dfrac{\partial N_i}{\partial z}$ $(i=1,2,\cdots,20)$；由式 (5-66)，单元的应变矩阵 $[B]^e$ 可求出，由此可计算单元的应变 $\{\varepsilon\}^e$、应力 $\{\sigma\}^e$ 和刚度矩阵 $[k]^e$ 等。

由式（5-79），20 节点六面体等参元的刚度矩阵为

$$[k]^e = \iiint [B]^{e\mathrm{T}}[D][B]^e \mathrm{d}x\mathrm{d}y\mathrm{d}z = \int_{-1}^{1}\int_{-1}^{1}\int_{-1}^{1}[B]^{e\mathrm{T}}[D][B]^e \,|J|\,\mathrm{d}\xi\mathrm{d}\eta\mathrm{d}\zeta$$

高斯积分的计算，节点载荷的移置，单元应变、应力的计算方法和过程，与 5.7.1 节中介绍的方法一样，这里不再赘述。

5.7.3　四面体等参元简介

图 5-13（a）所示为 10 节点曲面四面体单元，在该单元内建立局部坐标 $O'\xi\eta\zeta$，它与对应的直角坐标 $Oxyz$ 平行，映射后的母单元如图 5-13（b）所示，它是标准的平面四面体单元。在四面体等参元中，用体积坐标 L_i、L_j、L_m、L_p 来定义局部坐标（ξ，η，ζ）

$$\xi = L_i, \eta = L_j, \zeta_i = L_m \tag{5-93}$$

根据式（5-30）中的 $L_i + L_j + L_m + L_p = 1$，有

$$L_p = 1 - L_i - L_j - L_m = 1 - \xi - \eta - \zeta \tag{5-94}$$

则有

$$\frac{\partial}{\partial\xi} = \frac{\partial}{\partial L_i} - \frac{\partial}{\partial L_p}, \quad \frac{\partial}{\partial\eta} = \frac{\partial}{\partial L_j} - \frac{\partial}{\partial L_p}, \quad \frac{\partial}{\partial\zeta} = \frac{\partial}{\partial L_m} - \frac{\partial}{\partial L_p} \tag{5-95}$$

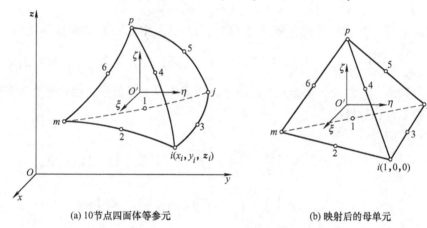

(a) 10 节点四面体等参元　　　　　　　　(b) 映射后的母单元

图 5-13　10 节点四面体等参元

节点局部坐标（ξ_i，η_i，ζ_i）（$i = 1, 2, \cdots, 10$）的坐标值 ξ_i、η_i、ζ_i 可以取 0、$\frac{1}{2}$ 或 1。实际曲面四面体的节点与映射后母单元的节点一一对应，例如，实际单元上的节点 i（x_i，y_i，z_i）对应母单元上的节点 i（1，0，0），如图 5-13（b）所示。单元内任意一点局部坐标（ξ，η，ζ）的坐标值 ξ、η、ζ 变化区间为（0，1）。

空间 10 节点四面体单元的母单元到等参元的坐标变换为

$$\begin{Bmatrix} x \\ y \\ z \end{Bmatrix} = \begin{Bmatrix} \sum_i N_i(\xi,\eta,\zeta)x_i \\ \sum_i N_i(\xi,\eta,\zeta)y_i \\ \sum_i N_i(\xi,\eta,\zeta)z_i \end{Bmatrix} = [N]^e\{q\}^e \quad (i = i, j, m, p, 1, 2, 3, 4, 5, 6) \tag{5-96}$$

等参元的位移函数为

$$
\begin{Bmatrix} u \\ v \\ w \end{Bmatrix} = \begin{Bmatrix} \sum_i N_i(\xi,\eta,\zeta) u_i \\ \sum_i N_i(\xi,\eta,\zeta) v_i \\ \sum_i N_i(\xi,\eta,\zeta) w_i \end{Bmatrix} = [N]^e \{q\}^e \quad (i = i,\ j,\ m,\ p,\ 1,\ 2,\ 3,\ 4,\ 5,\ 6) \quad (5\text{-}97)
$$

参照式 (5-37)，10 节点四面体等参元的形函数为

$$
\begin{cases}
N_i(\xi,\eta,\zeta) = (2L_i - 1)L_i = (2\xi - 1)\xi \quad (i = i, j, m, p) \\
N_1(\xi,\eta,\zeta) = 4L_j L_m = 4\eta\zeta \quad (1 = 1, 2, 3;\ j, m = i, j, m) \\
N_4(\xi,\eta,\zeta) = 6L_p L_i = 6(1 - \xi - \eta - \zeta)\xi \quad (4 = 4, 5, 6;\ p, i = i, j, m)
\end{cases} \quad (5\text{-}98)
$$

形函数 N_i $(\xi,\ \eta,\ \zeta)$ $(i = i, j, m, p, 1, 2, 3, 4, 5, 6)$ 在节点处满足节点坐标和节点位移的计算。例如，将局部坐标中的节点坐标 $(\xi_i,\ \eta_i,\ \zeta_i)$ $(i = i, j, m, p, 1, 2, 3, 4, 5, 6)$ 代入式 (5-98)，求出 N_i $(\xi,\ \eta,\ \zeta)$ $(i = i, j, m, p, 1, 2, 3, 4, 5, 6)$，然后代入式 (5-96) 和式 (5-97)，计算结果为

$$
x = x_i,\ y = y_i,\ z = z_i
$$

$$
u = u_i,\ v = v_i,\ w = w_i
$$

求雅可比矩阵 $[J]$，雅可比逆矩阵 $[J]^{-1}$，以及形函数 N_i 对直角坐标 (x, y, z) 的偏导数 $\dfrac{\partial N_i}{\partial x}$，$\dfrac{\partial N_i}{\partial y}$，$\dfrac{\partial N_i}{\partial z}$ $(i = i, j, m, 1, 2, 3, 4, 5, 6)$ 的方法和过程，与六面体等参元是相似的，不再列出。与六面体等参元不同的是，四面体等参元积分表达式的上、下限需根据体积坐标的特点作相应修改。

三重体积分的通式改为

$$
\iiint_V f(x,y,z)\,\mathrm{d}x\mathrm{d}y\mathrm{d}z = \int_0^1 \int_0^{1-L_i} \int_0^{1-L_i-L_j} f^*(L_i, L_j, L_m) \,|J|\,\mathrm{d}L_i \mathrm{d}L_j \mathrm{d}L_m
$$

$$
= \int_0^1 \int_0^{1-\xi} \int_0^{1-\xi-\eta} f^*(\xi,\eta,\zeta)\,|J|\,\mathrm{d}\xi\mathrm{d}\eta\mathrm{d}\zeta \quad (5\text{-}99)
$$

面积分（设 $L_i = 0$ 的上积分）通式为

$$
\iint_A f(x,y,z)\,\mathrm{d}A = \int_0^1 \int_0^{1-L_j} f^*(0, L_j, L_m)\,\widetilde{A}\mathrm{d}L_j \mathrm{d}L_m
$$

$$
= \int_0^1 \int_0^{1-\eta} f^*(0,\eta,\zeta)\,\widetilde{A}\mathrm{d}\eta\mathrm{d}\zeta \quad (5\text{-}100)
$$

例如，四面体等参元单元的刚度矩阵可表示为

$$
[k]^e = \int_0^1 \int_0^{1-L_i} \int_0^{1-L_i-L_j} [B]^{e\mathrm{T}} [D] [B]^e \,|J|\,\mathrm{d}L_i \mathrm{d}L_j \mathrm{d}L_m
$$

$$
= \int_0^1 \int_0^{1-\xi} \int_0^{1-\xi-\eta} [B]^{e\mathrm{T}} [D] [B]^e \,|J|\,\mathrm{d}\xi\mathrm{d}\eta\mathrm{d}\zeta \quad (5\text{-}101)
$$

本章介绍了 4 节点四面体单元、10 节点四面体单元、8 节点六面体单元和 20 节点等参元等常用的空间单元，还分别介绍了各类单元的形状、位移函数、形函数、应变、应力、单元刚度矩阵的计算方法，以及单元节点载荷的移置方法。对各类单元的精度进行了比较。介绍了空间问题等参元，以及求解空间问题的坐标变换、雅可比矩阵、高斯积分法等数学分析

方法，介绍了常用六面体等参元、四面体等参元的单元特性，以及有限元计算的方法和步骤。

习　　题

5.1　空间单元大致分为几类，它们各自有什么特点。

5.2　在 10 节点四面体单元的分析中，为什么用体积坐标代替直角坐标，使用体积坐标有什么优点？

5.3　空间直三棱柱单元如图 5-14 所示，试用插值方法构成单元的形函数。

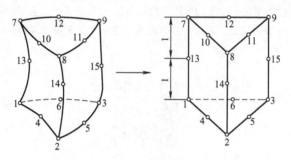

图 5-14　三棱柱等参元

5.4　用插值方法，构造如图 5-15 所示的 20 节点曲面六面体等参元的形函数。

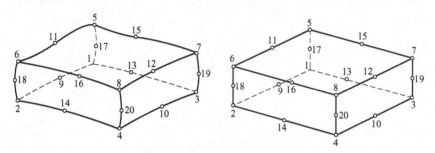

图 5-15　曲面六面体等参元

5.5　如图 5-16 所示，10 节点正六面体单元的 C 点受集中力 $\{P\} = \{P_x, P_y, P_z\}^T$ 作用，试求节点 5 和节点 9 的等效节点力。

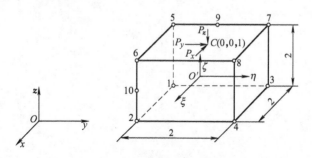

图 5-16　10 节点六面体单元

参 考 文 献

［1］赵均海，汪梦甫. 弹性力学及有限元［M］. 武汉：武汉理工大学出版社，2003.

［2］张国瑞. 有限元法［M］. 北京：机械工业出版社，1991.

［3］梁醒培，王辉. 应用有限元分析［M］. 北京：清华大学出版社，2010.

［4］刘怀恒. 结构及弹性力学有限元法［M］. 西安：西北工业大学出版社，2007.

［5］夏建芳. 有限元法原理与 ANSYS 应用［M］. 北京：国防工业出版社，2011.

［6］王勖成，邵敏. 有限单元法基本原理和数值方法［M］. 北京：清华大学出版社，1999.

［7］谢眙权，何福宝. 弹性和塑性力学中的有限元法［M］. 北京：机械工业出版社，1981.

［8］T R Chamdrupatla，A D Belegundu. 工程中的有限元方法［M］. 3 版. 曾攀，译. 北京：清华大学出版
社，2006.

"两弹一星"功勋
科学家：孙家栋
SZD – 004

第6章 杆单元和梁单元简介

杆系结构是工程中常用的结构，按照力学理论，有些杆件可以简化为只能承受轴向力的杆，有些杆件可以简化为能够承受轴向力和弯矩的梁。在有限元法中，模拟杆的单元称为杆单元，模拟梁的单元称为梁单元。

在力学分析中，杆系结构有时简化为平面杆系，有时简化为空间杆系，所以，在有限元法中，也有相应的平面杆单元和空间杆单元，以及平面梁单元和空间梁单元。这些单元在平面或空间的方位是由实际的杆系机构确定的，即这些单元可能会处在平面或空间中的任意方位，但是对于给定几何尺寸和材料性能的杆件，不管其处在任何方位，在指定外力（比如轴向力）的作用下，其力学行为（比如轴向变形）都是一定的。在有限元法中，对于杆系结构，一般都是在单元所处的局部坐标系内进行单元分析、建立单元矩阵，然后，再将局部坐标系下的单元量转换到总体坐标系内。

本章对常用的杆单元和梁单元进行介绍。

6.1 杆单元简介

6.1.1 一维杆单元

一维杆单元是指杆的轴线与某一坐标轴重合的杆单元。

1. 单元位移函数

一维杆单元只能承受沿杆轴线方向的拉力或压力，且位移只有沿杆的轴线方向的位移。

图 6-1 所示为轴线与 x 轴重合的一个等截面直杆单元 e，杆单元的横截面的面积为 A，长度为 L，弹性模量为 E。杆的两个端点即为单元的两个节点 i 和 j，坐标分别为 $i(x_i, 0)$ 和 $j(x_j, 0)$，两个节点的位移分别为 u_i 和 u_j，单元的节点位移列阵为

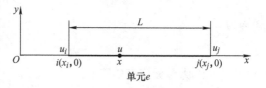

图 6-1 一维杆单元

$$\{q\}^e = \begin{Bmatrix} u_i \\ u_j \end{Bmatrix} = \{u_i, u_j\}^{\mathrm{T}} \tag{6-1}$$

假设单元内任意点的坐标为 $(x, 0)$，位移为 u，单元位移函数 u 取为坐标的线性函数，即

$$u = a_1 + a_2 x \tag{6-2}$$

式中，a_1 和 a_2 为待定常数，它由以下单元节点位移条件确定。

当 $x = x_i$ 时，$u = u_i$；

当 $x = x_j$ 时，$u = u_j$，有

$$\begin{cases} u_i = a_1 + a_2 x_i \\ u_j = a_1 + a_2 x_j \end{cases} \tag{6-3}$$

由式（6-3）解出 a_1 和 a_2，再将 a_1 和 a_2 代入式（6-2），可得

$$u = u_i - \frac{u_j - u_i}{L} x_i + \frac{u_j - u_i}{L} x = \frac{x_j - x}{L} u_i - \frac{x_i - x}{L} u_j = \begin{bmatrix} N_1 & N_2 \end{bmatrix} \begin{Bmatrix} u_i \\ u_j \end{Bmatrix} \tag{6-4}$$

式（6-4）可写为如下的矩阵形式

$$u = [N]\{q\}^e \tag{6-5}$$

式中，$[N] = [N_1 \quad N_2]$ 是形函数矩阵；$\{q\}^e = \{u_i, u_j\}^{\mathrm{T}}$ 是单元节点位移列阵，N_1 和 N_2 分别为

$$\begin{cases} N_1 = \dfrac{1}{L}(x_j - x) \\ N_2 = -\dfrac{1}{L}(x_i - x) \end{cases} \tag{6-6}$$

2. 单元的应变

一维杆单元只有轴向应变，轴向应变为

$$\{\varepsilon\}^e = \frac{\mathrm{d}u}{\mathrm{d}x} \tag{6-7}$$

将式（6-5）代入上式，得

$$\{\varepsilon\}^e = \frac{\mathrm{d}u}{\mathrm{d}x} = \begin{bmatrix} \dfrac{\mathrm{d}N_1}{\mathrm{d}x} & \dfrac{\mathrm{d}N_2}{\mathrm{d}x} \end{bmatrix} \begin{Bmatrix} u_i \\ u_j \end{Bmatrix} = \frac{1}{L}\begin{bmatrix} -1 & 1 \end{bmatrix} \begin{Bmatrix} u_i \\ u_j \end{Bmatrix} = [B]^e \{q\}^e \tag{6-8}$$

简写为

$$\{\varepsilon\}^e = [B]^e \{q\}^e \tag{6-9}$$

其中，$[B]^e$ 为单元应变矩阵

$$[B]^e = \begin{bmatrix} \dfrac{\mathrm{d}N_1}{\mathrm{d}x} & \dfrac{\mathrm{d}N_2}{\mathrm{d}x} \end{bmatrix} = \frac{1}{L}\begin{bmatrix} -1 & 1 \end{bmatrix} \tag{6-10}$$

由此可知，一维杆单元的应变矩阵 $[B]^e$ 为常数矩阵，只由杆单元的长度 L 确定。

3. 单元应力

由弹性力学物理方程，单元应力为

$$\{\sigma\}^e = E\{\varepsilon\}^e = E[B]^e \{q\}^e = [S]^e \{q\}^e \tag{6-11}$$

式中，$[S]^e$ 为单元应力矩阵

$$[S]^e = E[B]^e = \frac{E}{L}\begin{bmatrix} -1 & 1 \end{bmatrix} \tag{6-12}$$

从上式可以看出，一维杆单元的应力矩阵 $[S]^e$ 为常数矩阵，它由杆单元的长度 L 和杆的弹性模量 E 确定。

4. 单元刚度矩阵

与平面单元采用虚位移原理推导单元刚度矩阵一样，这里也可用虚位移原理，生成杆单元的刚度矩阵。

假设单元 e 处于平衡状态下，节点 i 和节点 j 处产生了微小的虚位移 $\{\delta q\}^e = \{\delta u_i, \delta u_j\}^T$，单元内任意一点 $(x, 0)$ 处也相应地产生虚位移 δu，对应的虚应变为 $\delta\varepsilon$。由式 (6-5) 和式 (6-9)，有

$$\begin{cases} \delta u = [N]\{\delta q\}^e \\ \{\delta\varepsilon\}^e = [B]^e\{\delta q\}^e \end{cases} \tag{6-13}$$

式中，$[N]$ 和 $[B]^e$ 分别为形函数矩阵和应变矩阵，分别见式 (6-6) 和式 (6-10)。

根据虚位移原理，当发生约束所允许的任意微小的虚位移时，外力在虚位移上所做虚功等于单元的应力在虚应变上所做虚功。

假设单元的节点 i 和节点 j 处的节点力为 F_{ix} 和 F_{jx}，节点力阵列为

$$\{F\}^e = \{F_{ix}, F_{jx}\}^T \tag{6-14}$$

节点力在虚位移上所做虚功为

$$\delta W = F_{ix}\delta u_i + F_{jx}\delta u_j = \{\delta q\}^{eT}\{F\}^e \tag{6-15}$$

单元应力在虚应变上所做虚功为

$$\delta U = \iiint\limits_V \{\delta\varepsilon\}^{eT}\{\sigma\}^e dv = \iiint\limits_V \{[B]^e\{\delta q\}^e\}^T E[B]^e\{q\}^e dv$$

$$= \{\delta q\}^{eT}\iiint\limits_V [B]^{eT}E[B]^e dv \cdot \{q\}^e \tag{6-16}$$

式中，V 表示单元体积。

根据虚位移原理，$\delta U = \delta W$，有

$$\{\delta q\}^{eT}\iiint\limits_V [B]^{eT}E[B]^e dv \cdot \{q\}^e = \{\delta q\}^{eT}\{F\}^e \tag{6-17}$$

由于虚位移是任意的，上式等号两边除以 $\{\delta q\}^{eT}$，有

$$\iiint\limits_V [B]^{eT}E[B]^e dv \cdot \{q\}^e = \{F\}^e \tag{6-18}$$

令单元刚度矩阵为

$$[k]^e = \iiint\limits_V [B]^{eT}E[B]^e dv \tag{6-19}$$

则式 (6-18) 可以表示为

$$[k]^e\{q\}^e = \{F\}^e \tag{6-20}$$

式（6-20）为杆单元的单元基本方程，表示单元位移与节点力之间的关系，它有两个线性方程组，可解决两个未知的节点位移和节点力分量。

单元刚度矩阵的元素为

$$[k]^e = \iiint\limits_{V} [B]^{eT} E [B]^e \mathrm{d}v = [B]^{eT} E [B]^e AL = \frac{EA}{L} \begin{bmatrix} 1 & -1 \\ -1 & 1 \end{bmatrix} \tag{6-21}$$

从上式可以看出，杆单元的单元刚度矩阵 $[k]^e$ 为 2×2 的常数矩阵，它由弹性模量 E、杆截面积 A 和杆长度 L 确定。式（6-20）单元基本方程可表示为

$$\frac{EA}{L} \begin{bmatrix} 1 & -1 \\ -1 & 1 \end{bmatrix} \begin{Bmatrix} u_i \\ u_j \end{Bmatrix}^e = \begin{Bmatrix} F_{ix} \\ F_{jx} \end{Bmatrix}^e \tag{6-22}$$

由上述分析可知，2 节点杆单元的单元应变矩阵 $[B]^e$、应力矩阵 $[S]^e$ 和单元刚度矩阵 $[k]^e$ 都是常数矩阵，杆单元是常应变、常应力单元。在单元刚度矩阵中，每个矩阵元素的物理意义与前几章的单元相同，即任意元素 k_{ij} 表示，当第 j 个节点产生 1 个单位的位移时，在第 i 个节点上所需施加的节点力大小。

6.1.2　平面杆单元

如果单元位于 Oxy 坐标系内的任意位置，且不与任何坐标轴重合，如图 6-2 所示，则位于平面内任意方位的杆单元为平面杆单元。图 6-2 为两个节点任意位置的杆单元 e。定义两个直角坐标系：总体坐标系 Oxy 和局部坐标系 $O'x'y'$，局部坐标系 $O'x'y'$ 的原点 O' 在杆单元的节点 i 处，$O'x'$ 与杆轴线重合，两个坐标系中 $O'x'$ 轴和 Ox 轴间的夹角为 α。

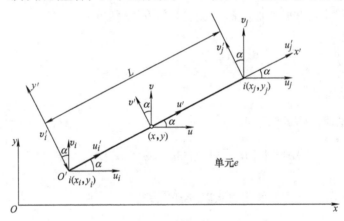

图 6-2　平面杆单元

假设平面杆单元，在总体坐标系下的节点位移和节点力分别为

$$\{q\}^e = \{u_i, \ v_i, \ u_j, \ v_j\}^T, \{F\}^e = \{F_{ix}, \ F_{iy}, \ F_{jx}, \ F_{jy}\}^T$$

在局部坐标系下的节点位移和节点力分别为

$$\{q'\}^e = \{u_i', \ v_i', \ u_j', \ v_j'\}^T, \{F'\}^e = \{F_{ix}', \ F_{iy}', \ F_{jx}', \ F_{jy}'\}^T$$

图 6-2 所示杆单元在局部坐标系 $O'x'y'$ 中，等同于 6.1.1 节中图 6-1 所示的一维杆单元，

或把图 6-1 中的坐标系视为图 6-2 中的局部坐标系 $O'x'y'$，根据 6.1.1 节中建立的一维杆单元基本方程（6-22），图 6-2 中的杆单元在局部坐标系 $O'x'y'$ 中沿轴向（$O'x'$ 方向）的位移 u_i'、u_j' 和节点力 F_{ix}'、F_{jx}' 的关系为

$$\frac{EA}{L}\begin{bmatrix} 1 & -1 \\ -1 & 1 \end{bmatrix}\begin{Bmatrix} u_i' \\ u_j' \end{Bmatrix} = \begin{Bmatrix} F_{ix}' \\ F_{jx}' \end{Bmatrix} \tag{6-23}$$

由于杆单元只能承受轴向的力，在局部坐标系 $O'x'y'$ 中，$v_i' = v_j' = 0$，$F_{iy}' = F_{jy}' = 0$，把与局部坐标系 y' 方向对应的节点位移和节点力扩展到式（6-23），有

$$\frac{EA}{L}\begin{bmatrix} 1 & 0 & -1 & 0 \\ 0 & 0 & 0 & 0 \\ -1 & 0 & 1 & 0 \\ 0 & 0 & 0 & 0 \end{bmatrix}_{4\times4}\begin{Bmatrix} u_i' \\ v_i' \\ u_j' \\ v_j' \end{Bmatrix}_{4\times1} = \begin{Bmatrix} F_{ix}' \\ F_{iy}' \\ F_{jx}' \\ F_{jy}' \end{Bmatrix}_{4\times1} \tag{6-24}$$

式（6-24）表示了局部坐标系 $O'x'y'$ 中的节点位移与节点力之间的关系，局部坐标系中的单元刚度矩阵为

$$[k']^e = \frac{EA}{L}\begin{bmatrix} 1 & 0 & -1 & 0 \\ 0 & 0 & 0 & 0 \\ -1 & 0 & 1 & 0 \\ 0 & 0 & 0 & 0 \end{bmatrix} \tag{6-25}$$

式（6-24）可简写为

$$[k']^e\{q'\}^e = \{F'\}^e \tag{6-26}$$

上式为局部坐标系 $O'x'y'$ 下的单元基本方程，表示局部坐标系中的节点位移 $\{q'\}^e$ 与节点力 $\{F'\}^e$ 之间的关系。

为得到总体坐标系下单元的基本方程，需要先进行坐标变换和位移变换。由数学中的坐标变换方程以及图 6-2 可得，局部坐标系 $O'x'y'$ 下的节点位移 $\{q'\}^e$ 和总体坐标系 Oxy 下的节点位移 $\{q\}^e$ 有如下关系

$$\begin{cases} u_i' = u_i\cos\alpha + v_i\sin\alpha \\ v_i' = -u_i\sin\alpha + v_i\cos\alpha \\ u_j' = u_j\cos\alpha + v_j\sin\alpha \\ v_j' = -u_j\sin\alpha + v_j\cos\alpha \end{cases} \tag{6-27}$$

将式（6-27）写成矩阵形式，有

$$\begin{Bmatrix} u_i' \\ v_i' \\ u_j' \\ v_j' \end{Bmatrix} = \begin{bmatrix} \cos\alpha & \sin\alpha & 0 & 0 \\ -\sin\alpha & \cos\alpha & 0 & 0 \\ 0 & 0 & \cos\alpha & \sin\alpha \\ 0 & 0 & -\sin\alpha & \cos\alpha \end{bmatrix}\begin{Bmatrix} u_i \\ v_i \\ u_j \\ v_j \end{Bmatrix} \tag{6-28}$$

若令

$$[T] = \begin{bmatrix} \cos\alpha & \sin\alpha & 0 & 0 \\ -\sin\alpha & \cos\alpha & 0 & 0 \\ 0 & 0 & \cos\alpha & \sin\alpha \\ 0 & 0 & -\sin\alpha & \cos\alpha \end{bmatrix} \tag{6-29}$$

则有

$$\{q'\}^e = [T]\{q\}^e \tag{6-30}$$

式中，$[T]$ 称为坐标转换矩阵。

对于局部坐标系 $O'x'y'$ 下的节点力 $\{F'\}^e$ 和总体坐标系 Oxy 下的节点力 $\{F\}^e$，同样也有与式（6-28）相同的转换关系，即

$$\begin{Bmatrix} F'_{ix} \\ F'_{iy} \\ F'_{jx} \\ F'_{jy} \end{Bmatrix} = \begin{bmatrix} \cos\alpha & \sin\alpha & 0 & 0 \\ -\sin\alpha & \cos\alpha & 0 & 0 \\ 0 & 0 & \cos\alpha & \sin\alpha \\ 0 & 0 & -\sin\alpha & \cos\alpha \end{bmatrix} \begin{Bmatrix} F_{ix} \\ F_{iy} \\ F_{jx} \\ F_{jy} \end{Bmatrix} \tag{6-31}$$

简写为

$$\{F'\}^e = [T]\{F\}^e \tag{6-32}$$

将式（6-30）和式（6-32）代入式（6-26），有

$$[k']^e[T]\{q\}^e = [T]\{F\}^e \tag{6-33}$$

因为 $[T][T]^T = [I]$，所以，$[T]^{-1} = [T]^T$。在式（6-33）两端乘以 $[T]^T$，有

$$[T]^T[k']^e[T]\{q\}^e = [T]^T[T]\{F\}^e = \{F\}^e \tag{6-34}$$

令单元刚度矩阵为

$$[k]^e = [T]^T[k']^e[T] \tag{6-35}$$

则有

$$[k]^e\{q\}^e = \{F\}^e \tag{6-36}$$

式（6-36）是总体坐标系 Oxy 下的单元基本方程，表示总体坐标系 Oxy 下的节点位移 $\{q\}^e$ 与节点力 $\{F\}^e$ 之间的关系。由式（6-35）可知，对于平面杆单元，利用局部坐标系 $O'x'y'$ 下的单元刚度矩阵 $[k']^e$，通过坐标转换矩阵 $[T]$ 可得到总体坐标系下的单元刚度矩阵 $[k]^e$。

将式（6-25）和式（6-29）代入式（6-35），可得总体坐标系 Oxy 下平面杆单元的刚度矩阵为

$$[k]^e = [T]^T[k']^e[T] = \frac{EA}{L}\begin{bmatrix} \cos^2\alpha & \sin\alpha\cos\alpha & -\cos^2\alpha & -\sin\alpha\cos\alpha \\ \sin\alpha\cos\alpha & \sin^2\alpha & -\sin\alpha\cos\alpha & -\sin^2\alpha \\ -\cos^2\alpha & -\sin\alpha\cos\alpha & \cos^2\alpha & \sin\alpha\cos\alpha \\ -\sin\alpha\cos\alpha & -\sin^2\alpha & \sin\alpha\cos\alpha & \sin^2\alpha \end{bmatrix}_{4\times4}$$

$$\tag{6-37}$$

从上式可以看出，平面杆单元的单元刚度矩阵 $[k]^e$ 为 4×4 的常数矩阵，由弹性模量 E、杆截面积 A、杆长度 L、杆轴线与总体坐标系 x 轴的夹角 α 确定。

6.1.3　空间杆单元

与平面杆单元的刚度矩阵类似，空间杆单元的刚度矩阵，也可以利用局部坐标系下的单元刚度矩阵通过坐标转换得到。这里给出另外一种更为简单的方法。

一个空间杆单元在空间坐标系 $Oxyz$ 中，假设杆长为 L，截面积为 A，弹性模量为 E。如图 6-3 所示，杆的两个端点为节点 $i(x_i, y_i, z_i)$ 和节点 $j(x_j, y_j, z_j)$，由节点 i、j 定义杆单元 e，杆轴线为矢量 $\vec{S}$，杆在三个坐标面上的投影分别为 L_x、L_y 和 L_z，与三个坐标面的夹角分别为 α、β 和 γ。几何关系为

$$\begin{cases} L_x = L\cos\alpha \\ L_y = L\cos\beta \\ L_z = L\cos\gamma \\ L = \sqrt{L_x^2 + L_y^2 + L_z^2} \end{cases} \tag{6-38}$$

如图 6-3 所示，假设节点 i、j 沿杆轴线 $\vec{S}$ 方向的位移为 u_{si} 和 u_{sj}，杆上任意点的轴向位移 u_s 沿杆的轴线 $\vec{S}$ 方向线性变化，则杆上任意点轴向位移可表示为

$$u_s = u_{si} + \frac{s}{L}(u_{sj} - u_{si}) \tag{6-39}$$

而轴向应变则为

$$\varepsilon_s = \frac{\partial u_s}{\partial s} = \frac{1}{L}(u_{sj} - u_{si}) \tag{6-40}$$

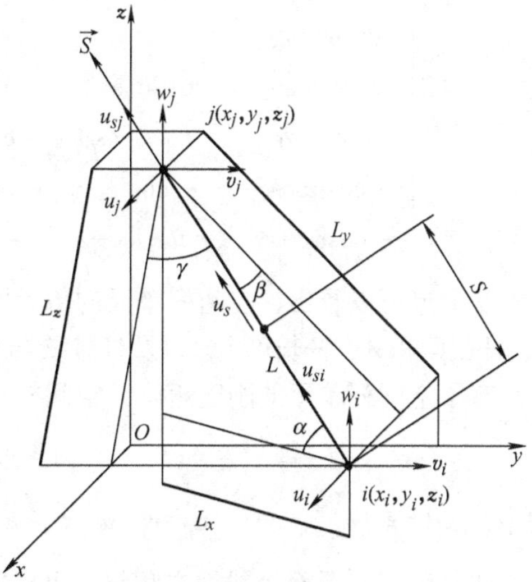

如图 6-3 所示，如果节点 i、j 在总体坐标系 $Oxyz$ 中的位移分量为 $\{q_i\}^e = \{u_i, v_i, w_i\}^{eT}$ 和 $\{q_j\}^e = \{u_j, v_j, w_j\}^{eT}$，分别将节点 i、j 的位移 $\{q_i\}^e$ 和 $\{q_j\}^e$ 向杆的轴线 $\vec{S}$ 方向进行投影，节点

图 6-3　空间杆单元

i、j 沿杆的轴线 $\vec{S}$ 方向的位移 u_{si}、u_{sj} 与总体坐标系下的位移分量之间关系为

$$\begin{cases} u_{si} = u_i\cos\alpha + v_i\cos\beta + w_i\cos\gamma \\ u_{sj} = u_j\cos\alpha + v_j\cos\beta + w_j\cos\gamma \end{cases} \tag{6-41}$$

将式（6-41）代入式（6-40），轴向应变为

$$\begin{aligned} \varepsilon_s &= \frac{1}{L}(u_{sj} - u_{si}) \\ &= \frac{1}{L}\big[(u_j\cos\alpha + v_j\cos\beta + w_j\cos\gamma) - (u_i\cos\alpha + v_i\cos\beta + w_i\cos\gamma) \big] \end{aligned} \tag{6-42}$$

$$= \frac{1}{L} \begin{bmatrix} -\cos\alpha & -\cos\beta & -\cos\gamma & \cos\alpha & \cos\beta & \cos\gamma \end{bmatrix} \begin{Bmatrix} u_i \\ v_i \\ w_i \\ u_j \\ v_j \\ w_j \end{Bmatrix} = [B]^e \{q\}^e$$

式中，$\{q\}^e = \{u_i, v_i, w_i, u_j, v_j, w_j\}^T$ 为单元节点位移矩阵；$[B]^e$ 为单元应变矩阵，即

$$[B]^e = \frac{1}{L} \begin{bmatrix} -\cos\alpha & -\cos\beta & -\cos\gamma & \cos\alpha & \cos\beta & \cos\gamma \end{bmatrix} \tag{6-43}$$

有了单元应变矩阵，就可以根据虚位移原理得到空间杆单元的单元刚度矩阵，通式如式（6-19），刚度矩阵的元素为

$$[k]^e = \iiint\limits_v [B]^{eT} E [B]^e \mathrm{d}v = AL [B]^{eT} E [B]^e$$

$$= \frac{EA}{L} \begin{bmatrix} \cos^2\alpha \\ \cos\alpha\cos\beta & \cos^2\beta \\ \cos\alpha\cos\gamma & \cos\beta\cos\gamma & \cos^2\gamma \\ -\cos^2\alpha & -\cos\alpha\cos\beta & -\cos\alpha\cos\gamma & \cos^2\alpha \\ -\cos\alpha\cos\beta & -\cos^2\beta & -\cos\beta\cos\gamma & \cos\alpha\cos\beta & \cos^2\beta \\ -\cos\alpha\cos\gamma & -\cos\beta\cos\gamma & -\cos^2\gamma & \cos\alpha\cos\gamma & \cos\beta\cos\gamma & \cos^2\gamma \end{bmatrix} \tag{6-44}$$

从上式可以看出，空间杆单元的单元刚度矩阵 $[k]^e$ 为 6×6 的常数矩阵，它由弹性模量 E、杆截面积 A、杆长度 L，以及杆轴线与总体坐标面的夹角 α、β、γ 确定。

有了空间杆单元的刚度矩阵，空间杆单元的基本方程为

$$[k]^e \{q\}^e = \{F\}^e \tag{6-45}$$

式中，$\{q\}^e = \{u_i, v_i, w_i, u_j, v_j, w_j\}^T$；$\{F\}^e = \{F_{ix}, F_{iy}, F_{iz}, F_{jx}, F_{jy}, F_{jz}\}^T$。

式（6-45）是 6 个线性方程组，可求解 6 个未知的节点位移和节点力。

例6.1　图 6-4 为一平面桁架，假定弹性模量为 E，各杆的横截面的面积为 A，角 α 为 45°，在点 1 的 $-y$ 方向作用力为 P。求点 1 的竖向位移。

解：　如图 6-4 所示，将每根杆作为一个平面杆单元，分别定义单元 e_1 的节点号为 1 和 2，单元 e_2 的节点号为 1 和 4，单元 e_3 的节点号为 1 和 3。

桁架的位移列阵为

$$\{q\} = \{u_1, v_1, u_2, v_2, u_3, v_3, u_4, v_4\}^T$$

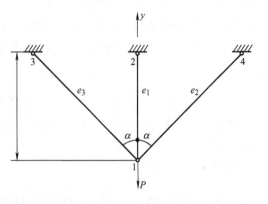

图 6-4　平面桁架

节点力列阵为

$$\{F\} = \{F_{1x}, F_{1y}, F_{2x}, F_{2y}, F_{3x}, F_{3y}, F_{4x}, F_{4y}\}^T$$

根据式（6-37）可以求得各单元的刚度矩阵如下：

单元 e_1 的刚度矩阵为

$$[k]^{e_1} = \frac{EA}{L}\begin{matrix} & 1 & & 2 & \\ \begin{bmatrix} 0 & 0 & 0 & 0 \\ 0 & 1 & 0 & -1 \\ 0 & 0 & 0 & 0 \\ 0 & -1 & 0 & 1 \end{bmatrix} & \begin{matrix} 1 \\ \\ 2 \end{matrix} \end{matrix}$$

单元 e_2 的刚度矩阵为

$$[k]^{e_2} = \frac{EA}{\sqrt{2}L} \cdot \frac{1}{2}\begin{matrix} & 1 & & 4 & \\ \begin{bmatrix} 1 & 1 & -1 & -1 \\ 1 & 1 & -1 & -1 \\ -1 & -1 & 1 & 1 \\ -1 & -1 & 1 & 1 \end{bmatrix} & \begin{matrix} 1 \\ \\ 4 \end{matrix} \end{matrix}$$

单元 e_3 的刚度矩阵为

$$[k]^{e_3} = \frac{EA}{\sqrt{2}L} \cdot \frac{1}{2}\begin{matrix} & 1 & & 3 & \\ \begin{bmatrix} 1 & -1 & -1 & 1 \\ -1 & 1 & 1 & -1 \\ -1 & 1 & 1 & -1 \\ 1 & -1 & -1 & 1 \end{bmatrix} & \begin{matrix} 1 \\ \\ 3 \end{matrix} \end{matrix}$$

按照 3.1.6 节中同样的方法，形成总体刚度矩阵和总体平衡方程。因为节点 2、3、4 的位移为 0，只有节点 1 的位移 u_1、v_1 未知，位移列阵为

$$\{q\} = \{u_1, v_1, u_2 = 0, v_2 = 0, u_3 = 0, v_3 = 0, u_4 = 0, v_4 = 0\}^T$$

已知节点 1 的节点力载荷为

$$\{F_1\} = \{0, -P\}^T$$

在形成式（6-45）一样的总体基本方程后，按照 3.1.7 节中零位移边界条件的处理方法，消除位移分量为 0 时所对应的行和列，只需要列出节点 1 所对应的平衡方程，即

$$\frac{EA}{L}\begin{bmatrix} 0 + \dfrac{1}{2\sqrt{2}} + \dfrac{1}{2\sqrt{2}} & 0 + \dfrac{1}{2\sqrt{2}} - \dfrac{1}{2\sqrt{2}} \\ 0 + \dfrac{1}{2\sqrt{2}} - \dfrac{1}{2\sqrt{2}} & 1 + \dfrac{1}{2\sqrt{2}} + \dfrac{1}{2\sqrt{2}} \end{bmatrix}\begin{Bmatrix} u_1 \\ v_1 \end{Bmatrix} = \begin{Bmatrix} 0 \\ -P \end{Bmatrix}$$

$$\Rightarrow \frac{EA}{L}\begin{bmatrix} \dfrac{\sqrt{2}}{2} & 0 \\ 0 & \dfrac{2 + \sqrt{2}}{2} \end{bmatrix}\begin{Bmatrix} u_1 \\ v_1 \end{Bmatrix} = \begin{Bmatrix} 0 \\ -P \end{Bmatrix}$$

求解以上方程，得

$$u_1 = 0, v_1 = -\frac{FL}{EA} \cdot \frac{2}{2 + \sqrt{2}}$$

所求结果与材料力学理论解相同。

求出全部节点的位移后，由式（6-45）可分别求出节点 2、3、4 的支反力。

6.2 梁单元简介

在材料力学和结构力学中，将能够承受轴向力、弯矩和横向剪切力的杆件称为梁。在有限元法中，将梁离散为有限个单元，称为梁单元。本节将介绍能够承受轴向力、弯矩和横向剪切力的梁单元。

6.2.1 与坐标轴平行的平面梁单元

在如图 6-5 所示的梁单元中，令梁的轴线与坐标 x 轴重合，单元的两个节点分别为 $i(x_i, 0, 0)$ 和 $j(x_j, 0, 0)$。根据梁的变形特点，如图 6-5（a）所示，每个节点有 3 个位移：沿 x 和 y 方向的位移 u 和 v 以及绕 z 轴的转角 θ_z；如图 6-5（b）所示，每个节点有 3 个节点力：轴向力 N、垂直于轴线的剪切力 Q 和绕 z 轴的弯矩 M。

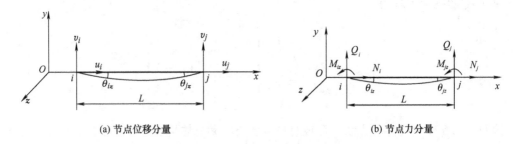

(a) 节点位移分量　　　　　　　　　(b) 节点力分量

图 6-5　与坐标轴平行的平面梁单元

单元 ij 的节点位移列阵 $\{q\}^e$ 和节点力 $\{F\}^e$ 列阵分别为

$$\{q\}^e = \{u_i, v_i, \theta_{iz}, u_j, v_j, \theta_{jz}\}^{e\mathrm{T}}$$

$$\{F\}^e = \{N_i, Q_i, M_{iz}, N_j, Q_j, M_{jz}\}^{e\mathrm{T}}$$

1. 单元位移函数

如图 6-5（a）所示沿 x 轴方向的梁单元 ij，沿梁轴线方向有两个节点位移 u_i、u_j，单元的轴向位移函数 $u(x)$ 取 x 坐标的线性函数；单元与 y 向位移有关的节点位移有 4 个：v_i、θ_{iz}、v_j、θ_{jz}，所以，单元 y 方向的位移函数 $v(x)$ 取坐标 x 的三次函数，定义单元内任意点 $(x, 0, 0)$ 沿 x、y 方向的位移为

$$\begin{cases} u(x) = a_1 + a_2 x \\ v(x) = b_1 + b_2 x + b_3 x^2 + b_4 x^3 \end{cases} \tag{6-46}$$

式中，a_1、a_2、$b_1 \sim b_4$ 为待定常数，可由单元节点位移条件确定。

当 $x = x_i$ 时，$u = u_i$，$v = v_i$，$\theta_z = \dfrac{\mathrm{d}v}{\mathrm{d}x} = \theta_{iz}$；

当 $x = x_j$ 时，$u = u_j$，$v = v_j$，$\theta_z = \dfrac{\mathrm{d}v}{\mathrm{d}x} = \theta_{jz}$。

这样就有

$$\begin{cases} u_i = a_1 + a_2 x_i \\ u_j = a_1 + a_2 x_j \end{cases} \tag{6-47}$$

$$\begin{cases} v_i = b_1 + b_2 x_i + b_3 x_i^2 + b_4 x_i^3 \\ \theta_{iz} = \dfrac{\mathrm{d}v}{\mathrm{d}x} = 0 + b_2 + 2b_3 x_i + 3b_4 x_i^2 \\ v_j = b_1 + h_2 x_j + b_3 x_j^2 + b_4 x_j^3 \\ \theta_{jz} = \dfrac{\mathrm{d}v}{\mathrm{d}x} = 0 + b_2 + 2b_3 x_j + 3b_4 x_j^2 \end{cases} \tag{6-48}$$

由式（6-47）和式（6-48）分别解出 a_1、a_2、$b_1 \sim b_4$，并代回式（6-46），得

$$\begin{cases} u(x) = \left[\dfrac{1}{L}(x_j - x) - \dfrac{1}{L}(x_i - x) \right] \begin{Bmatrix} u_i \\ u_j \end{Bmatrix} = \begin{bmatrix} N_1 & N_2 \end{bmatrix} \begin{Bmatrix} u_i \\ u_j \end{Bmatrix} \\ v(x) = \begin{bmatrix} 1 & x & x^2 & x^3 \end{bmatrix} \begin{bmatrix} 1 & 0 & 0 & 0 \\ 0 & 1 & 0 & 0 \\ \dfrac{-3}{L^2} & \dfrac{-2}{L} & \dfrac{3}{L^2} & \dfrac{-1}{L} \\ \dfrac{2}{L^3} & \dfrac{1}{L} & \dfrac{-2}{L^3} & \dfrac{1}{L^2} \end{bmatrix} \begin{Bmatrix} v_i \\ \theta_{iz} \\ v_j \\ \theta_{jz} \end{Bmatrix} = \begin{bmatrix} N_3 & N_4 & N_5 & N_6 \end{bmatrix} \begin{Bmatrix} v_i \\ \theta_{iz} \\ v_j \\ \theta_{jz} \end{Bmatrix} \end{cases} \tag{6-49}$$

式中，L 为单元长度。

将式（6-49）中的两式合写在一起，并以矩阵形式表示，则有单元内任意点 $(x, 0, 0)$ 的位移为

$$\{q\} = \begin{Bmatrix} u \\ v \end{Bmatrix}_{(x)} = \begin{bmatrix} N_1 & 0 & 0 & N_2 & 0 & 0 \\ 0 & N_3 & N_4 & 0 & N_5 & N_6 \end{bmatrix} \begin{Bmatrix} u_i \\ v_i \\ \theta_{iz} \\ u_j \\ v_j \\ \theta_{jz} \end{Bmatrix} = [N]\{q\}^e \tag{6-50}$$

也可以简写为

$$\{q\} = [N]\{q\}^e$$

式中，$[N]$ 为形函数矩阵；$\{q\}^e$ 为单元节点位移阵列，即

$$[N] = \begin{bmatrix} N_1 & 0 & 0 & N_2 & 0 & 0 \\ 0 & N_3 & N_4 & 0 & N_5 & N_6 \end{bmatrix} \tag{6-51}$$

$$\{q\}^e = \{u_i, v_i, \theta_{iz}, u_j, v_j, \theta_{jz}\}^{e\mathrm{T}} \tag{6-52}$$

形函数矩阵 $[N]$ 中的分量为

$$\begin{cases} N_1 = \dfrac{1}{L}(x_j - x), \ N_2 = -\dfrac{1}{L}(x_i - x), \ N_3 = 1 - \dfrac{3x^2}{L^2} + \dfrac{2x^3}{L^3} \\[2mm] N_4 = x - \dfrac{2x^2}{L} + \dfrac{x^3}{L^2}, \ N_5 = \dfrac{3x^2}{L^2} - \dfrac{2x^3}{L^3}, \ N_6 = \dfrac{-x^2}{L} + \dfrac{x^3}{L^2} \end{cases}$$

2. 单元应变和单元应力

梁单元受到轴向 N、剪切力 Q 和弯矩 M_z 挤压和弯曲变形以后，其应变可以分为两部分：轴向应变 ε_t 和弯曲应变 ε_b。根据材料力学理论，轴向应变 ε_t 和弯曲应变 ε_b 分别为

$$\varepsilon_t = \frac{du}{dx}, \ \varepsilon_b = -y\frac{d^2v}{dx^2}$$

当梁的高度相对于长度很小时，可略去剪切变形的影响，由式（6-50），梁单元的应变为

$$\{\varepsilon\}^e = \begin{Bmatrix} \varepsilon_t \\ \varepsilon_b \end{Bmatrix} = \begin{Bmatrix} \dfrac{du}{dx} \\ -y\dfrac{d^2v}{dx^2} \end{Bmatrix}$$

$$= \begin{bmatrix} \dfrac{dN_1}{dx} & 0 & 0 & \dfrac{dN_2}{dx} & 0 & 0 \\[2mm] 0 & -y\dfrac{d^2N_3}{dx^2} & -y\dfrac{d^2N_4}{dx^2} & 0 & -y\dfrac{d^2N_5}{dx^2} & -y\dfrac{d^2N_6}{dx^2} \end{bmatrix} \begin{Bmatrix} u_i \\ v_i \\ \theta_{iz} \\ u_j \\ v_j \\ \theta_{jz} \end{Bmatrix} \tag{6-53}$$

若令单元应变矩阵为

$$[B] = \begin{bmatrix} \dfrac{dN_1}{dx} & 0 & 0 & \dfrac{dN_2}{dx} & 0 & 0 \\[2mm] 0 & -y\dfrac{d^2N_3}{dx^2} & -y\dfrac{d^2N_4}{dx^2} & 0 & -y\dfrac{d^2N_5}{dx^2} & -y\dfrac{d^2N_6}{dx^2} \end{bmatrix} \tag{6-54}$$

$$= \begin{bmatrix} \dfrac{-1}{L} & 0 & 0 & \dfrac{1}{L} & 0 & 0 \\[2mm] 0 & -y\left(\dfrac{-6}{L^2}+\dfrac{12x}{L^3}\right) & -y\left(\dfrac{-4}{L}+\dfrac{6x}{L^2}\right) & 0 & -y\left(\dfrac{6}{L^2}-\dfrac{12x}{L^3}\right) & -y\left(\dfrac{-2}{L}+\dfrac{6x}{L^2}\right) \end{bmatrix}$$

式（6-53）可写为

$$\{\varepsilon\}^e = \begin{Bmatrix} \varepsilon_t \\ \varepsilon_b \end{Bmatrix} = [B]\{q\}^e \tag{6-55}$$

式中，$[B]$ 为单元应变矩阵。

由弹性力学物理方程，梁单元应力为

$$\{\sigma\}^e = E\{\varepsilon\}^e = E\begin{Bmatrix} \varepsilon_t \\ \varepsilon_b \end{Bmatrix}^e = E[B]\{q\}^e \tag{6-56}$$

式中，E 为梁的弹性模量。

由式（6-56）可以看出，梁单元的应力也是由轴向应力 $\sigma_t = E\varepsilon_t$ 和弯曲应力 $\sigma_b = E\varepsilon_b$ 两部分组成。

3. 单元刚度矩阵

单元刚度矩阵可由虚位移原理导出。假定单元在受力达到平衡时，在节点 i 和节点 j 处产生了虚位移 $\{\delta q\}^e = \{\delta u_i,\ \delta v_i,\ \delta\theta_{iz},\ \delta u_j,\ \delta v_j,\ \delta\theta_{jz}\}^{eT}$，相应产生的虚应变为 $\{\delta\varepsilon\}^e = \{\delta\varepsilon_t,\ \delta\varepsilon_b\}^{eT}$。根据式（6-50）、式（6-55），单元中任意一点的虚位移 $\{\delta q\}$ 和单元虚应变 $\{\delta\varepsilon\}^e$ 可以写为

$$\{\delta q\} = [N]\{\delta q\}^e$$

$$\{\delta\varepsilon\}^e = [B]\{\delta q\}^e$$

式中，$[N]$ 为形函数；$\{\delta q\}^e$ 为单元的节点虚位移列阵，即

$$\{\delta q\}^e = \{\delta u_i,\ \delta v_i,\ \delta\theta_{iz},\ \delta u_j,\ \delta v_j,\ \delta\theta_{jz}\}^{eT}$$

单元应力 $\{\sigma\}^e = E\{\varepsilon\}^e = E[B]\{q\}^e$ 在虚应变 $\{\delta\varepsilon\}^e = [B]\{\delta q\}^e$ 上所做的虚功为

$$\delta U = \iiint\limits_{V} \{\delta\varepsilon\}^{eT}\{\sigma\}^e \mathrm{d}v = \iiint\limits_{V} \{[B]^e\{\delta q\}^e\}^T E[B]^e\{q\}^e \mathrm{d}v$$

$$= \{\delta q\}^{eT} \iiint\limits_{V} [B]^{eT} E[B]^e \mathrm{d}v \cdot \{q\}^e \tag{6-57}$$

式中，V 表示单元体积。

单元节点力 $\{F\}^e = \{N_i,\ Q_i,\ M_{iz},\ N_j,\ Q_j,\ M_{jz}\}^{eT}$ 在节点虚位移 $\{\delta q\}^e$ 上所做的虚功为

$$\delta W = N_i\delta u_i + Q_i\delta v_i + M_{iz}\delta\theta_{iz} + N_j\delta u_j + Q_j\delta v_j + M_{jz}\delta\theta_{jz} = \{\delta q\}^{eT}\{F\}^e \tag{6-58}$$

由虚位移原理 $\delta U = \delta W$，由式（6-57）和式（6-58）可得

$$\{\delta q\}^{eT} \iiint\limits_{V} [B]^{eT} E[B]^e \mathrm{d}v \cdot \{q\}^e = \{\delta q\}^{eT}\{F\}^e \tag{6-59}$$

因为虚位移是任意的，为使上式成立，等式两边可同时除以 $\{\delta q\}^{eT}$，即有

$$\iiint\limits_{V} [B]^{eT} E[B]^e \mathrm{d}v \cdot \{q\}^e = \{F\}^e \tag{6-60}$$

令单元刚度矩阵为

$$[k]^e = \iiint\limits_{V} [B]^{eT} E[B]^e \mathrm{d}v \tag{6-61}$$

则式（6-60）可以表示为

$$[k]^e\{q\}^e = \{F\}^e \tag{6-62}$$

式（6-62）是梁单元的单元基本方程，表示节点位移与节点力之间的关系。

将式（6-54）代入式（6-61），并经过积分运算，可得到梁单元的单元刚度矩阵 $[k]^e$ 为

$$
[k]^e = \begin{bmatrix}
\dfrac{EA}{L} & 0 & 0 & \dfrac{-EA}{L} & 0 & 0 \\[2ex]
0 & \dfrac{12EI}{L^3} & \dfrac{6EI}{L^2} & 0 & \dfrac{-12EI}{L^3} & \dfrac{6EI}{L^2} \\[2ex]
0 & \dfrac{6EI}{L^2} & \dfrac{4EI}{L} & 0 & \dfrac{-6EI}{L^2} & \dfrac{2EI}{L} \\[2ex]
\dfrac{-EA}{L} & 0 & 0 & \dfrac{EA}{L} & 0 & 0 \\[2ex]
0 & \dfrac{-12EI}{L^3} & \dfrac{-6EI}{L^2} & 0 & \dfrac{12EI}{L^3} & \dfrac{-6EI}{L^2} \\[2ex]
0 & \dfrac{6EI}{L^2} & \dfrac{2EI}{L} & 0 & \dfrac{-6EI}{L^2} & \dfrac{4EI}{L}
\end{bmatrix} \tag{6-63}
$$

式中，A 是单元的横截面面积；L 为梁单元的长度；I 为横截面惯性矩；E 为材料的弹性模量。由式（6-63）可以看出，一维梁单元的单元刚度矩阵 $[k]^e$ 为 6×6 维的对称常数矩阵。

4. 计入剪切变形时的单元刚度矩阵

式（6-33）是没有计入剪切变形影响时梁的刚度矩阵。当梁的高度相对于长度不是很小时，需要考虑剪切变形的影响，此时，需要对式（6-63）的刚度矩阵做如下修正[3]

$$
[k]^e = \begin{bmatrix}
\dfrac{EA}{L} & 0 & 0 & \dfrac{-EA}{L} & 0 & 0 \\[2ex]
0 & \dfrac{12EI}{L^3(1+\varphi)} & \dfrac{6EI}{L^2(1+\varphi)} & 0 & \dfrac{-12EI}{L^3(1+\varphi)} & \dfrac{6EI}{L^2(1+\varphi)} \\[2ex]
0 & \dfrac{6EI}{L^2(1+\varphi)} & \dfrac{(4+\varphi)EI}{L(1+\varphi)} & 0 & \dfrac{-6EI}{L^2(1+\varphi)} & \dfrac{(2-\varphi)EI}{L(1+\varphi)} \\[2ex]
\dfrac{-EA}{L} & 0 & 0 & \dfrac{EA}{L} & 0 & 0 \\[2ex]
0 & \dfrac{-12EI}{L^3(1+\varphi)} & \dfrac{-6EI}{L^2(1+\varphi)} & 0 & \dfrac{12EI}{L^3(1+\varphi)} & \dfrac{-6EI}{L^2(1+\varphi)} \\[2ex]
0 & \dfrac{6EI}{L^2(1+\varphi)} & \dfrac{(2-\varphi)EI}{L(1+\varphi)} & 0 & \dfrac{-6EI}{L^2(1+\varphi)} & \dfrac{(4+\varphi)EI}{L(1+\varphi)}
\end{bmatrix} \tag{6-64}
$$

式中，$\varphi = \dfrac{12EI\gamma}{GAL^2}$ 为剪切影响系数；A 为梁的横截面面积；E 和 G 分别是弹性模量和剪切模量；γ 为截面剪切因子。对于矩形和圆形截面，参考文献 [3] 建议 γ 分别取 6/5 和 10/9。对于高为 h、宽为 b 的矩形截面，剪切影响系数 $\varphi = \dfrac{E\gamma}{G}\dfrac{h^2}{L^2}$。所以，当梁的高度 h 相对于跨度 L 很小时，可以忽略剪切变形的影响。

例 6.2 按计入和不计入剪切变形影响两种情况，计算图 6-6 所示矩形横截面悬臂梁在端部剪切力 Q 作用下的端点挠度。截面高为 h，宽为 b，忽略轴向变形。

解： 如图 6-6 所示简化模型，当用一个单元计算时，只有节点 1 和节点 2 两个节点。节点 1 是固定端；载荷作用在节点 2 上，忽略轴向变形，有

$$u_1 = 0, \ v_1 = 0, \ \theta_{1z} = 0, \ u_2 = 0$$

节点位移列阵为

$$\{q\}^e = \{0, \ 0, \ 0, \ 0, \ v_2, \ \theta_2\}^{e\mathrm{T}}$$

节点力列阵为

$$\{F\}^e = \{N_1, \ Q_1, \ M_1, \ N_2 = 0, \ Q_2 = -Q, \ M_2 = 0\}^{e\mathrm{T}}$$

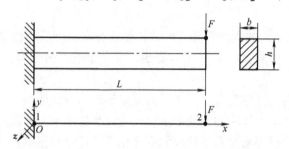

图 6-6　悬臂梁

不考虑，即不计入剪切变形影响，根据式（6-63）形成单元刚度矩阵，根据式（6-62）生成单元基本方程，按照 3.1.7 节中零位移边界条件的处理方法，消除位移分量为 0 时对应的行和列，可得总体平衡方程为

$$\frac{EI}{L^3} \begin{bmatrix} 12 & -6L \\ -6L & 4L^2 \end{bmatrix} \begin{Bmatrix} v_2 \\ \theta_2 \end{Bmatrix} = \begin{Bmatrix} -Q \\ 0 \end{Bmatrix}$$

求解上式，可得

$$v_2 = -\frac{QL^3}{3EI}, \ \theta_2 = -\frac{QL^2}{2EI}$$

从结果可以看出，梁单元的挠度 v_2 和转角 θ_{2z}，分别是梁长度 L 的三次函数和二次函数，有限元计算结果与材料力学的理论解相同。

考虑，即计入剪切变形影响，根据式（6-64）形成单元的刚度矩阵，根据式（6-62）生成单元基本方程，按照 3.1.7 节中零位移边界条件的处理方法，消除位移分量为 0 对应的行和列，可得总体平衡方程为

$$\frac{EI}{L^3(1+\varphi)} \begin{bmatrix} 12 & -6L \\ -6L & (4+\varPhi)L^2 \end{bmatrix} \begin{Bmatrix} v_2 \\ \theta_2 \end{Bmatrix} = \begin{Bmatrix} -Q \\ 0 \end{Bmatrix}$$

求解可得

$$v_2 = -\frac{QL^3}{12EI}(4+\varphi), \ \theta_{2z} = -\frac{QL^2}{2EI}$$

对于矩形截面，有

$$I = \frac{bh^3}{12}, A = bh, \ \gamma = \frac{5}{6}, \ G = \frac{E}{2(1+u)}$$

则有

$$v_2 = -\frac{QL^3}{12EI}(4+\varphi) = -\frac{QL^3}{3EI}\left[1 + \frac{5(1+\mu)}{12} \frac{h^2}{L^2} \right]$$

上式的括号中第二项反映了剪切变形对挠度的影响，即梁的剪切力所产生的剪切变形将产生附加挠度。对于梁的高度 h 远小于跨度 L 的情况，剪切变形对挠度的影响可以忽略不计，比如，当 $h/L = 1/10$，$\mu = 0.3$ 时，括号中第二项等于 0.54%。但是，对于梁的高度不是远小于跨度的情况，必须考虑剪切变形对挠度的影响。

6.2.2　平面梁单元

6.2.1 节建立的梁单元的刚度矩阵（6-63）是在特定坐标系下建立的，即梁单元的轴线与 x 坐标轴是重合的。由式（6-63）可以看出，单元刚度矩阵与单元的截面形状和长度有关，与它的位置无关。

如果梁处于平面内的任意位置，梁上任意点的轴向力 N、剪切力 Q 和弯矩 M_z 也与梁在同一平面内。可以把 6.2.1 节中的 x 坐标系看成是局部坐标系，平面梁单元在总体坐标系下的单元刚度矩阵可以由局部坐标系下的单元刚度矩阵通过坐标变换得到。

如图 6-7（a）所示，总体坐标系为 $Oxyz$，梁 ij 为处于 xOy 平面内的平面梁单元。建立如图 6-7（a）所示局部坐标系 $O'x'y'$，梁单元的轴线与局部坐标系的 x' 轴重合，两个坐标系的夹角为 α。

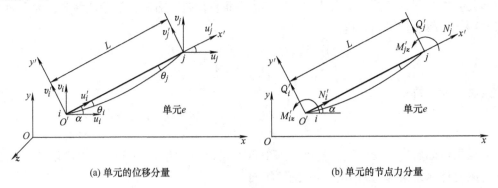

(a) 单元的位移分量　　　　　　　　　　　　(b) 单元的节点力分量

图 6-7　平面梁单元

如图 6-7（a）所示，梁单元 e 在局部坐标系 $O'x'y'z'$ 下的节点位移列阵为

$$\{q'\}^e = \{u_i', \ v_i', \ \theta_{iz}', \ u_j', \ v_j', \ \theta_{jz}'\}^{\mathrm{T}}$$

如图 6-7（b）所示，梁单元 e 在局部坐标系 $O'x'y'z'$ 下的节点力列阵为

$$\{F'\}^e = \{N_i', \ Q_i', \ M_{iz}', \ N_j', \ Q_j', \ M_{jz}'\}^{\mathrm{T}}$$

在总体坐标系 $Oxyz$ 下的节点位移列阵和节点力列阵分别为

$$\{q\}^e = \{u_i, \ v_i, \ \theta_{iz}, \ u_j, \ v_j, \ \theta_{jz}\}^{\mathrm{T}}$$

$$\{F\}^e = \{N_i, \ Q_i, \ M_{iz}, \ N_j, \ Q_j, \ M_{jz}\}^{\mathrm{T}}$$

将图 6-5 中的坐标系视为图 6-7（a）中的局部坐标系，由式（6-62），局部坐标系下单元的基本方程为

$$[k']^e \{q'\}^e = \{F'\}^e \tag{6-65}$$

式中，单元刚度矩阵 $[k']^e$ 由式（6-63）或式（6-64）确定。

局部坐标系下的节点位移 $\{q'\}^e$ 与总体坐标系下的节点位移 $\{q\}^e$ 有如下关系：

$$\begin{cases} u'_i = u_i\cos\alpha + v_i\sin\alpha \\ v'_i = -u_i\sin\alpha + v_i\cos\alpha \\ \theta'_{iz} = \theta_{iz} \\ u'_j = u_j\cos\alpha + v_j\sin\alpha \\ v'_j = -u_j\sin\alpha + v_j\cos\alpha \\ \theta'_{jz} = \theta_{jz} \end{cases} \tag{6-66}$$

将上式写成矩阵形式, 有

$$\begin{Bmatrix} u'_i \\ v'_i \\ \theta'_{iz} \\ u'_j \\ v'_j \\ \theta'_{jz} \end{Bmatrix} = \begin{bmatrix} \cos\alpha & \sin\alpha & 0 & 0 & 0 & 0 \\ -\sin\alpha & \cos\alpha & 0 & 0 & 0 & 0 \\ 0 & 0 & 1 & 0 & 0 & 0 \\ 0 & 0 & 0 & \cos\alpha & \sin\alpha & 0 \\ 0 & 0 & 0 & -\sin\alpha & \cos\alpha & 0 \\ 0 & 0 & 0 & 0 & 0 & 1 \end{bmatrix} \begin{Bmatrix} u_i \\ v_i \\ \theta_{iz} \\ u_j \\ v_j \\ \theta_{jz} \end{Bmatrix} \tag{6-67}$$

令

$$[T] = \begin{bmatrix} \cos\alpha & \sin\alpha & 0 & 0 & 0 & 0 \\ -\sin\alpha & \cos\alpha & 0 & 0 & 0 & 0 \\ 0 & 0 & 1 & 0 & 0 & 0 \\ 0 & 0 & 0 & \cos\alpha & \sin\alpha & 0 \\ 0 & 0 & 0 & -\sin\alpha & \cos\alpha & 0 \\ 0 & 0 & 0 & 0 & 0 & 1 \end{bmatrix} \tag{6-68}$$

则式 (6-67) 可以写为

$$\{q'\}^e = [T]\{q\}^e \tag{6-69}$$

式中, $[T]$ 称为平面梁单元的坐标转换矩阵, 该矩阵只与梁单元轴线和总体坐标系下 x 轴的夹角 α 有关。

局部坐标系下的节点力 $\{F'\}^e$ 和总体坐标系下的节点力 $\{F\}^e$, 同样也有与式 (6-69) 类似的转换关系, 即

$$\{F'\}^e = [T]\{F\}^e \tag{6-70}$$

将式 (6-69) 和式 (6-70) 代入式 (6-65), 有

$$[k']^e[T]\{q\}^e = [T]\{F\}^e \tag{6-71}$$

由 $[T][T]^T = [I]$, 有 $[T]^{-1} = [T]^T$。用 $[T]^T$ 左乘式 (6-71) 两端, 有

$$[T]^T[k']^e[T]\{q\}^e = [T]^T[T]\{F\}^e = \{F\}^e \tag{6-72}$$

令

$$[k]^e = [T]^{\mathrm{T}} [k']^e [T] \tag{6-73}$$

则有

$$[k]^e \{q\}^e = \{F\}^e \tag{6-74}$$

式（6-74）即为总体坐标系下平面梁单元的单元基本方程，它表示梁单元的节点位移与节点力之间的关系。

由上述推导过程可知，对于处于任意位置的平面梁单元，只要已知梁的轴线与 x 轴的夹角 α，由式（6-68）可生成梁的坐标转换矩阵 $[T]$；根据式（6-63）或式（6-64）生成单元在局部坐标系下的单元刚度矩阵 $[k']^e$；由 $[k]^e = [T]^{\mathrm{T}} [k']^e [T]$ 可计算单元在总体坐标系下的单元刚度矩阵。在有限元程序中，同样也是先在单元局部坐标系下生成单元刚度矩阵 $[k']^e$，然后按式（6-73）将其转换为总体坐标系下的单元刚度矩阵。

6.2.3 空间梁单元

1. 局部坐标系下的空间梁单元

图 6-8 为一空间局部坐标系 $O'x'y'z'$ 下的 2 节点空间梁单元，梁的轴线与 $O'x'$ 轴重合。空间梁单元和平面梁单元的区别在于，空间梁单元不但能够承受轴向力、剪切力、弯矩，还可以承受扭矩，而且可以在两个坐标面内同时承受弯矩。如图 6-8（a）所示，空间梁单元的每个节点都有 6 个自由度，也称为 6 个广义位移，它们是沿三个坐标轴方向的位移 u'、v'、w' 和绕三个坐标轴的转角 θ'_x、θ'_y、θ'_z，其中 θ'_x 表示绕 $O'x'$ 轴的扭转角，θ'_y 和 θ'_z 分别表示绕 $O'y'$ 轴和 $O'z'$ 轴的扭转角。如图 6-8（b）所示，与 6 个广义位移对应，每个节点有 6 个广义节点力：N'_x、Q'_y、Q'_z、M'_x、M'_y、M'_z，其中 N'_x 是沿梁轴线 $O'x'$ 方向的轴向力，Q'_y、Q'_z 分别是沿 $O'y'$ 轴和 $O'z'$ 轴方向的剪切力。M'_x、M'_y、M'_z 分别是绕 $O'x'$ 轴、$O'y'$ 轴、$O'z'$ 轴的弯矩。

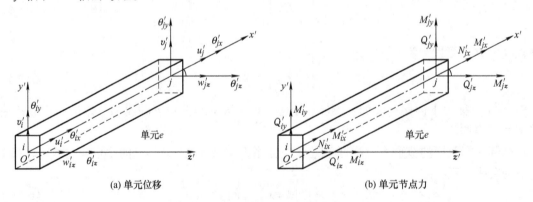

(a) 单元位移　　　　　　　　　　　　　(b) 单元节点力

图 6-8　局部坐标下的空间梁单元

如图 6-8（a）所示，在局部坐标系 $O'x'y'z'$ 下，节点位移列阵为

$$\{q'\}^e = \{u'_i, v'_i, w'_i, \theta'_{ix}, \theta'_{iy}, \theta'_{iz}, u'_j, v'_j, w'_j, \theta'_{jx}, \theta'_{jy}, \theta'_{jz}\}^{\mathrm{T}}$$

如图 6-8（b）所示，在局部坐标系 $O'xyz$ 下，节点力列阵为

$$\{F\}^e = \{N'_{ix},\ Q'_{iy},\ Q'_{iz},\ M'_{ix},\ M'_{iy},\ M'_{iz},\ N'_{jx},\ Q'_{jy},\ Q'_{jz},\ M'_{jx},\ M'_{jy},\ M'_{jz}\}^{\mathrm{T}}$$

$x'O'y'$平面内梁单元的刚度矩阵、单元的基本方程，在 6.2.2 节的平面梁单元中已介绍，式（6-73）为平面梁单元的单元刚度矩阵；式（6-74）为平面梁单元的单元基本方程，表示$x'O'y'$平面内的节点位移$\{q'\}^e = \{u'_i,\ v'_i,\ \theta'_{iz},\ u'_j,\ v'_j,\ \theta'_{jz}\}^{\mathrm{T}}$与节点力$\{F'\}^e = \{N'_i,\ Q'_i,\ M'_{iz},\ N'_j,\ Q'_j,\ M'_{jz}\}^{\mathrm{T}}$之间的关系。用同样的方法，可得出在$x'O'z'$平面和在$y'O'z'$平面内梁的单元刚度矩阵和单元基本方程，将它们集合到空间梁单元中，就可以得到空间局部坐标系$O'x'y'z'$下梁的单元刚度矩阵为

$$[k']^e =
\begin{bmatrix}
\frac{EA}{L} & 0 & 0 & 0 & 0 & 0 & \frac{-EA}{L} & 0 & 0 & 0 & 0 & 0 \\
0 & \frac{12EI_z}{L^3} & 0 & 0 & 0 & \frac{6EI_z}{L^2} & 0 & \frac{-12EI_z}{L^3} & 0 & 0 & 0 & \frac{6EI_z}{L^2} \\
0 & 0 & \frac{12EI_y}{L^3} & 0 & \frac{-6EI_y}{L^2} & 0 & 0 & 0 & \frac{-12EI_y}{L^3} & 0 & \frac{-6EI_y}{L^2} & 0 \\
0 & 0 & 0 & \frac{GJ_k}{L} & 0 & 0 & 0 & 0 & 0 & \frac{-GJ_k}{L} & 0 & 0 \\
0 & 0 & \frac{-6EI_y}{L^2} & 0 & \frac{4EI_y}{L} & 0 & 0 & 0 & \frac{6EI_y}{L^2} & 0 & \frac{2EI_y}{L} & 0 \\
0 & \frac{6EI_z}{L^2} & 0 & 0 & 0 & \frac{4EI_z}{L} & 0 & \frac{-6EI_z}{L^2} & 0 & 0 & 0 & \frac{2EI_z}{L} \\
\frac{-EA}{L} & 0 & 0 & 0 & 0 & 0 & \frac{EA}{L} & 0 & 0 & 0 & 0 & 0 \\
0 & \frac{-12EI_z}{L^3} & 0 & 0 & 0 & \frac{-6EI_z}{L^2} & 0 & \frac{12EI_z}{L^3} & 0 & 0 & 0 & \frac{6EI_z}{L^2} \\
0 & 0 & \frac{-12EI_y}{L^3} & 0 & \frac{6EI_y}{L^2} & 0 & 0 & 0 & \frac{12EI_y}{L^3} & 0 & \frac{6EI_y}{L^2} & 0 \\
0 & 0 & 0 & \frac{-GJ_k}{L} & 0 & 0 & 0 & 0 & 0 & \frac{GJ_k}{L} & 0 & 0 \\
0 & 0 & \frac{-6EI_y}{L^2} & 0 & \frac{2EI_y}{L} & 0 & 0 & 0 & \frac{6EI_y}{L^2} & 0 & \frac{4EI_y}{L} & 0 \\
0 & \frac{6EI_z}{L^2} & 0 & 0 & 0 & \frac{2EI_z}{L} & 0 & \frac{6EI_z}{L^2} & 0 & 0 & 0 & \frac{4EI_z}{L}
\end{bmatrix}
\tag{6-75}$$

式中，A 为梁横截面的面积；L 是梁单元的长度；I_y 和 I_z 分别为横截面对 $O'y'$ 轴、$O'z'$ 轴的主惯性矩；J_k 是扭转惯性矩；E 和 G 分别是弹性模量和剪切模量。

空间局部坐标系 $O'x'y'z'$ 下梁单元的基本方程为

$$[k']^e\{q'\}^e = \{F'\}^e \tag{6-76}$$

2. 总体坐标系下的空间梁单元

当空间梁位于总体坐标系 $Oxyz$ 中的任意位置时，需要将其在局部坐标系下建立的单元刚度矩阵 $[k']^e$ 转换到总体坐标系中，转换原理和方法与平面梁单元的坐标转换相同。总体坐标系 $Oxyz$ 下的梁单元刚度矩阵 $[k]^e$ 可通过如下转换得到

$$[k]^e = [T]^{\mathrm{T}}[k']^e[T] \tag{6-77}$$

式中，$[k']^e$ 是局部坐标系 $O'x'y'z'$ 下空间梁单元的刚度矩阵，根据式（6-75）计算；$[T]$ 是坐标转换矩阵，可以根据单元节点在总体坐标系 $Oxyz$ 下的节点坐标求出，具体计算法见参考文献 [1]。

通过式（6-77）生成了总体坐标系 $Oxyz$ 下的梁单元刚度矩阵 $[k]^e$ 后，总体坐标系下的单元基本方程为

$$[k]^e\{q\}^e = \{F\}^e \tag{6-78}$$

习　题

6.1　杆单元和梁单元的区别是什么？什么样的杆件可以作为杆单元？什么样的杆件可以作为梁单元？

6.2　如图 6-9 所示，一个桁架由两根杆组成，杆的横截面的面积为 A，弹性模量为 E，垂直杆长度为 L，两杆铰接处作用一水平方向力 F。求力 F 作用点处的节点位移和杆的轴向力。

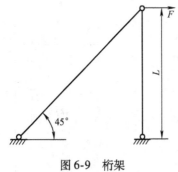

图 6-9　桁架

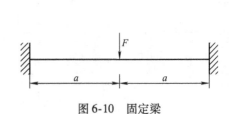

图 6-10　固定梁

6.3　如图 6-10 所示，梁的两端固定，梁的横截面的面积为 A，弹性模量为 E，梁长为 $2a$，集中力 F 作用在梁的中点。计算梁的中点挠度（不考虑剪切变形的影响），并和材料力学计算的结果进行比较。

6.4　试推导不考虑轴向变形的两节点梁单元的刚度矩阵（不考虑剪切变形的影响）。

6.5　试推导出 6.2.2 节中的平面梁单元的刚度矩阵。

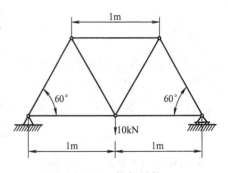

图 6-11　桁架结构

6.6　如图 6-11 所示桁架结构，由直径均为 5mm 的圆钢杆组成，弹性模量 $E = 200\text{GPa}$，泊松比 $\mu = 0.3$，密度 $\rho = 7800\text{kg/m}^3$。试计算各节点处的位移和各杆的应力。

参 考 文 献

[1] 王勖成，邵敏. 有限单元法基本原理和数值方法 [M]. 北京：清华大学出版社，1999.

[2] K J Bathe. A finite element program for automatic dynamic incremental nonlinear analysis [R]. ADINA Engi-

neering Inc. ，1984.

[3]　K J Bathe . ANDIA system theory and modeling guide ［R］. ANDIA Engineering Inc. ，1983.

[4]　梁醒培，刘玉民，白新理，等. 自动动态增量非线性有限元分析——ANDIA 使用手册 ［R］. 郑州：郑州机械研究所，1987.

[5]　王焕定，焦兆平. 有限单元法基础 ［M］. 北京：高等教育出版社，2002.

[6]　谢眙权，何福宝. 弹性和塑性力学中的有限单元法 ［M］. 北京：机械工业出版社，1981.

[7]　梁醒培，王辉. 应用有限元分析 ［M］. 北京：清华大学出版社，2010.

[8]　张国瑞. 有限元法 ［M］. 北京：机械工业出版社，1991.

[9]　赵均海，汪梦甫. 弹性力学及有限元 ［M］. 武汉：武汉理工大学出版社，2003.

“两弹一星”功勋
科学家：杨嘉墀
SZD - 005

第7章 板单元和壳单元简介

由于板、壳结构的厚度远小于板、壳长度和宽度的尺寸，如果采用二维或空间三维实体单元对其进行结构分析，会使得单元的尺寸在三个方向上相差很大，这样单元在不同方向上的刚度系数就会相差很大，从而导致总体有限基本方程为病态或奇异，最后使求解丧失精度或者根本无法求解。为避免上述问题，若使单元在各个方向尺寸相近，将导致单元总数和节点总数过分庞大，也会使计算无法进行。所以，对板、壳结构，应选用板、壳单元。与板单元理论和壳单元理论对应，在有限元法中，分别有板单元和壳单元。

板单元和壳单元的主要区别在于，板单元只考虑弯曲变形，而壳单元不但考虑弯曲变形，还考虑中曲面内的变形。相对于实体单元来说，板、壳单元更为复杂，板、壳单元的研究曾吸引了许多有限元工作者，也出现了多种不同类型的板、壳单元。本章只介绍比较简单的板单元和壳单元。

7.1 薄板的基本方程

7.1.1 薄板的基本假设

工程中的许多平板零件，厚度要比长度或宽度小得多，如果厚度与板面的其他尺寸之比小于 $1/5$，就可以认为是薄板。薄板厚度方向的对称平面称为板的中面，如图 7-1 所示。薄板所受的载荷可以分为两类，一类是作用在中面内的所谓纵向载荷，另一类是垂直于中面的所谓横向载荷。纵向载荷可以认为沿厚度均匀分布，因而可以按平面应力进行计算，横向载荷使板弯曲，可以按薄板弯曲问题进行计算。这里的薄板弯曲是指弹性薄板小挠度弯曲。

在忽略横向剪切变形的前提下，克希霍夫（Kirchhoff）薄板弯曲理论假设：

（1）直线法假设。假设变形前垂直于中面的法线，变形后仍垂直于中面，且法向线段没有伸缩变化，即在板厚 z 方向，有

$$\varepsilon_z = 0, \ \gamma_{yz} = \gamma_{zx} = 0$$

（2）正应力假设。在平行于中面的截面上，正应力 σ_z 远远小于截面内的 σ_x、σ_y 和 τ_{xy}，假设

$$\sigma_z = 0$$

（3）小挠度假设。假设薄板

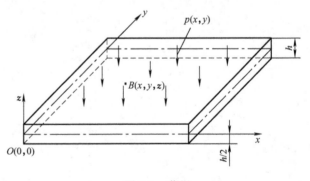

图 7-1 薄板

中面的挠度 w 远远小于板厚度 h；假设板的中面无平行于中面的变形和位移。即在 $z = 0$ 的中面上，有

$$u = v = 0$$

由上述假设，板的全部应力和应变分量都可以用板中面的挠度 w 来表示。

7.1.2　薄板的位移函数

如图 7-1 所示，过薄板内任意一点 $B(x,y,z)$ 作平行于 xOz 平面的截面，如图 7-2 所示，薄板变形前，点 $B(x,y,z)$ 到中面的距离为 z，AB 为法线；变形后，中面上的点 $A(x,y,\theta)$ 移动到 A'，位移为 w，点 $B(x,y,z)$ 移动到 B'，$A'B'$ 为变形后的法线，垂直于变形后的中面。根据直线法假设，有

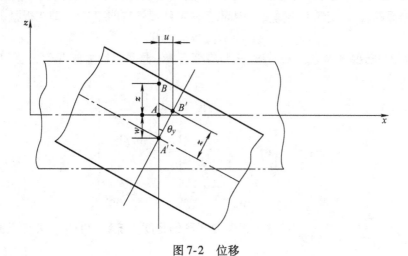

图 7-2　位移

$$\varepsilon_z = \frac{\partial w(x,y,z)}{\partial z} = 0$$

即在同一法线上的挠度是一样的，与 z 坐标无关。z 方向位移，即挠度 w 只是 x、y 的函数，有

$$w(x,y,z) = w(x,y) = w \tag{7-1}$$

由图 7-2，点 $B(x,y,z)$ 在 x 方向的位移 u 近似为

$$u \approx z \cdot \tan\theta_y$$

因为 w 很小，因此 θ_y 也很小，有

$$\tan\theta_y \approx -\frac{\partial w}{\partial x}$$

所以点 $B(x,y,z)$ 在 x 方向的位移 u 为

$$u(x,y,z) = -z\frac{\partial w}{\partial x}$$

同理，如果过如图 7-1 所示点 $B(x,y,z)$ 作平行于 yOz 平面的截面，可得点 $B(x,y,z)$ 在 y 方向的位移 v 为

$$v(x,y,z) = -z\frac{\partial w}{\partial y}$$

则板内各点的位移为

$$\{q\}_{(x,y,z)} = \begin{Bmatrix} u(x,y,z) \\ v(x,y,z) \\ w(x,y) \end{Bmatrix} = \begin{Bmatrix} -z\dfrac{\partial w}{\partial x} \\ -z\dfrac{\partial w}{\partial y} \\ w(x,y) \end{Bmatrix} \tag{7-2}$$

7.1.3 薄板的应变分量和曲率

对于薄板弯曲问题,根据直线法假设,在同一法线上的挠度 w 是一样的,且与 z 坐标无关,变形前垂直于中面的法线,变形后仍垂直于中面,且法向线段没有伸缩变化,即在板厚 z 方向,有

$$\varepsilon_z = 0 , \quad \gamma_{yz} = \gamma_{zx} = 0$$

因此,薄板只需要考虑 ε_x 、 ε_y 、 γ_{xy} 三个应变分量。根据弹性力学几何方程,应变可以表示为

$$\{\varepsilon\} = \begin{Bmatrix} \varepsilon_x \\ \varepsilon_y \\ \gamma_{xy} \end{Bmatrix} = \begin{Bmatrix} \dfrac{\partial u}{\partial x} \\ \dfrac{\partial v}{\partial y} \\ \dfrac{\partial u}{\partial y} + \dfrac{\partial v}{\partial x} \end{Bmatrix} = -z \begin{Bmatrix} \dfrac{\partial^2 w}{\partial x^2} \\ \dfrac{\partial^2 w}{\partial y^2} \\ 2\dfrac{\partial^2 w}{\partial x \partial y} \end{Bmatrix} \tag{7-3}$$

式中, $-\dfrac{\partial^2 w}{\partial x^2}$, $-\dfrac{\partial^2 w}{\partial y^2}$, $-2\dfrac{\partial^2 w}{\partial x \partial y}$ 反映了板弯曲变形的程度,统称为曲率,并定义曲率列阵为

$$\{k\} = \left\{ -\dfrac{\partial^2 w}{\partial x^2}, -\dfrac{\partial^2 w}{\partial y^2}, -2\dfrac{\partial^2 w}{\partial x \partial y} \right\}^{\mathrm{T}} \tag{7-4}$$

式 (7-3) 中的应变 $\{\varepsilon\}$ 可以写为

$$\{\varepsilon\} = \begin{Bmatrix} \varepsilon_x \\ \varepsilon_y \\ \gamma_{xy} \end{Bmatrix} = z\{k\} \tag{7-5}$$

7.1.4 薄板的应力分量

根据弹性力学物理方程, 有

$$\begin{cases} \varepsilon_x = \dfrac{1}{E}(\sigma_x - \mu\sigma_y) \\ \varepsilon_y = \dfrac{1}{E}(\sigma_y - \mu\sigma_x) \\ \gamma_{xy} = \dfrac{2(1+\mu)}{E}\tau_{xy} \end{cases} \tag{7-6}$$

式中, E 为弹性模量; μ 为泊松比。

上式还可以写为

$$\{\sigma\} = \begin{Bmatrix} \sigma_x \\ \sigma_y \\ \tau_{xy} \end{Bmatrix} = [D]\{\varepsilon\} = z[D]\{k\} \tag{7-7}$$

式中，$[D]$ 为弹性矩阵，它与平面应力问题中的弹性矩阵相同，即

$$[D] = \frac{E}{1-\mu^2}\begin{bmatrix} 1 & \mu & 0 \\ \mu & 1 & 0 \\ 0 & 0 & \dfrac{1-\mu}{2} \end{bmatrix}$$

7.1.5　薄板的内力矩

根据式 (7-7)，应力 $\{\sigma\}$ 与 z 方向坐标成正比，即应力沿厚度方向呈线性变化，并且在中面上等于零。在 x 为常数的横截面上，正应力 σ_x 形成的弯矩 M_x 为

$$M_x = \int_{-h/2}^{h/2} \sigma_x z \mathrm{d}z$$

式中，h 为板的厚度。

同样，在 y 为常数的横截面上，正应力 σ_y 形成的弯矩 M_y 为

$$M_y = \int_{-h/2}^{h/2} \sigma_y z \mathrm{d}z$$

根据剪应力互等定理，"$x =$ 常数"截面上的剪应力 τ_{xy} 与 "$y =$ 常数"横截面上的剪应力 τ_{yx} 相等，$\tau_{xy} = \tau_{yx}$。剪应力 τ_{xy} 形成的扭矩为

$$M_{xy} = \int_{-h/2}^{h/2} \tau_{xy} z \mathrm{d}z$$

M_x、M_y、M_{xy} 称为薄板的内力矩，将它们表示为矩阵形式，有

$$\{M\} = \begin{Bmatrix} M_x \\ M_y \\ M_{xy} \end{Bmatrix} = \int_{-h/2}^{h/2} z\{\sigma\}\mathrm{d}z = \int_{-h/2}^{h/2} z^2[D]\{k\}\mathrm{d}z$$

$$= \frac{h^3}{12}[D]\{k\} = [D_b]\{k\} \tag{7-8}$$

式中，$[D_b]$ 为薄板弯曲弹性系数矩阵

$$[D_b] = \frac{Eh^3}{12(1-u^2)}\begin{bmatrix} 1 & \mu & 0 \\ \mu & 1 & 0 \\ 0 & 0 & \dfrac{1-\mu}{2} \end{bmatrix}$$

比较式 (7-7) 和式 (7-8)，可得用内力矩 $\{M\}$ 表示的薄板应力公式

$$\{\sigma\} = \begin{Bmatrix} \sigma_x \\ \sigma_y \\ \tau_{xy} \end{Bmatrix} = \frac{12z}{h^3}\{M\} \tag{7-9}$$

我们通常关心的是最大应力，最大应力出现在板的上、下表面处（$z = \pm h/2$），由式 (7-9)，上、下板面的应力为

$$\{\sigma\}_{max} = \begin{Bmatrix} \sigma_x \\ \sigma_y \\ \tau_{xy} \end{Bmatrix}_{max} = \pm\frac{6\{M\}}{h^2} \tag{7-10}$$

以上薄板的基本理论，适用于后续介绍的各类板、壳单元。

7.2 矩形板单元简介

7.2.1 矩形板单元的位移函数

如图 7-3 所示的矩形板单元 e，x 方向的长度为 $2a$，y 方向的宽度为 $2b$，厚度为 h。4 个节点 i、j、m、p 为板中面的顶点，每个节点有三个位移：挠度 w（z 方向的位移），绕 x 轴的转角 θ_x 和绕 y 轴的转角 θ_y，这三个位移称为板单元的广义节点位移，图 7-3 规定了它们的正方向。按照直法线假设（与梁的弯曲相似），在小挠度变形情况下，法线的转角可以由挠度的斜率表示，每个节点的位移可以表示为

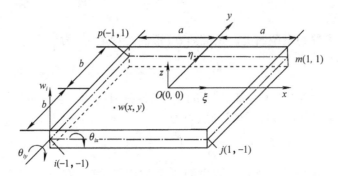

图 7-3 矩形板单元

$$\{q_i\} = \begin{Bmatrix} w_i \\ \theta_{ix} \\ \theta_{iy} \end{Bmatrix} = \begin{Bmatrix} w_i \\ \dfrac{\partial w_i}{\partial y} \\ -\dfrac{\partial w_i}{\partial x} \end{Bmatrix} \quad (i = i, j, m, p) \tag{7-11}$$

每个单元有 4 个节点，共 12 个位移分量，板单元的节点位移以列阵形式可以写为

$$\{q\}^e = \{w_i, \theta_{ix}, \theta_{iy}, w_j, \theta_{jx}, \theta_{jy}, w_m, \theta_{mx}, \theta_{my}, w_p, \theta_{px}, \theta_{py}\}^{\mathrm{T}}$$

如图 7-3 所示，在板中面的中心点处，定义与 xOy 坐标平面重合的局部坐标平面 $O\xi\eta$，定义局部坐标 (ξ, η) 与直角坐标 (x, y) 的关系为

$$\xi = \frac{x}{a}, \eta = \frac{y}{b}$$

4 个角节点 i、j、m、p 的局部坐标分别为 $i(-1, -1)$，$j(1, -1)$，$m(1, 1)$，$p(-1, 1)$。

因为矩形板单元有 12 个位移分量，所以单元挠度 $w(x, y)$ 应取为 12 项多项式，即

$$w(x, y) = a_1 + a_2 x + a_3 y + a_4 x^2 + a_5 xy + a_6 y^2 + a_7 x^3 + a_8 x^2 y +$$
$$a_9 xy^2 + a_{10} y^3 + a_{11} x^3 y + a_{12} xy^3 \tag{7-12}$$

为了确定待定系数 $a_1 \sim a_{12}$，可将 4 个节点的坐标代入挠度 $w(x, y)$ 及其导数的表达式，可得到下列方程组

$$\begin{cases} w_i = a_1 + a_2 x_i + a_3 y_i + a_4 x_i^2 + a_5 x_i y_i + a_6 y_i^2 + \cdots \\[2mm] \theta_{ix} = \dfrac{\partial w_i}{\partial y} = a_3 + a_5 x_i + 2a_6 y_i + \cdots \qquad\qquad (i = i,j,m,p) \\[2mm] \theta_{iy} = -\dfrac{\partial w_i}{\partial x} = -a_2 - 2a_4 x_i - a_5 y_i + \cdots \end{cases} \qquad (7\text{-}13)$$

求解式（7-13）中的方程组，可得到 $a_1 \sim a_{12}$，再将 $a_1 \sim a_{12}$ 代入式（7-12），并整理，可得挠度函数为

$$w(x,y) = [N]\{q\}^e \qquad\qquad (7\text{-}14)$$

式中，$\{q\}^e$ 是单元节点位移矩阵；$[N]_{1\times 12}$ 是形函数矩阵，它由 4 个分块矩阵组成

$$[N] = [[N_i][N_j][N_m][N_p]] \qquad\qquad (7\text{-}15)$$

每一个分块矩阵都是 1 行、3 列的矩阵：

$$[N_i] = [N_i \quad N_{ix} \quad N_{iy}](i = i,j,m,p)$$

上式中的分量为

$$\begin{cases} N_i = \dfrac{1}{8}(1 + \xi_i \xi)(1 + \eta_i \eta)(2 + \eta_i \eta - \xi^2 - \eta^2) \\[3mm] N_{ix} = -\dfrac{1}{8}b\eta_i(1 + \xi_i \xi)(1 + \eta_i \eta)(1 - \eta^2) \qquad (i = i,j,m,p) \\[3mm] N_{iy} = \dfrac{1}{8}\alpha\xi_i(1 + \xi_i \xi)(1 + \eta_i \eta)(1 - \xi^2) \end{cases}$$

式中，$\xi = x/a$；$\eta = y/b$；ξ_i 和 $\eta_i(i = i, j, m, p)$ 为节点 i、j、m、p 的局部坐标值，分别取 -1 或 1。

薄板中面可能产生的刚体位移是，沿 z 轴的移动和绕 x 轴和绕 y 轴的转动，单元位移函数，即式（7-12）的前 3 项 $a_1 + a_2 x + a_3 y$ 反映了这 3 个刚体位移，式（7-12）的第 4~6 项 $a_4 x^2 + a_5 xy + a_6 y^2$ 反映了常应变状态（即常曲率和常扭率）。所以，式（7-12）表示的单元位移满足完备性要求，因为它包含了刚体位移及常应变。

再分析相邻单元之间的连续性，由式（7-12）可以看出，在 $x =$ 常数的边界上，挠度 $w (x, y)$ 是 y 的三次曲线；在 $y =$ 常数的边界上，挠度 $w(x,y)$ 是 x 的三次曲线，它可以由两端节点的 4 个参数唯一确定。例如，在边界 ij 上（$y = -b, \eta = -1$），挠度 $w(x,y)$ 是 x 的三次曲线，与这条曲线有关的节点位移有 4 个：w_i、w_j、$\partial w_i/\partial x$、$\partial w_j/\partial x$，则沿边界 ij 上的挠度 w 可唯一确定，所以在单元边界上挠度 $w(x, y)$ 是连续的。由于挠度 $w(x, y)$ 是唯一的，则沿边界 ij 的导数 $\partial w/\partial x$ 也是连续的。但是在单元边界上，$w(x, y)$ 的法向导数也是三次曲线，仍以边界 ij 为例，$\partial w/\partial y$ 是 x 的三次曲线，现在只有两个参数，即 $\partial w_i/\partial y$ 和 $\partial w_j/\partial y$，这就不能唯一确定沿边界 ij 上三次变化的 $\partial w/\partial y$，因此，单元之间的法向导数的连续性不能满足，所以，这种单元是一种非协调元或非完全协调元。但是这种单元可以通过分片试验，当单元尺寸不断缩小时，计算结果是收敛的，所以这种单元是可以使用的。

7.2.2　矩阵板单元的应变

将式（7-14）代入式（7-3），可得矩阵板单元的应变如下：

$$\{\varepsilon\}^e = \begin{Bmatrix} \varepsilon_x \\ \varepsilon_y \\ \gamma_{xy} \end{Bmatrix}^e = \begin{Bmatrix} \dfrac{\partial u}{\partial x} \\ \dfrac{\partial v}{\partial y} \\ \dfrac{\partial u}{\partial y} + \dfrac{\partial v}{\partial x} \end{Bmatrix} = -z \begin{Bmatrix} \dfrac{\partial^2 w}{\partial x^2} \\ \dfrac{\partial^2 w}{\partial y^2} \\ 2\dfrac{\partial^2 w}{\partial x \partial y} \end{Bmatrix}$$

$$= -z \begin{bmatrix} \dfrac{\partial^2 N_i}{\partial x^2} & \dfrac{\partial^2 N_{ix}}{\partial x^2} & \dfrac{\partial^2 N_{iy}}{\partial x^2} & \cdots & \dfrac{\partial^2 N_p}{\partial x^2} & \dfrac{\partial^2 N_{px}}{\partial x^2} & \dfrac{\partial^2 N_{py}}{\partial x^2} \\ \dfrac{\partial^2 N_i}{\partial y^2} & \dfrac{\partial^2 N_{ix}}{\partial y^2} & \dfrac{\partial^2 N_{iy}}{\partial y^2} & \cdots & \dfrac{\partial^2 N_p}{\partial y^2} & \dfrac{\partial^2 N_{px}}{\partial y^2} & \dfrac{\partial^2 N_{py}}{\partial y^2} \\ 2\dfrac{\partial^2 N_i}{\partial x \partial y} & 2\dfrac{\partial^2 N_{ix}}{\partial x \partial y} & 2\dfrac{\partial^2 N_{iy}}{\partial x \partial y} & \cdots & 2\dfrac{\partial^2 N_p}{\partial x \partial y} & 2\dfrac{\partial^2 N_{px}}{\partial x \partial y} & 2\dfrac{\partial^2 N_{py}}{\partial x \partial y} \end{bmatrix} \{q\}^e \qquad (7\text{-}16)$$

定义应变矩阵为

$$[B]^e_{3 \times 12} = -z \begin{bmatrix} \dfrac{\partial^2 N_i}{\partial x^2} & \dfrac{\partial^2 N_{ix}}{\partial x^2} & \dfrac{\partial^2 N_{iy}}{\partial x^2} & \cdots & \dfrac{\partial^2 N_p}{\partial x^2} & \dfrac{\partial^2 N_{px}}{\partial x^2} & \dfrac{\partial^2 N_{py}}{\partial x^2} \\ \dfrac{\partial^2 N_i}{\partial y^2} & \dfrac{\partial^2 N_{ix}}{\partial y^2} & \dfrac{\partial^2 N_{iy}}{\partial y^2} & \cdots & \dfrac{\partial^2 N_p}{\partial y^2} & \dfrac{\partial^2 N_{px}}{\partial y^2} & \dfrac{\partial^2 N_{py}}{\partial y^2} \\ 2\dfrac{\partial^2 N_i}{\partial x \partial y} & 2\dfrac{\partial^2 N_{ix}}{\partial x \partial y} & 2\dfrac{\partial^2 N_{iy}}{\partial x \partial y} & \cdots & 2\dfrac{\partial^2 N_p}{\partial x \partial y} & 2\dfrac{\partial^2 N_{px}}{\partial x \partial y} & 2\dfrac{\partial^2 N_{py}}{\partial x \partial y} \end{bmatrix}_{3 \times 12} \qquad (7\text{-}17)$$

单元应变可表示为

$$\{\varepsilon\}^e = \begin{Bmatrix} \varepsilon_x \\ \varepsilon_y \\ \gamma_{xy} \end{Bmatrix}^e = [B]^e_{3 \times 12} \{q\}^e_{12 \times 1} \qquad (7\text{-}18)$$

其中，单元应变矩阵 $[B]^e$ 写成分块矩阵的形式为

$$[B]^e_{3 \times 12} = [[B_i][B_j][B_m][B_p]]^e$$

每一子块矩阵为

$$[B_i]^e_{3 \times 3} = \frac{z}{4ab} \begin{bmatrix} \dfrac{3b}{a}\xi_i\xi(1+\eta_i\eta) & 0 & b\xi_i(1+3\xi_i\xi)(1+\eta_i\eta) \\ \dfrac{3a}{b}\eta_i\eta(1+\xi_i\xi) & -a\eta_i(1+\xi_i\xi)(1+3\eta_i\eta) & 0 \\ \eta_i\xi_i(3\xi^2+3\eta^2-4) & -b\xi_i(3\eta^2+2\eta_i\eta-1) & a\eta_i(3\xi^2+2\xi_i\xi-1) \end{bmatrix}$$

$$(i = i, j, m, p)$$

7.2.3 矩阵板单元的应力

由弹性力学物理方程，单元的应力为

$$\{\sigma\}^e = [D]\{\varepsilon\}^e = [D][B]^e\{q\}^e \qquad (7\text{-}19)$$

单元应力矩阵 $[S]^e$ 为

$$[S]^e_{3\times12} = [D]_{3\times3}\,[B]^e_{3\times12} \tag{7-20}$$

则单元的应力可简写为

$$\{\sigma\}^e = [S]^e\,\{q\}^e \tag{7-21}$$

7.2.4　矩阵板单元的刚度矩阵

单元刚度矩阵的通式为

$$[k]^e = \iiint\limits_{V} [B]^{e\mathrm{T}}\,[D]\,[B]^e \mathrm{d}x\mathrm{d}y\mathrm{d}z$$

其中，V 表示单元体积。

将单元应变矩阵 $[B]^e$ 代入上式，有

$$[k]^e_{12\times12} = \int_{-h/2}^{h/2}\int_{-1}^{1}\int_{-1}^{1}[B]^{e\mathrm{T}}_{12\times3}[D]_{3\times3}[B]^e_{3\times12}\,ab\,\mathrm{d}\xi\mathrm{d}\eta\mathrm{d}z \tag{7-22}$$

将单元刚度矩阵写为如下分块形式

$$[k]^e_{12\times12} = \begin{bmatrix} [k_{ii}] & [k_{ij}] & [k_{im}] & [k_{ip}] \\ [k_{ji}] & [k_{jj}] & [k_{jm}] & [k_{jp}] \\ [k_{mi}] & [k_{mj}] & [k_{mm}] & [k_{mp}] \\ [k_{pi}] & [k_{pj}] & [k_{pm}] & [k_{pp}] \end{bmatrix} \tag{7-23}$$

上式中，每一子矩阵的计算公式为

$$[k_{ij}]_{3\times3} = \int_{-h/2}^{h/2}\int_{-1}^{1}\int_{-1}^{1}[B_i]^{\mathrm{T}}_{3\times3}[D]_{3\times3}[B_j]_{3\times3}\,ab\,\mathrm{d}\xi\mathrm{d}\eta\mathrm{d}z \tag{7-24}$$

$$(i,\ j=i,\ j,\ m,\ p)$$

每一子矩阵 $[k_{ij}]_{3\times3}$ 为 3×3 的矩阵，其中元素积分的结果可表示为

$$[k_{ij}] = \begin{bmatrix} k_{11} & k_{12} & k_{13} \\ k_{21} & k_{22} & k_{23} \\ k_{31} & k_{32} & k_{33} \end{bmatrix} \tag{7-25}$$

上式中 9 个元素的显式表达式分别为

$$k_{11} = 3H\left[15\left(\frac{b^2}{a^2}\bar\xi_0 + \frac{a^2}{b^2}\bar\eta_0\right) + \left(14 - 4\mu + 5\frac{b^2}{a^2} + 5\frac{a^2}{b^2}\right)\bar\xi_0\,\bar\eta_0\right]$$

$$k_{12} = -3Hb\left[\left(2 + 3\mu + 5\frac{a^2}{b^2}\right)\bar\xi_0\eta_i + 15\frac{a^2}{b^2}\eta_i + 5\mu\,\bar\xi_0\eta_j\right]$$

$$k_{13} = 3Ha\left[\left(2 + 3\mu + 5\frac{b^2}{a^2}\right)\xi_i\,\bar\eta_0 + 15\frac{b^2}{a^2}\xi_i + 5\mu\xi_j\,\bar\eta_0\right]$$

$$k_{21} = -3Hb\left[\left(2 + 3\mu + 5\frac{a^2}{b^2}\right)\bar\xi_0\eta_j + 15\frac{a^2}{b^2}\eta_j + 5\mu\,\bar\xi_0\eta_i\right]$$

$$k_{22} = Hb^2\left[2(1-\mu)\,\bar\xi_0(3 + 5\,\bar\eta_0) + 5\frac{a^2}{b^2}(3 + \bar\xi_0)(3 + \bar\eta_0)\right]$$

$$k_{23} = -15H\mu ab(\xi_i + \xi_j)(\eta_i + \eta_j)$$

$$k_{31} = 3Ha\left[\left(2 + 3\mu + 5\frac{b^2}{a^2}\right)\xi_j\,\bar\eta_0 + 15\frac{b^2}{a^2}\xi_j + 5\mu\xi_i\,\bar\eta_0\right]$$

$$k_{32} = -15H\mu ab(\xi_i + \xi_j)(\eta_i + \eta_j)$$

$$k_{33} = Ha^2 \left[2(1 - \mu) \, \bar{\eta}_0 (3 + 5 \, \bar{\xi}_0) + 5 \frac{b^2}{a^2} (3 + \bar{\xi}_0)(3 + \bar{\eta}_0) \right]$$

式中，$H = \dfrac{D}{60ab}$；$D = \dfrac{Eh^3}{12\,(1 - u^2)}$ 为薄板弯曲刚度；$\bar{\xi}_0 = \xi_i \xi_j$；$\bar{\eta}_0 = \eta_i \eta_j$；$\xi_i$、$\eta_i$（$i = i, j, m, p$）为节点 i、j、m、p 的局部坐标值，分别取 -1 或 1。

7.2.5　矩阵板单元的等效节点力

如图 7-1 所示，如果垂直于板单元中面的横向分布载荷为 $p(x, y)$，可将其等效移置到节点上，每个节点 $i(i = i, j, m, p)$ 的节点力有三个分量：z 方向的剪切力 Q_{iz}、绕 x、y 轴的弯矩 M_{ix}、$M_{iy}(i = i, j, m, p)$，4 个节点共 12 个分量。等效节点力列阵为

$$\{F_p\}_{12 \times 1}^{e} = \{Q_{iz}, M_{ix}, M_{iy}, Q_{jz}, M_{jx}, M_{jy}, Q_{mz}, M_{mx}, M_{my}, Q_{pz}, M_{px}, M_{py}, \}^{\mathrm{T}}$$

根据虚位移原理，横向分布载荷 $p\,(x,\,y)$ 等效移置后的节点力为

$$\{F_p\}_{12 \times 1}^{e} = \int_{-1}^{1} \int_{-1}^{1} [N]^{\mathrm{T}} p(x, y) ab \mathrm{d}\xi \mathrm{d}\eta \tag{7-26}$$

如果横向分布载荷 $p\,(x,\,y)$ 为均匀载荷 p，与坐标 $(x,\,y)$ 无关，把式（7-15）中的形函数矩阵 $[N]$ 代入上式，经积分，得等效节点力分量为

$$\{F_p\}_{12 \times 1}^{e} = \{Q_{iz}, M_{ix}, M_{iy}, Q_{jz}, M_{jx}, M_{jy}, Q_{mz}, M_{mx}, M_{my}, , Q_{pz}, M_{px}, M_{py}, \}^{\mathrm{T}}$$

$$= 4pab \left\{ \frac{1}{4}, \frac{b}{12}, \frac{-a}{12}, \frac{1}{4}, \frac{b}{12}, \frac{a}{12}, \frac{1}{4}, \frac{-b}{12}, \frac{a}{12}, \frac{1}{4}, \frac{-b}{12}, \frac{-a}{12} \right\}^{\mathrm{T}}$$

7.3　三角形板单元简介

三角形板单元可以模拟复杂的边界形状，在工程计算中具有较多的应用。

7.3.1　三角形板单元的位移函数

采用不同的节点数和不同的单元位移函数可以构造出不同的三角形板单元，图 7-4（a）所示为一个 3 节点的三角形板单元。与矩形板单元的节点位移一样，三角形板单元每个节点有三个位移分量：挠度 w（z 方向的位移），绕 x 轴的转角 θ_x 和绕 y 轴的转角 θ_y。这样，单元的节点位移 $\{q\}^e$ 共有 9 个分量，其位移列阵为

$$\{q\}^e = \{w_i, \theta_{ix}, \theta_{iy}, w_j, \theta_{jx}, \theta_{jy}, w_m, \theta_{mx}, \theta_{my}\}^{\mathrm{T}} \tag{7-27}$$

如果单元位移函数取 x、y 的多项式，则多项式最多只能有 9 项，而 x、y 的三次完全多项式有 10 项，即

$$w\,(x,\,y) = a_1 + a_2 x + a_3 y + a_4 x^2 + a_5 xy + a_6 y^2 + a_7 x^3 + a_8 x^2 y + a_9 xy^2 + a_{10} y^3 \tag{7-28}$$

为了能够根据 9 个单元节点位移分量来确定多项式的系数，必须从上式中去掉一项，或者减少一个待定系数。因为前 6 项代表刚体位移和常应变，这是保证收敛所必需的。而最后 4 项中去掉任何一项都会破坏 x、y 的对称性，所以有人尝试将 $x^2 y$ 和 xy^2 这两项合并，即令 $a_8 = a_9$，以达到减少一个待定系数并保证对称性的目的。可是当单元是两个边分别平行于 x 轴和 y 轴的等腰三角形时，确定多项式待定系数的矩阵奇异，令 $a_8 = a_9$ 的方案不可行。因此，三角形板单元可以采用面积坐标来表示位移函数，以不同的插值方式来克服上述困难。

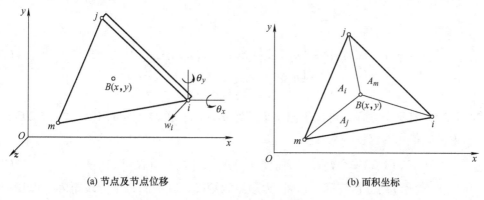

(a) 节点及节点位移　　　　　　　　(b) 面积坐标

图 7-4　三节点三角形板单元

如图 7-4（b）所示面积坐标的定义，以及面积坐标与直角坐标的关系，见 3.3.1 节，这里就不再赘述。

由第 3 章中的式（3-111），三角形单元的面积坐标公式为

$$
\begin{cases}
L_i = (a_i + b_i x + c_i y)/(2A) \\
L_j = (a_j + b_j x + c_j y)/(2A) \\
L_m = (a_m + b_m x + c_m y)/(2A)
\end{cases}
$$

即

$$
L_i = \frac{1}{2A}(a_i + b_i x + c_i y) \quad (i = i, j, m)
$$

且

$$
L_i + L_j + L_m = 1
$$

面积坐标中，A 为三角形 ijm 的面积。

面积坐标的一次、二次、三次式分别有以下各项。

一次式：L_i，L_j，L_m

二次式：L_i^2，L_j^2，L_m^2，$L_i L_j$，$L_j L_m$，$L_m L_i$

三次式：L_i^3，L_j^3，L_m^3，$L_i^2 L_j$，$L_j^2 L_m$，$L_m^2 L_i$，$L_i L_j^2$，$L_j L_m^2$，$L_m L_i^2$，$L_i L_j L_m$

由于面积坐标 L_i、L_j、L_m 相互不独立，即 $L_i + L_j + L_m = 1$，经过不同组合，可以假设不同的单元位移函数，有了单元位移函数，就可以按常规的有限元过程计算单元刚度矩阵。用面积坐标 $(L_i$，L_j，$L_m)$ 定义的三角形板单元的位移函数为

$$
\begin{aligned}
w(x,y) = {} & a_1 L_i + a_2 L_j + a_3 L_m + a_4 L_j L_m + a_5 L_m L_i + a_6 L_i L_j + a_7 (L_j L_m^2 - L_m L_j^2) + \\
& a_8 (L_m L_i^2 - L_i L_m^2) + a_9 (L_i L_j^2 - L_j L_i^2)
\end{aligned}
\tag{7-29}
$$

式中，第 1、2、3 项是一次项，代表刚体位移；第 4、5、6 项是二次项，代表常应变；第 7、8、9 项是三次项。二次式中的二次项有 6 个，只选了其中的 3 个；三次式中的三次项有 10 个，只选了其中的 6 个并进行了适当地组合。$w(x, y)$ 的定义是有依据的，见参考文献 [1] ~ [4]。

式（7-29）定义的位移函数需要满足节点的位移 $\{q\}^e$，可得通式（7-30）。

$$\{q_i\}^e = \begin{Bmatrix} w_i \\ \theta_{ix} \\ \theta_{iy} \end{Bmatrix} = \begin{Bmatrix} w(x_i, y_i) \\ \left(\dfrac{\partial w}{\partial y}\right)_i \\ \left(\dfrac{\partial w}{\partial x}\right)_i \end{Bmatrix} \quad (i = i, j, m) \tag{7-30}$$

式（7-30）有 9 个方程，可以求出 9 个系数 $a_1 \sim a_9$，再将 $a_1 \sim a_9$ 代入式（7-29），经整理后，三角形板单元的位移函数为

$$w(x, y) = [N]_{1 \times 9} \{q\}^e_{9 \times 1} = [[N_i] \quad [N_j] \quad [N_m]] \{q\}^e \tag{7-31}$$

其中，$\{q\}^e$ 是单元节点位移阵列，$[N]$ 为形函数矩阵，其中的每个分块矩阵，即每个节点对应的形函数为

$$[N_i] = [N_i \quad N_{ix} \quad N_{iy}] (i = i, j, m)$$

式中，

$$\begin{cases} N_i = L_i - (L_i L_j^2 - L_i^2 L_j) + (L_m L_i^2 - L_m^2 L_i) \\ N_{ix} = \dfrac{1}{2} b_j L_m L_i - \dfrac{1}{2} b_m L_i L_j + \dfrac{1}{2} b_j (L_m L_i^2 - L_m^2 L_i) + \dfrac{1}{2} b_m (L_i L_j^2 - L_i^2 L_j) \\ N_{iy} = \dfrac{1}{2} c_j L_m L_i - \dfrac{1}{2} c_m L_i L_j + \dfrac{1}{2} c_j (L_m L_i^2 - L_m^2 L_i) + \dfrac{1}{2} c_m (L_i L_j^2 - L_i^2 L_j) \end{cases} \quad (i = i, j, m)$$

这里的下标 i、j、m 轮换计算，且

$$b_i = y_i - y_m, \qquad c_i = x_i - x_m \quad (i = i, j, m)$$

7.3.2 三角形板单元的应变、应力和刚度矩阵

由式（7-31）确定了三角形板单元的位移函数 $w(x, y)$ 后，根据板单元的基本理论，按照式（7-3）可以计算单元的应变 $\{\varepsilon\}^e$，按照式（7-7）可以计算单元的应力 $\{\sigma\}^e$，按照式（7-8）可以计算单元的内力矩 $\{M\}^e$。

按照有限元标准化的步骤，计算单元刚度矩阵

$$[k]^e = \iiint\limits_V [B]^{eT} [D] [B]^e \mathrm{d}x\mathrm{d}y\mathrm{d}z$$

式中，V 表示单元体积。

与矩形板单元一样，三角形板单元中每个节点 $i(i = i, j, m)$ 的节点力有三个分量：z 方向的剪切力 Q_{iz} 和绕 x、y 轴的弯矩 M_{ix}、M_{iy}（$i = i, j, m$），3 个节点共有 9 个分量。其等效节点力列阵为

$$\{F\}^e = \{Q_{iz}, M_{ix}, M_{iy}, Q_{jz}, M_{jx}, M_{jy}, Q_{mz}, M_{mx}, M_{my}\}^T$$

单元节点位移与节点力的关系，即单元的基本方程为

$$[k]^e \{q\}^e = \{F\}^e \tag{7-32}$$

对于式（7-29）中的位移函数，在两个相邻单元的边界上挠度和沿边界切线方向的斜率是连续的，但是其法线方向的斜率是不连续的，因此，三角形板单元是一种完备的非协调单元。

采用不同形状的单元、不同的节点数、不同的单元位移函数，可以构造出不同的板单元。例如，对于本节的 3 节点三角形单元，可以构造出在相邻单元边界上完全协调的、基于

离散 Kirchhoff 理论的板单元[2,3]。此外，还有其他形式的板单元[3,6]。

板单元有协调元和非协调元，非协调单元只要能通过分片试验，单元就可以使用。对于许多工程问题，用非协调元得到的解的精度还是能满足要求的，有时候还能给出比协调元更好的一些结果，这是因为协调单元利用最小位能原理求得的近似解，一般使结构显得过于刚硬，而非协调元不满足最小位能原理的要求，使结构趋于柔软，正好抵消了协调元过于刚硬所带来的误差。另外，对于薄板弯曲问题，从实际结构变形来看，其挠度和转角一般是连续的，而其曲率并非是一直连续的。例如，在板的厚度有突出的地方，其曲率就是不连续的，如果在节点上规定了相同曲率参数，相当于对其施加了不适当的限制，人为地增强了板的弯曲刚度，所以非协调元对这些地方可能更适合。当然，对于等厚度板，协调单元能给出更好精度的计算结果。

从多项式挠度函数的构成分析，每个节点的三个位移分量，一般不容易满足斜率连续性的要求，但是，由于形式比较简单，所以非协调板元也是一种常采用的单元。

7.4　壳单元简介

7.4.1　壳单元与板单元的区别

壳与板的区别主要在于几何形状和受力时的变形不同。从几何形状看，板的中面是平面，壳体的中面是曲面；根据板壳理论，板弯曲变形时虽然中面发生了弯曲变形，但是，在薄板小挠度情况下，板中面上的点不产生中面内的位移，而壳体除了产生弯曲变形外，还产生中面内的位移。

壳体又分为厚壳和薄壳，当薄壳受力产生微小变形时，也可以忽略沿壳体厚度方向的挤压变形和应力，并且认为符合直线假设，即变形前薄壳曲面的法线在变形后仍旧垂直于薄壳的曲面。对于厚壳，需要考虑沿壳体厚度方向的挤压变形和应力，所以对于厚壳，应该采用适合于厚壳变形的厚壳单元。

本书仅介绍线性薄壳单元，将薄壳体划分为一系列单元后，每个单元都是一块曲面。薄壳单元也有矩形单元和三角形单元两种，如果壳体的形状是较为规则的四边形，可以采用矩形壳单元来模拟。对于任意形状的壳体，通常用三角形单元会有较好的边界适应性。

本书仅以三角形平面壳单元为例，介绍壳单元的位移函数、应变、应力、刚度矩阵和单元基本方程。其他更多关于壳单元的内容，请读者参考相关文献。

7.4.2　三角形壳单元

壳体受力后可产生弯曲变形和中面内的位移，对于壳单元的弯曲变形，可以用 7.3 节中计算三角形薄板单元弯曲变形时同样的方法计算；对于中面内的位移，可以按计算平面应力单元位移时同样的方法计算，这就是说，壳体单元的应力可由弯曲应力和平面应力叠加而成。所以，平面三角形壳单元可以简单地认为是三角形板单元和平面三角形应力单元的组合。

1. 局部坐标系

壳单元的应力、应变及刚度矩阵等，在局部坐标系中计算比较方便，所以，需要建立局部坐标系，局部坐标系是指各个单元的局部坐标系。以图 7-5 所示的三角形壳单元 e 为例，建立局部坐标系 $O'x'y'z'$，其中定义节点 i 为局部坐标系的原点 O'，以矢量 $\overrightarrow{ij}$ 的方向为 $O'x'$ 轴的正方向，三角形平面内过原点 O' 与 $O'x'$ 轴垂直的方向为 $O'y'$ 轴，过原点 O' 与 $O'x'$ 轴、$O'y'$ 轴垂直的方向为 $O'z'$ 轴，如图 7-5 所示。

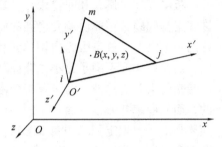

图 7-5　三角形平面壳单元的局部坐标系

2. 局部坐标系中节点位移与节点力的关系

在局部坐标系 $O'x'y'z'$ 中，每个节点 $i(i=i,j,m)$ 有 5 个广义位移分量

$$\{q'_i\} = \{u'_i, v'_i, w'_i, \theta'_{ix}, \theta'_{iy}\} \qquad (i=i,j,m)$$

以上位移分量中，前 2 个对应于平面应力问题，后 3 个对应于平板弯曲问题。与 5 个广义位移对应，每个节点也有 5 个广义节点力分量，即

$$\{F'_i\} = \{R'_{ix}, R'_{iy}, R'_{iz}, M'_{ix}, M'_{iy}\} \qquad (i=i,j,m)$$

壳单元中包括的平面应力问题，以 ep 标记。式（3-31），即 $[k]^e\{q\}^e = \{F\}^e$ 已经给出了节点力与节点位移之间的关系，即

$$[k']^{ep}\{q'\}^{ep} = \{F'\}^{ep} \tag{7-33}$$

其中，

$$\{q'\}^{ep} = \{u'_i, v'_i, u'_j, v'_j, u'_m, v'_m\}_{6\times1}^{\mathrm{T}} \tag{7-34}$$

$$\{F'\}^{ep} = \{F'_{ix}, F'_{iy}, F'_{jx}, F'_{jy}, F'_{mx}, F'_{my}\}_{6\times1}^{\mathrm{T}} \tag{7-35}$$

壳单元中包括的板弯曲问题，以 eb 标记。由式（7-32），三角形板单元节点力与节点位移关系为

$$[k']^{eb}\{q'\}^{eb} = \{F'\}^{eb} \tag{7-36}$$

其中，

$$\{q'\}^{eb} = \{w'_i, \theta'_{ix}, \theta'_{iy}, w'_j, \theta'_{jx}, \theta'_{jy}, w'_m, \theta'_{mx}, \theta'_{my}\}_{9\times1}^{\mathrm{T}} \tag{7-37}$$

$$\{F'\}^{eb} = \{Q'_{iz}, M'_{ix}, M'_{iy}, Q'_{jz}, M'_{jx}, M'_{jy}, Q'_{mz}, M'_{mx}, M'_{my}\}_{9\times1}^{\mathrm{T}} \tag{7-38}$$

由于板单元是不考虑绕中面法线转动的，即忽略了绕 z 轴的转角 θ_z 和力矩 M_z，在壳单元中，需要考虑单元绕 z 轴的转角 $\theta_{iz}(i=i,j,m)$ 和力矩 $M_{iz}(i=i,j,m)$，式（7-37）和式（7-38）分别拓展为

$$\{q'\}^{eb} = \{w'_i, \theta'_{ix}, \theta'_{iy}, \theta'_{iz}, w'_j, \theta'_{jx}, \theta'_{jy}, \theta'_{jz}, w'_m, \theta'_{mx}, \theta'_{my}, \theta'_{mz}\}_{12\times1}^{\mathrm{T}} \tag{7-39}$$

$$\{F'\}^{eb} = \{Q'_{iz}, M'_{ix}, M'_{iy}, M'_{iz}, Q'_{jz}, M'_{jx}, M'_{jy}, M'_{jz}, Q'_{mz}, M'_{mx}, M'_{my}, M'_{mz}\}_{12\times1}^{\mathrm{T}} \tag{7-40}$$

同理，式（7-36）中的刚度矩阵 $[k']^{eb}$ 也从 9×9 的矩阵拓展为 12×12 的矩阵。

3. 局部坐标系中的单元刚度矩阵

现在每个节点有 6 个位移分量 $\{q'_i\} = \{u'_i, v'_i, w'_i, \theta'_{ix}, \theta'_{iy}, \theta'_{iz}\}^{\mathrm{T}}(i=i,j,m)$，把式（7-34）和式（7-39）中的节点位移分量合并在一起，则局部坐标系中三角形壳单元的节点位移列阵有 18 个分量

$$\{F'\}_{18\times1}^{e} = \{u'_i, v'_i, w'_i, \theta'_{ix}, \theta'_{iy}, \theta'_{iz}, u'_j, v'_j, w'_j, \theta'_{jx}, \theta'_{jy}, \theta'_{jz}, u'_m, v'_m, w'_m, \theta'_{mx}, \theta'_{my}, \theta'_{mz}\}^{T}$$

同样，每个节点有 6 个节点力分量 $\{F'_i\} = \{F'_{ix}, F'_{iy}, Q'_{iz}, M'_{ix}, M'_{iy}, M'_{iz}\}^{T}(i = i, j, m)$，把式（7-35）和式（7-40）中的节点力合并在一起，局部坐标系中三角形壳单元的节点力列阵，有 18 个分量

$$\{F'\}_{18\times1}^{e} = \{F'_{ix}, F'_{iy}, Q'_{iz}, M'_{ix}, M'_{iy}, M'_{iz}, F'_{jx}, F'_{jy}, Q'_{jz}, M'_{jx},$$
$$M'_{jy}, M'_{jz}, F'_{mx}, F'_{my}, Q'_{mz}, M'_{mx}, M'_{my}, M'_{mz}\}^{T}$$

同样，把三角形应力单元的刚度矩阵和三角形板单元的刚度矩阵，按照节点位移和节点力的对应顺序合并在一起，就构成了局部坐标系中的平面壳单元的刚度矩阵 $[k']^e$，它是一个 18×18 的矩阵，其中元素的分布为

$$[k']^e = \begin{bmatrix} [k'_{ii}]^p & 0\ 0\ 0 & 0 & [k'_{ij}]^p & 0\ 0\ 0 & 0 & [k'_{im}]^p & 0\ 0\ 0 & 0 \\ & 0\ 0\ 0 & 0 & & 0\ 0\ 0 & 0 & & 0\ 0\ 0 & 0 \\ 0\ 0 & & 0 & 0\ 0 & & 0 & 0\ 0 & & 0 \\ 0\ 0 & [k'_{ii}]^b & 0 & 0\ 0 & [k'_{ij}]^b & 0 & 0\ 0 & [k'_{im}]^b & 0 \\ 0\ 0 & & 0 & 0\ 0 & & 0 & 0\ 0 & & 0 \\ 0\ 0 & 0\ 0\ 0 & 0 & 0\ 0 & 0\ 0\ 0 & 0 & 0\ 0 & 0\ 0\ 0 & 0 \\ [k'_{ji}]^p & 0\ 0\ 0 & 0 & [k'_{jj}]^p & 0\ 0\ 0 & 0 & [k'_{jm}]^p & 0\ 0\ 0 & 0 \\ & 0\ 0\ 0 & 0 & & 0\ 0\ 0 & 0 & & 0\ 0\ 0 & 0 \\ 0\ 0 & & 0 & 0\ 0 & & 0 & 0\ 0 & & 0 \\ 0\ 0 & [k'_{ji}]^b & 0 & 0\ 0 & [k'_{jj}]^b & 0 & 0\ 0 & [k'_{jm}]^b & 0 \\ 0\ 0 & & 0 & 0\ 0 & & 0 & 0\ 0 & & 0 \\ 0\ 0 & 0\ 0\ 0 & 0 & 0\ 0 & 0\ 0\ 0 & 0 & 0\ 0 & 0\ 0\ 0 & 0 \\ [k'_{mi}]^p & 0\ 0\ 0 & 0 & [k'_{mj}]^p & 0\ 0\ 0 & 0 & [k'_{mm}]^p & 0\ 0\ 0 & 0 \\ & 0\ 0\ 0 & 0 & & 0\ 0\ 0 & 0 & & 0\ 0\ 0 & 0 \\ 0\ 0 & & 0 & 0\ 0 & & 0 & 0\ 0 & & 0 \\ 0\ 0 & [k'_{mi}]^b & 0 & 0\ 0 & [k'_{mj}]^b & 0 & 0\ 0 & [k'_{mm}]^b & 0 \\ 0\ 0 & & 0 & 0\ 0 & & 0 & 0\ 0 & & 0 \\ 0\ 0 & 0\ 0\ 0 & 0 & 0\ 0 & 0\ 0\ 0 & 0 & 0\ 0 & 0\ 0\ 0 & 0 \end{bmatrix} \qquad (7\text{-}41)$$

因为单元有 3 个节点，可以把 $[k']^e$ 分为 3×3 的子矩阵，每个子矩阵都是如下形式的 6×6 子矩阵

$$[k'_{ij}]^e = \begin{bmatrix} [k'_{ij}]^p & 0\ 0\ 0 & 0 \\ & 0\ 0\ 0 & 0 \\ 0\ 0 & & 0 \\ 0\ 0 & [k'_{ij}]^b & 0 \\ 0\ 0 & & 0 \\ 0\ 0 & 0\ 0\ 0 & 0 \end{bmatrix} \qquad (7\text{-}42)$$

式中，$[k'_{ij}]^p$ 是 2×2 的三角形应力单元刚度矩阵的子矩阵；$[k'_{ij}]^b$ 是 3×3 的三角形板单元刚度矩阵的子矩阵。

在单元局部坐标系中，三角形壳单元的单元节点位移与节点力的关系为

$$[k']^e \{q'\}^e = \{F'\}^e \qquad (7\text{-}43)$$

4. 坐标转换

单元的刚度矩阵、节点位移、节点力都是在局部坐标系下定义的，为了形成有限元总体

基本方程，需要将它们转换到总体坐标系下。令 $\{q\}^e$ 和 $\{F\}^e$ 分别为总体坐标系 F 单元的节点位移和节点力，两种坐标系下的节点位移和节点力，有如下的转换关系

$$\begin{cases} \{q'\}^e = [T]\{q\}^e \\ \{F'\}^e = [T]\{F\}^e \end{cases} \tag{7-44}$$

式中，$[T]$ 是坐标转换矩阵，由参考文献［2］转换矩阵 $[T]$ 为

$$[T] = \begin{bmatrix} [L] & 0 & 0 \\ 0 & [L] & 0 \\ 0 & 0 & [L] \end{bmatrix}$$

$$[L] = \begin{bmatrix} [\lambda] & 0 \\ 0 & [\lambda] \end{bmatrix}, \quad [\lambda] = \begin{bmatrix} \lambda_{x'x} & \lambda_{x'y} & \lambda_{x'z} \\ \lambda_{y'x} & \lambda_{y'y} & \lambda_{y'z} \\ \lambda_{z'x} & \lambda_{z'y} & \lambda_{z'z} \end{bmatrix}$$

式中，$\lambda_{x'x}$ 是 x' 轴与 x 轴之间夹角的方向余弦，$\lambda_{x'y}$ 是 x' 轴 y 轴之间夹角的方向余弦，其余类推。坐标转换矩阵 $[T]$ 由单元 3 个节点的总体节点坐标 $(x_i, y_i, z_i)(i = i, j, m)$ 求得，具体的计算方法可见参考文献［2］。

5. 总体坐标系下的单元刚度矩阵和单元基本方程

将式（7-44）代入式（7-43），可得

$$[k']^e[T]\{q\}^e = [T]\{F\}^e \tag{7-45}$$

因为 $[T]^{\mathrm{T}}[T] = [I]$，所以，$[T]^{-1} = [T]^{\mathrm{T}}$。用 $[T]^{\mathrm{T}}$ 乘式（7-45）两端，得

$$[T]^{\mathrm{T}}[k']^e[T]\{q\}^e = [T]^{\mathrm{T}}[T]\{F\}^e = \{F\}^e \tag{7-46}$$

定义总体坐标系下壳单的刚度矩阵为

$$[k]^e = [T]^{\mathrm{T}}[k']^e[T] \tag{7-47}$$

则有

$$[k]^e\{q\}^e = \{F\}^e \tag{7-48}$$

式（7-48）即为总体坐标系下壳单元基本方程，它表示壳单元的节点位移与节点力之间关系。

6. 应变和应力计算

由总体坐标下的壳单元基本方程（7-48）计算出结构的节点位移 $\{q\}^e$ 后，由式（7-44）计算单元局部坐标系下的位移 $\{q'\}^e$，从 $\{q'\}^e$ 中分离出中面内的位移 $\{q'\}^{ep}$ 和弯曲位移 $\{q'\}^{eb}$，然后可计算单元的应变和应力。

中面内的平面应变 $\{\varepsilon'\}^{ep}$ 和弯曲应变 $\{\varepsilon'\}^{eb}$ 分别为

$$\{\varepsilon'\}^{ep} = [B]^{ep}\{q'\}^{ep}, \quad \{\varepsilon'\}^{eb} = [B]^{eb}\{q'\}^{eb}$$

式中，$[B]^{ep}$ 和 $[B]^{eb}$ 分别为平面应力问题的应变矩阵和板单元的应变矩阵。

中面内的平面应力 $\{\sigma'\}^{ep}$（也称膜应力）和弯曲应力 $\{\sigma'\}^{eb}$ 分别为

$$\{\sigma'\}^{ep} = [S]^{ep}\{q'\}^{ep}, \quad \{\sigma'\}^{eb} = [S]^{eb}\{q'\}^{eb}$$

式中，$[S]^{ep}$ 和 $[S]^{eb}$ 分别为平面应力问题的应力矩阵和板单元的应力矩阵。两种应力的计算是相互独立的，中面内的应力按平面应力问题计算，弯曲应力按板弯曲计算。单元 e 的总应力为

$$\{\sigma'\}^e = \{\sigma'\}^{ep} + \{\sigma'\}^{eb} = [S]^{ep}\{q'\}^{ep} + [S]^{eb}\{q'\}^{eb} \tag{7-49}$$

在有限元程序中，计算出了局部坐标下的应力 $\{\sigma'\}^e$ 后，也可以转换为总体坐标系下的应力 $\{\sigma\}^e$，但一般壳单元需要输出的结果是单元的内力，即膜力和弯矩。

例 7.1　图 7-6 （a） 为一四边固定的正方形板，板的边长 $L = 0.2\,\mathrm{m}$，厚度 $t = 0.01\,\mathrm{m}$，在板中心点 B 处，有沿 $-z$ 方向的集中力 $F = 100\,\mathrm{N}$。弹性模量为 $E = 2.0 \times 10^5\,\mathrm{MPa}$，泊松比 $\mu = 0.3$。分别采用三角形板单元和三角形壳单元计算中点 B 的挠度。

解：　由于对称性，可以取四分之一的板作为计算模型，如图 7-6 （b） 所示。在 AN-SYS 有限元分析软件中，分别采用三角形板单元和三角形壳单元，生成如图 7-6 （b） 所示相同的有限元模型，过点 O 的两个边界施加固定约束；过点 B 的两个边施加对称约束；在节点 B 处施加大小为 $F/4 = 25\,\mathrm{N}$ 的垂直于板面的集中力。计算出板单元和壳单元对应的点 B 的挠度 （z 向位移） 分别为 $0.1257 \times 10^{-5}\,\mathrm{m}$、$0.1276 \times 10^{-5}\,\mathrm{m}$。

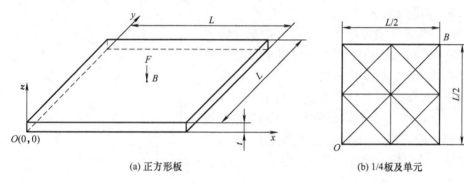

(a) 正方形板　　　　　　　　　　(b) 1/4 板及单元

图 7-6　板单元和壳单元举例

比较计算结果可知，对于图 7-6 （a） 所示薄板的弯曲问题，采用壳单元，考虑中面变形，挠度的计算结果稍大于板单元，说明中面的变形对计算结果是有影响的。

根据参考文献 [1]，该薄板的中心 B 点的挠度解析解为

$$w_B = \frac{0.0056 \times 12(1 - \mu^2)FL^2}{Et^3} = 0.1223 \times 10^{-5}\,\mathrm{m}$$

7.5　结构单元与实体单元的连接简介

杆单元、梁单元、板单元和壳单元称为结构单元。二维平面单元和空间单元称为实体单元。

在实际结构计算中，常遇到结构单元与实体单元组合的问题，如在对复杂箱体类零件划分单元时，可将箱体部分用空间四面体单元或六面体单元划分，加强筋、导轨部分用梁单元划分，筋板用板单元或壳单元划分。对于不同类型单元的组合，由于不同类型单元节点位移分量的含义不同、位移分量的个数不同，在两种单元连接时，通常需要根据实际连接情况做相应的处理。处理的原则是在连接处要符合实际连接情况。但是，具体的处理方法可能不是唯一的，而且不同的软件提供的处理方法也有所不同，本节仅对几种常见的不同类型单元的连接情况进行讨论。

在处理不同单元之间的连接时，通常用到位移约束方程，这里先简单介绍一下位移约束方程。

7.5.1 位移约束方程

位移约束方程是指一个节点的某个位移，与其他节点位移的关系表达式。例如，节点 i 的位移 u_i，可以表示为节点 j 和节点 k 的位移 u_j、u_k 的组合

$$u_i = \beta_j u_j + \beta_k u_k \tag{7-50}$$

式中，β_j、β_k 为位移比例系数。

式（7-50）是位移约束方程。u_j 和 u_k 称为主位移，u_i 称为从属位移。对于从属位移 u_i，不分配方程号，而是在求出 u_j 和 u_k 后，再根据式（7-50）求出。

位移约束方程会给计算模型的简化带来许多方便，例7.2 是用位移约束方程简化计算模型的例子。

例7.2 周期性边界条件。

一圆环，在 π/n 角度的边界上具有周期性的位移，如水轮机的叶轮、汽轮机的叶轮等就具有这种周期性位移的特点，根据这一特点，可以仅取角度为 π/n 的一部分圆环作为计算模型，如图7-7 所示。

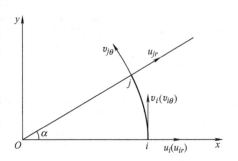

解： 令 u_r 和 v_θ 分别表示径向和环向位移，根据位移的周期性，在 $\alpha = 0$ 边界上的节点 i，直角坐标和极坐标下的位移分量是一样的，即

$$u_i = u_{ir}, \quad v_i = v_{i\theta}$$

图 7-7　周期性边界条件

如果将节点 j 的位移作为主位移，节点 i 的位移作为从位移，则位移约束方程为

$$\{q_i\} = \begin{Bmatrix} u_i \\ v_i \end{Bmatrix} = \begin{Bmatrix} u_{ir} \\ v_{i\theta} \end{Bmatrix} = \begin{cases} u_{jr} \cdot \cos\alpha - v_{j\theta} \cdot \sin\alpha \\ u_{jr} \cdot \sin\alpha + v_{j\theta} \cdot \cos\alpha \end{cases}$$

位移约束方程的使用会给计算模型的简化带来许多方便，特别是在实际工程问题的计算中，处理不同部件之间的连接时，使用位移约束方程会使网格划分更为容易。

7.5.2 结构单元与实体单元的连接

下边通过几个例子来讨论结构单元与实体单元的连接。

例7.3 平面梁单元与平面单元的连接。

如图7-8 所示，节点 l、m、n 为平面单元上的节点，每个节点都有两个位移分量 $\{u_l, v_l\}$（$l = l, m, n$）。节点 i 为梁单元上的节点，它有 3 个位移分量 $\{u_i, v_i, \theta_{iz}\}$。节点 i、m 的位移应该相等，而节点 i 的转动位移 θ_{iz} 该与平面单元的变形有关，位移约束方程为

$$u_i = u_m, \quad v_i = v_m \tag{7-51}$$

$$\theta_{iz} = \frac{u_l - u_n}{h} \tag{7-52}$$

在图7-8 所示两种单元及载荷情况下，如果节点 i、m 为同一个节点号，比如节点 i 既是平面单元的节点，也是梁单元的节点，式（7-51）不再需要。但是，式（7-52）是必需的，否则在总体基本方程求解时会出问题，无法求得节点位移，原因是系统中的转动自由度未受到任何约束。

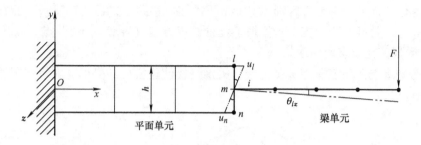

图 7-8　平面单元与梁单元连接

例 7.4　板单元与空间实体单元的连接。

图 7-9 为空间六面体单元与板单元组成的计算模型，板单元上作用有垂直于板面的均匀分布载荷 p。假定在两种单元的连接处，六面体单元和板单元二者共用节点号 i、m、n，两种单元在共同节点 i、m、n 处的位移是相等的，作为梁单元上的节点，节点 i、m、n 处的转动位移 θ_y 与体单元的变形有关，由式（7-52），节点 i 的位移约束方程为

$$\theta_{iy} = \frac{u_j - u_k}{h} \tag{7-53}$$

对于节点 m、n，有类似的位移约束方程。

图 7-9 所示六面体单元与板单元结合处的位移约束方程，需根据实际连接情况分别进行处理。

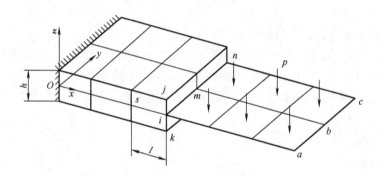

图 7-9　六面体单元与板单元连接

（1）在如图 7-9 所示两类单元的连接中，式（7-53）用节点 j、k 的位移分量 u_j、u_k 和两点间的距离 h 来计算节点 i 绕 y 轴的转角，这样，当 j、k 两个节点之间的距离 h 变化时，计算结果也会有差异。另外，如图 7-9 所示，如果节点 j、k 之间的距离很大，而节点 i、s 之间的距离 l 又比较合适，则使用如下的位移约束方程

$$\theta_{iy} = \frac{u_s - u_i}{l}$$

由此可以看出，位移约束方程的处理方法不是唯一的。

（2）在如图 7-9 所示两类单元的连接中，如果对板单元另一端的节点 a、b、c 施加一定的约束条件，例如，对节点 a、b、c 施加 z 方向的约束，无论位移约束方程（7-53）添加与

否都能求解。但是，计算结果是有区别的，如果不添加位移约束方程（7-53），则对板单元而言，节点 i、m、n 处相当于铰支，若添加了位移约束方程（7-53），则节点 i、m、n 绕 y 轴的转角 θ_y 将受到其他节点的约束。

（3）处理板单元与三维实体单元的连接，关键是要使连接处的变形与实际情况相符合，而不是能够求解就行。

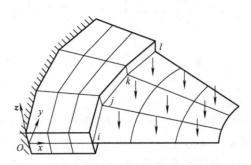

图 7-10　　三维实体单元与板单元连接

例如，图 7-10 为六面体单元和板单元组成的计算模型，在板单元上作用有垂直于板面的均匀分布载荷。节点 i、j、k、l 为两种单元共同的节点。由于是环状结构，单元局部坐标系下的节点刚度投影到总体坐标系中以后，总体方程是一个可解的方程组，所以，不施加位移约束方程（7-53）也能求解，这类似于在节点 i、j、k、l 处，板为铰支。如果板单元与六面体单元的实际连接方式是类似于焊接的固定连接，就应该添加类似于位移约束方程（7-53）的位移约束方程。

例 7.5　梁单元与板单元的连接。

图 7-11 为板和加筋梁组成的组合结构，用板壳单元划分板结构，用梁单元划分加筋梁。节点 i 为梁单元的节点，它处在梁单元的轴线上，节点 k 为板壳单元的节点，它处在板的中面上。假定节点 i、k 的转角相同，若把节点 k 作为主节点，节点 i 作为从属节点，它们位移的从属关系，即位移约束方程为

$$\begin{cases} \theta_{ix} = \theta_{kx} \\ \theta_{iy} = \theta_{ky} \\ \theta_{iz} = \theta_{kz} \\ u_i = u_k + (z_i - z_k)\,\theta_{yk} - (y_i - y_k)\,\theta_{zk} \\ v_i = v_k + (x_i - x_k)\,\theta_{zk} - (z_i - z_k)\,\theta_{xk} \\ w_i = w_k + (y_i - y_k)\,\theta_{xk} - (x_i - x_k)\,\theta_{yk} \end{cases}$$

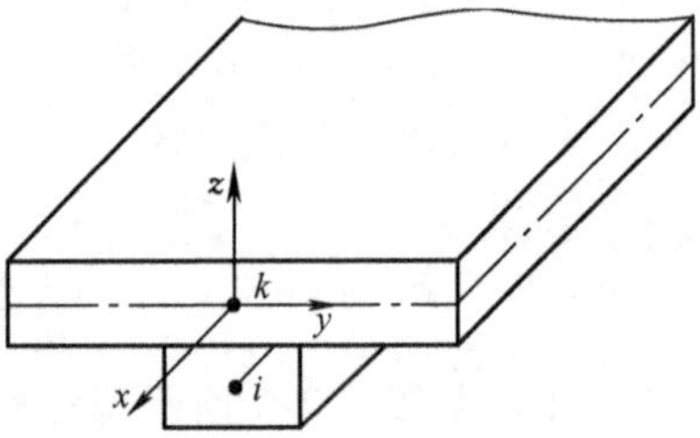

图 7-11　梁单元与板单元连接

以上的几个例子说明了采用位移约束方程处理不同类型单元之间连接的方法。除此之外，还可以采用过渡单元来实现空间实体单元与板壳单元之间的过渡，过渡单元可以包括两种单元的节点位移。

如图 7-12 所示，在六面体单元和板单元之间，有一个过渡单元，过渡单元上 m 点的位移是六面体单元上的位移 $\{q_m\} = \{u_m, v_m, w_m\}^{\mathrm{T}}$；节点 i、j、k、l 的位移，是板单元上的位移 $\{q_i\} = \{u_i, v_i, \theta_i\}$（$i = i, j, k, l$）。采用过渡单元，可以实现实体单元到板壳单元的过渡，而不再需要位移约束方程。

　　总之，不管采用何种方法，处理不同类型单元连接的原则是，在连接部分要符合实际情况。因为在不同类型单元的连接处，一般难以找到可以评判计算结果的理论解或确切的参考依据，而且在实体单元与板壳单元的连接部位，往往是几何形状和应力变化最大的地方。所以，建立计算模型时要仔细考虑，并对计算结果认真分析。

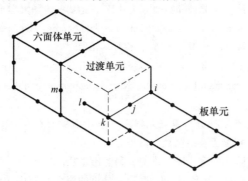

图 7-12　过渡单元

习　　题

　　7.1　板单元与壳单元的主要区别是什么？

　　7.2　图 7-13 所示为四边形简支正方向薄板，边长 $L = 1\mathrm{m}$，厚度 $t = 0.02\mathrm{m}$，弹性模量 $E = 2.1 \times 10^4 \mathrm{MPa}$，泊松比 $\mu = 0.3$，板面承受均匀分布载荷 $p = 1\mathrm{kN/m^2}$，利用对称性取板的 1/4 作为计算模型：

　　（1）试写出 1/4 计算模型的边界约束条件；

　　（2）在 ANSYS 软件中，采用板单元，计算板中心的挠度和弯矩。

　　7.3　如果把上题（图 7-13）中的边界条件改为四边固定支撑：

　　（1）试写出 1/4 计算模型的边界约束条件；

　　（2）在 ANSYS 软件中，采用板单元，计算板中心的挠度和弯矩。

　　7.4　图 7-14 为圆柱壳屋顶，$R = 7.62\mathrm{m}$，$L = 7.62\mathrm{m}$，壳厚度 $t = 7.62\mathrm{cm}$，圆心角为 80°，弹性模量 $E = 2.07 \times 10^4 \mathrm{MPa}$，泊松比 $\mu = 0.3$，径向均匀分布外载荷 $p = 4.31\mathrm{MPa}$，轴向两端由刚性隔板支撑，其余两边为自由边界。在 ANSYS 程序中，采用壳单元，计算壳结构在外载荷 p 作用下的变形、膜应力、弯曲应力和弯矩。

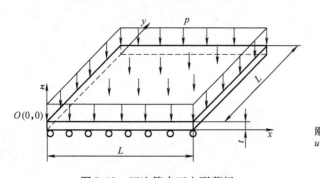

图 7-13　四边简支正方形薄板

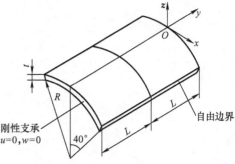

图 7-14　圆柱壳屋顶

参 考 文 献

［1］谢眙权，何福宝. 弹性和塑性力学中的有限元法［M］. 北京：机械工业出版社，1981.

［2］王勖成，邵敏. 有限单元法基本原理和数值方法［M］. 北京：清华大学出版社，1999.

［3］J L Batoz，K J Bathe. A study of three-node triangular plate bending elements［J］. International Journal For Numerical Methods In Engineering，1980（15）：1771－1812.

［4］简凯维奇 O C. 有限元法［M］. 北京：科学出版社，1995.

［5］K J Bathe. A finite element program for automatic dynamic incremental nonlinear analysis［R］. ADINA Engineering Inc. ，1986.

［6］K J Bathe. 自动动态增量非线性分析有限元程序——ADINA/ADINAT 使用手册［M］. 赵兴华，徐福娣，梁醒培，译. 北京：机械工业出版社，1996.

［7］赵经文，王宏钰. 结构有限元分析［M］. 北京：科学出版社，2001.

［8］Cook R D, Malkus, D S, Plesha M E, et al. 有限元分析的概念与应用［M］. 4 版. 关正西，强洪夫，译. 西安：西安交通大学出版社，2007.

［9］梁醒培，王辉. 应用有限元分析［M］. 北京：清华大学出版社，2010.

［10］张国瑞. 有限元法［M］. 北京：机械工业出版社，1991.

［11］赵均海，汪梦甫. 弹性力学及有限元［M］. 武汉：武汉理工大学出版社，2003.

“两弹一星”功勋
科学家：钱学森
SZD－006

第 8 章 结构动力学问题有限元法

前面几章讨论了弹性结构在静载荷作用下的有限元分析计算，每一个节点的位移 $\{q\} = \{u, v, w\}^T$ 都是坐标 (x, y, z) 的函数，与时间无关。在结构动力学问题中，实际结构承受的载荷是随时间 t 变化的，随时间 t 变化的载荷称为动载荷；因此位移 $\{q\} = \{u, v, w\}^T$ 不仅是坐标 (x, y, z) 的函数，还是时间 t 的函数 $\{q(t)\}$。定义位移 $\{q(t)\}$ 对时间的一阶导数为速度 $\{\dot{q}\} = \{\dot{u}, \dot{v}, \dot{w}\}^T$，位移 $\{q(t)\}$ 对时间的二阶导数为加速度 $\{\ddot{q}\} = \{\ddot{u}, \ddot{v}, \ddot{w}\}^T$，即

位移：$\{q(t)\} = \{u(t), v(t), w(t)\}^T$；

速度：$\{\dot{q}\} = \{\dot{u}, \dot{v}, \dot{w}\}^T$；

加速度：$\{\ddot{q}\} = \{\ddot{u}, \ddot{v}, \ddot{w}\}^T$。

当动载荷的时间效应可以忽略不计时，可以简化为静力分析计算。但是当动载荷的时间影响不可忽略时，必须进行动力学计算。与静力计算相比，动力学计算需要考虑的因素更多，特别是对于复杂结构，用解析法进行动力学分析是相当困难的，而有限元法是一个很有效的方法。

本章将分析动力学问题的有限元方程、质量矩阵和阻尼矩阵的计算公式，介绍结构固有频率的求解方法，以及求动力学响应的直接积分法和振型叠加法。

8.1 动力学有限元方程

对于动力学问题，结构所承受的载荷是随时间 t 变化的，即载荷是时间 t 的函数。与静力问题相似，用有限元法求解动力学问题时，动载荷也要等效移置到节点上，移置方法与静力问题中集中力、体积力、面力的移置方法一样。由于动载荷随时间 t 变化，所以移置到节点上的总体动载荷可以表示为时间 t 的函数。

处于运动状态结构下的各节点，除位移 $\{q(t)\} = \{u(t), v(t), w(t)\}^T$ 外，还有速度 $\{\dot{q}\} = \{\dot{u}, \dot{v}, \dot{w}\}^T$ 和加速度 $\{\ddot{q}\} = \{\ddot{u}, \ddot{v}, \ddot{w}\}^T$。按照达朗贝尔（d'Alembert）原理，由于加速度和速度的存在，将引起附加的惯性力 $\{G_\rho\}$ 和阻尼力 $\{G_\nu\}$，分别为

$$\begin{cases} \{G_\rho\} = -\rho\{\ddot{q}\} \\ \{G_\nu\} = -\nu\{\dot{q}\} \end{cases} \tag{8-1}$$

式中，ρ 为材料密度；ν 为线性阻尼系数。

因此，对于动力学问题，除了需要对常规静力分析的集中力 P、面力 $\overline{P}$ 和体积力 G 进行等效载荷移置外，还需要对附加的惯性力 $\{G_\rho\}$ 和阻尼力 $\{G_\nu\}$ 进行等效载荷移置，等效载荷的移置方法与静力分析中的移置方法类似。

在静力有限元分析中，单元的位移 $\{q\}$ 是用单元节点位移 $\{q\}^e$ 通过形函数 $[N]$ 插值来表示的，即

$$\{q\} = [N]\{q\}^e \tag{8-2}$$

如果节点位移 $\{q\}^e$ 是时间 t 的函数，由式（8-2），单元内任意点的位移 $\{q\}$ 也是时间 t 的函数，而形函数 $[N]$ 是坐标 (x, y, z) 的函数，与时间 t 无关。对式（8-2）两边求一阶和二阶偏导数，单元速度和加速度可以分别表示为

$$\{\dot{q}\} = [N]\{\dot{q}\}^e \tag{8-3}$$

$$\{\ddot{q}\} = [N]\{\ddot{q}\}^e \tag{8-4}$$

式中，$\{\dot{q}\}^e$ 和 $\{\ddot{q}\}^e$ 分别是单元的节点速度列阵和节点加速度列阵。

将单元内的附加的惯性力 $\{G_\rho\}$ 和阻尼力 $\{G_\nu\}$ 视为作用在单元内的体积力，按照空间问题静力分析中体积力等效载荷移置的方法，根据式（5-22），惯性力的等效节点力 $\{F_\rho\}$ 和阻尼力的等效节点力 $\{F_\nu\}$ 分别为

$$\begin{cases} \{F_\rho\}^e = -\iiint\limits_V [N]^{\mathrm{T}}\rho\{\ddot{q}\}^e \mathrm{d}x\mathrm{d}y\mathrm{d}z \\[3mm] \{F_\nu\}^e = -\iiint\limits_V [N]^{\mathrm{T}}\nu\{\dot{q}\}^e \mathrm{d}x\mathrm{d}y\mathrm{d}z \end{cases} \tag{8-5}$$

式中，V 表示单元体积。

将式（8-3）和式（8-4）分别代入式（8-5），则得到

$$\begin{cases} \{F_\rho\}^e = -\iiint\limits_V [N]^{\mathrm{T}}\rho[N]\mathrm{d}x\mathrm{d}y\mathrm{d}z\{\ddot{q}\}^e = -[M]^e\{\ddot{q}\}^e \\[3mm] \{F_\nu\}^e = -\iiint\limits_V [N]^{\mathrm{T}}\nu[N]\mathrm{d}x\mathrm{d}y\mathrm{d}z\{\dot{q}\}^e = -[C]^e\{\dot{q}\}^e \end{cases} \tag{8-6}$$

其中，

$$\begin{cases} [M]^e = \iiint\limits_V [N]^{\mathrm{T}}\rho[N]\mathrm{d}x\mathrm{d}y\mathrm{d}z \\[3mm] [C]^e = \iiint\limits_V [N]^{\mathrm{T}}\nu[N]\mathrm{d}x\mathrm{d}y\mathrm{d}z \end{cases} \tag{8-7}$$

$[M]^e$ 称为单元质量矩阵，$[C]^e$ 称为单元阻尼矩阵。从式（8-7）可以看出，单元质量矩阵和单元阻尼矩阵都是对称矩阵。

将单元的惯性力的等效节点力 $\{F_\rho\}^e$ 和阻尼力的等效节点力 $\{F_\nu\}^e$ 按单元叠加，可形成总体惯性力的等效节点力 $\{R_\rho\}$，以及总体阻尼力的等效节点力 $\{R_\nu\}$，即

$$\begin{cases} \{R_\rho\} = -\sum_{e=1}^{E} [M]^e\{\ddot{q}\}^e = -[M]\{\ddot{q}\} \\[3mm] \{R_\nu\} = -\sum_{e=1}^{E} [C]^e\{\dot{q}\}^e = -[C]\{\dot{q}\} \end{cases} \tag{8-8}$$

式中，E 表示总的单元数。

定义

$$\begin{cases} [M] = \sum_{e=1}^{E} [M]^e \\[4mm] [C] = \sum_{e=1}^{E} [C]^e \end{cases} \tag{8-9}$$

$[M]$ 和 $[C]$ 分别为总体质量矩阵和总体阻尼矩阵。式（8-9）中集成总体质量矩阵 $[M]$ 和总体阻尼矩阵 $[C]$ 的方法，与静力问题中总体刚度矩阵的集成方法是一样的。由于单元的质量矩阵 $[M]^e$ 和单元阻尼矩阵 $[C]^e$ 是对称的，因此集成后的总体质量矩阵 $[M]$ 和总体阻尼矩阵 $[C]$ 也是对称的。

对于结构动力学问题，等同于空间问题中的总体有限元方程 $[K]\{q\} = \{R\}$，除了静力载荷 $\{R\}$ 外，还需增加由式（8-8）计算的总体惯性力 $\{R_\rho\}$ 和总体阻尼力 $\{R_\nu\}$ 后，有

$$[K]\{q\} = \{R\} + \{R_\rho\} + \{R_\nu\} \tag{8-10}$$

式中，$\{R\}$ 表示结构承受的总体静力外载荷，包括集中力、体积力和面力的等效节点力，是不随时间变化的静力载荷。

将式（8-8）代入式（8-10），整理后，有

$$[M]\{\ddot{q}\} + [C]\{\dot{q}\} + [K]\{q\} = \{R\} \tag{8-11}$$

式（8-11）称为动力学有限元方程，它是节点位移的二阶微分方程，表示节点位移、节点速度、节点加速度与静力等效节点力之间的关系。

8.2　质量矩阵和阻尼矩阵

8.2.1　质量矩阵

单元质量矩阵一般分两种，一种是一致质量矩阵，另一种是集中质量矩阵。下面分别进行介绍。

1. 一致质量矩阵

一致质量矩阵按式（8-7）计算，即

$$[M]^e = \iiint\limits_{V} [N]^{\mathrm{T}} \rho [N] \mathrm{d}x\mathrm{d}y\mathrm{d}z \tag{8-12}$$

式中，形函数 $[N]$ 与相应单元位移函数中采用的形函数相同，得到的质量矩阵元素分布形式与相应单元刚度矩阵元素的分布形式也相同，所以称为一致质量矩阵，一致质量矩阵是对称矩阵。下面仅介绍几种常用单元的质量矩形。

平面 3 节点三角形单元的面积为 A，厚度为 t，材料密度为 ρ，整个单元质量为 ρAt，将三角形单元的形函数矩阵，即式（3-8）中的 $[N]$ 代入式（8-12），可求得 3 节点三角形单元的一致质量矩阵为

$$[M]^e = t \iint\limits_{A} [N]^{\mathrm{T}} \rho \, [N] \, \mathrm{d}x\mathrm{d}y = \frac{\rho At}{12} \begin{bmatrix} 2 & 0 & 1 & 0 & 1 & 0 \\ 0 & 2 & 0 & 1 & 0 & 1 \\ 1 & 0 & 2 & 0 & 1 & 0 \\ 0 & 1 & 0 & 2 & 0 & 1 \\ 1 & 0 & 1 & 0 & 2 & 0 \\ 0 & 1 & 0 & 1 & 0 & 2 \end{bmatrix}$$

平面 4 节点矩形单元的面积为 A，厚度为 t，材料密度为 ρ，则整个单元质量为 ρAt，将矩形单元的形函数矩阵，即式（3-82）中的 $[N]$ 代入式（8-12），可求得 4 节点矩形单元的一致质量矩阵为

$$[M]^e = \frac{\rho At}{36} \begin{bmatrix} 4 & 0 & 2 & 0 & 1 & 0 & 2 & 0 \\ 0 & 4 & 0 & 2 & 0 & 1 & 0 & 2 \\ 2 & 0 & 4 & 0 & 2 & 0 & 1 & 0 \\ 0 & 2 & 0 & 4 & 0 & 2 & 0 & 1 \\ 1 & 0 & 2 & 0 & 4 & 0 & 2 & 0 \\ 0 & 1 & 0 & 2 & 0 & 4 & 0 & 2 \\ 2 & 0 & 1 & 0 & 2 & 0 & 4 & 0 \\ 0 & 2 & 0 & 1 & 0 & 2 & 0 & 4 \end{bmatrix}$$

对于不考虑轴向变形的平面梁单元（每个节点仅有挠度和转角两个位移分量），设单元长度为 L，横截面积为 A，材料密度为 ρ，则整个单元质量为 ρAL，将梁单元的形函数矩阵，即式（6-51）中的 $[N]$ 代入式（8-12），可得平面梁单元的一致质量矩阵为

$$[M]^e = \int_0^L [N]^{\mathrm{T}} \rho \, [N] \, A\mathrm{d}x = \frac{\rho AL}{420} \begin{bmatrix} 156 & -22L & 54 & 13L \\ -22L & 4L^2 & -13L^2 & -3L^2 \\ 54 & -13L^2 & 156 & 22L \\ 13L & -3L^2 & 22L & 4L^2 \end{bmatrix}$$

2. 集中质量矩阵

集中质量矩阵是将单元质量都集中到质量矩阵的对角线上，所以集中质量矩阵是对角线矩阵。对于不同类型的单元，集中质量矩阵的计算方法略有区别。对于只有位移自由度的单元，假定单元的质量被平均分配到对角线上。

例如，3 节点三角形单元的集中质量矩阵为

$$[M]^e = \frac{\rho At}{3} \begin{bmatrix} 1 & 0 & 0 & 0 & 0 & 0 \\ 0 & 1 & 0 & 0 & 0 & 0 \\ 0 & 0 & 1 & 0 & 0 & 0 \\ 0 & 0 & 0 & 1 & 0 & 0 \\ 0 & 0 & 0 & 0 & 1 & 0 \\ 0 & 0 & 0 & 0 & 0 & 1 \end{bmatrix}$$

对于有转动自由度的单元，质量的分配要区分位移自由度和转动自由度。一种是将单元

质量平均分配到单元的位移自由度上，而转动自由度上不分配质量。

对于 4 节点矩形单元，单元质量平均集中于每个节点，略去转动项，4 节点矩形单元的集中质量矩阵为

$$[M]^e = \frac{\rho At}{4} \begin{bmatrix} 1 & & & & & & & & \\ & 0 & & & & & & & \\ & & 0 & & & & & 0 & \\ & & & 1 & & & & & \\ & & & & 0 & & & & \\ & & & & & 1 & & & \\ & & & & & & 0 & & \\ & & & & & & & 0 & \\ & 0 & & & & & & & 1 \\ & & & & & & & & 0 \\ & & & & & & & & & 0 \end{bmatrix}$$

对于平面梁单元，它有两个位移自由度，每个位移自由度分配 1/2 的单元质量，对转动自由度不分配质量，平面梁单元的集中质量矩阵为

$$[M]^e = \frac{\rho AL}{2} \begin{bmatrix} 1 & 0 & 0 & 0 \\ 0 & 0 & 0 & 0 \\ 0 & 0 & 1 & 0 \\ 0 & 0 & 0 & 0 \end{bmatrix}$$

从能量的观点来看，转动自由度的动能与位移自由度的动能相比可以忽略。

另一种是除了位移自由度外，给对角线上的转动自由度也分配相应的质量，而且对于线性分析或者非线性分析，以及不同的单元截面形式可以有不同的分配方法。

相关计算经验表明，在单元数量相同的条件下，两种质量矩阵的计算精度相差并不大。采用集中质量矩阵计算的振动频率要低于采用一致质量矩阵计算的频率。由于集中质量矩阵是对角线方阵，因此可使计算简化。对于板、梁等问题，由于质量矩阵省去了惯性项，运动方程的自由度数量可显著减少。在通用有限元计算程序或软件中，大多采用集中质量矩阵进行计算。

8.2.2　阻尼矩阵

在振动系统中都会存在阻尼，比如，材料的内摩擦，流体的阻力等。人们对阻尼机理的认识还不够充分，要准确地确定阻尼矩阵是比较困难的。下面介绍几种在动力学有限元计算中阻尼矩阵的计算方法，仅介绍结果，更多内容请读者参见参考文献 [1]。

1. 阻尼力与运动速度成正比

当阻尼力与运动速度成正比时，单元阻尼矩阵可按下式计算

$$[C]^e = \iiint\limits_V [N]^T \nu [N]\ \mathrm{d}x\mathrm{d}y\mathrm{d}z$$

式中，V 表示单元体积；ν 为阻尼系数。

当阻尼系数 ν 和材料密度 ρ 为常数时，有

$$[C]^e = \iiint\limits_V [N]^T \nu [N]\mathrm{d}x\mathrm{d}y\mathrm{d}z = \frac{\nu}{\rho} \iiint\limits_V [N]^T \rho [N]\mathrm{d}x\mathrm{d}y\mathrm{d}z = \frac{\nu}{\rho}[M]^e \qquad (8\text{-}13)$$

如果 ν/ρ 为常数，则单元的阻尼矩阵 $[C]^e$ 与质量矩阵 $[M]^e$ 成正比例。

2. 阻尼力与应变速度成正比例

当阻尼力与应变速率 $\dot{\varepsilon}$ 成比例时，单元的阻尼矩阵与单元的刚度矩阵成正比例[1]，单元阻尼矩阵可按下式计算

$$[C]^e = \nu \iiint\limits_V [B]^T[D][B]\mathrm{d}x\mathrm{d}y\mathrm{d}z = \nu[k]^e \qquad (8\text{-}14)$$

式中，V 表示单元体积；ν 为阻尼系数。

3. 瑞利（Rayleigh）阻尼

瑞利（Rayleigh）阻尼的计算方法是将阻尼矩阵 $[C]^e$ 看作质量矩阵 $[M]^e$ 和刚度矩阵 $[k]^e$ 的线性组合，即

$$[C]^e = \alpha[M]^e + \beta[k]^e \qquad (8\text{-}15)$$

其中，α、β 是两个与结构的固有频率和阻尼比例有关的系数，可按下式确定

$$\alpha = \frac{2\omega_i\omega_j(\xi_i\omega_j - \xi_j\omega_i)}{\omega_j^2 - \omega_i^2}, \ \beta = \frac{2(\xi_j\omega_i - \xi_i\omega_j)}{\omega_j^2 - \omega_i^2}$$

式中，ω_i 和 ω_j 分别是结构的第 i 个和第 j 个固有频率；ξ_i 和 ξ_j 分别是结构的第 i 个和第 j 个振动型阻尼比（即实际阻尼和该振动型的临界阻尼之比）。

在有限元计算中，一般 α、β 值只取一组，且采用两个频率及其相应的阻尼比来确定一组 α、β 的值。但是，对于同一个结构会有多个频率 ω，采用不同的频率会得到不同的 α、β，如何选取 ω 来确定 α、β，请读者参见参考文献 [3，5]。

8.3　无阻尼自由振动特征值问题的求解

8.3.1　固有频率和固有振型

式（8-11）表示的动力学有限元方程为

$$[M]\{\ddot{q}\} + [C]\{\dot{q}\} + [K]\{q\} = \{R\}$$

如果结构承受的静力外载荷 $\{R\}$ 等于零、且不计阻尼力 $[C]$ 时，上式变为

$$[M]\{\ddot{q}\} + [K]\{\dot{q}\} = 0 \qquad (8\text{-}16)$$

式（8-16）称为结构的无阻尼自由振动有限元方程。其中，$[K]$ 是结构的总体刚度矩阵，$[M]$ 是结构的总体质量矩阵。

式（8-16）是一个常系数齐次常微分方程组，其解可设为

$$\{q\} = \{\phi\}\sin\omega t \qquad (8\text{-}17)$$

式中，$\{q\}$ 是与时间 t 相关的位移列阵；$\{\phi\}$ 是位移 $\{q\}$ 的振幅列向量，称为固有振型或特征向量；ω 是与 $\{\phi\}$ 对应的振动固有频率。

将式（8-17）代入式（8-16），可得

$$([K] - \omega^2[M])\{\phi\} = 0 \tag{8-18}$$

定义特征值

$$\lambda = \omega^2$$

则式（8-18）可写为

$$([K] - \lambda[M])\{\phi\} = 0 \tag{8-19}$$

式（8-19）是线性齐次代数方程组，若该方程组有非零解，则其系数矩阵的行列式必然等于零，即

$$\det([K] - \lambda[M]) = 0 \tag{8-20}$$

式（8-20）称为常系数齐次微分方程组（8-16）的特征方程。

如果划分单元后，所有节点的位移 $\{q\}$ 分量的总数为 n，则式（8-20）所表示的特征方程就是 λ 的 n 次代数式，可以求得 n 个特征值 λ_i，从而得到 n 个固有频率 $\omega_i = \sqrt{\lambda_i}$；与每个固有频率 ω_i 相对应，由式（8-19）可以确定 n 个振幅列向量 $\{\phi_i\}$，表示与固有频率 ω_i 相对应的固有振型。

由于式（8-16）中的总体刚度矩阵 $[K]$ 和总体质量矩阵 $[M]$ 均为对称矩阵，其特征值 λ_i 均为实数，因此所有的特征向量也均为实向量。将 n 个特征值和固有频率按顺序排列，有

$$0 \leq \lambda_1 \leq \lambda_2 \leq \cdots \leq \lambda_n$$
$$0 \leq \omega_1^2 \leq \omega_2^2 \leq \cdots \leq \omega_n^2$$

如果 $[K]$ 正定，则有 $\omega_1 > 0$，如果 $[K]$ 半正定，则有 $\omega_i = 0$（$i < 6$）。

对于特征值问题的求解，有多种方法可供使用。在研究结构的动力响应时，往往只需要较低阶的频率 ω_i 以及其相应的固有振型 $\{\phi_i\}$，所以出现了一些针对结构动力学有限元分析特点的特征值求解方法，比如，子空间迭代法和行列式搜索法等，有兴趣的读者可以参见参考文献 [1-3]。

8.3.2　固有振型的性质

由式（8-19）求得固有振型 $\{\phi_i\}$（特征向量），只是确定了 $\{\phi_i\}$ 中各个分量的比例，$\{\phi_i\}$ 乘以一个不等于零的常数后，依然是式（8-18）的一个特征向量。为了规定固有振型 $\{\phi_i\}$ 的幅度，可以对 $\{\phi_i\}$ 进行正则化处理，令 $\{\phi\}$ 满足

$$\{\phi_i\}^{\mathrm{T}}[M]\{\phi_i\} = 1 \tag{8-21}$$

这样处理以后的固有振型 $\{\phi_i\}$ 称为正则化振型，此后用到的固有振型，都是指正则化后的固有振型。

设（ω_i^2，$\{\phi_i\}$）和（ω_j^2，$\{\phi_j\}$）是式（8-18）的两个特征解，将它们代入式（8-18），有

$$\begin{cases} [K]\{\phi_i\} = \omega_i^2[M]\{\phi_i\} \\ [K]\{\phi_j\} = \omega_j^2[M]\{\phi_j\} \end{cases} \tag{8-22}$$

用 $\{\phi_j\}^T$ 左乘上式的第一式，用 $\{\phi_i\}^T$ 左乘上式的第二式，有

$$\begin{cases} \{\phi_j\}^T[K]\{\phi_i\} = \omega_i^2\{\phi_j\}^T[M]\{\phi_i\} \\ \{\phi_i\}^T[K]\{\phi_j\} = \omega_j^2\{\phi_i\}^T[M]\{\phi_j\} \end{cases} \tag{8-23}$$

由于 $[K]$ 和 $[M]$ 都是对称矩阵，并且考虑到式（8-23）两端都是标量，则有

$$\{\phi_i\}^T[K]\{\phi_j\} = \{\phi_j\}^T[K]\{\phi_i\}$$

$$\{\phi_i\}^T[M]\{\phi_j\} = \{\phi_j\}^T[M]\{\phi_i\}$$

将式（8-23）中的两个式子相减，可得

$$0 = (\omega_i^2 - \omega_j^2)\{\phi_i\}^T[M]\{\phi_j\} \tag{8-24}$$

当 $\omega_i^2 \neq \omega_j^2$ 时，有

$$\{\phi_i\}^T[M]\{\phi_j\} = 0 \tag{8-25}$$

式（8-25）表明固有振型 $\{\phi_i\}$ 与质量矩阵 $[M]$ 是正交的。将式（8-21）和式（8-25）合写在一起，可得固有振型 $\{\phi_i\}$ 与质量矩阵 $[M]$ 的正交关系为

$$\{\phi_i\}^T[M]\{\phi_j\} = \begin{cases} 1(i = j) \\ 0(i \neq j) \end{cases} \tag{8-26}$$

由于当 $i \neq j$ 时，$\{\phi_i\}^T[M]\{\phi_j\} = 0$，根据式（8-23）和式（8-26），可得

$$\{\phi_i\}^T[k]\{\phi_j\} = \begin{cases} \omega_i^2(i = j) \\ 0(i \neq j) \end{cases} \tag{8-27}$$

式（8-27）表明固有振型 $\{\phi_i\}$ 与刚度矩阵 $[K]$ 也是正交的。

如果定义

$$[\Phi] = [\{\phi_1\} \quad \{\phi_2\} \quad \cdots \quad \{\phi_n\}] \tag{8-28}$$

$$[\Omega^2] = \begin{bmatrix} \omega_1^2 & & & 0 \\ & \omega_2^2 & & \\ & & \ddots & \\ 0 & & & \omega_n^2 \end{bmatrix} \tag{8-29}$$

特征解的性质可以表示为

$$\begin{cases} [\Phi]^T[M][\Phi] = [I] \\ [\Phi]^T[K][\Phi] = [\Omega^2] \end{cases} \tag{8-30}$$

例 8.1　一长度为 $L = 20\text{m}$ 的圆截面简支梁，横截面积的半径 $R = 1.0\text{m}$，材料密度 $\rho = 8000\text{kg/m}^3$，弹性模量 $E = 2.0 \times 10^{11}\text{N/m}^2$。求其前 5 阶固有频率。

解：该简支梁的横向振动的固有频率的理论计算公式为

$$\omega_n = \left(\frac{n\pi}{L}\right)^2 \sqrt{\frac{EI}{\rho A}}, \quad n = 1, 2, 3, \cdots$$

式中，I 为截面惯性矩；n 是频率阶数。

在 ANSYS 软件中，采用 2 节点平面梁单元将简支梁分成等长的 6 个单元；采用集中质量矩阵计算时，有限元计算的固有频率结果和理论解结果，列于表 8-1。

表 8-1　简支梁的固有频率

	1 阶频率	2 阶频率	3 阶频率	4 阶频率	5 阶频率
有限元解/Hz	9.817	39.228	87.716	151.928	217.375
理论解/Hz	9.817	39.270	88.357	157.080	245.437
误差（%）	0.0	0.1	0.7	3.3	11.4

从计算结果可以看出，随着频率阶数的增高，有限元计算结果的误差也在变大。另外，如果要求解更高阶数的频率，就需要划分更多的单元或节点。因为从集合上说，节点数少的话，就无法表示出高阶振型，也就无法求出高阶频率。

例 8.2　图 8-1 为一左端固定的悬臂板，长 $a = 0.0508$m，宽 $b = 0.0254$m，厚 $h = 0.00254$m，材料密度 $\rho = 7833.44$kg/m^3，弹性模量 $E = 2.10922 \times 10^{11}$N/m^2。求其一阶固有频率。

解：图 8-1（a）所示为采用 8 节点四边形壳单元的计算模型，图 8-1（b）所示为采用 20 节点六面体单元的计算模型。使用 ANSYS 计算程序计算的结果见表 8-2。

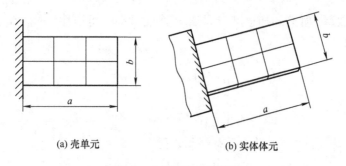

(a) 壳单元　　　　　　　　　(b) 实体体元

图 8-1　左端固定的悬臂板

表 8-2　悬臂梁的固有频率

单　　元	单 元 数	节 点 数	一阶频率值/Hz	误差（%）
壳单元	3×2	29	844.71	0.15
20 节点六面体单元	4×2	89	875.35	3.47
20 节点六面体单元	6×3	174	861.16	1.79

一阶频率的理论解为 846 Hz。从表 8-2 中可以看到，6 个壳单元可以得到满意的结果；采用 20 节点六面体单元时，尽管划分了较多的单元和节点，仍然未达到壳单元的计算精度。

用实三维体单元的计算结果大于理论值，说明计算模型的刚度比实际板的刚度大，随着单元尺寸减小，刚度变小，一阶频率的计算值减小。由此可见，随着单元尺寸的减小，计算精度会越来越高，而节点数会更多。对于实际工程结构，单元尺寸不可能太小，所以，对于板、壳类的结构，在采用 ANSYS 等分析工具计算固有频率和振型时，应当尽量使用板、壳单元。

8.4　动力学有限元方程的求解方法——直接积分法

式（8-11）表示的动力学有限元方程为

$$[M]\{\ddot{q}\} + [C]\{\dot{q}\} + [K]\{q\} = \{R\}$$

它是与时间有关的常微分方程组，它的解，即节点位移 $\{q\}$、速度 $\{\dot{q}\}$、加速度 $\{\ddot{q}\}$ 是时间的连续函数。用解析方法是很难、甚至不可能求解的。在有限元计算中，通常是采用数值解法进行求解的，有多种求解常微分方程组的求解方法，本书仅介绍在有限元程序或软件中最常用的求解方法。

数值解法是将时间域分为一系列的时间点，这些点将时间域分为若干个时间间隔 Δt。建立逐步的积分格式，就是从已知的 0，$1\Delta t$，$2\Delta t$，$\cdots$，t 时刻的解来求下一个时刻 $t + \Delta t$ 的解。

下面介绍两种直接积分法，即中心差分法和纽马克（Newmark）法。

8.4.1　中心差分法

中心差分法假定 t 时刻的加速度 $\{\ddot{q}\}_t$ 和速度 $\{\dot{q}\}_t$ 可以用 t、$t - \Delta t$、$t + \Delta t$ 时刻的位移 $\{q\}$ 表示，即

$$\{\ddot{q}\}_t = \frac{1}{\Delta t^2}(\{q\}_{t-\Delta t} - 2\{q\}_t + \{q\}_{t+\Delta t}) \tag{8-31}$$

$$\{\dot{q}\}_t = \frac{1}{2\Delta t}(\{q\}_{t+\Delta t} - \{q\}_{t-\Delta t}) \tag{8-32}$$

根据式（8-11），t 时刻的动力学有限元方程为

$$[M]\{\ddot{q}\}_t + [C]\{\dot{q}\}_t + [K]\{q\}_t = \{R\}_t \tag{8-33}$$

将式（8-31）、式（8-32）代入式（8-33），并整理，可得到 t 时刻的平衡方程为

$$\left(\frac{1}{\Delta t^2}[M] + \frac{1}{2\Delta t}[C]\right)\{q\}_{t+\Delta t}$$
$$= \{R\}_t - \left([K] - \frac{2}{\Delta t^2}[M]\right)\{q\}_t - \left(\frac{1}{\Delta t^2}[M] - \frac{1}{2\Delta t}[C]\right)\{q\}_{t-\Delta t} \tag{8-34}$$

如果 t 时刻及以前的位移已知，即 $\{q\}_{t-\Delta t}$ 和 $\{q\}_t$ 已知，根据式（8-34）可以求得 $t + \Delta t$ 时刻的位移 $\{q\}_{t+\Delta t}$，然后根据式（8-31）和式（8-32），可计算 t 时刻的加速度 $\{\ddot{q}\}_t$ 和速度 $\{\dot{q}\}_t$。中心差分法是根据式（8-31）和式（8-32）的假设，以及 t 时刻动力学有限元平衡方程求得 $t + \Delta t$ 时刻的位移 $\{q\}_{t+\Delta t}$，所以被称为显式积分。

由式（8-34）可以看出，在求解 $t + \Delta t$ 时刻的位移 $\{q\}_{t+\Delta t}$ 时，需要已知 $t - \Delta t$ 和 t 时刻的位移 $\{q\}_{t-\Delta t}$ 和 $\{q\}_t$。如在求解第一个时间步长 $1\Delta t$ 的位移 $\{q\}_{0+\Delta t}$ 时，就需要知道 $0 - \Delta t$ 和 $t = 0$ 时刻的位移 $\{q\}_{0-\Delta t}$ 和 $\{q\}_0$。$\{q\}_0$ 是初始位移，是已知的，而 $\{q\}_{0-\Delta t}$ 是未知的，因此需要进行启动处理。由式（8-31）和式（8-32），消除 $\{q\}_{0+\Delta t}$，解得 $\{q\}_{0-\Delta t}$ 为

$$\{q\}_{0-\Delta t} = \{q\}_0 - \Delta t\{\dot{q}\}_0 + \frac{\Delta t^2}{2}\{\ddot{q}\}_0 \tag{8-35}$$

由式 (8-35) 可知, 只要已知了初始的位移 $\{q\}_0$、初始加速度 $\{\ddot{q}\}_0$ 和初始速度 $\{\dot{q}\}_0$, 由式 (8-35) 可求出 $0-\Delta t$ 时刻的位移 $\{q\}_{0-\Delta t}$; 按式 (8-34) 可计算 0, $1\Delta t$, $2\Delta t$, $\cdots$, t 时刻的位移 $\{q\}_{t+\Delta t}$。

在式 (8-34) 中, 如果令

$$\begin{cases} [\overline{M}] = \left(\dfrac{1}{\Delta t^2}[M] + \dfrac{1}{2\Delta t}[C]\right) \\ \{\overline{R}\}_t = \{R\}_t - \left([K] - \dfrac{2}{\Delta t^2}[M]\right)\{q\}_t - \left(\dfrac{1}{\Delta t^2}[M] + \dfrac{1}{2\Delta t}[C]\right)\{q\}_{t-\Delta t} \end{cases} \tag{8-36}$$

则式 (8-34) 可以写为

$$[\overline{M}]\{q\}_{t+\Delta t} = \{\overline{R}\}_t \tag{8-37}$$

式中, $[\overline{M}]$ 称为有效质量矩阵; $\{\overline{R}\}_t$ 称为有效载荷列阵。

至此, 可以将中心差分法的求解步骤归纳如下:

(1) 初始计算

1) 形成总体的刚度矩阵 $[K]$、质量矩阵 $[M]$ 和阻尼矩阵 $[C]$。

2) 给定初始条件: 初始的位移 $\{q\}_0$、初始速度 $\{\dot{q}\}_0$ 和初始加速度 $\{\ddot{q}\}_0$。

3) 选择时间步长 Δt, 并计算积分常数

$$c_0 = \frac{1}{\Delta t^2}, \ c_1 = \frac{1}{2\Delta t}, \ c_2 = \frac{2}{\Delta t^2}, \ c_3 = \frac{\Delta t^2}{2}$$

4) 计算 $0-\Delta t$ 时刻的位移 $\{q\}_{0-\Delta t}$, 由式 (8-35), 有

$$\{q\}_{0-\Delta t} = \{q\}_0 - \Delta t \{\dot{q}\}_0 + \frac{\Delta t^2}{2} \{\ddot{q}\}_0 = \{q\}_0 - \Delta t \{\dot{q}\}_0 + c_3 \{\ddot{q}\}_0$$

5) 形成有效质量矩阵。由式 (8-36), 有

$$[\overline{M}] = c_0[M] + c_1[C]$$

6) 三角分解

$$[\overline{M}] = c_0[M] + c_1[C] = [L][D][L]^{\mathrm{T}}$$

说明: 如果 $[M]$ 和 $[C]$ 分别是一致质量矩阵和一致阻尼矩阵, 需要用三角分解法将欲求解矩阵分解为三角对称矩阵; 如果 $[M]$ 和 $[C]$ 分别采用集中质量矩阵和集中阻尼矩阵, 则 $[M]$ 和 $[C]$ 本身就是三角对称矩阵, 求解过程中就不需要再进行三角分解。

(2) 逐步对每一时间步长计算

1) 计算 t 时刻的有效载荷 $\{\overline{R}\}_t$, 由式 (8-36), 有

$$\{\overline{R}\}_t = \{R(t)\}_t - ([K] - c_2[M])\{q\}_t - (c_0[M] + c_1[C])\{q\}_{t-\Delta t}$$

2) 求解 $t+\Delta t$ 时刻的位移 $\{q\}_{t+\Delta t}$, 由式 (8-37), 有

$$\{q\}_{t+\Delta t} = \{\overline{R}\}_t / [\overline{M}]$$

3) 求解 t 时刻的加速度 $\{\ddot{q}\}_t$ 和速度 $\{\dot{q}\}_t$, 由式 (8-31) 和式 (8-32), 有

$$\{\ddot{q}\}_t = \frac{1}{\Delta t^2}(\{q\}_{t-\Delta t} - 2\{q\}_t + \{q\}_{t+\Delta t}) = c_0(\{q\}_{t-\Delta t} - 2\{q\}_t + \{q\}_{t+\Delta t})$$

$$\{\dot{q}\}_t = \frac{1}{2\Delta t}(\{q\}_{t+\Delta t} - \{q\}_{t-\Delta t}) = c_1(\{q\}_{t+\Delta t} - \{q\}_{t-\Delta t})$$

在以上求解过程中，如果采用集中质量矩阵和集中阻尼矩阵，则整个求解过程不需要形成总体矩阵，与三角分解法相比，所需计算机的内存量也要小得多，求解效率也很高，这是其优点。但是，由于中心差分法是显式算法，不管采用哪种形式的质量矩阵和阻尼矩阵，都是有条件稳定的，都有对时间步长的限制，如果时间步长太大，积分就会变成不稳定的。对时间步长的限制条件为

$$\Delta t \leqslant \Delta t_{cr} = \frac{T_n}{\pi}$$

式中，T_n 是系统的最小固有周期。参考文献 [1] 建议，T_n 可以取结构中最小单元的最小固有周期，因为该周期小于系统的固有周期。

8.4.2　纽马克法

纽马克（Newmark）法假定 t 时刻的位移 $\{q\}_t$、速度 $\{\dot{q}\}_t$ 和加速度 $\{\ddot{q}\}_t$ 为已知，需求解 $t+\Delta t$ 时刻的位移 $\{q\}_{t+\Delta t}$、速度 $\{\dot{q}\}_{t+\Delta t}$ 和加速度 $\{\ddot{q}\}_{t+\Delta t}$。

根据式（8-11），$t+\Delta t$ 时刻的动力学有限元方程为

$$[M]\{\ddot{q}\}_{t+\Delta t} + [C]\{\dot{q}\}_{t+\Delta t} + [K]\{q\}_{t+\Delta t} = \{R\}_{t+\Delta t} \tag{8-38}$$

从 t 到 $t+\Delta t$ 的时间间隔内，纽马克法假定

$$\{\dot{q}\}_{t+\Delta t} = \{\dot{q}\}_t + [(1-\delta)\{\ddot{q}\}_t + \delta\{\ddot{q}\}_{t+\Delta t}]\Delta t \tag{8-39}$$

$$\{q\}_{t+\Delta t} = \{q\}_t + \{\dot{q}\}_t\Delta t + \left[\left(\frac{1}{2} - \alpha\right)\{\ddot{q}\}_t + \alpha\{\ddot{q}\}_{t+\Delta t}\right]\Delta t^2 \tag{8-40}$$

式中，δ 和 α 是积分参数，当 $\delta = \frac{1}{2}$，$\alpha = \frac{1}{6}$ 时，式（8-39）和式（8-40）相当于线性加速度法[1]。

在式（8-40）中，将 $\{\ddot{q}\}_{t+\Delta t}$ 表示为

$$\{\ddot{q}\}_{t+\Delta t} = \frac{1}{\alpha\Delta t^2}(\{q\}_{t+\Delta t} - \{q\}_t) - \frac{1}{\alpha\Delta t}\{\dot{q}\}_t - \left(\frac{1}{2\alpha} - 1\right)\{\ddot{q}\}_t \tag{8-41}$$

上式用 t 时刻的位移$\{q\}_t$、速度$\{\dot{q}\}_t$ 和加速度 $\{\ddot{q}\}_t$ 以及 $t+\Delta t$ 时刻的位移$\{q\}_{t+\Delta t}$表示的 $t+\Delta t$ 时刻的加速度$\{\ddot{q}\}_{t+\Delta t}$。

将式（8-41）代入式（8-39），可 $t+\Delta t$ 时刻的速度为

$$\{\dot{q}\}_{t+\Delta t} = \frac{\delta}{\alpha\Delta t}(\{q\}_{t+\Delta t} - \{q\}_t) + \left(1 - \frac{\delta}{\alpha}\right)\{\dot{q}\}_t + \left(1 - \frac{\delta}{2\alpha}\right)\Delta t\{\ddot{q}\}_t \tag{8-42}$$

上式用 t 时刻的位移 $\{q\}_t$、速度 $\{\dot{q}\}_t$ 和加速度 $\{\ddot{q}\}_t$ 以及 $t+\Delta t$ 时刻的位移 $\{q\}_{t+\Delta t}$表示的 $t+\Delta t$ 时刻的速度 $\{\dot{q}\}_{t+\Delta t}$。

把式（8-41）和式（8-42）代入式（8-38），$t+\Delta t$ 时刻的动力学有限元方程为

$$[M]\left[\frac{1}{\alpha\Delta t^2}(\{q\}_{t+\Delta t} - \{q\}_t) - \frac{1}{\alpha\Delta t}\{\dot{q}\}_t - \left(\frac{1}{2\alpha} - 1\right)\{\ddot{q}\}_t\right] +$$

$$[C]\left[\frac{\delta}{\alpha\Delta t}(\{q\}_{t+\Delta t} - \{q\}_t) + \left(1 - \frac{\delta}{\alpha}\right)\{\dot{q}\}_t + \left(1 - \frac{\delta}{2\alpha}\right)\Delta t\{\ddot{q}\}_t\right] +$$

$$[K]\{q\}_{t+\Delta t} = \{R\}_{t+\Delta t}$$

整理后，上式可以写为

$$\left([K] + \frac{1}{\alpha\Delta t^2}[M] + \frac{\delta}{\alpha\Delta t}[C]\right)\{q\}_{t+\Delta t}$$

$$= \{R\}_{t+\Delta t} + [M]\left(\frac{1}{\alpha\Delta t^2}\{q\}_t + \frac{1}{\alpha\Delta t}\{\dot{q}\}_t + \left(\frac{1}{2\alpha} - 1\right)\{\ddot{q}\}_t\right) + \tag{8-43}$$

$$[C]\left(\frac{\delta}{\alpha\Delta t}\{q\}_t + \left(\frac{\delta}{\alpha} - 1\right)\{\dot{q}\}_t + \left(\frac{\delta}{2\alpha} - 1\right)\Delta t\{\ddot{q}\}_t\right)$$

若令

$$[\overline{K}] = [K] + \frac{1}{\alpha\Delta t^2}[M] + \frac{\delta}{\alpha\Delta t}[C] = [K] + c_0[M] + c_1[C] \tag{8-44}$$

$$\{\overline{R}\}_{t+\Delta t} = \{R\}_{t+\Delta t} + [M]\left(\frac{1}{\alpha\Delta t^2}\{q\}_t + \frac{1}{\alpha\Delta t}\{\dot{q}\}_t + \left(\frac{1}{2\alpha} - 1\right)\{\ddot{q}\}_t\right) +$$

$$[C]\left(\frac{\delta}{\alpha\Delta t}\{q\}_t + \left(\frac{\delta}{\alpha} - 1\right)\{\dot{q}\}_t + \left(\frac{\delta}{2\alpha} - 1\right)\Delta t\{\ddot{q}\}_t\right) \tag{8-45}$$

$$= \{R\}_{t+\Delta t} + [M](c_0\{q\}_t + c_2\{\dot{q}\}_t + c_3\{\ddot{q}\}_t) + [C](c_1\{q\}_t + c_4\{\dot{q}\}_t + c_5\{\ddot{q}\}_t)$$

式 (8-43) 可以表示为

$$[\overline{K}]\{q\}_{t+\Delta t} = \{\overline{R}\}_{t+\Delta t} \tag{8-46}$$

其中，$[\overline{K}]$ 称为有效刚度矩阵，$\{\overline{R}\}_{t+\Delta t}$ 称为有效载荷列阵。式 (8-45) 中的常数为

$$c_0 = \frac{1}{\alpha\Delta t^2}, c_1 = \frac{\delta}{\alpha\Delta t}, c_2 = \frac{1}{\alpha\Delta t}, c_3 = \frac{1}{2\alpha} - 1$$

$$c_4 = \frac{\delta}{\alpha} - 1, c_5 = \frac{\Delta t}{2}\left(\frac{\delta}{\alpha} - 2\right), c_6 = (1 - \delta)\Delta t, c_7 = \delta\Delta t$$

其中，δ 和 α 是积分参数。

由式 (8-46) 可求得 $t + \Delta t$ 时刻的位移 $\{q\}_{t+\Delta t}$，然后将 $\{q\}_{t+\Delta t}$ 代入式 (8-41) 和式 (8-42)，可求得 $t + \Delta t$ 时刻的加速度 $\{\ddot{q}\}_{t+\Delta t}$ 和速度 $\{\dot{q}\}_{t+\Delta t}$，即

$$\begin{cases} \{\ddot{q}\}_{t+\Delta t} = c_0(\{q\}_{t+\Delta t} - \{q\}_t) - c_2\{\dot{q}\}_t - c_3\{\ddot{q}\}_t \\ \{\dot{q}\}_{t+\Delta t} = \{\dot{q}\}_t + c_6\{\ddot{q}\}_t + c_7\{\ddot{q}\}_{t+\Delta t} \end{cases} \tag{8-47}$$

至此，可以将纽马克法的求解步骤归纳如下：

（1）初始计算

1）形成刚度矩阵 $[K]$、质量矩阵 $[M]$ 和阻尼矩阵 $[C]$。

2）给定初始条件：初始的位移 $\{q\}_0$、初始速度 $\{\dot{q}\}_0$ 和初始加速度 $\{\ddot{q}\}_0$。

3）选择时间步长 Δt、积分参数 δ 和 α，计算积分常数

$$c_0 = \frac{1}{\alpha\Delta t^2}, \quad c_1 = \frac{\delta}{\alpha\Delta t}, \quad c_2 = \frac{1}{\alpha\Delta t}, \quad c_3 = \frac{1}{2\alpha} - 1$$

$$c_4 = \frac{\delta}{\alpha} - 1, \quad c_5 = \frac{\Delta t}{2}\left(\frac{\delta}{\alpha} - 2\right), c_6 = (1 - \delta)\Delta t, c_7 = \delta\Delta t$$

4）形成有效刚度矩阵，由式（8-44），有

$$[\bar{K}] = [K] + c_0[M] + c_1[C]$$

5）三角分解有效刚度矩阵 $[\bar{K}]$

$$[\bar{K}] = [L][D][L]^{\mathrm{T}}$$

（2）逐步对每一时间步长计算

1）计算 $t + \Delta t$ 时刻的有效载荷列阵，由式（8-45），有

$$\{\bar{R}\}_{t+\Delta t} = \{R\}_{t+\Delta t} + [M](c_0\{q\}_t + c_2\{\dot{q}\}_t + c_3\{\ddot{q}\}_t) + [C](c_1\{q\}_t + c_4\{\dot{q}\}_t + c_5\{\ddot{q}\}_t)$$

2）求解 $t + \Delta t$ 时刻的位移 $\{q\}_{t+\Delta t}$，由式（8-46），有

$$\{q\}_{t+\Delta t} = \{\bar{R}\}_{t+\Delta t} / [\bar{K}]$$

3）计算 $t + \Delta t$ 时刻的加速度 $\{\ddot{q}\}_{t+\Delta t}$ 和速度 $\{\dot{q}\}_{t+\Delta t}$，由式（8-47），有

$$\begin{cases} \{\ddot{q}\}_{t+\Delta t} = c_0(\{q\}_{t+\Delta t} - \{q\}_t) - c_2\{\dot{q}\}_t - c_3\{\ddot{q}\}_t \\ \{\dot{q}\}_{t+\Delta t} = \{\dot{q}\}_t + c_6\{\ddot{q}\}_t + c_7\{\ddot{q}\}_{t+\Delta t} \end{cases}$$

纽马克（Newmark）法是隐式算法，且当 $\delta \geqslant 0.5$，$\alpha \geqslant 0.25 (0.5 + \delta)^2$ 时，是无条件稳定的，即时间步长的大小不会影响解的稳定性，而 Δt 的选取则取决于解的精度要求、对结构响应有主要贡献的振型对应的最小周期、载荷周期等因素。

常用的隐式直接积分法还有 Wilson-θ 法和 Houbolt 法等，它们与纽马克（Newmark）法的区别在于对 Δt 时间间隔内的位移、速度和加速度变化的不同假定，感兴趣的读者请参见参考文献［3］。

8.5　动力学有限元方程的求解方法——振型叠加法

式（8-11）表示的动力学有限元方程为

$$[M]\{\ddot{q}\} + [C]\{\dot{q}\} + [K]\{q\} = \{R\} \tag{8-48}$$

它是与时间有关的常微分方程组，它的解，即节点位移 $\{q\}$、速度 $\{\dot{q}\}$、加速度 $\{\ddot{q}\}$ 是时间的连续函数。本节介绍如何利用振型叠加法来求解以上常微分方程组。

振型叠加法也称为模态叠加法，适用于阻尼矩阵 $[C]$ 为对角化的简单阻尼矩阵。该方法是在求解动力学有限元方程之前，进行一次坐标变换，用振型坐标替代原来的有限元节点坐标，引入下列变换

$$\{q(t)\} = \{\phi_1\}x_1(t) + \{\phi_2\}x_2(t) + \cdots + \{\phi_n\}x_n(t) = \sum_{i=1}^{n} \{\phi_i\}x_i(t) = [\Phi]\{X(t)\}$$

$$\tag{8-49}$$

式中，n 是动力学有限元方程的阶数（自由度数）；$\{\phi_1\}$，$\{\phi_2\}$，$\cdots$，$\{\phi_n\}$ 是与第1，2，$\cdots$，n 阶对应的固有振型，定义及求解见8.3节；$x_1(t)$，$x_2(t)$，$\cdots$，$x_n(t)$ 是与固有振型对应的振型坐标，$\{q(t)\}$ 是总体节点位移列阵；$[\Phi]$ 称为振型矩阵，$\{X(t)\}$ 称为广义坐标，它是时间的函数，分别定义为

$$[\Phi] = [\{\phi_1\} \quad \{\phi_2\} \quad \cdots \quad \{\phi_n\}] \tag{8-50}$$

$$\{X(t)\} = \begin{Bmatrix} x_1(t) \\ x_2(t) \\ \vdots \\ x_n(t) \end{Bmatrix} \tag{8-51}$$

式 (8-49) 变换的意义是，把与时间有关的位移 $\{q(t)\}$ 用固有振型 $\{\phi_i\}$ （$i = 1, 2, \cdots, n$) 的线性组合来表示，通过这样的变换，将求解节点位移 $\{q(t)\}$ 转换成了求解广义位移 $\{X(t)\}$，因为 $\{X(t)\}$ 中的每一个分量 $\{x_i(t)\}$ 都是节点位移 $\{q(t)\}$ 在振型 $\{\phi_i\}$ 上的投影，所以 $\{x_i(t)\}$ 也称为振型坐标。

将式 (8-49) 代入动力学有限元方程 (8-48)，并在其两端乘以 $[\boldsymbol{\Phi}]^{\mathrm{T}}$，有

$$[\boldsymbol{\Phi}]^{\mathrm{T}}[M][\boldsymbol{\Phi}]\{\ddot{X}(t)\} + [\boldsymbol{\Phi}]^{\mathrm{T}}[C][\boldsymbol{\Phi}]\{\dot{X}(t)\} + [\boldsymbol{\Phi}]^{\mathrm{T}}[K][\boldsymbol{\Phi}]\{X(t)\} = [\boldsymbol{\Phi}]^{\mathrm{T}}\{R\} \tag{8-52}$$

因为 $[\boldsymbol{\Phi}]$ 关于 $[M]$ 和 $[K]$ 正交，由式 (8-30)，有

$$\begin{cases} [\boldsymbol{\Phi}]^{\mathrm{T}}[M][\boldsymbol{\Phi}] = [I] \\ [\boldsymbol{\Phi}]^{\mathrm{T}}[K][\boldsymbol{\Phi}] = [\Omega^2] \end{cases}$$

式 (8-52) 可改写为

$$\{\ddot{X}(t)\} + [\boldsymbol{\Phi}]^{\mathrm{T}}[C][\boldsymbol{\Phi}]\{\dot{X}(t)\} + \Omega^2\{X(t)\} = [\boldsymbol{\Phi}]^{\mathrm{T}}\{R\} \tag{8-53}$$

按照式 (8-49)，$t = 0$ 时刻的位移 $\{q\}_0$ 和速度 $\{\dot{q}\}_0$ 的初始条件分别为

$$\{q\}_0 = [\boldsymbol{\Phi}]\{X(0)\}$$

$$\{\dot{q}\}_0 = [\boldsymbol{\Phi}]\{\dot{X}(0)\}$$

用 $[\boldsymbol{\Phi}]^{\mathrm{T}}[M]$ 左乘上边两式，则初始条件可分别表示为

$$\{X(0)\} = [\boldsymbol{\Phi}]^{\mathrm{T}}[M]\{q\}_0, \{\dot{X}(0)\} = [\boldsymbol{\Phi}]^{\mathrm{T}}[M]\{\dot{q}\}_0 \tag{8-54}$$

如果假定振型 $\{\phi_i\}$ 关于阻尼矩阵 $[C]$ 也是正交的，即有

$$\{\phi_j\}^{\mathrm{T}}[C]\{\phi_i\} = \begin{cases} \omega_i\xi_i, & (i = j) \\ 0 & (i \neq j) \end{cases}$$

或

$$[\boldsymbol{\Phi}]^{\mathrm{T}}[C][\boldsymbol{\Phi}] = \begin{bmatrix} 2\omega_1\xi_1 & & & 0 \\ & 2\omega_2\xi_2 & & \\ & & \ddots & \\ 0 & & & 2\omega_n\xi_n \end{bmatrix} \tag{8-55}$$

式中，ξ_i 是第 i 阶振型的阻尼比。

若令

$$\{\overline{R}\} = [\boldsymbol{\Phi}]^{\mathrm{T}}\{R\} \tag{8-56}$$

结合式 (8-55) 和式 (8-56)，式 (8-53) 成为 n 个互不耦合的、独立的二阶常微分方程

$$\{\ddot{X}(t)\} + 2\omega_i\xi_i\{\dot{X}(t)\} + \omega_i^2\{X(t)\} = \{\overline{R}\} \tag{8-57}$$

式（8-57）表示 n 个偏微分方程组，每一个偏微分方程的解 $x_i(t)$ 都可以利用杜哈美（Duhamal）积分表示为

$$x_i(t) = \frac{1}{\omega_i} \int_0^t r_i(\tau) e^{-\xi_i \overline{\omega}_i(t-\tau)} \sin \overline{\omega}_i(t-\tau) d\tau + e^{-\xi_i \overline{\omega}t} (a_i \sin \overline{\omega}_i t + b_i \cos \overline{\omega}_i t) \qquad (8-58)$$

式中，$\overline{\omega}_i = \omega_i(1-\xi_i^2)$；$a_i$ 和 b_i 是由初始条件确定的常数。

式（8-58）右端的第一项代表由 $r(t)$ 产生的强迫振动，第二项代表与初始条件对应的自由振动。当阻尼很小时，即 $\xi_i \to 0$ 时，$\overline{\omega}_i = \omega_i$，这时，杜哈美（Duhamal）积分变为

$$x_i(t) = \frac{1}{\omega_i} \int_0^t r_i(\tau) \sin \omega_i(t-\tau) d\tau + (a_i \sin \omega_i t + b_i \cos \omega_i t) \qquad (8-59)$$

在简单情况下，用杜哈美（Duhamal）积分可以得到解析结果，但是在有限元法中，一般还是利用数值积分方法计算。

求解式（8-57）得到的解 $x_i(t)$ 代表第 i 个振型对位移响应的贡献，将各个振型对位移响应的贡献叠加在一起，即按式（8-49），可得到节点位移列阵为

$$\{q(t)\} = \sum_{i=1}^n \{\phi_i\} x_i(t) = [\boldsymbol{\Phi}] \{X(t)\} \qquad (8-60)$$

至此，振型叠加法的求解过程可简单归纳如下：

（1）求解结构的固有频率和固有振型，并对固有振型进行正则化处理。

（2）根据式（8-57），求解 n 个互不耦合的偏微分方程组，并求出每一个偏微分方程的解 $x_i(t)$ （$i = 1, 2, \cdots, n$）。

（3）根据式（8-60），将 n 个固有振型上的响应进行叠加，得到各个时间步长上总体节点位移。

对振型叠加法，需要作以下几点说明：

（1）相对于直接积分法而言，振型叠加法作为一种解法，并没有从本质上影响解的性质。对于具有 n 个自由度的系统，如果在振型叠加时采用足够的振型，并且采用与直接积分法同样的积分方案和时间步长，最后得到的计算结果在积分方案的误差和计算机舍入误差范围内将是一致的。

（2）求解式（8-57）中的 n 个互不耦合的方程，要比直接积分法求解方程组节省计算时间。虽然特征值和特征向量的求解也是很费时的，但是，与直接积分法相比，对于大型结构系统，特别是求解时间步长 Δt 比较多的情况下，振型叠加法可以节省求解时间。

（3）因为频率越高，其对应的振型对结构响应的影响越小，所以，在使用振型叠加法时，可以只考虑前若干阶振型，而忽略高阶振型的影响。然而当高阶振型的频率与外载荷的频率接近时，高阶振型是不应该忽略的。

（4）对于具有 n 个自由度的实际结构，一般取其若干阶低阶振型就能得到较好的计算结果，取多少个振型，取哪些振型，要根据结构自身的动力学特性和外载荷情况来决定。

（5）从理论上讲，振型叠加法只适合于线性问题，对于非线性问题一般采用积分法。对于局部非线性的结构，有时也可采用振型叠加法。

8.6　动力学有限元方程求解方法稳定性和计算精度的比较

动力学有限元问题求解的计算量要比静力问题的计算量大很多，即使对于只需要有效刚度矩阵作一次三角分解的线性动力学问题也是如此。直接积分法的成本取决于所规定的求解时间步的多少。对于给定的求解时间域 $(0, T)$，求解时间步的多少又取决于时间步长 Δt 的大小，所以，如何选择适当的时间步长 Δt 是很重要的。选择时间步长主要考虑积分方法的稳定性和计算精度两个方面。

积分方法的稳定性是指，在某个时间 t 的解，如位移 $\{q\}_t$、速度 $\{\dot{q}\}_t$、加速度 $\{\ddot{q}\}_t$ 的误差（包括计算机的舍入误差），不会在以后的积分过程中被任意放大，从而使解变得没有意义。如果对于任意时间步长都能满足这一要求，称为无条件稳定。如果时间步长必须小于或等于某一数值时才能满足这一要求，称为条件稳定。

关于稳定性，仅简单说明以下几点。

（1）中心差分法是有条件稳定的，时间步长 Δt 要满足如下要求

$$\Delta t \leqslant \Delta t_{\mathrm{cr}} = \frac{T_n}{\pi} \tag{8-61}$$

式中，Δt_{cr} 是临界时间步长；T_n 是系统的最小固有周期。

（2）对于纽马克（Newmark）法，式（8-39）和式（8-40）中的积分参数的取值范围为

$$\delta \geqslant 0.5, \text{且} \ \alpha \geqslant 0.25(\delta + 0.5)^2 \tag{8-62}$$

当积分参数满足以上条件时，纽马克法是无条件稳定的。

（3）稳定性是指误差是否会在积分过程中被任意放大，有限元计算精度是指计算结果的精确程度。因为计算精度也与时间步长有关，要得到有效的计算结果，时间步长的选取，除了要满足收敛条件外，还要考虑计算精度的要求。对于中心差分法，按式（8-61）选择时间步长 Δt，一般来说也可以满足计算精度要求。

（4）对于纽马克（Newmark）法，在积分参数满足无条件稳定要求的前提下，时间步长 Δt 的选取主要考虑解的精度要求。一般根据对结构响应有主要贡献的若干个振型（比如 p 个）所对应的周期来决定，从这 p 个周期中选出最小周期 T_p，则 Δt 可以取 T_p 的若干分之一，这是目前的主要依据和原则。建议时间步长 Δt 取

$$\Delta t \leqslant \frac{T_p}{20} \tag{8-63}$$

对于数值计算而言，一个响应周期用 20 个点描述应该较精确了。可对于一个实际工程问题而言，这样做可能会导致计算量很大，有的通用有限元程序建议 $\Delta t \leqslant T_p/10$。

同时应该再考虑外载荷的周期，如果外载荷的周期小于 T_p，那么式（8-63）中的 T_p 就应该取外载荷的周期。

本节讨论的稳定性和计算精度，是针对线性动力学问题而言的，对于非线性动力学问题，还有附加的因素需要考虑，请读者参见相关参考文献。

习　题

8.1　在用有限元法求解一个结构的固有频率和相应的振型时，如果不施加位移约束条件，其低阶频率及振型（例如，第一阶固有频率和振型）的物理意义是什么？

8.2　影响结构固有频率的主要因素是什么？

8.3　试叙述振型叠加法的求解思路。

8.4　与直接积分法相比，振型叠加法的优点是什么？什么情况下能体现振型叠加法的优点？

8.5　如图 8-2 所示，一个等截面直杆，左端固定，设杆长为 L，横截面的面积为 A，材料的弹性模量为 E，泊松比 μ，密度为 ρ，采用集中质量矩阵，分析并计算杆的固有频率和固有振型。

8.6　已知一个两自由度系统，其刚度矩阵 $[K] = \begin{bmatrix} 6 & -2 \\ -2 & 4 \end{bmatrix}$，其质量矩阵 $[M] = \begin{bmatrix} 2 & 0 \\ 0 & 1 \end{bmatrix}$。求其固有频率和固有振型。

8.7　如图 8-3 所示的桁架结构，假设桁架由直径均为 5mm 的实心圆钢杆组成，弹性模量 $E = 200\text{GPa}$，泊松比 $\mu = 0.3$，密度 $\rho = 7800\text{kg/m}^3$。采用 ANSYS 软件：

（1）计算桁架结构的第一、第二阶固有频率；

（2）其他参数不变，仅将圆钢杆直径改为 7mm，计算第一、第二阶的固有频率，并与（1）的结果比较。

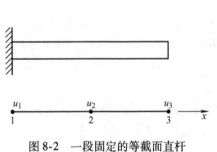

图 8-2　一段固定的等截面直杆

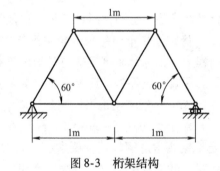

图 8-3　桁架结构

8.8　已知一个两自由度系统，其刚度矩阵 $[K] = \begin{bmatrix} 6 & -2 \\ -2 & 4 \end{bmatrix}$，其质量矩阵 $[M] = \begin{bmatrix} 2 & 0 \\ 0 & 1 \end{bmatrix}$。求其固有频率和固有振型。

参 考 文 献

[1] 王勖成，邵敏. 有限单元法基本原理和数值方法 [M]. 北京：清华大学出版社，1999.

[2] 谢眙权，何福宝. 弹性和塑性力学中的有限元法 [M]. 北京：机械工业出版社，1981.

[3] K J Bathe. 工程分析中的有限元法 [M]. 付子智，译. 北京：机械工业出版社，1991.

[4] R D Krieg. Unconditional stability in numericaltime integration methods [J]. ASME，1973，7：471 –421.

[5] 王彬. 振动分析及应用 [M]. 北京：海潮出版社，1992.

[6] T R Chamdrupatla，A D Belegundu. 工程中的有限元方法 [M]. 3 版. 曾攀，译. 北京：清华大学出版社，2006.

[7] 梁醒培，王辉. 应用有限元分析 [M]. 北京：清华大学出版社，2010.

[8] 张国瑞. 有限元法 [M]. 北京：机械工业出版社，1991.

[9] 赵均海，汪梦甫. 弹性力学及有限元 [M]. 武汉：武汉理工大学出版社，2003.

[10] Bathe K J. ADINA systemtheory and modeling guide [R]. ADINA Engineering, Inc. ，1983.

"两弹一星"功勋
科学家：屠守锷
SZD – 007

第2篇 ANSYS Workbench 软件应用

第9章 ANSYS Workbench 14.5 概述

9.1 ANSYS Workbench 14.5 简介

作为一个大型的 CAE 分析软件，ANSYS 自 20 世纪 60 年代诞生以来，随着计算机和有限元理论的发展，在各个领域都得到了很高的评价和广泛的应用。自 ANSYS 7.0 开始，ANSYS 公司推出了 ANSYS 经典版和 ANSYS Workbench 版。ANSYS Workbench 是建立在 CAE 分析软件界最先进的工程仿真技术套件之上的。它是一个把分析项目通过示意图联系在一起的整套仿真过程，同时指导用户的每一步操作，即使是更为复杂的物理场分析也可以在其中通过简单的操作完成。因此，ANSYS Workbench 平台提供了前所未有的先进生产力，真正使仿真模型驱动的产品得到开发。

与经典 ANSYS 相比，ANSYS Workbench 有了质的变化，它在各种 CAD、CAE 软件之间架起了一座桥梁。它成为了一个真正的仿真集成平台，用户可以根据自己的喜好选择各种 CAD 建模软件、有限元分析类型、CAE 分析方法，并在任何步骤中将其导入 ANSYS Workbench 平台，以进行后续的修改、操作。当然，这一切操作也可以全部在 ANSYS Workbench 中完成。

ANSYS Workbench 14.5 软件包括了如下主要模块：Mechanical（用于结构及热分析）、Fluid Flow（CFX）（用于流体动力学分析）、Fluid Flow（FLUENT）（用于流体动力学分析）、Electric（用于电场分析）、Explicit Dynamics（用于显式动力学分析）、DesignModeler（用于建立几何模型）、Mesh（用于划分网格）等。

ANSYS Workbench 14.5 具有以下显著的特征：

① 与主要的 CAD 系统的参数实现双向连接。

② 通过 ANSYS DesignModeler 简化了几何建模。

③ 高度自动化的网格划分。

④ 强大的仿真技术。

⑤ 完整的分析体系，引导用户进行分析。

⑥ 灵活的组件使用户在操作过程中能够选择恰当的工具。

⑦ 复杂的工程图可以保存再利用。

⑧ 自动实现集成设计点的性能分析。

9.2 ANSYS Workbench 14.5 的图形用户界面

在"开始"菜单中选择 Workbench 14.5 即可启动图形用户界面，如图 9-1 所示。

Workbench 14.5 启动后用户界面如图 9-2 所示，此时会弹出一个导读窗口。读者若不需要导读，则取消其前面的复选按钮，下次启动时便不再显示。若想再次打开，可通过 Tools→Options 进行设置。

由图 9-2 可见，ANSYS Workbench 14.5 图形用户界面和大部分的图形可视化界面相似，主要由以下部分构成：标题栏、菜单栏、工具栏、工具箱（Toolbox）、工程项目窗口（Project Schematic）、信息窗口（Message）、进程窗口（Progress）及状态栏。其中工程项目窗口占据了大部分的区域，它用图像来代替用户所定义的一个或一组分析系统。用户可在菜单栏中的"View"菜单中选择显示部分窗口。下面将重点介绍菜单栏和工具箱。

图 9-1 启动 Workbench 14.5

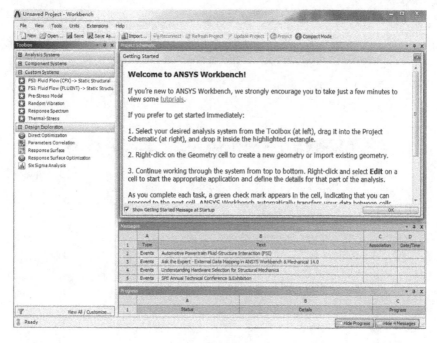

图 9-2 图形用户界面

9.2.1 菜单栏

"File"菜单：主要是一些基本的文件操作，如新建、打开、保存、另存为等，如图 9-3 所示。

"View"菜单：主要是一些图形界面显示状态的操作，如简洁模式、复原操作系统、显示工具箱等，如图9-4及图9-5所示。

图9-3　"File"菜单

图9-4　"View"菜单

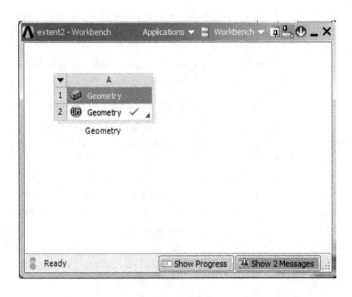

图9-5　Workbench 14.5 简洁模式

"Tools"菜单：主要包括刷新工程数据、更新工程数据、选项等命令，如图9-6及图9-7所示。

Reconnect	重新连接
Refresh Project	刷新工程数据
Update Project	更新工程数据
License Preferences...	参考注册文件
Release Reserved Licenses...	释放保留的注册文件
Launch Remote Solve Manager...	加载远程求解器
Options...	选项

图9-6 "Tools"菜单

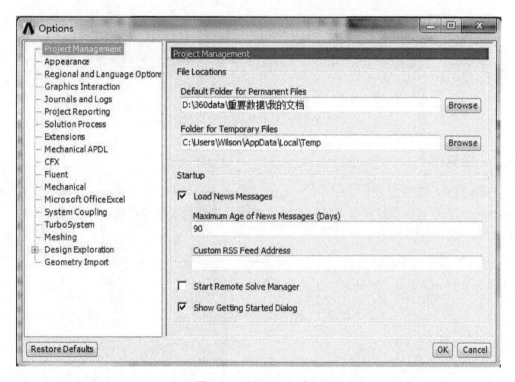

图9-7 "Options"窗口

"Units"菜单：主要是关于单位设置的操作，如可以设置国际单位、米制单位、美制单位及用户自定义单位等，如图9-8及图9-9所示。

"Help"菜单：为ANSYS帮助系统，用户还可在官方网站上得到在线帮助。

图9-8 "Units"菜单

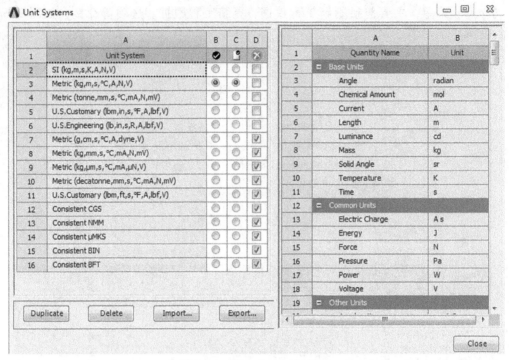

图9-9 "Unit Systems" 窗口

9.2.2 工具箱

工具箱由 4 部分组成：Analysis Systems、Component Systems、Custom Systems、Design Exploration，用户可以通过将该工具箱中的分析项目拖动到工程项目窗口来创建一个或一组分析系统，如图9-10所示。

图9-10 Toolbox（工具箱）

Analysis Systems：即分析系统，在该工具箱里包含了各种有限元分析类型，如静力分析、模态分析、电磁场分析、热分析、流体分析等，如图 9-11 所示。

Component Systems：即组件系统，在该工具箱中包含了应用于不同领域的一些组件模块，如几何建模模块、划分网格模块、流体动力学后处理模块等，如图 9-12 所示。

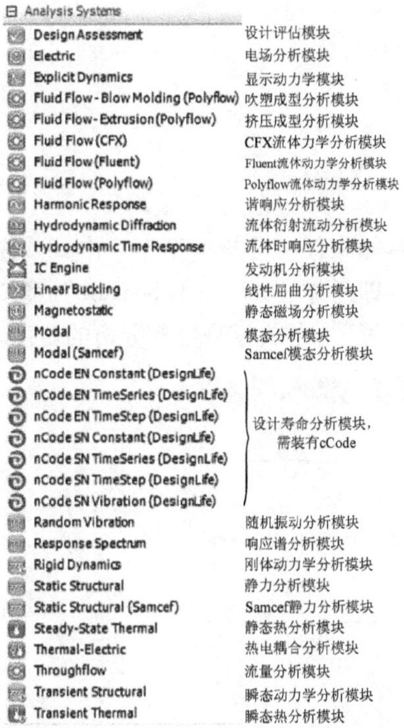

图 9-11　Analysis Systems（分析系统）　　　　图 9-12　Component Systems（组件系统）

Custom Systems：即用户自定义系统，系统默认定义了几种分析类型，同时用户也可以自己定义分析类型，并保存在此以便日后使用，如图 9-13 所示。

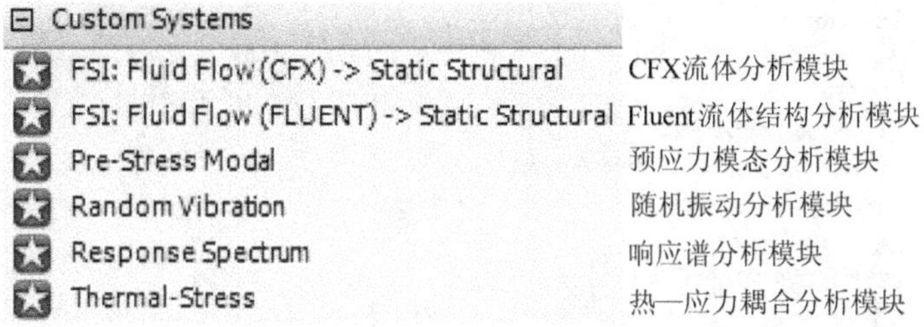

图 9-13　Custom Systems（用户自定义系统）

Design Exploration：即设计优化，在有限元分析中用于对目标值进行优化设计，如图 9-14 所示。

图 9-14　Design Exploration（设计优化）

9.3　ANSYS Workbench 14.5 基本操作

打开 ANSYS Workbench 14.5 后，用户可以在左侧工具箱中任一分析类型上双击（或左键单击并拖动到工程项目窗口），如双击"Geometry"选项，即可在"Project Schematic"窗口中生成一个分析项目，如图 9-15 所示。此时可通过双击图形框下方的文字来更改分析的名字。

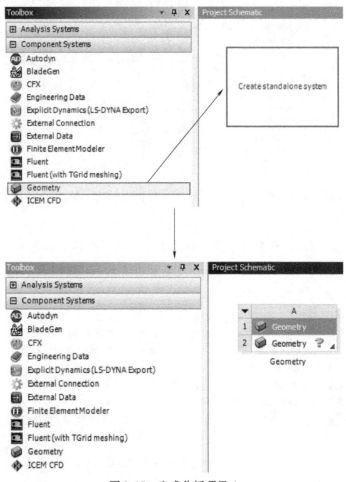

图 9-15　生成分析项目 A

继续单击工具箱中"Fluid Flow（Fluent）"，并将其拖动到"Geometry"分析项目的右侧。注意屏幕上出现绿色的区域（虚线框），均可以放置该项目，该例只是用来演示。如图 9-16 所示。

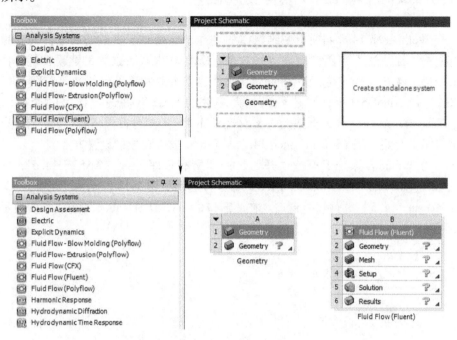

图 9-16　生成分析项目 B

此时拖动项目 A 中的 A2 栏到项目 B 的 B2 栏，这样就建立了两个项目之间的连接，即项目 A 中生成的图形可以直接被项目 B 调用，如图 9-17 所示。

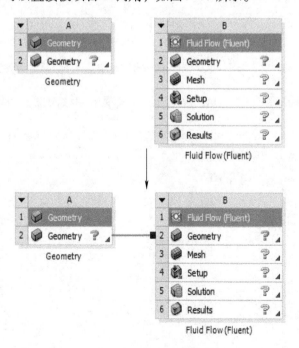

图 9-17　工程数据传递

9.4 Workbench 与 CAD 软件集成设置

ANSYS Workbench 14.5 自带有三维建模的功能，但是对于复杂的模型，其自身的建模能力是有限的，往往达不到用户所期待的效果。CAD 软件具有强大的建模功能，而且 ANSYS Workbench 14.5 软件能与大多数的 CAD 软件建立资源共享平台，如 Pro/E、UG、SolidWorks、CATIA、AutoCAD 等；它还可以与大多数的 CAE 软件进行数据的交换，如 NX、I-DEAS、Nastran、Abaqus 等，支持 sat、x_t/x_b、IGES 等多种数据格式。

本书将简要介绍 ANSYS Workbench 14.5 与 Pro/E 软件集成的设置方法。

Step1：在 Windows 系统下执行"开始"→"所有程序"→"ANSYS 14.5"→"Utilities"→"CAD Configuration Manager 14.5"命令，启动如图 9-18 所示的"ANSYS CAD Configuration Manager 14.5"软件设置窗口。在此窗口的"CAD Selection"选项卡中显示了大多数能与 ANSYS Workbench 14.5 集成的 CAD 软件。

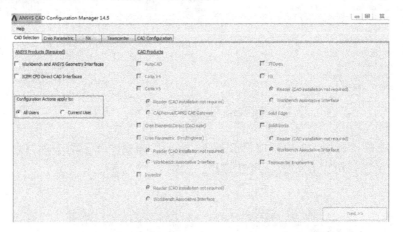

图 9-18 "ANSYS CAD Configuration Manager 14.5"软件设置窗口

Step2：如图 9-19 所示，在"CAD Selection"选项卡中依次选择"Workbench and ANSYS

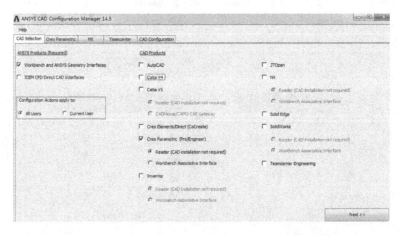

图 9-19 ANSYS Workbench 14.5 与 Pro/E 软件数据交互设置

Geometry Interfaces"及"Creo Parametric（Pro/Engineer）"选项，其他选项按系统默认进行。单击 Next >> 按钮，出现如图9-20所示窗口，单击 Next >> 按扭进入下一步设置。

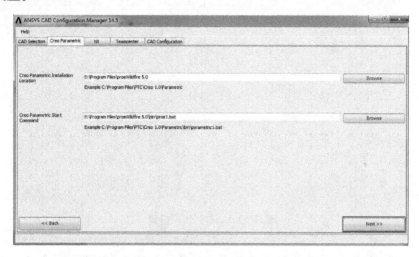

图9-20　Pro/E软件路径及启动路径设置

Step3：单击图9-21所示的"CAD Configuration"选项卡中的"Display Configuration Log File"命令，显示出当前的配置信息。

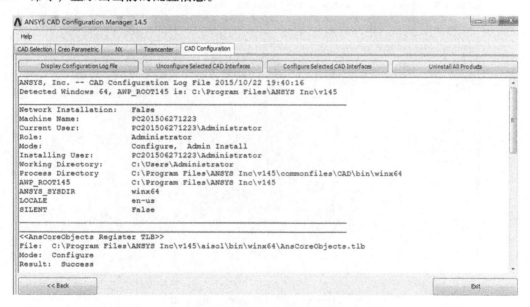

图9-21　显示配置信息

Step4：单击图9-21所示的CAD Configuration选项卡中的"Configure Selected CAD Inter-faces"命令，等待一段时间后，在白色面板中若出现如图9-22所示的两行文字，则说明设置成功，否则单击 << Back 按钮返回继续进行设置。最后，单击 Exit

按钮，在弹出的对话框中单击"OK"按钮，退出软件设置窗口。

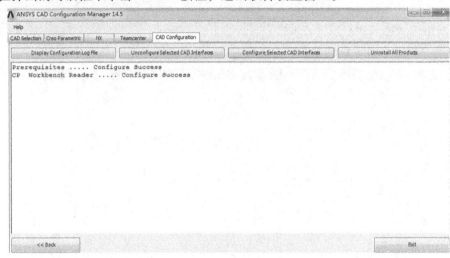

图 9-22　Pro/E 软件设置

Step5：启动 Pro/E 软件，此时在工具栏中显示出如图 9-23 所示的"ANSYS 14.5"菜单，单击该菜单下的"Workbench"命令即可与 ANSYS Workbench 14.5 建立数据交换。

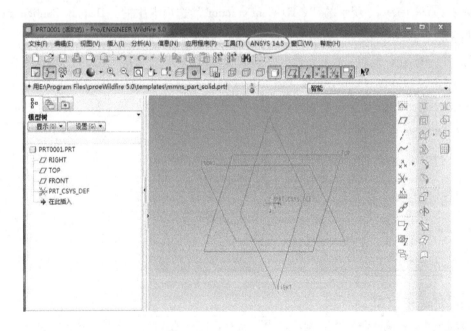

图 9-23　ANSYS 14.5 集成到 Pro/E 中

以上简要介绍了 ANSYS Workbench 14.5 和 Pro/E 软件集成设置的方法，ANSYS Workbench 14.5 还能与其他 CAD 软件进行集成设置，操作与上述类似，在此不再赘述，读者可根据自身需要自行完成软件集成设置。

习　　题

9.1　安装 ANSYS Workbench 软件，并完成 Workbench 与 CAD 软件的集成设置。

9.2　熟悉 ANSYS Workbench 软件界面、菜单功能与基本操作，试创建静力分析和模态分析工程项目。

参 考 文 献

［1］ ANSYS Workbench 14.5 官方培训教程.

［2］ ANSYS Workbench 14.5 帮助文档.

"两弹一星" 功勋
科学家：雷震海天
SZD – 008

第 10 章　ANSYS Workbench 几何建模及案例解析

在进行有限元分析之前要做的第一项工作就是建立几何模型。几何建模的好坏直接影响到后续的分析求解，故而一般情况下几何建模在整个有限元分析中占据了较大的分量。ANSYS Workbench 14.5 自带有几何建模工具 DesignModeler，当然我们也能在其他一些 CAD 软件上建好模型，然后再将其导入到 ANSYS Workbench 14.5 中。本章我们将着重介绍 DesignModeler 几何建模工具。

10.1　DesignModeler 几何建模简介

DesignModeler（以下简称 DM）是 ANSYS Workbench 14.5 自带的几何建模工具，是一个参数化的基于特征的实体建模程序，它能够方便地进行二维草图和三维实体模型的创建。DM 与现在比较流行的各种 CAD 软件相似，所以初学者很容易上手。不过作为专门为有限元分析服务的程序，它还具备特有的一些功能，如电焊、包围、梁单元建模、填充等。

CAE 软件进行数值模拟的工作流程一般包括：创建或导入几何模型、修改模型等操作、网格划分以及求解。一般我们设计的 CAD 模型中都包含有倒圆、倒角等特征，而在使用 CAE 软件进行数值模拟时却需要忽略这些细节，使用 DM 可以修改 CAD 模型使它符合 CAE 软件的要求，可以说 DesignModeler 是 CAD 模型和 CAE 模型之间的桥梁。

DM 是 ANSYS Workbench 的一个组件系统，我们可以从组件系统或分析系统的单元中引入。DesignModeler 的主要功能如下：

（1）直接创建几何模型或导入外部几何模型。

（2）编辑或修补模型，为下一步生成网格作准备。

（3）导出或转换模型到其他的网格划分工具。

10.2　DesignModeler 图形用户界面

在介绍 DesignModeler 图形用户界面之前，先来介绍一下 DM 中鼠标的基本操作。

① 鼠标左键：可以选择对象，〈Ctrl + 鼠标左键〉可以用于添加或减少对象，按住鼠标左键并拖动光标可连续地选择对象。

② 鼠标中键：可以旋转对象，〈Shift + 鼠标中键〉为缩放对象，〈Ctrl + 鼠标中键〉为平移对象。

③ 鼠标右键：可以进行窗口的缩放和弹出快捷菜单。

新建一个"Geometry"工程分析项目并双击 A2 栏就可启动 DesignModeler，刚打开 DM 程序时，会弹出单位选择对话框，如图 10-1 所示。在图形创建和修改之前应在此对话框中选择合适的单位，程序默认为"Meter"（即 m）。注意：如果选择了"Always use project unit" 或 "Always use selected unit" 复选按钮则该对话框不再显示。单位选择完成后就进入了 DM 用户界面，如图 10-2 所示。

由图 10-2 可见，DM 界面也像大家熟悉的其他 CAD 软件一样，包括标题栏、菜单栏、工具栏、导航树、状态栏及图形用户窗口，其中状态栏显示当前建模状态。下面主要介绍一下菜单栏、工具栏及导航树。

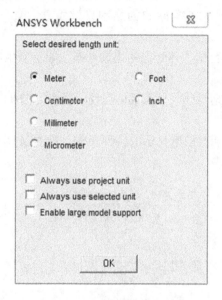

图 10-1　单位选择对话框

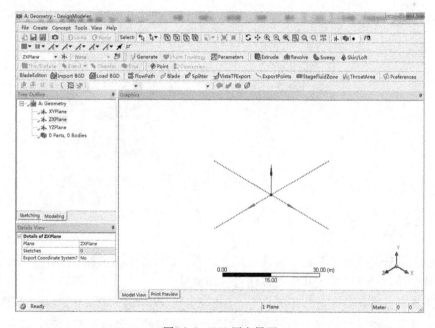

图 10-2　DM 用户界面

10.2.1 菜单栏

DM 的大部分功能都被集成到了菜单栏中，主要包括 5 个部分的内容。而"Help"菜单作为 ANSYSWorkbench14.5 的帮助功能，不再赘述。

"File"菜单：可进行基本的文件操作，如刷新、导入、导出、保存、运行脚本等。

"Create"菜单：可进行实体模型的创建和修改工作，如拉伸、扫掠、放样、布尔运算等。

"Concept"菜单：可进行线、体和面的生成操作，如由点生成线、由边生成曲面、由面生成曲面。

"Tools"菜单：主要包括对线、体及面的属性、状态、分析等操作的工具，如冻结、命名、填充、修复等。

"View"菜单：主要包括对模型显示的各种操作，如线条显示、仅显示实体等。各菜单栏如图 10-3 所示。

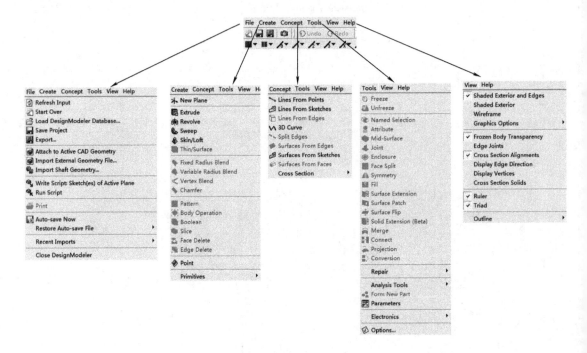

图 10-3　菜单栏

10.2.2 工具栏

工具栏又可分为基本工具栏、特征选择工具栏、窗口控制工具栏、工作平面工具栏、实体建模工具栏等。另外，各工具栏可以任意移动位置。

基本工具栏：主要是一些常用的命令，如新建、保存、模型导出、抓图等。

特征选择工具栏（选择过滤器）：主要用于不同类型的图形特征的选择，如点选、线选、面选、体选等。

窗口控制工具栏：主要用于窗口的控制操作，如旋转 ↻、平移 ✥、缩放 🔍、聚焦 🔍 等，如图 10-4 所示。

图 10-4　窗口控制工具栏的命令

工作平面工具栏：主要用于工作平面的操作，如选择工作平面 XYPlane ▾ 、新建工作平面 ✱、新建草图 📷。

实体建模工具栏：主要用于产生三维实体模型，如拉伸 📦Extrude 、旋转 🔩Revolve、扫掠 🍥Sweep 、蒙皮 🍃Skin/Loft 等。

10.2.3　导航树

导航树中显示执行过的所有特征操作，图形用户界面会随着特征的改变而改变，"Details View"窗口显示每一个命令的详细描述，并允许在其中进行相应的修改操作。导航树有两种模块：Modeling 模块和 Sketching 模块，分别为实体建模和草图绘制。

Modeling 模块：主要在草图生成后用于进行三维模型的操作。

Sketching 模块：主要用于对二维草图的操作，如草绘、修改、尺寸标注、约束等。

10.3　DesignModeler 几何建模案例解析

了解了 DesignModeler 的基本情况后，下面以实例来进一步说明如何利用 DesignModeler 进行几何建模。

1）启动软件：单击"ANSYS 14.5"→"Workbench 14.5"命令，启动 ANSYS Workbench 14.5，进入主界面。

2）建立图形工程项目：选中主界面中的 Toolbox，单击"Component Systems"→"Geometry"，并用鼠标左键将其拖动到"Project Schematic"窗口中，于是便在"Project Schematic"窗口（工程项目窗口）中创建了项目 A，如图 10-5 所示。

3）打开 DesignModeler 界面：右键单击"A2 Geometry"选项，在弹出的快捷菜单中选择"New Geometry"，进入 DesignModeler 界面，在弹出的单位选择对话框中选择"Millimeter"选项（即 mm），单击"OK"按钮，如图 10-6 所示。

4）绘制草图：在"Geometry"中选择"XYPlane"，将 XY 平面作为草图的放置平面，单击 Sketching 模块，进入草绘模式。为方便操作，单击工具栏中的 🔄 按钮，此时绘图平面为正视视角。依次单击"Draw"→"Circle"按钮，此时"Circle"按钮凹陷说明已被选中。将鼠标移动到坐标原点，会出现一个 P 的标志，表示系统自动识别到了原点，在该点单击鼠标，如图 10-7 所示。拖动鼠标到图形界面的任一位置并单击，这样就在界面中绘制了一个圆。

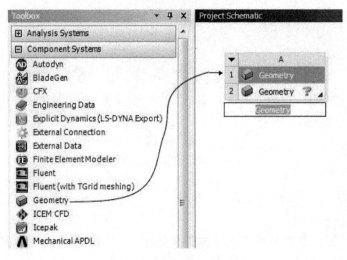

图 10-5　建立图形工程项目

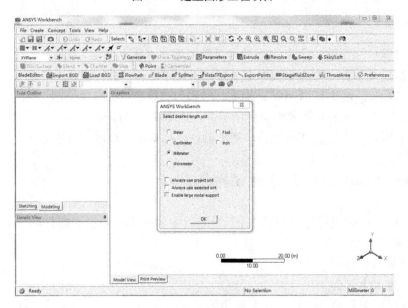

图 10-6　单位选择

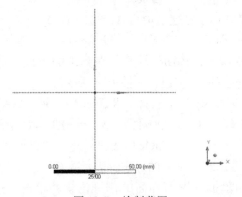

图 10-7　绘制草图

5）标注尺寸：依次单击"Dimension"→"General"按钮，此时"General"按钮凹陷说明已被选中。选择刚刚绘制的圆。然后将"Details View"窗口中"Dimensions：1"下面的"D1"的值设置为"50mm"，按〈Enter〉键确定，如图10-8所示。

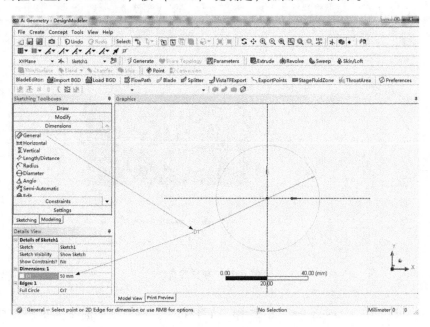

图 10-8　尺寸标注

6）草图拉伸：从 Sketching 模块切换到 Modeling 模块，单击工具栏中的 Extrude（拉伸）按钮，此时"Geometry"下会出现拉伸的命令，如图10-9所示。设置"Details View"窗口中的"Details of Extrude 1"，并确保在"Geometry"栏中选中"Sketch1"，在"Opera-

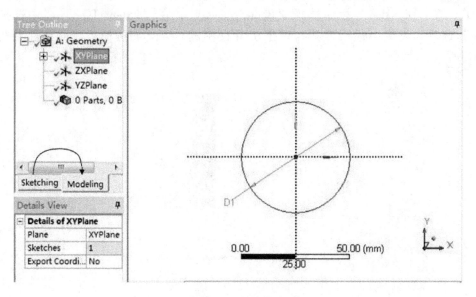

图 10-9　切换模式

tion"栏中选择"Add Material",将"Depth"设置为"100mm",其余按默认即可。完成上述设置后,单击工具栏中的 ⫘Generate 按钮,生成拉伸特征,如图10-10所示。

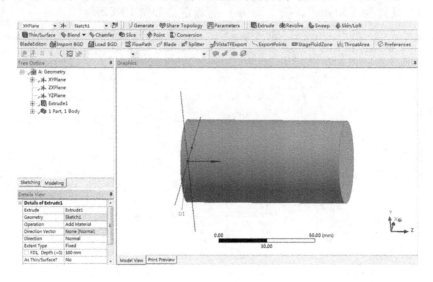

图10-10　草图拉伸

7)草图切除:在"Geometry"中选择"YZPlane",将YZ平面作为草图的放置平面,并单击Sketching模块,进入草绘模式。为方便操作,单击工具栏中的 按钮,此时绘图平面为正视视角。依次单击"Draw"→"Circle"按钮,在图形中绘制如图10-11所示的圆,直径为25mm,距原点为50mm,按〈Enter〉键确定。单击工具栏中 Extrude(拉伸)按钮,此时"Geometry"会出现拉伸的命令。如图10-12所示。设置"Details View"窗口中的"Details of Extrude2",并确保在"Geometry"栏中选中Sketch2,"Operation"栏中选择"Cut Material",在"Direction"栏中选择"Both-Symmetry",在"Extent Type"栏中选择"To Surface"选项。完成上述设置后,单击工具栏中的 ⫘Generate 按钮,生成切除特性,如图10-13所示。

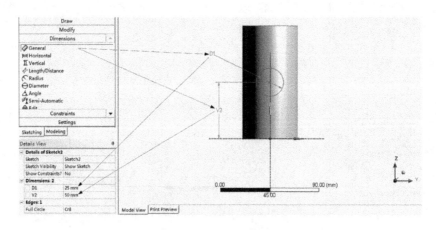

图10-11　草图绘制

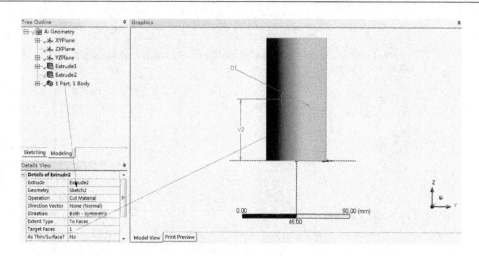

图 10-12　切换模式

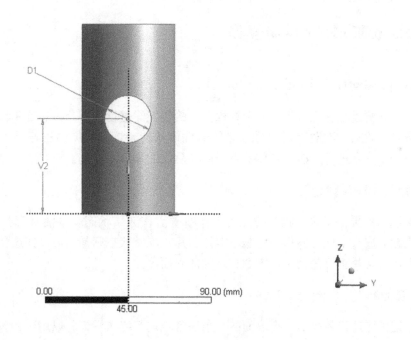

图 10-13　草图切除

8）保存：单击工具栏中的 ⊟ 按钮，程序将弹出"另存为"对话框，如图 10-14 所示，将文件名改为"extent1"，单击"保存"按钮，完成模型的存储。

9）单击右上角的 ▇▇ 按钮，关闭 DesignModeler 程序。

通过以上几步操作，我们初步了解了 DM 的基本操作，在接下来的建模环节中，将对 DM 进行更深入的介绍，在此就不再一一详解。接下来将讲解一些关于 DM 的特有操作，这些操作是其他 CAD 软件所不具备的。

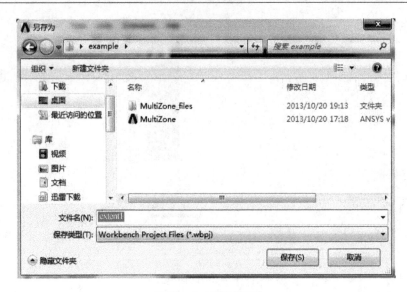

图 10-14　保存模型

10.4　DesignModeler 特有操作

10.4.1　多体部件体（Multi-body Parts）

在有限元分析过程中经常要对一个结构复杂的装配体进行仿真分析。若单独对一个零件进行操作会非常烦琐，这时就可以借助多体部件体功能，将装配体中的若干零部件组合起来，作为一个整体来进行分析。具体的例子可在后面的章节中见到。

10.4.2　激活和冻结状态

DesignModeler 提供了两种状态的几何体，即激活和冻结状态。激活状态是指几何体可以在这种状态下进行常规的操作，但是不能被切片；冻结状态则是指可以在这种状态下对几何体进行切片。切片主要是为了便于划分规则的六面体。

10.4.3　表面印记（Imprint Faces）

表面印记具体地说就是对一个表面的一小块区域进行特殊标记，以用于在该块区域施加外部载荷。

下面以一个例子来进行说明。要求在直径为 10mm 的范围内施加 100N 的力（见图 10-17模型上端的圆面），方向沿 Z 轴的负方向，具体操作如下。

在 DM 中打开已创建的 extent1 模型文件，导入后的模型如图 10-15 所示。选中模型上端面并单击工具栏中 按钮。切换到 Sketching 模式，以原点为中心绘制一个直径为 10mm 的圆，如图 10-16 所示。接着切换到 Modeling 状态，单击工具栏中的 Extrude 按钮。设置"Details View"窗口中的"Details of Extrude3"，确保"Geometry"栏中选中"Sketch3"，在"Operation"栏中选择"Imprint Faces"选项，其余按默认设置，如图 10-17 所示。

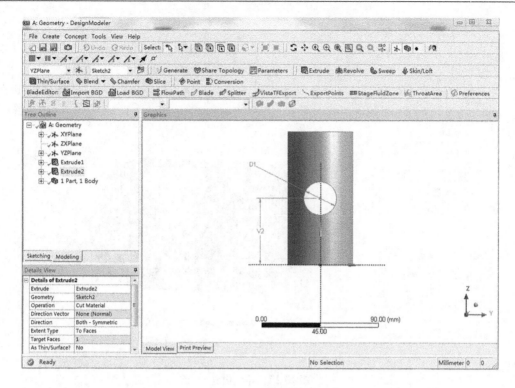

图 10-15　导入模型

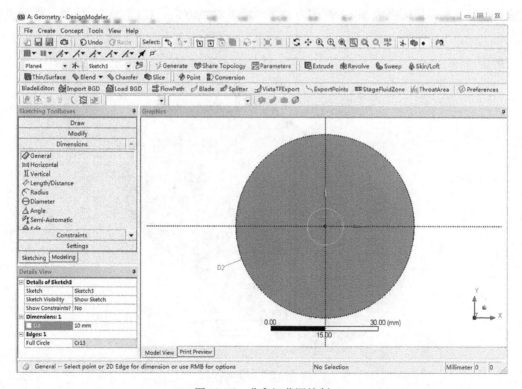

图 10-16　非印记草图绘制

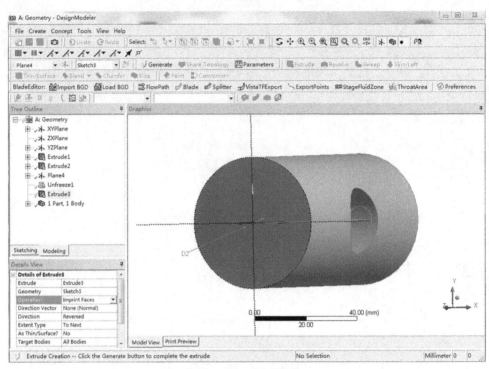

图 10-17　印记设置

单击工具栏中的 Generate 按钮来生成印记特征，如图 10-18 所示。此时可在该印记范围内施加载荷。在印记面上施加 100N 的力，方向沿 Z 轴负方向，如图 10-19 所示。最后保存文件。

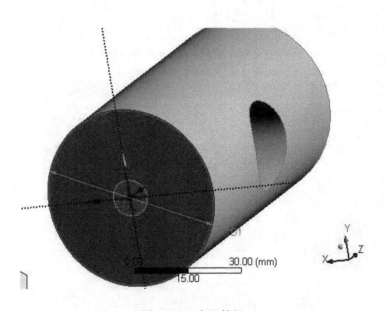

图 10-18　印记特征

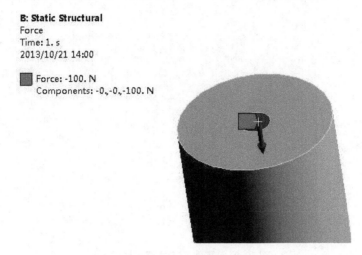

图 10-19　施加载荷

10.4.4　包围（Enclosure）

包围主要用于对流体动力学及电磁场所做的有限元分析，举例如下。

新建一个几何体模型（见图 10-20）。单击"Tools"→"Enclosure"命令，模型树下会出现一个 Enclosure 指令。设置"Details View"窗口，在"Shape"栏中选中"Box"，在"FD1，Cushion + X value（>0）""FD2，Cushion + Y value（>0）""FD3，Cushion + Z value（>0）""FD4，Cushion-X value（>0）""FD5，Cushion-Y value（>0）""FD6，Cushion-Z value（>0）"中分别输入"30"，其余按默认即可。单击工具栏中的 ✨ Generate 按钮，即可生成零件及其外部流场模型，如图 10-21 所示。

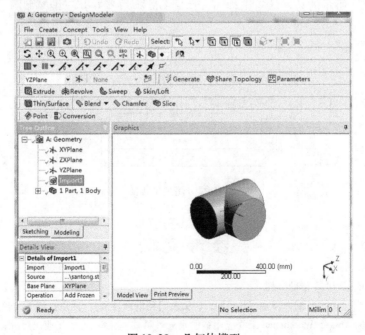

图 10-20　几何体模型

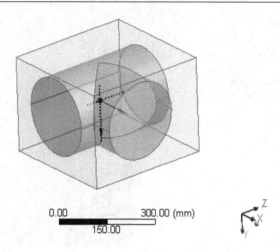

图 10-21　零件及其外部流场模型

10.4.5　填充（Fill）

填充主要是进行流体动力学（Computational Fluid Dynamics，CFD）的分析，因其与包围操作类似，这里只做简单说明。例如，要对一个输水管道中的流体进行有限元分析，目前只是对输水管道建立了模型，即固体部分，这时就可以利用填充功能在管道内生成流体部分。这个过程是非常方便的，读者可以仿照上面的包围操作进行练习。

习　　题

依据图 10-22 所示的某一端盖工程图，运用 DM 模块建立其三维模型图。

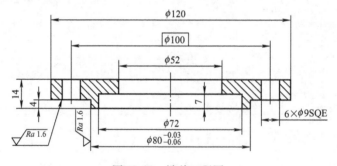

图 10-22　端盖工程图

参 考 文 献

［1］ ANSYS Workbench 14.5 帮助文档.

［2］ 凌桂龙，丁金滨，温正. ANSYS workbench13.0 从入门到精通［M］. 北京：清华大学出版社，2012.

［3］ 陈艳霞，陈磊. ANSYS Workbench 工程应用案例精通［M］. 北京：电子工业出版社，2012.

［4］ 黄志新，刘成柱. ANSYS Workbench 14.0 超级学习手册［M］. 北京：人民邮电出版社，2013.

第 11 章　网格划分及案例解析

网格划分是有限元分析中的一个重要环节，需要考虑的问题较多，工作量较大，所划分的网格形式对计算精度和计算规模将产生直接影响。

ANSYS Workbench 14.5 的 Meshing 平台在每一个工程仿真分析中都可以确保良好的网格质量以及较高的自动化程度。ANSYS Meshing 的技术是建立在高级及领先的网格划分工具之上的，其强大的网格划分功能几乎集中了网格划分工具的所有优势。

为建立正确、合理的有限元模型，这里介绍划分网格时应考虑的一些基本原则。

网格数量的多少将影响计算结果的精度和计算规模的大小。一般而言，网格数量增加，计算精度会有所提高，但同时计算规模也会增大，所以在确定网格数量时应综合考虑两个因素。

网格较少时增加网格数量可以使计算精度明显提高，而计算时间又不会有大的增加。当网格数量增加到一定程度后，再继续增加网格数量则精度提高甚微，而计算时间却大幅度增加。实际应用时可以比较两种网格划分的计算结果，如果两次计算结果相差较大，可以继续增加网格，否则停止计算。

在决定网格数量时应考虑分析数据的类型。在静力分析时，如果仅仅是计算结构的变形，网格数量可以少一些。如果需要计算应力，则在精度要求相同的情况下应取相对较多的网格。同样在响应计算中，计算应力响应所取的网格数应比计算位移响应多。在计算结构固有动力特性时，若仅仅是计算少数低阶模态，可以选择较少的网格；若计算的模态阶次较高，则应选择较多的网格。在热分析中，结构内部的温度梯度不大，不需要大量的内部单元，这时可划分较少的网格。

网格疏密是指在结构不同部位采用大小不同的网格，这是为了适应计算数据的分布特点。在计算数据变化梯度较大的部位（如应力集中处），为了较好地反映数据变化规律，需要采用比较密集的网格。而在计算数据变化梯度较小的部位，为了减小模型规模，则应划分相对稀疏的网格。这样，整个结构便表现出疏密不同的网格划分形式。

ANSYS Workbench14.5 平台上的网格划分工具有以下特性。

① 参数化：参数驱动整个系统。

② 持久性：模型更新贯穿整个系统。

③ 高度自动化：简单的网格输入控制就能快速实现分析。

④ 灵活性：添加网格控制措施，不会使工作流变复杂。

⑤ 物理场相关性：根据不同的物理场进行自动建模和仿真。

⑥ 自适应架构：开放的系统能够与特定过程连接（如 CAD 中间文件、其他类型的网格格式、不同的求解器等）。

11.1　Mesh 图形用户界面

Mesh 平台界面主要由 5 个部分构成：菜单和工具栏、流程树（Outline）、详细列表区、图形工作区及信息显示区，如图 11-1 所示。

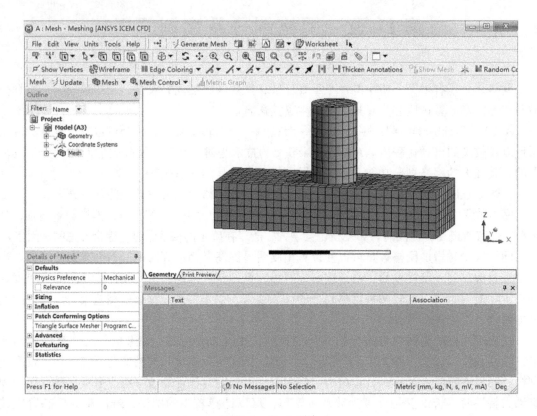

图 11-1   Mesh 平台

菜单和工具栏：主要功能是文件读取与保存、图形显示方式控制、图形的选取和过滤设置、图形移动与旋转、单位设置等。

模型树：在 Mesh 平台中，模型树的主要功能是完成几何图形的网格设置，包括网格划分方法及网格大小控制等。

详细列表区：针对模型树中不同的命令，提供详细的设置信息，如选择"Mesh"选项时，会出现一些与网格相关的设置。

图形工作区：主要功能是提供可视化及交互的操作平台。

信息显示区：主要功能是提示用户在网格划分过程中出现的一些信息，如警告、错误等。

11. 2   Mesh 网格划分方法

Mesh 平台可以根据不同的物理场提供不同的网格划分方法，图 11-2 列出了 Mesh 平台的物理场参照类型。

Mechanical：为结构及热力学有限元分析提供网格划分。

Electromagnetics：为电磁场有限元分析提供网格划分。

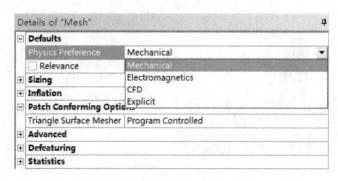

图 11-2　网格划分物理参照设置

CFD：为计算流体动力学分析提供网格划分，如 Fluent 及 CFX 求解器。

Explicit：为显示动力学分析软件提供网格划分，如 AUTODYN 及 LS-DYNA 求解器。

对于三维几何来说，ANSYS Mesh 有以下几种不同的网格划分方法：

（1）Automatic（自动网格划分）。

（2）Tetrahedrons（四面体网格划分），当选取此项时，网格划分又可分为以下两种方法。

1）Patch Conforming 法（Workbench 自带功能）。

① 默认时考虑所有的面和边（在收缩控制和虚拟拓扑时会改变，而且默认的损伤外貌基于最小尺寸限制）。

② 适度简化 CAD（如 Native CAD、Parasolid、ACIS 等）。

③ 在多体部件中可能结合使用扫掠方法生成共形的混合四面体、棱柱和六面体网格。

④ 有高级尺寸功能。

⑤ 表面网格→体网格。

2）Patch Independent 法（基于 ICEM CFD 软件）。

① 对 CAD 中有长边的面、许多面的修补、短边等情况划分网格。

② 内置 defeaturing/simplification 基于网络的技术。

③ 体网格→表面网格。

（3）Hex Dominant（六面体主导网格划分），当选择此选项时，Mesh 将采用六面体单元划分网格，但是会包含少量的金字塔单元和四面体单元。

（4）Sweep（扫掠法）。

（5）MultiZone（多区法）。

（6）Inflation（膨胀法）。

对于二维几何来说，ANSYS Mesh 有以下几种不同的网格划分方法：

（1）Triangles（三角形网格划分）。

（2）Quad Dominant（四面体主导网格划分）。

（3）Uniform Quad（四边形网格划分）。

（4）Uniform Quad/Tri（四边形/三角形网格划分）。

图 11-3 是采用 Automatic 网格划分方法得出的网格分布。

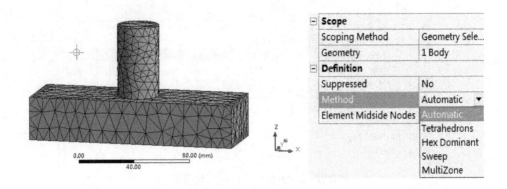

图 11-3　　Automatic 网格划分方法

图 11-4 是采用 Tetrahedrons 及 Patch Conforming 网格划分方法得出的网格分布。

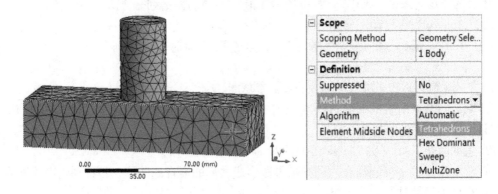

图 11-4　　Tetrahedrons 及 Patch Conforming 网格划分方法

图 11-5 是采用 Tetrahedrons 及 Patch Independent 网格划分方法得出的网格分布。

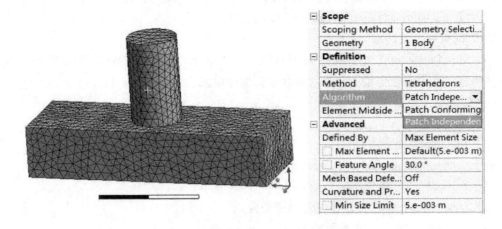

图 11-5　　Tetrahedrons 及 Patch Independent 网格划分方法

图 11-6 是采用 Hex Dominant 网格划分方法得出的网格分布。

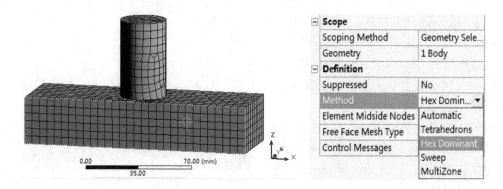

图 11-6　Hex Dominant 网格划分方法

图 11-7 是采用 Sweep 法划分的网格模型。

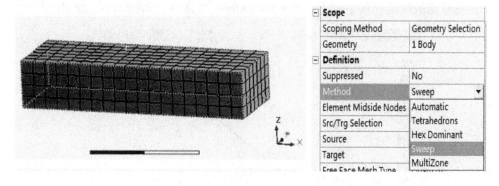

图 11-7　Sweep 网格划分方法

图 11-8 是采用 MultiZone 划分的网格模型。

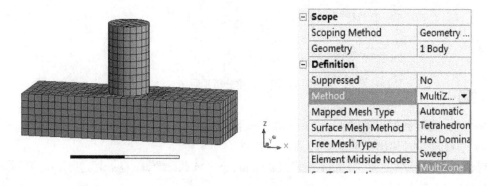

图 11-8　MultiZone 网格划分方法

11.3　MultiZone 网格划分案例

　　MultiZone 网格划分可以自动判断区域并生成纯六面体网格，对不满足条件的区域采用更好的非结构网格划分，MultiZone 网格划分和 Sweep（扫掠）网格划分相似，但更适用于扫掠方法不能分解的几何体。图 11-9 所示为建立的模型。

Step1：在 Windows 系统下选择"开始"→"所有程序"→"ANSYS 14.5"→"Workbench 14.5"命令，启动 ANSYS Workbench 14.5，进入主界面。

Step2：双击主界面 Toolbox（工具箱）中的"Component Systems"→"Mesh"（网格）命令，即可在"Project Schematic"窗口（工程项目窗口）创建分析项目 A，如图 11-10所示。

Step3：右击项目 A 中的 A2（Geome-try）栏，在弹出的快捷菜单中选择"New Geometry…"命令，如图 11-11 所示。

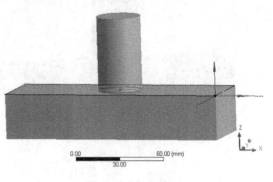

图 11-9　几何模型

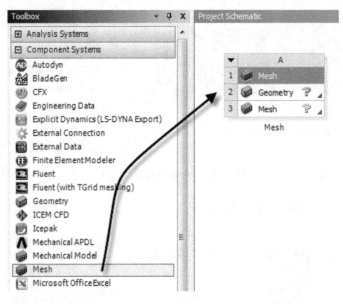

图 11-10　创建分析项目 A

Step 4：此时会弹出如图 11-12 所示的 Design-Modeler 平台，同时弹出单位选择对话框，在单位选择对话框中选择单位为"Millimeter"（即 mm），然后单击"OK"按钮。

Step5：选择"Tree Outline"中的"Mesh"→"XYPlane"命令，如图 11-13 所示，然后单击工具栏中的 按钮，使平面正对屏幕。

Step6：如图 11-14 所示，选择 Sketching（草绘）模块，切换到草绘操作窗口，选择"Draw"→"Rectangle"命令，在图形操作区域草绘一个长方形，左起点为坐标原点。

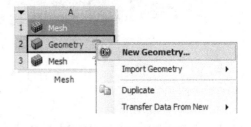

图 11-11　创建几何文件

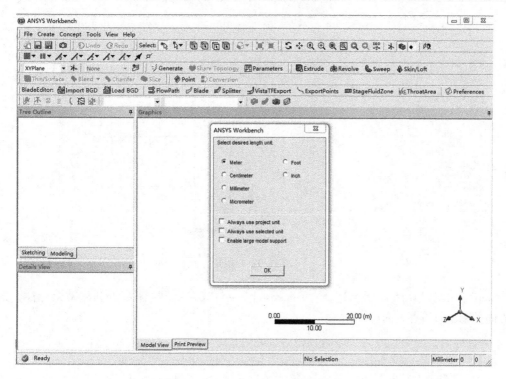

图 11-12　启动 DesignModeler 软件

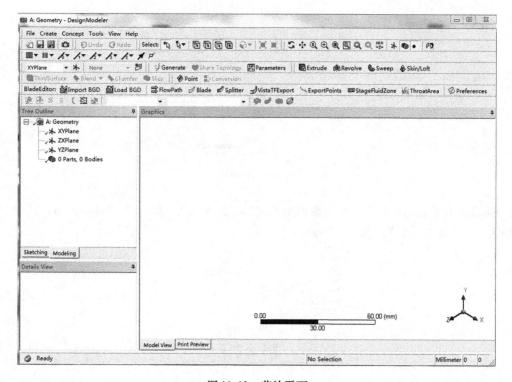

图 11-13　草绘平面

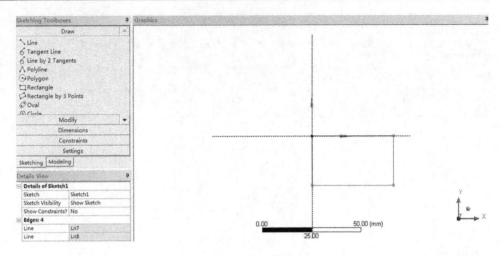

图 11-14　绘图

Step7：如图 11-15 所示，选择"Dimension"→"General"命令，创建两个标注，即水平方向的 H2 和竖直方向的 V1。

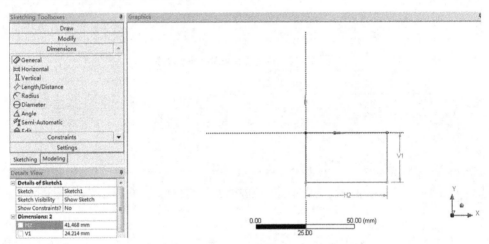

图 11-15　标注

Step8：如图 11-16 所示，在下面弹出的"Details View"窗口中"Dimensions：2"的 H2 栏输入"150mm"，在 V1 栏输入"50mm"。

Details of Sketch1	
Sketch	Sketch1
Sketch Visibility	Show Sketch
Show Constraints?	No
Dimensions: 2	
H2	150
V1	50 mm
Edges: 4	
Line	Ln7
Line	Ln8
Line	Ln9
Line	Ln10

图 11-16　修改尺寸

Step9：如图 11-17 所示，在工具栏中单击 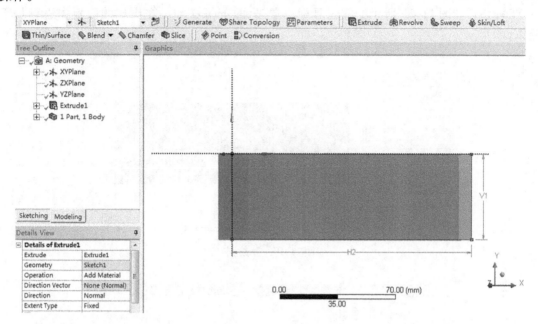Extrude 按钮，在出现的窗口中进行如下操作。

图 11-17　生成实体

① 在"Geometry"栏中选中"Sketch1"。

② 在"Extent Type"下面的"Depth"栏中输入"30mm"，即默认值。

③ 单击工具栏中的 Generate 按钮，生成实体几何。

Step10：单击工具栏中的按钮，在绘图区域选择最上端的平面，如图 11-18 所示，此时被选中的平面被加亮。

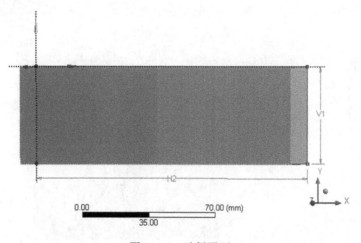

图 11-18　选择平面

Step11：单击 Sketching 模块，弹出如图 11-19 所示的草绘操作面板，选择"Draw"→"Circle"命令草绘圆，在绘图区域草绘一个圆形。

　　Step12：选择"Dimension"→"General"命令，如图 11-20 所示，在绘图区域标注圆心到左端的距离 L3 =75mm，圆心到底边的距离 L2 =25mm 及圆形的直径 D1 =30mm。

　　Step13：如图 11-21 所示，在工具栏中单击 Extrude 按钮，在出现的面板中进行如下操作。

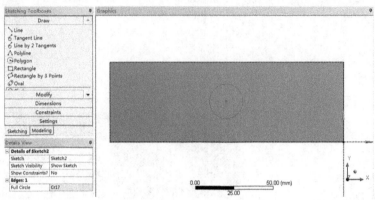

图 11-19　草绘图

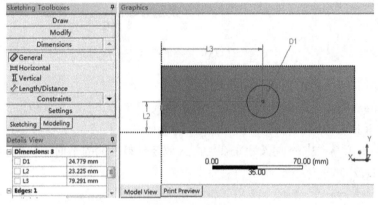

图 11-20　尺寸标注

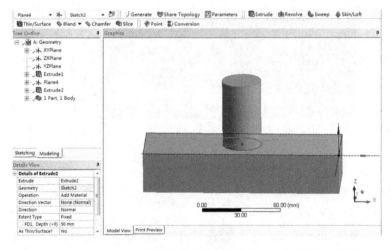

图 11-21　拉伸实体

① 在"Geometry"栏中选中"Sketch2"。

② 在"Extent Type"下面的"Depth"中输入"50mm"。

③ 单击工具栏中的 ⅔ Generate 按钮，生成实体几何。

Step14：单击 DesignModeler 平台右上角的■ x ■按钮，关闭软件。

Step15：回到 Workbench 主界面中，双击项目 A 中的 A3（Mesh）栏，加载如图 11-22 所示的 Mesh 网格划分平台。

Step16：如图 11-23 所示，选择"Project"→"Modal（A3）"→"Mesh"命令，在出现的"Mesh"下拉菜单中选择"Mesh Control"→"Method"命令。

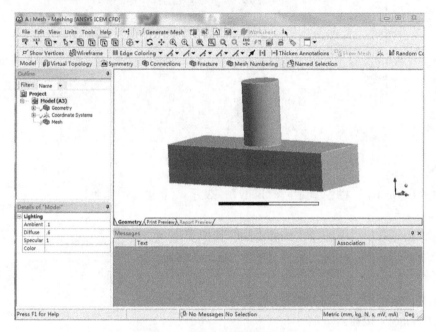

图 11-22　Mesh 网格划分平台

图 11-23　Mesh 设置

Step17：在如图 11-24 所示的"Details of 'Automatic Method' – Method"窗口中进行如下设置。

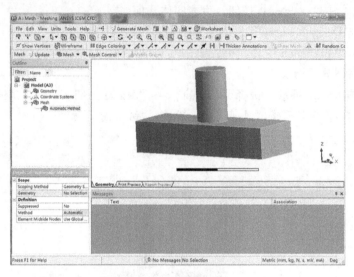

图 11-24　划分网格 1

① 在"Geometry"栏中显示"1 Body"，表示一个实体被选中。

② 在"Method"栏中选择"MultiZone"选项。

③ 在"Src/Trg Selection"栏中选择"Manual Source"选项。

④ 在"Source"栏中选择圆柱和长方体的三个平行端面，单击"Apply"按钮。

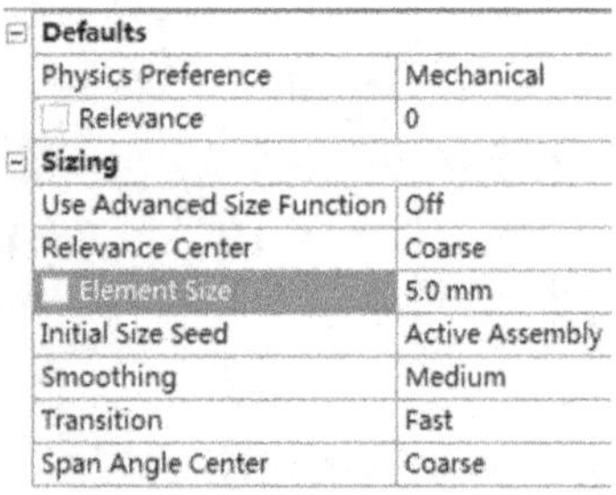

Defaults	
Physics Preference	Mechanical
☐ Relevance	0
Sizing	
Use Advanced Size Function	Off
Relevance Center	Coarse
☐ Element Size	5.0 mm
Initial Size Seed	Active Assembly
Smoothing	Medium
Transition	Fast
Span Angle Center	Coarse

图 11-25　设置网格大小

Step18：选择"Project"→"Modal（A3）"→"Mesh"命令，在弹出的如图 11-25 所示的"Details of 'MultiZone'"窗口中设置"Element Size"栏的数值为"5mm"。

Step19：如图 11-26 所示，右击"Mesh"选项，在弹出的快捷菜单中选择"Generate Mesh"命令进行网格划分，图 11-27 是划分完网格后的几何模型。

图 11-26　划分网格 2

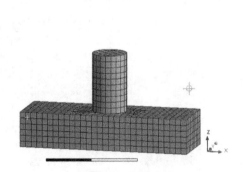

图 11-27　网格模型

Step20：如图 11-28 所示，选择 Mesh 平台的 "File" 菜单下的  命令，在弹出的 "另存为" 对话框中输入文件名 "MultiZone"，单击 "保存" 按钮保存文件，然后退出 Mesh 平台。

图 11-28　保存文件

11.4　Inflation 网格划分案例

Inflation（膨胀法）主要是用于计算流体力学（CFD）分析中处理边界层网格的方法。在 CFD 分析中，由于一些物理参数在边界层处的梯度变化很大，为了精确地描述这些参数，通常将边界层处的网格密度较之其他地方划分得密一点。图 11-29 是一个简化后的三通流体部分模型，下面采用 Inflation 法对模型进行网格划分。

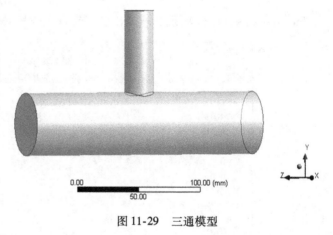

图 11-29　三通模型

Step1：在 Windows 系统下选择 "开始" → "所有程序" → "ANSYS 14.5" → "Workbench 14.5" 命令，启动 ANSYS Workbench 14.5，进入主界面。

Step2：双击主界面 Toolbox（工具箱）中的 "Component Systems" — "Mesh"（网格）命令，即可在 "Project Schematic" 窗口（工程项目窗口）创建分析项目 A，如图 11-30 所示。

Step3：右击项目 A 中的 A2（Geometry）栏，如图 11-31 所示，在弹出的快捷菜单中选择 "Import Geometry" → "Browse..." 命令。

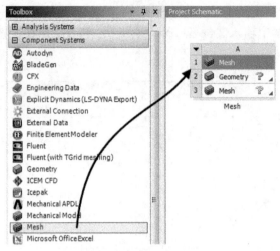

图 11-30　创建分析项目 A

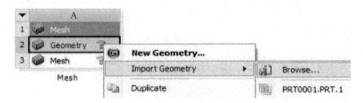

图 11-31　加载几何文件

Step 4：如图 11-32 所示，在弹出的对话框中选择如下。

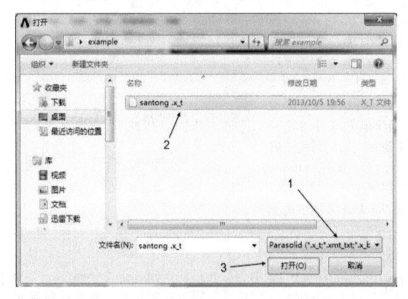

图 11-32　选择文件名

① 将文件类型更改为"Parasolid（＊x_t）"。

② 选择"santong. x_t"格式文件，然后单击"打开"按钮。

Step5：双击项目 A 中的 A2（Geometry）栏，此时会弹出如图 11-33 所示的 DesignModel-er 平台，同时弹出单位选择对话框，在单位选择对话框中设置单位为"Millimeter"（即 mm），单击"OK"按钮。

Step6：如图 11-34 所示，DesignModeler 平台被加载，同时在 Tree Outline（流程树）中出现一个选项，前面表示的几何模型需要生成。

Step7：如图 11-35 所示，单击工具栏中的 ⚡Generate 按钮，此时会在绘图区中加载几何模型，同时 Tree Outline 中的 📖 Import1 会变成 📘 Import1，表示模型加载成功。

Step8：单击工具栏中的 💾 按钮保存文件，在弹出的如图 11-36 所示的"另存为"对话框中输入文件名"santong_ mesh"，单击"保存"按钮。

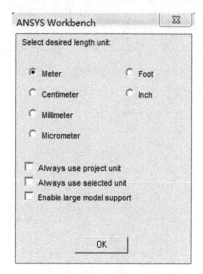

图 11-33　单位选择

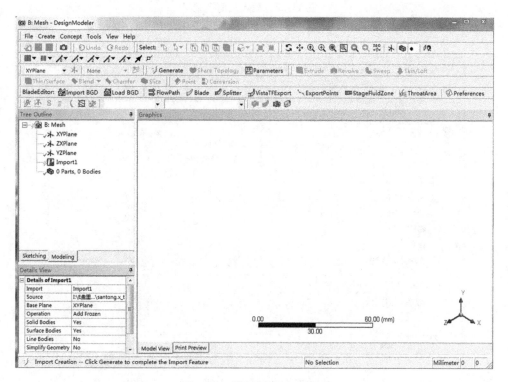

图 11-34　DesignModeler 界面

Step9：单击 DesignModeler 界面右上角的 ❌ 按钮，关闭软件。

Step10：回到 Workbench 主窗口，选择 A3（Mesh）栏，在弹出的快捷菜单中选择"Edit..."命令，如图 11-37 所示。

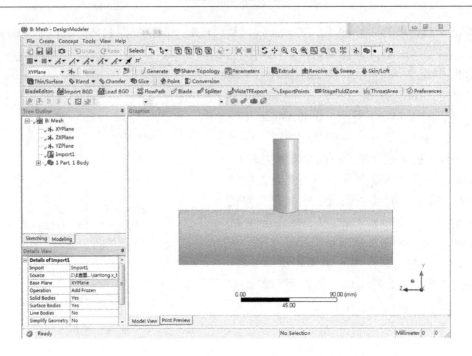

图 11-35　载入几何模型

图 11-36　保存文件

Step11：Mesh 网格划分平台被加载，如图 11-38 所示。

Step12：右击 Outline 中的 "Project" → "Modal （A3）" → "Mesh" 命令，如图 11-39

所示，在弹出的快捷菜单中选择"Insert"→"Method"命令。

Step13：此时在 Outline 中的"Mesh"下创建一个"Automatic Method"选项，如图 11-40所示，选择此选项，在下面的"Details of'Automatic Method'-Method"窗口中进行如下操作。

① 在绘图区选择实体，然后单击"Geometry"栏中的"Apply"按钮确定选择。

② 在"Definition"→"Method"栏中选择"Tetrahedrons"（四面体网格划分）选项。

Step14：右击"Project"→"Modal（A3）"→"Mesh"→"Automatic Method"命令，如图 11-41 所示，在弹出的快捷菜单中选择"Insert"→"Inflation"命令。

图 11-37　载入 Mesh

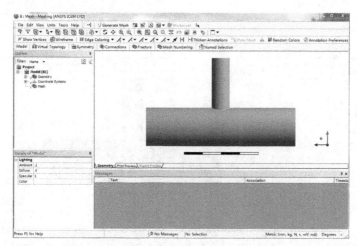

图 11-38　Mesh 平台

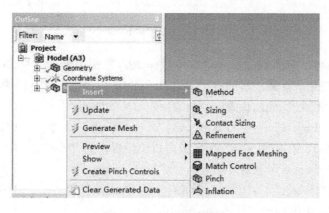

图 11-39　插入网格划分

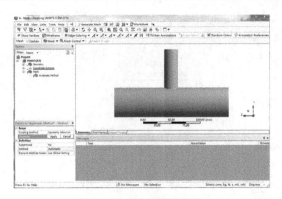

图 11-40　网格划分方法　　　　　　　　　　图 11-41　插入 Inflation

Step15：此时在"Project"→"Modal（A3）"→"Mesh"下面出现一个 Inflation 命令，问号"?"表示此命令还未设置。

Step16：选择 Inflation 命令，如图 11-42 所示，在"Details of'Inflation'-Inflation"窗口中设置如下。

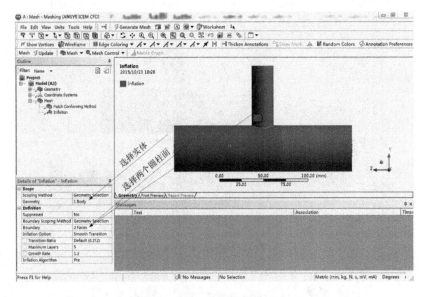

图 11-42　选择几何模型

① 选择几何实体，然后在"Scope"→"Geometry"栏中单击"Apply"按钮。

② 选择两圆柱的外表面，然后在"Definition"→"Boundary"栏中单击"Apply"按钮，完成 Inflation（膨胀）面的设置。

Step17：选择"Project"→"Modal（A3）"→"Mesh"命令，下面出现了"Details of 'Mesh'-Mesh"窗口，在如图 11-43 所示的窗口中设置。在"Sizing"→"Element Size"栏中输入"5"，并按〈Enter〉键确认输入。

Step18：右击"Project"→"Modal（A3）"→"Mesh"命令，此时弹出如图 11-44 所示的快捷菜单，在菜单中选择"Generate Mesh"命令。

Step19：此时会弹出如图 11-45 所示的网格划分进度栏，显示出网格划分的进度条。

Step20：划分完成的网格如图 11-46 所示。

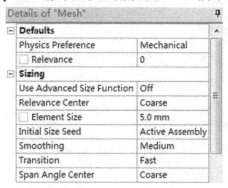

图 11-43　网格尺寸设置

图 11-44　划分网格

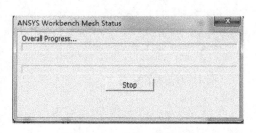

图 11-45　网格划分进度栏

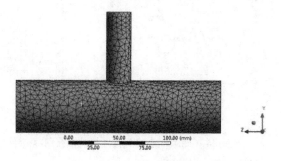

图 11-46　网格模型

Step21：单击工具栏中的 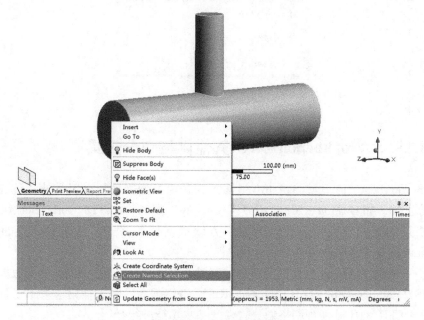，选择过滤器图标，然后右击如图 11-47 所示的面，在弹出的快捷菜单中选择"Create Named Selection"（创建选择）命令。

图 11-47　设置截面名称

注意：此面位于 Z 轴最大值一侧，需要旋转视图位置以方便选择。

Step22：在弹出的如图 11-48 所示的"Selection Name"对话框中输入截面名称"Cool_inlet"，单击"OK"按钮确定。

Step23：对另外两个截面进行同样的设置，设置完成后如图 11-49 所示。

图 11-48　输入截面名称　　　　　　　　　　　图 11-49　截面命名

Step24：如图 11-50 所示，选择 Mesh 平台的"File"菜单中的 ⊞ Save Project... 命令，保存文件，然后退出 Mesh 平台。

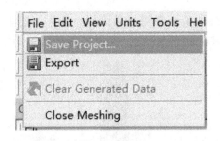

图 11-50　保存文件

11.5　ANSYS Workbench 14.5 其他网格划分工具

ANSYS Workbench 14.5 除自身带有很强大的几何模型网格划分工具外，还有许多专业的网格划分工具，如 GAMbit、ICEM CFD、TGrid 等。同时，ANSYS Workbench 14.5 划分的网格也能根据用户的不同需要转换为第三方软件支持的格式，比如划分完的网格支持 Abaqus、Nastran 等主流的有限元分析软件。

GAMbit 软件作为 Fluent 软件的网格划分工具，自从 Fluent 被 ANSYS 公司收购后便被整合到了 ANSYS 的大家族中，且其功能不如 ICEM CFD 强大，限于篇幅这里不予详述。本节着重对 ICEM CFD、TGrid 两种网格划分软件的基本功能进行介绍。

11. 5. 1　ICEM CFD 软件简介

ICEM CFD（The Integrated Computer Engineering and Manufacturing code for Computational Fluid Dynamics），是一种高度智能化的工程数值计算 CFD 软件包，它拥有强大的网格划分功能，并能够满足 CFD 对网格划分的严格要求：边界层网格自动加密、流场变化大的区域网格局部加密、网格自适应（可用于激波捕捉、分离流模拟等）、高质量的六面体网格（可提高计算速度和精度）、复杂外形空间的四、六面体混合网格等。

ICEM CFD 的网格生成工具可集成在 CAD 的核心中。因此 CAD 软件中的参数化几何造型工具可与 ICEM CFD 中的网格生成、后处理以及网格优化等模块直接连接，因此可大大缩短生成网格的时间。

ICEM CFD 智能化的处理方法使 CAD 与 CAE 分析的集成发生了彻底变革。边界条件和网格尺寸可在 CAD 环境中设定。在对设计进行修正时，此类信息可保留下来，这样参数化建模就变得十分简单。

ICEM CFD 软件功能如下所述。

① 直接连接的几何接口（CATIA，CADDS5，ICEM Surf/DDN，I-DEAS，SolidWorks，Solid Edge，Pro/ENGINEER 和 Unigraphics）。

② 自动检查网格质量，自动进行整体平滑处理，坏单元自动重划，可视化修改网格。

③ 忽略细节特征设置：如自动跨越几何缺陷及多余的细小特征等。

④ 快速自动生成以六面体为主的网格。

⑤ 对 CAD 模型的完整性要求很低，提供完备的模型修复工具，方便处理"烂模型"。

⑥ 先进的 Replay 技术，对几何尺寸改变后的几何模型自动重新划分网格。

⑦ 超过 100 种求解器接口，网格划分模型如适用于 Fluent、CFX、Nastran、Abaqus 等。

11. 5. 2　TGrid 软件简介

TGrid 是一款专业的前处理软件，可用于在复杂而且非常庞大的表面网格上产生非结构化的四面体网格及六面体核心网格。TGrid 提供高级的棱柱层网格产生工具，包括冲突检测和尖角处理的功能。TGrid 还拥有一套先进的包裹程序，可以在一大组由小面构成的非连续表面基础上生成高质量的、基于尺寸函数的连续三角化表面网格。

TGrid 软件的自动化算法节省了前处理时间，产生的高质量网格可以提供给 ANSYS Fluent 软件进行计算流体动力学分析。

表面或者体网格可以从 Pro/ENGINEER、GAMblt、CATIA、ANSYS 结构力学求解器、I-DEAS、Patran、Nastran、Hypermesh 等多种软件中直接导入 TGrid。

TGrid 中拥有大量的修补工具，可以改善导入的表面网格质量，快速地将多个部件的网格装配起来。TGrid 使用笛卡儿悬挂节点六面体、四面体、棱锥体、棱柱体（楔形体或六面体），以及在二维情况下的三角形和四边形等生成先进的混合类型体网格。

TGrid 软件功能如下所述。

① 先进的基于尺寸函数的表面包裹技术，能够手动或者自动修复漏洞。

② 产生六面体核心和前沿法四面体体积网格。

③ 包裹后的操作能够进行特征边烙印、粗化、区域提取和质量提升。

④ 使用 Delaunay 三角剖分方法进行表面生成和网格重分。

⑤ 使用自动接近率处理的先进边界层方法进行棱柱层网格的生成。

⑥ 改善表面网格和体积网格质量。

⑦ 操作表面、单元区域。

⑧ 生成、交叉、修补、替换和改善边界网格。

习　　题

图 11-51 是带有圆孔特征的平板结构，请分别采用四面体单元和六面体单元来划分网格，并统计其相应的单元与节点数量。

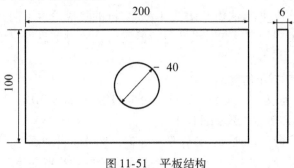

图 11-51　平板结构

参 考 文 献

[1] ANSYS Workbench 14.5 帮助文档.

[2] 凌桂龙，丁金滨，温正. ANSYS Workbench 13.0 从入门到精通 [M]. 北京：清华大学出版社，2012.

[3] 陈艳霞，陈磊. ANSYS Workbench 工程应用案例精通 [M]. 北京：电子工业出版社，2012.

"两弹一星"功勋
科学家：彭桓武
SZD－009

第 12 章 线性静力结构分析及案例解析

线性结构静力学分析相对来说是有限元分析中最简单，并且也是最基础的分析方法，一般工程计算中最经常应用的分析方法就是静力分析。本章将详细讲解 ANSYS Workbench14.5 软件的结构静力学分析模块，同时将通过案例对结构静力学分析中的一般步骤进行详细的介绍，这其中包括几何体导入、材料赋予、网格设置和划分、边界条件的设置、后处理操作。

12.1 线性静力分析基础

线性静力结构分析是 ANSYS 众多结构分析中的一种，其大多用于分析由稳态外载荷所引起的零件或系统的应变、应力及位移等，它能够很好地解决惯性及阻尼相关作用对结构响应不显著影响的问题。由经典力学理论可知，物体的动力学方程为

$$[M]\{\ddot{x}\} + [C]\{\dot{x}\} + [K]\{x\} = \{F\} \tag{12-1}$$

式中，$[M]$ 是质量矩阵；$[C]$ 是阻尼矩阵；$[K]$ 是刚度系数矩阵；$\{F\}$ 是力矢量；$\{x\}$ 是位移矢量。在线性结构静力学分析中，所有与时间相关的选项都可以被忽略，于是得到

$$[K]\{x\} = \{F\} \tag{12-2}$$

上式应满足以下假设条件：

① $[K]$ 必须是连续的，相应的材料需满足线弹性和小变形理论，可以包括部分非线性边界条件。

② $\{F\}$ 为静力载荷，同时不考虑随时间变化的载荷、不考虑惯性和阻尼影响。

12.2 Workbench 14.5 与线性静力分析

ANSYS Workbench 14.5 中的线性静力学分析是由 Mechanical 模块求解的。在 Mechanical 模块中，关于线性静力分析的内容包括几何模型和单元、接触以及装配类型、环境（包括载荷及其约束）、求解类型、结果和后处理等方面。

12.2.1 几何模型

在静力结构分析中，Mechanical 模块支持的几何模型类型包括实体、壳体、梁以及点质量 4 种。下面对这 4 种几何模型进行简单分析。

对于实体，程序默认的单元是 10 节点的四面体单元（SOLID187）和 20 节点的六面体单元（SOLID186）。

对于壳体，首先要确定厚度，其单元程序采用 4 节点的四边形壳单元（SHELL181）来

划分，且截面（和偏置）不需要定义。

对于梁的截面形状和方向，首先要在 DesignModeler 中预先指定，然后相关数据可以自动传到仿真模型中。梁实际是采用 2 节点的梁单元（BEAM188 单元）划分的，该单元支持截面的定义及其偏置。

对于点质量（Point Mass），通常情况下并没有明确建模的重量，但要注意以下几点。

① 只有面实体才能定义 Point Mass。

② 可以用以下方式定义 Point Mass 位置。

A. 在任意用户定义坐标系（X，Y，Z）中定义。

B. 选择点、边、面来定义位置。

③ Point Mass 的重量、质量大小在详细栏的 Magnitude 中输入。

④ 在结构静力分析中 Point Mass 所受的作用只有"旋转速度"和"加速度"（即标准重力加速度），而且只有惯性力才会对 Point Mass 起作用。

⑤ 当质量和所选面相连通时，它们之间便没有了刚度。

⑥ 必须有惯性力出现，而且 Point Mass 本身没有结果。

⑦ 在线性静力结构分析中引入 Point Mass 只是为了考虑结构中没有建模的附加重量。

12.2.2　材料属性

在线性结构静力学分析中，材料属性只需要定义弹性模量和泊松比。但是要注意以下几点。

① 如果有任何惯性载荷，则必须要定义材料的密度。

② 材料数在工程数据（Engineering Data）中输入，并且材料的配给选项在每个"Geometry"菜单之下。

③ 传热系数和热膨胀系数在有热载荷的时候才需要确定。

④ 如果要进行疲劳分析，则需要 Fatigue Module add-on license。

⑤ 可以输入负的热膨胀系数。

⑥ 在选定应力结果提取工具时，应力极限需要指定。

软件默认的材料是"Structural Steel"，一般情况下不需要进行材料设置。

12.2.3　接触与装配类型

在 ANSYS Workbench 14.5 中，导入装配体时，两个实体之间会自动生成接触，其特点是：

① 面对面接触允许将两个实体边界上不匹配的单元进行划分。

② 用户可以在"Contact"菜单下，指定探测自动接触距离的滑块来控制容差。

在 DesignModeler 中，在每个接触对中都要定义目标面和接触面，接触区域的其中一个表面构成"接触"面，此区域的另一个表面构成"目标"面。Workbench 中默认装配体的定义是对称接触，用户可以根据自身需要更改为非对称接触。

在 ANSYS Workbench 14.5 中共有 4 种接触类型（见表 12-1）。

表 12-1　ANSYS Workbench 14.5 中的 4 种接触类型

接触类型	迭代	法向行为（分离）	切向行为（滑移）
绑定接触	1	关闭	关闭
不分离接触	1	关闭	打开
无摩擦接触	多次	打开	打开
粗糙接触	多次	打开	关闭

① 绑定接触和不分离接触是最基础的线性行为，求解时只需迭代一次。

② 无摩擦以及粗糙接触是非线性行为，需要多次迭代。需要注意的是它们仍然利用了小变形理论的假设。

③ 在绑定的接触中，纯粹的罚函数法可以想象为在接触面间施加了十分大的刚度系数来阻止相对滑动。这个结果是在接触面间的相对滑动可以忽略的情况下得到的。

除此之外，ANSYS Workbench 14.5 中还支持实体和壳的混合装配体，支持边缘接触，包括壳面或实体边的接触，但是只能定义绑定或者不分离的接触类型。

在有限元分析中，ANSYS Workbench 14.5 提供的焊点是连接壳装配体的另外一种形式。焊点一般是在 CAD 软件中进行定义的。

12.2.4　载荷和约束

结构静力学中可以施加惯性载荷（Inertial）、载荷（Loads）及约束（Supports），其中惯性载荷对整个系统作用。当涉及结构的质量时，必须输入材料的密度，因为点质量只受惯性载荷的作用；结构载荷是作用在结构上的力或力矩；热载荷会产生温度并且在整个模型上引起热扩散；结构支撑（约束）限制移动。

下面对 Mechanical 模块中常见的载荷进行介绍。

（1）加速度 Acceleration

① 加速度是通过惯性力施加到结构上的，以长度比上时间的平方为单位（如 m/s^2），并且作用在整个模型上。

② 假如加速度突然施加到系统上，则惯性将会阻止加速度所产生的变化，从而惯性力的方向将与所施加的加速度的方向相反。

③ 加速度可以通过定义部件或者矢量进行施加。

（2）重力加速度 Standard Earth Gravity

① 重力加速度可以作为一个加速度载荷施加，其值为 $9.80665 m/s^2$。

② 重力加速度可以沿总体坐标轴中的任何一个轴。

③ 由于"标准的地球重力"是一个加速度载荷，因此不需要定义与其实际相反的方向来得到重力的作用力。

（3）角速度 Rotational Velocity

① 角速度也属于惯性载荷，默认情况下角速度的单位是每秒转过的弧度值，即 rad/s。

② 可以通过定义一个矢量来实现，应用几何结构定义的轴以及定义的旋转速度也可以通过部件来定义，在总体坐标系下需要指定初始及其组成部分。

③ 由于模型绕着某根轴转动，因此要特别注意这个轴。

（4）压力 Pressure

压力只能施加在表面，并且方向通常与表面的法方向一致，正值代表进入表面（例如压缩），负值则与正值相反（例如抽气）。

（5）力 Force

① 力可以施加在结构的点、线或面上。

② 力可以通过定义矢量、大小以及分量来施加，例如，当一个力施加在两个相同的表面上时，每个表面将承受这个力的一半。

③ 力可以通过定义矢量，大小以及分量来施加。

（6）远端载荷 Remote Force

允许在面或者边上施加偏置的力，设定力的初始位置（利用顶点、圆或者（X，Y，Z）的坐标），力可以通过矢量、大小或者分量来定义，在面上将得到一个等效的力加上由于偏置的力所引起的力矩，该力分布在表面上，但是也包括了由于偏置力而引起的力矩。运用远端力时，就要理解理论力学中力的平移定理，固体力学中的圣维南原理以及力学中的等效原理。

（7）轴承载荷 Bearing Load

① 轴承载荷只适用于圆柱形表面，其径向分量将根据投影面积来分布，轴向分量沿着圆周均匀分布。

② 一个表面只能施加一个轴承载荷，如果将一个圆柱表面切分成两部分，那么在施加轴承载荷的时候还要保证这两个柱面都要被选中。

③ 轴承载荷可以通过矢量和幅值来定义。

（8）螺栓预紧载荷 Bolt Pretension

① 只能在3D模拟中加载，可以在圆柱面、线体的直边、单个体或多个体上施加螺栓预紧载荷来模拟螺栓连接，对于实体需要一个以 Z 轴为主方向的局部坐标系。

② 施加预紧载荷（力）或者位移（长度）为初始条件；顺序加载会出现其他选项。

③ 在螺栓连接处推荐采用单元细化（螺栓长度方向上的单元数必须大于 1 ）。

（9）力矩 Moment

① 力矩可以施加在任意实体的表面上，如果选择了多个表面，力矩将分布在这些表面上。

② 在实体表面，力矩也可以施加在顶点或边缘，这与通过矢量或部件定义的以表面为基础的力矩类似。

③ 力矩可以通过矢量及大小或者分量来定义。用矢量表示时，力矩遵守右手螺旋法则。

（10）线压力 Line Pressure

在3D模拟中使用线压力在边上施加分布力，单位为力/长度，大小和方向可以按照矢量、分量及切向定义，也可以定义时间和空间分布的载荷。

（11）热条件 Thermal Condition

热应变公式为

$$\varepsilon_{th}^x = \varepsilon_{th}^y = \varepsilon_{th}^z = \alpha(T - T_{ref})$$

式中，α 是热膨胀系数（Coefficient of Thermal Expansion，简称 CTE）；T_{ref} 是热应变为零时的参考温度；T 是施加的温度；ε_{th} 是热应变。

任何温度载荷都可以施加在模型上。在结构分析中，通常首先进行热分析，然后在结构分析时将计算所得的温度作为热载荷输入。模型中的温度会引起热膨胀，而热应变自身并不能引起应力，只有在约束、温度梯度或者热膨胀系数不匹配时才会产生内应力。

下面对 Mechanical 模块中常见的约束作介绍。

（1）固定约束 Fixed Support

固定约束在实体上，限制 X、Y、Z 方向的平移；在顶点、边或面上则是约束所有的自由度；在壳或梁上限制 X、Y、Z 方向的平移和转动。

（2）位移约束 Displacement

在顶点、边或者面上加载已知的位移，允许在 X、Y、Z 方向施加强制位移，当输入"0"时表示此方向已经被约束，不设定某个方向的值则表示实体在这个方向上不受约束，可以自由运动。

（3）远端位移 Remote Displacement

允许在远端加载平动和旋转位移，需要通过点取或输入坐标值的方式来定义远端的定位点，默认位置为几何模型的质心。通常用局部坐标施加转角。

（4）无摩擦约束 Frictionless Support

无摩擦约束是在面上施加法向约束。因为对称面等同于法向约束，所以当对称实体受到对称的外载荷时，可以通过施加一个对称面边界条件来实现。

（5）圆柱约束 Cylindrical Support

圆柱约束只适用于小变形（线性）分析，将其施加在圆柱表面，可指定轴向、径向或者切向约束。

（6）简支约束 Simply Supported

主要应用于简支梁的端面约束，可以施加在梁或壳体的边或者顶点上，简支约束限制平移，但是所有的旋转都是自由的。

（7）固定转动 Fixed Rotation

固定转动可以施加在壳或梁的表面、边以及顶点上，固定转动约束旋转，但是平移不受限制。

（8）弹性支撑 Elastic Support

弹性支撑允许面或边根据弹簧行为产生移动或者变形。弹性支撑基于定义的基础刚度（Foundation Stiffness），产生基础单位法向变形的压力值。

约束和接触对都可以归结为边界条件。其中接触对模拟在两个已知模型之间的一个"柔性"边界条件，而固定约束则在被模拟部件之间提供一个"刚性"边界条件，刚性的固定部件不必建立模型。

12. 2. 5　Mechanical 模块中常见的求解选项

在 ANSYS Workbench 14. 5 的结构分析中有两种求解器：直接法和迭代法。

一般求解器是自动选取的，如果用户要自己选择求解器，操作步骤是依次单击"Tools"→"Options"→"Analysis Settings and Solutions"→"Solver Type"，然后进行设置。直接求解器则适用于包含薄面和细长体的模型，迭代求解器则适用于大体积的模型。设置完求解结果对象，单击"Solve"按钮就可以进行求解计算。

12.2.6　结果后处理

在结构分析后处理中可以得到不同的结果，如各方向的变形和应力、应变、支反力，总变形等。求解结果可以在计算前指定，也可以在计算完成后指定。如果是在计算完成后指定，则必须在指定后再单击"Solve"按钮才能得到结果。"Solution"选项如图 12-1 所示。

图 12-1　Solution 选项

（1）变形

在结果后处理的"Deformation"菜单下查看总变形"Total"和 X、Y、Z 方向的变形"Directional"，可显示指定坐标系下的变形。总变形量为

$$U_{\text{total}} = \sqrt{U_x^2 + U_y^2 + U_z^2} \tag{12-3}$$

X、Y、Z 方向的变形可以在"Directional"菜单下得到。

（2）应力和应变

① 等效应力和等效应变

等效应力也称为冯·米泽斯（von Mises）应力，它可以将任意三向应力状态表示为一个等效的正值应力，在最大等效应力失效理论中用于预测塑性材料的屈服行为。其定义为

$$\sigma_e = \sqrt{\frac{1}{2}\left[(\sigma_1 - \sigma_2)^2 + (\sigma_2 - \sigma_3)^2 + (\sigma_3 - \sigma_1)^2\right]} \tag{12-4}$$

等效应变的定义为

$$\varepsilon_e = \frac{1}{1 + v}\sqrt{\frac{1}{2}\left[(\varepsilon_1 - \varepsilon_2)^2 + (\varepsilon_2 - \varepsilon_3)^2 + (\varepsilon_3 - \varepsilon_1)^2\right]} \tag{12-5}$$

式中，v 为泊松比，在弹性及热应变中为参考温度下的材料泊松比，塑性应变为 0.5。

②主应力

对于主应力，由弹性理论可知，任意点处的一个无限小体积可以自由旋转到仅有正应力而剪应力为零的状态，这三个正应力就称为主应力，σ_1、σ_2、σ_3 分别为第一主应力（Maximum Principal）、第二主应力（Middle Principal）、第三主应力（Minimum Principal），即 $\sigma_1 \geq \sigma_2 \geq \sigma_3$。

③ 最大剪应力和最大剪应变（Maximum Shear）

最大剪应力为 $\tau_{\max} = \dfrac{\sigma_1 - \sigma_3}{2}$，并位于与 σ_1、σ_2 均成 45°的截面内。

（3）应力工具

因为应力是一个张量，单从应力分量中是很难估算出系统响应的。应力工具允许用户利用 Mechanical 模块中的计算结果，操作时只需要选择合适的强度理论。常用的强度理论如下。

柔性理论（Ductile）

① 最大等效应力。

② 最大剪应力。

脆性理论（Brittle）

① 莫尔-库仑（Mohr-Coulomb）应力；

② 最大张应力。

（4）支反力

支反力和力矩在每个支撑里都有输出。对于任何一个支撑，计算完成后可观察"Details"窗口，支反力和力矩都有显示。X、Y 和 Z 分量是关于总体坐标系的，而力矩是相对于支撑的质心而言的。假如用到弱弹簧的支反力时，在计算完成后的"Environment"工具栏下有详细描述。其值应该足够小以保证弱弹簧的影响是可以忽略的。

如果一个支撑与另外一个支撑共用一个顶点、一条边或者一个面、接触对、载荷，则支反力的显示将不正确。这是由于公共部分的网格划分将会产生多重支撑或者造成载荷施加到相同的节点上。虽然计算结果将仍是有效的，但是由于这个原因，其值就不正确了。

12.3　Workbench 14.5 线性静力学分析案例解析

前文对结构分析中的求解线性静力学问题做了讲解，下面通过案例来熟悉一下操作。

12.3.1　静力学分析案例 1

案例 1　已知一连杆的三维模型如图 12-2 所示，设连杆的厚度均匀，为 13mm。在连杆小孔左侧 90°的范围内，承受 $q = 7\text{MPa}$ 的均匀分布载荷作用，连杆左端固定。连杆材料为 Q345-B，其弹性模量 $E = 2.06 \times 10^{11} \text{N/m}^2$，泊松比 $\nu = 0.28$。利用 ANSYS Workbench 14.5 对该连杆进行静力学分析。

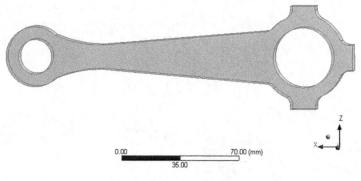

图 12-2　连杆模型

Step1：在 Windows 系统的"开始"菜单下执行"ANSYS 14.5"→"Workbench 14.5"命令，启动 Workbench14.5，进入主界面。

Step2：用鼠标双击 Toolbox 中的"Analysis Systems"→"Static Structural"（静态结构分析）命令，在"Project Schematic"窗口（工程项目窗口）创建分析项目 A，如图 12-3 所示。

Step3：在 A3（Geometry）栏上右击鼠标，选择"Import Geometry"→"Browse..."命

令，如图 12-4 所示。选择要导入的几何体文件"liangan. x_t"，此时 A3（Geometry）栏后的"？"变为"✓"，表示连杆的实体模型已经存在。

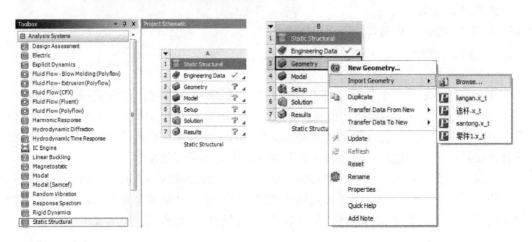

图 12-3　创建分析项目 A　　　　　　　　　　　　图 12-4　导入几何体

Step4：双击 A3（Geometry）栏，进入 DesignModeler 界面，选择模型的单位，单击"OK"按钮，如图 12-5 所示。再单击 ⚡Generate 按钮，即可显示生成的几何体，如图 12-6 所示。对连杆进行受力分析可知其在工作过程中只有受拉和受压两种工况。本例主要针对受压工况下连杆的静力分析。为了便于约束及载荷的添加，在图 12-6 所示的模型中大圆孔的右侧和小圆孔的左侧通过投影的方式各添加 90°的印记。单击 DesignModeler 界面右上角的 ⚌ 按钮，退出 DesignModeler，返回到 Workbench 主界面。

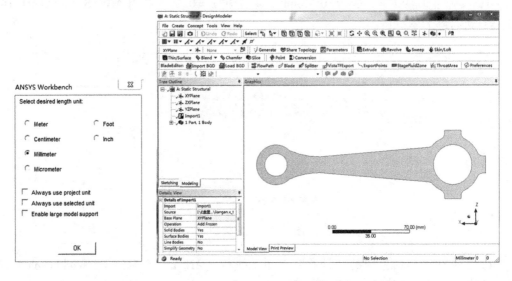

图 12-5　单位选择　　　　　　　　　　　图 12-6　生成后的 DesignModeler 界面

Step5：双击 A2（Engineering Data）栏，进入如图 12-7 所示的材料参数设置界面，在该界面下进行材料参数设置。在界面的空白处右击，在弹出的快捷菜单中选择"Engineering Data Sources"（工程数据源）命令。单击图 12-8 所示 A6 栏中的"Isotropic Elasticity" 会出现图 12-9 所示的列表，并在其中输入 Q345-B 材料的弹性模量 $E = 2.06 \times 10^{11} \, \text{N/m}^2$ 及泊松比 0.28。完成连杆材料设置，单击 ⟲Return to Project 按钮返回到 Workbench 主界面。

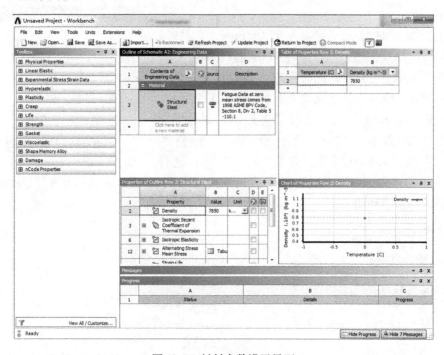

图 12-7　材料参数设置界面

		A	B	C	D	E
1		Property	Value	Unit	⊠	⊡
2		Density	7850	kg m^-3		☐
3	⊟	Isotropic Secant Coefficient of Thermal Expansion				☐
4		Coefficient of Thermal Expansion	1.2E-05	C^-1		☐
5		Reference Temperature	22	C		☐
6	⊞	Isotropic Elasticity				☐
12	⊞	Alternating Stress Mean Stress	Tabular			☐
16	⊞	Strain-Life Parameters				☐
24		Tensile Yield Strength	2.5E+08	Pa		☐
25		Compressive Yield Strength	2.5E+08	Pa		☐
26		Tensile Ultimate Strength	4.6E+08	Pa		☐
27		Compressive Ultimate Strength	0	Pa		☐

图 12-8　添加材料

	A	B	C	D	E
	Temperature (C)	Young's Modulus (Pa)	Poisson's Ratio	Bulk Modulus (Pa)	Shear Modulus (Pa)
1					
2		2.06E+11	0.28	1.5606E+11	8.0469E+10
*					

图 12-9　连杆材料参数

Step6：双击 A4（Model）栏，进入 Mechanical 界面，在该界面下即可进行网格的划分、分析设置、结果观察等操作。首先查看并设置单位，选择“Units”→“Metric（tonne，mm，s，℃，mA，N，mV）”，如图 12-10 所示。

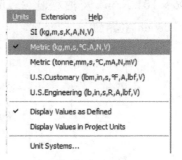

图 12-10　单位设置

Step7：选择 Mechanical 界面左侧 Outline（流程树）中的“Mesh”选项，然后在工作栏中单击“Mesh Control”中的“Sizing”选项，此时可在“Details of ‘Body Sizing’-Sizing”窗口中修改网格参数，如图 12-11 所示。本例先单击“Geometry”栏，选择要进行网格划分的部分，单击 Apply 按钮；再将“Element Size”设置为“2. mm”，其余采用默认设置，如图 12-12 所示；选择图 12-11中的网格划分方法“Method”，此时出现如图 12-13所示窗口，并在“Method”下拉菜单中选择“Hex Dominant”。

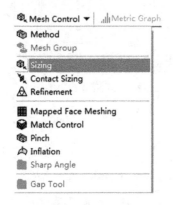

图 12-11　网格大小控制

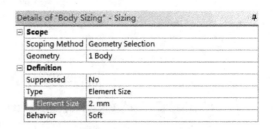

Details of "Body Sizing" - Sizing

Scope	
Scoping Method	Geometry Selection
Geometry	1 Body
Definition	
Suppressed	No
Type	Element Size
Element Size	2. mm
Behavior	Soft

图 12-12　网格大小

Details of "Automatic Method" - Method

Scope	
Scoping Method	Geometry Selection
Geometry	No Selection
Definition	
Suppressed	No
Method	Automatic
Element Midside Nodes	Use Global Setting

图 12-13　“Method”选项

Step8：右键单击 Outline（流程树）中的“Mesh”选项，在弹出的快捷菜单中选择 Generate Mesh 命令，此时会弹出如图 12-14 所示的进度条，显示网格正在划分，当网格划分完成后，进度条自动关闭，最终的网格效果如图 12-15 所示。

Step9：选择 Mechanical 界面左侧 Outline（流程树）中的“Static Structural”选项，出现如图 12-16 所示的“Environment”工具栏。选择“Environment”工具栏中的“Supports”（约束）→“Cylindrical Support”（圆柱约束）命令，流程树中出现“Cylindrical Support”

选项，如图 12-17 所示。选择“Cylindrical Support”选项及需要施加圆柱约束的面，本例为连杆 大圆孔 右侧 90°范围内 的圆柱面，单击“Details of‘Cylindrical Support’”窗口中“Geometry”选项下的 Apply 按钮，则在选中面上施加圆柱约束，其中“Radial”（径向）选择“Fixed”，“Axial”（轴向）和“Tangential”（切向）均选择“Free”。施加圆柱约束后的模型如图 12-18所示。

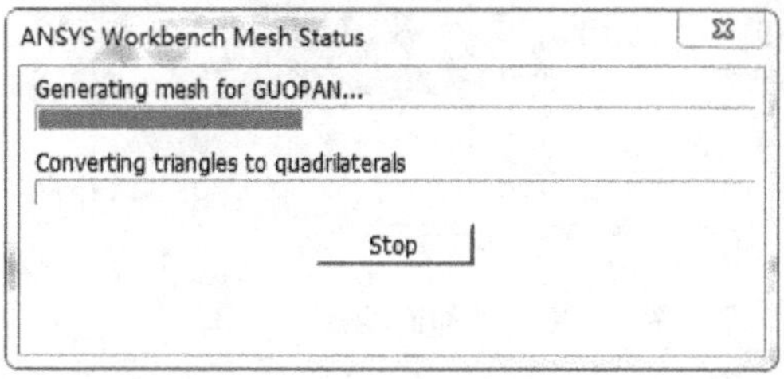

图 12-14　生成网格

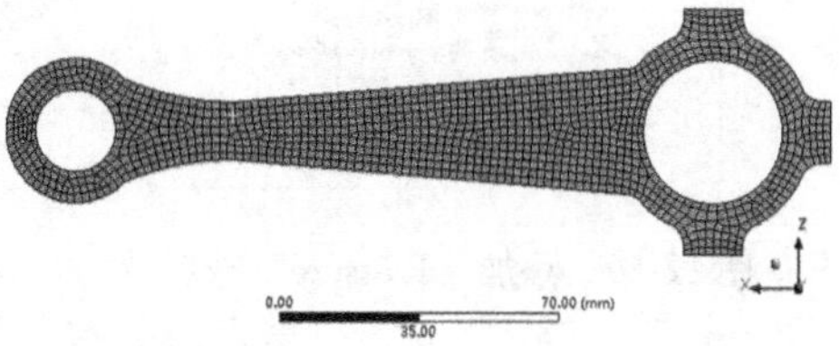

图 12-15　网格效果

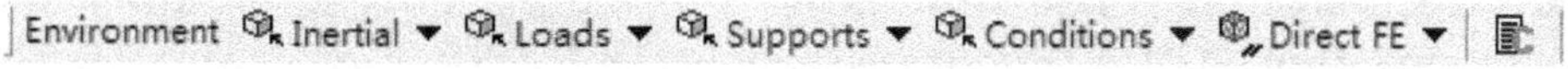

图 12-16　“Environment”工具栏

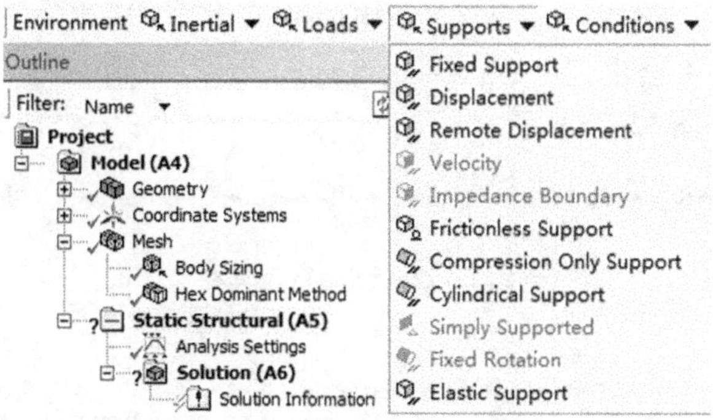

图 12-17　添加“Cylindrical Support”选项

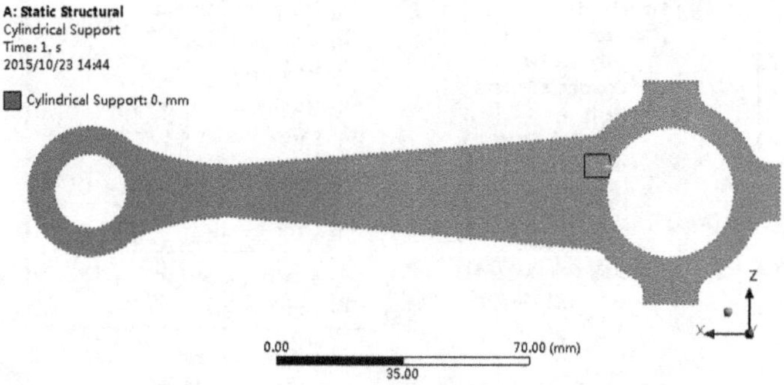

图 12-18　施加圆柱约束后的模型

Step10：选择“Environment”工具栏中的“Loads”（载荷）→“Pressure”（压力）命令，流程树（Outline）中出现“Pressure”选项，如图 12-19 所示。选择“Pressure”选项，单击

"Details of 'Pressure' - Pressure" 窗中 "Geometry" 选项下的 Apply 按钮，选择需要施加压力的面，同时在 "Magnitude" 选项下设置压力为 7MPa 的面载荷，如图 12-20 所示。

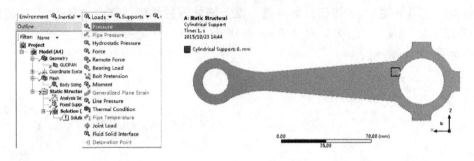

图 12-19　添加 "Pressure" 选项   图 12-20　添加面载荷

Step11：右键单击 Outline（流程树）中的 "Static Structural"，在弹出的快捷菜单中选择 Solve 命令，此时会弹出进度条，表示正在求解，求解完成后进度条自动关闭，如图 12-21 所示。

Step12：选择 Mechanical 界面左侧 Outline（流程树）中的 "Solution" 选项，出现如图 12-22 所示的 "Solution" 工具栏。选择 "Solution" 工具栏中的 "Stress"（应力）→ "Equivalent（von-Mises）" 命令，此时在流程树中会出现 "Equivalent Stress"（等效应力）选项，如图 12-23 所示。

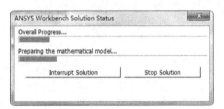

图 12-21　求解过程界面

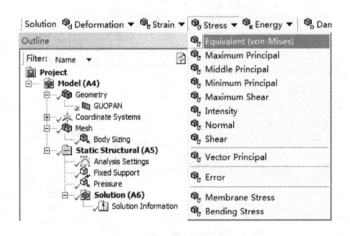

图 12-22　Solution 工具栏

图 12-23　添加 "Equivalent Stress" 选项

选择 "Solution" 工具栏中的 "Strain"（应变）→ "Equivalent（von-Mises）" 命令，此时在流程树中会出现 "Equivalent Strain"（等效应变）选项。

选择"Solution"工具栏中的"Deformation（变形）"→"Total"命令，此时在流程树中会出现"Total Deformation"（总变形）选项，如图 12-24 所示。

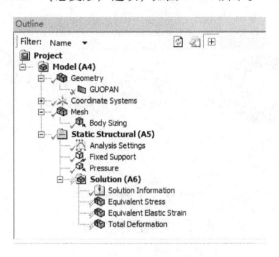

图 12-24 添加其他分析选项

Step13：右键单击 Outline（流程树）中的"Solution"选项，在弹出的快捷菜单中选择 Evaluate All Results 命令，此时会弹出进度条，表示正在求解，当求解完成后进度条消失。

Step14：选择 Outline（流程树）中"Solution"选项下的"Total Deformation"选项，此时会出现如图 12-25 所示连杆的总变形分析云图。

Step15：选择 Outline（流程树）中"Solution"选项下的"Equivalent Elastic Strain"选项，此时会出现如图 12-26 所示连杆的等效应变分析云图。

Step16：选择 Outline（流程树）中"Solution"选项下的"Equivalent Stress"选项，此时会出现如图 12-27 所示连杆的等效应力分析云图。

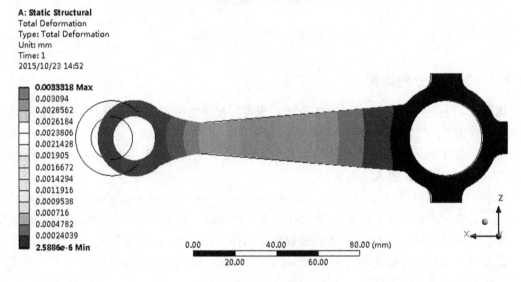

图 12-25 总变形分析云图

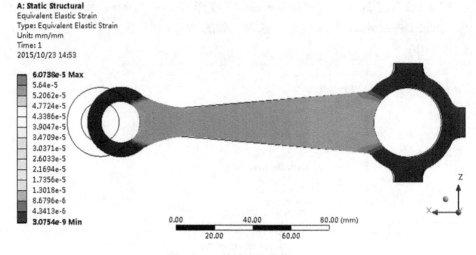

图 12-26　等效应变分析云图

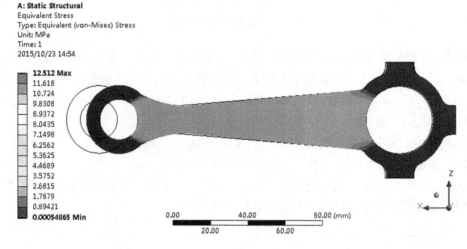

图 12-27　等效应力分析云图

12.3.2　静力学分析案例 2

案例 2　门把手的模型如图 12-28 所示，现将门把手的一端固定于门上，并在把手的后端施加一作用力，试对其进行静力学分析。

Step1：在 Windows 系统"开始"菜单下执行"ANSYS 14.5"→Workbench 14.5 命令，启动 Workbench 14.5，进入主界面。

Step2：鼠标双击 Toolbox 中的"Analysis Systems"→"Static Structural"（静态结构分析）命令，在"Project Schematic"窗口（工程项目窗口）创建分析项目 A 如图 12-29 所示。

Step3：在 A3（Geometry）栏上右击鼠标，选择"Import Geometry"→"Browse..."命令，选择要导入的几何体文件"menbashou. x_t"，此时 A3（Geometry）栏后的"？"变为"✓"，表示实体模型已经存在。

Step4：双击 A3（Geometry）栏，进入 DesignModeler 界面，选择模型的单位，单击

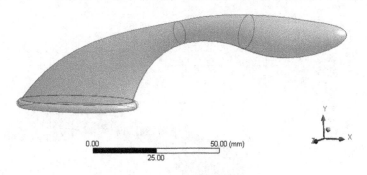

图 12-28　门把手模型

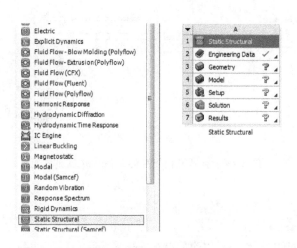

图 12-29　创建分析项目 A

"OK"按钮，再单击 Generate 按钮，即可显示生成的几何体，如图 12-30 所示。单击 DesignModeler 界面右上角的 ⊠ 按钮，退出 DesignModeler，返回到 Workbench 主界面。

Step5：门把手的材料选择 Workbench 中默认的"Structural Steel"，不需要再进行设置。

Step6：双击 A4（Model）栏，进入网格划分界面。选择 Mechanical 界面左侧 Outline（流程树）中的"Mesh"选项，然后在工作栏中单击"Mesh Control"中的"Sizing"选项，此时可在"Details of 'Body Sizing' - Sizing"窗口中修改网格参数，本例先单击"Geometry"，选择要进行网格划分的部分，单击 Apply 按钮；再将"Element Size"设置为"5. mm"，其余采用默认设置，如图 12-31 所示。

Step7：右键单击 Outline（流程树）中的"Mesh"选项，在弹出的快捷菜单中选择 Generate Mesh 命令，此时会弹出如图 12-32 所示的进度条，显示网格正在划分。当网格划分完成后，进度条自动关闭，最终的网格效果如图 12-33 所示。

Step8：选择 Mechanical 界面左侧 Outline（流程树）中的"Static Structural"选项，出现如图 12-34 所示的"Environment"工具栏。选择"Environment"工具栏中的"Supports"（约束）→"Fixed Support"（固定约束）命令，流程树中出现"Fixed Support"选项，如图 12-35 所示。选择"Fixed Support"选项，选择需要施加固定约束的面，本例中为把手与门固定的椭圆面，单击"Details of 'Fixed Support'"窗口中"Geometry"选项下的 Apply 按钮，

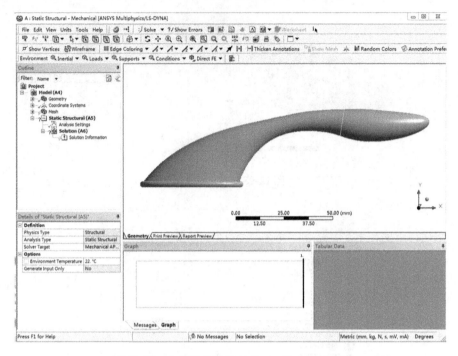

图 12-30 生成几何体后的 DesignModeler 界面

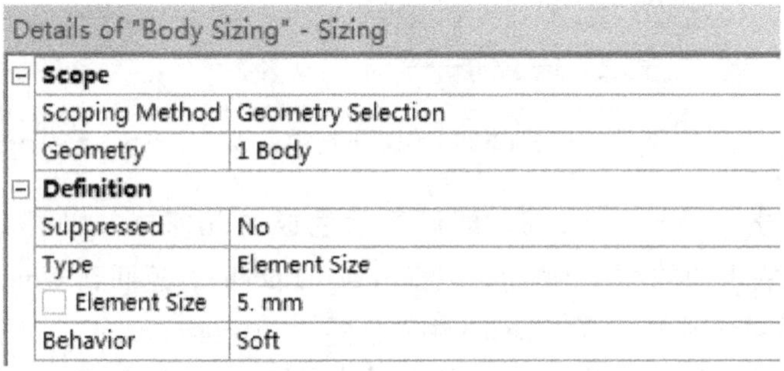

Details of "Body Sizing" - Sizing	
Scope	
Scoping Method	Geometry Selection
Geometry	1 Body
Definition	
Suppressed	No
Type	Element Size
☐ Element Size	5. mm
Behavior	Soft

图 12-31 网格大小设置

则在选中面上施加固定约束，图 12-36 是施加固定约束后的模型。

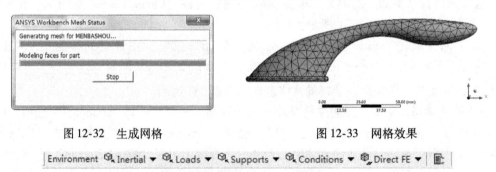

图 12-32 生成网格　　　　　　　　　图 12-33 网格效果

图 12-34 Environment 工具栏

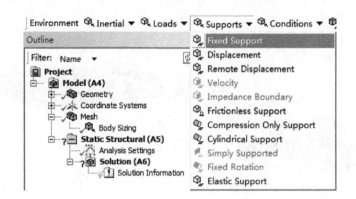

图 12-35　添加固定约束

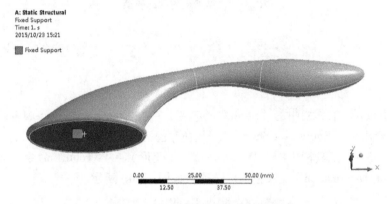

图 12-36　施加固定约束后的模型

Step9：选择 "Environment" 工具栏中的 "Loads"（载荷）→ "Pressure"（压力）命令，流程树中出现 "Pressure" 选项。选择 "Pressure" 选项，选择需要施加压力的面，单击 "Details of 'Pressure'" 窗口中 "Geometry" 选项下的 Apply 按钮，同时在 "Magnitude" 选项下设置压力为 1MPa 的面载荷，如图 12-37 所示，添加载荷后的模型如图 12-38 所示。

Step10：右键单击 Outline（流程树）中的 "Static Structural" 选项，在弹出的快捷菜单中选择 Solve 命令，此时会弹出进度条，表示正在求解，求解完成后进度条自动关闭。

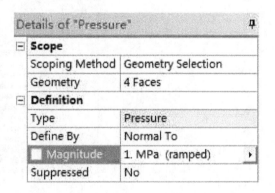

图 12-37　添加载荷

Step11：选择 Mechanical 界面左侧 Outline（流程树）中的 "Solution" 选项，出现如图 12-39所示的 "Solution" 工具栏。选择 "Solution" 工具栏中的 "Stress"（应力）→ "Equivalent（von-Mises）"命令，此时在分析树中会出现 "Equivalent Stress"（等效应力）选项。

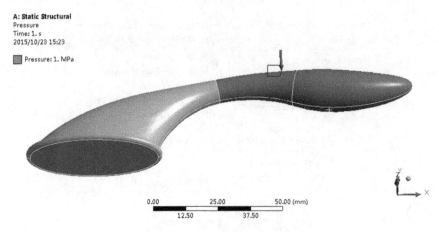

图 12-38　添加载荷后的模型

图 12-39　Solution 工具栏

　　选择"Solution"工具栏中的"Strain"（应变）→"Equivalent（von-Mises）"命令，此时在流程树中会出现"Equivalent Strain"（等效应变）选项。

　　选择"Solution"工具栏中的"Deformation"（变形）→"Total"命令，此时在流程树中会出现"Total Deformation"（总变形）选项，如图 12-40 所示。

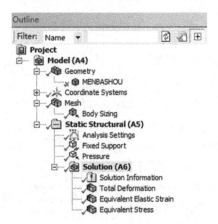

图 12-40　添加分析选项

　　Step12：右键单击 Outline（流程树）中的"Solution"选项，在弹出的快捷菜单中选择 Evaluate All Results 命令，此时会弹出进度条，表示正在求解，当求解完成后进度条自动关闭。

　　Step13：选择 Outline（流程树）中"Solution"选项下的"Total Deformation"选项，此时会出现如图 12-41 所示的总变形分析云图。

　　Step14：选择 Outline（流程树）中"Solution"选项下的"Equivalent Strain"选项，此

时会出现如图 12-42 所示的等效应变分析云图。

Step15：选择 Outline（流程树）中"Solution"选项下的"Equivalent Stress"选项，此时会出现如图 12-43 所示的等效应力分析云图。

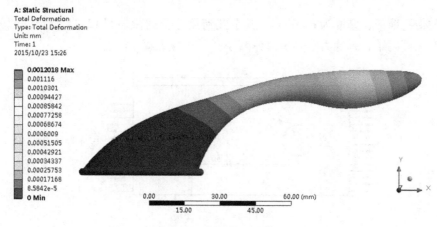

图 12-41　总变形分析云图

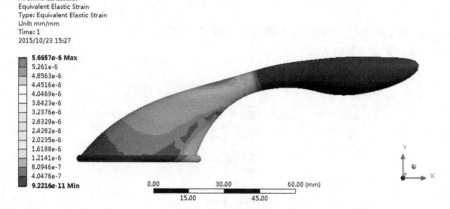

图 12-42　等效应变分析云图

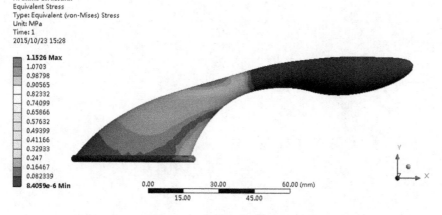

图 12-43　等效应力分析云图

习　　题

一均匀带孔薄板，厚度为 $t = 6\text{mm}$，其余几何尺寸及载荷如图 12-44 所示，试分析其应力分布情况，同时结合弹性力学知识讨论其小孔周边应力集中问题。

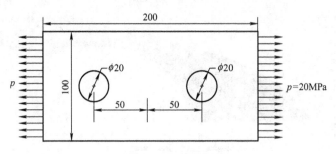

图 12-44　带孔薄板

参 考 文 献

［1］李世芸，李功宇，张曙红．ANSYS 9.0 基础及应用实例［M］．北京：中国科学文化出版社，2005.
［2］ANSYS Workbench 14.5 帮助文档.

"两弹一星"功勋
科学家：王淦昌
SZD – 010

第 13 章　模态分析简介与案例解析

本章对模态分析进行简单介绍，并通过两个案例详细解析 ANSYS Workbench 14.5 进行模态分析的一般步骤。模态分析主要包括以下步骤：几何建模（几何图形的导入）、材料属性设定、划分网格、边界条件的设定、求解及后处理操作等。

13.1　模态分析简介

模态是结构的固有振动特性，包括固有频率、振型及阻尼比等，而对模态参数进行计算或试验分析的过程就叫作模态分析。

模态分析是最基本、最简单的线性动力学分析，也是其他所有动力学分析的基础，其他动力学分析如响应谱分析、随机振动分析、谐响应分析等都需要在模态分析的基础上进行。

模态分析有着非常广泛的实用价值。模态分析在确定结构的固有频率和振型基础上，可以使结构设计避开共振或使结构以某一特定的频率进行振动；可以得到结构对不同类型的动力载荷的响应情况；有助于估算求解其他动力学分析中的控制参数，进而指导工程师预测在不同载荷作用下结构的振动形式。

ANSYS Workbench 14.5 中存在两种进行模态分析的求解器，一种是利用 Samcef 求解器进行模态分析，另一种则是采用 ANSYS 默认的求解器进行模态分析。

由牛顿力学可知，物体的动力学方程为

$$[M]\{\ddot{x}\} + [C]\{\dot{x}\} + [K]\{x\} = \{F(t)\} \tag{13-1}$$

而对于模态分析，$F(t) = 0$，$[C]$ 作为阻尼系数矩阵一般也取 0，故模态分析的运动方程为

$$[M]\{\ddot{x}\} + [K]\{x\} = 0 \tag{13-2}$$

由振动力学可知，结构的自由振动为简谐振动，即位移 x 为

$$x = X\cos(\omega t - \psi) \tag{13-3}$$

代入上式，得

$$[K] - \omega^2[M]\{x\} = \{0\} \tag{13-4}$$

据此我们可以求出 ω_i^2 的值，其开方 ω_i 就是自然角频率，自然频率为 $f = \dfrac{\omega_i}{2\pi}$。

每一个 ω_i 对应的向量 $\{x\}_i$ 为自然频率 $f = \dfrac{\omega_i}{2\pi}$ 对应的振型。

13.2　模态分析案例解析

13.2.1　模态分析案例1

案例1　图13-1所示为某减速器的下箱体的几何模型，试对此模型进行模态分析。

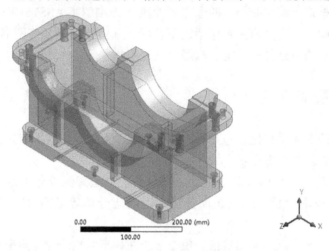

图13-1　减速器下箱体模型

　　Step1：在 Windows 系统"开始"菜单下执行"ANSYS 14.5"→"Workbench 14.5"命令，启动 ANSYS Workbench 14.5，进入主界面。

　　Step2：选择主界面 Toolbox（工具箱）中的"Analysis Systems"→"Modal"（模态分析）命令，并拖动鼠标左键到"Project Schematic"窗口（工程项目窗口）中，于是在"Project Schematic"窗口（工程项目窗口）中便创建了分析项目 A，如图13-2所示。

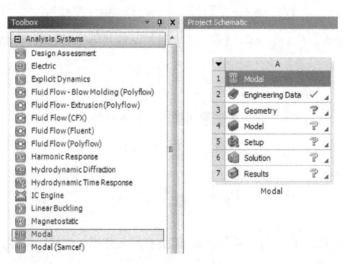

图13-2　创建分析项目 A

　　Step3：右键单击 A3（Geometry）栏，在弹出的快捷菜单中选择"Import Geometry"→"Browse..."命令，程序自动弹出"打开"对话框，如图 13-3 所示。在弹出的"打开"对话框中选择要打开的文件路径，本例导入"down-box. x_t"模型文件。当 A3（Geometry）栏后的"❔"变为"✓"时，表示实体模型已经成功导入。

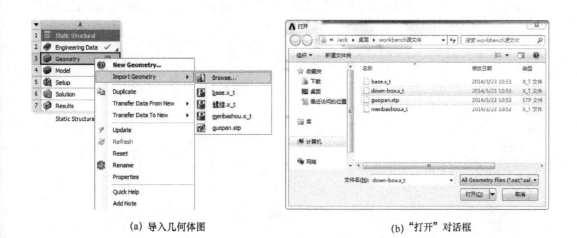

(a) 导入几何体图　　　　　　　　　　　　　　(b) "打开"对话框

图 13-3　导入图形

　　Step4：双击 A3（Geometry）栏，进入DesignModeler 界面，选择模型的单位为 mm，单击"OK"按钮，如图 13-4 所示。此时图形窗口中还没有图形，可看到流程树中 Import1 前显示，表示模型还需要生成，如图 13-5 所示。然后单击 ⚡Generate（生成）按钮，即可生成几何体模型，如图 13-6 所示。

　　Step5：生成多体部件体的操作仅针对装配体而言，为了便于处理多个实体而生成一个部件。单击工具栏中的实体过滤器，然后用鼠标选中屏幕中的任意一个实体，按住〈Ctrl〉键选中其他实体，单击鼠标右键，在弹出的快捷菜单中选择"Form New Part"选项，即生成了一个部件体。右键单击流程树中的"Part"项，将其重命名为"down- box"，如图 13-7 所示。单

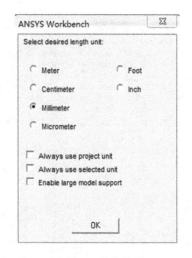

图 13-4　单位设置

击 ❌ 按钮，退出 DesignModeler，返回到 Workbench 主界面。

　　Step6：双击 A2（Engineering Data）栏，打开材料参数设置界面，如图 13-8 所示。右键单击该界面的空白处，选择快捷菜单中的"Engineering Data Sources"（工程数据源）命令。在 Engineering Data Sources 表中单击 A3 栏"General Materials"选项，然后单击 Outline of General Materials 中 A7 栏"Gray Cast Iron"（灰铸铁）后的添加按钮 ➕，此时在 C7 栏会出现 ◆ 标记，表示添加材料成功，如图 13-9 所示。单击工具栏中的 ⬅Return to Project 按钮，返回到 Workbench 主界面，材料库添加完成。

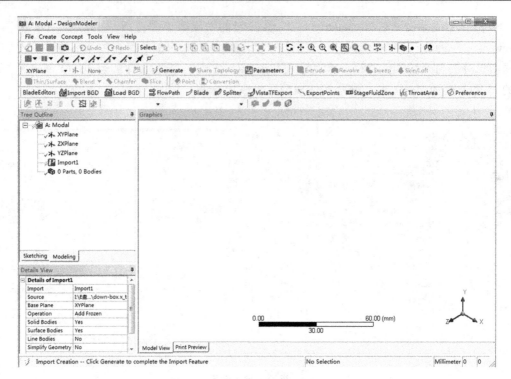

图 13-5　生成前的 DesignModeler 界面

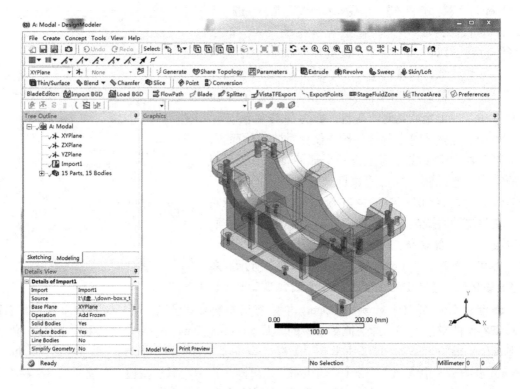

图 13-6　生成后的 DesignModeler 界面

Step7：双击 A4（Model）栏，Mechanical 界面打开，网格的划分、边界条件的设置、求解及结果后处理等均在该界面下进行。

Step8：单击 Mechanical 界面左侧 Outline（流程树）中"Geometry"选项下的"down-box"，在"Details of 'down-box'"窗口中，依次执行"Definition"→"Assignment"命令，给模型添加材料如图 13-10 所示。

Step9：单击 Mechanical 界面左侧 Outline（流程树）中的"Mesh"选项，此时可以在"Details of 'Mesh'"窗口中修改网格参数。在"Sizing"下将"Relevance Center"项设置为"Fine"，"Smoothing"项设置为"High"，"Span Angle Center"项设置为"Fine"，其余取默认设置，如图 13-11 所示。

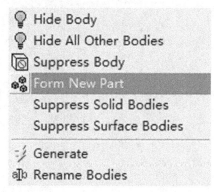

图 13-7　生成多体部件体

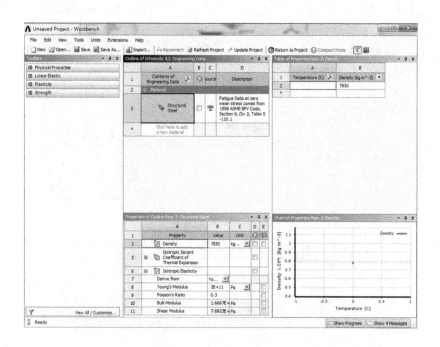

图 13-8　设置材料参数

Step10：右键单击 Outline（流程树）中的"Mesh"选项，在弹出的快捷菜单中选择 Generate Mesh 命令，此时会弹出划分网格进度条，如图 13-12 所示。网格划分完成后，进度条自动关闭。生成网格效果如图 13-13 所示。

Step11：单击 Mechanical 界面左侧 Outline（流程树）中的 Modal 选项，出现如图 13-14 所示的"Environment"工具栏。

单击"Environment"工具栏中的"Supports"（约束）→"Fixed Support"（固定约束）

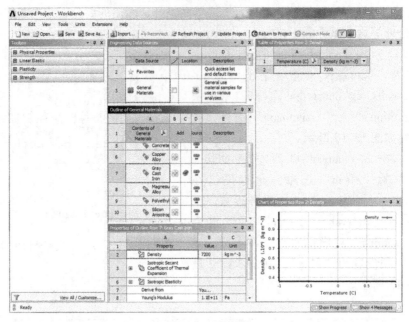

图 13-9　添加材料

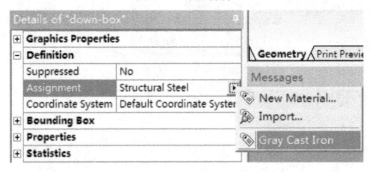

图 13-10　添加材料

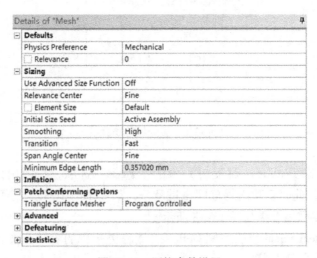

图 13-11　网格参数设置

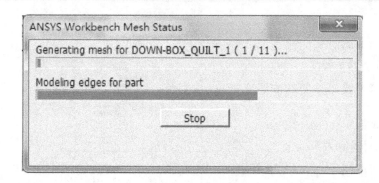

图 13-12 生成网格

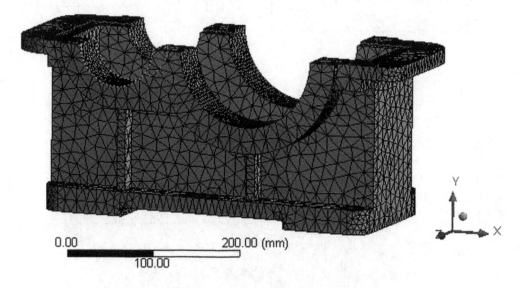

图 13-13 生成网格后的效果

图 13-14 "Environment" 工具栏

命令，流程树中出现 "Fixed Support" 选项，如图 13-15 所示。单击 "Fixed Support" →
"Geometry" 选项确保出现 Apply 按钮。在实体中为固定约束选择需要施加的面，本例中为
下箱体的下表面，单击 "Details of 'Fixed Support'" 窗口中 Geometry 选项下的 Apply 按钮，
固定约束便施加在了选定的面上，如图 13-16 所示。添加固定约束后的模型如图 13-17
所示。

Step12：右键单击 Outline（流程树）中的 "Modal" 按钮，在弹出的快捷菜单中选择
Solve 命令。此时弹出进度条，表示求解过程正在进行，当求解完成后进度条自动关闭，
如图 13-18 所示。

求解后得到固有频率结果，程序默认计算前 6 阶固有频率，如图 13-19 所示。

图 13-15　添加固定约束　　　　　　　　　　图 13-16　添加固定约束

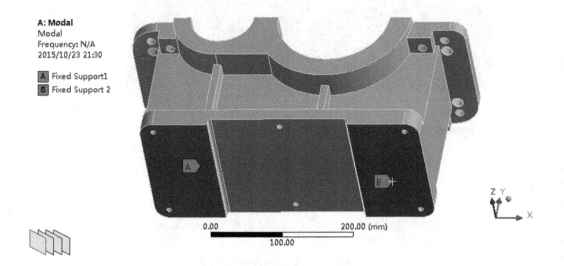

图 13-17　添加固定约束后的模型

Step13：右键单击屏幕右下角的结果，在出现的快键菜单中选择"Select All"，再次右键单击，然后选择"Create Mode Shape Results"，提取前 6 阶振型，如图 13-20 所示。

右键单击 Outline（流程树）中的"Solution"选项，在弹出的快捷菜单中选择 Evaluate All Results 命令，如图 13-21 所示。此时弹出进度条显示求解状态，求解完成后进度条自动关闭。

求解后得到各阶振型图如图 13-22 ~ 图 13-27 所示。

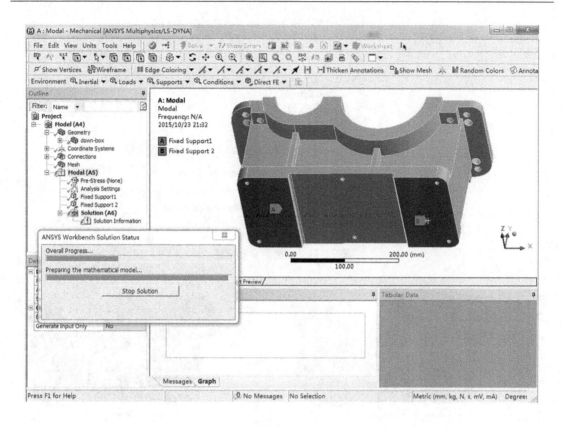

图 13-18　求解

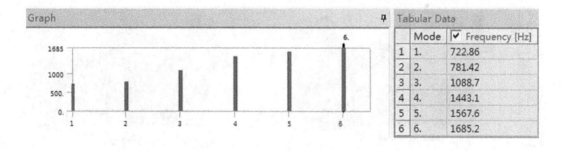

图 13-19　前 6 阶固有频率

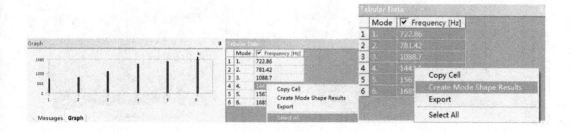

图 13-20　提取前 6 阶振型

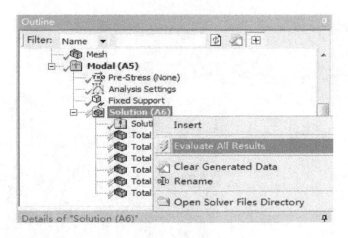

图 13-21　生成前 6 阶振型

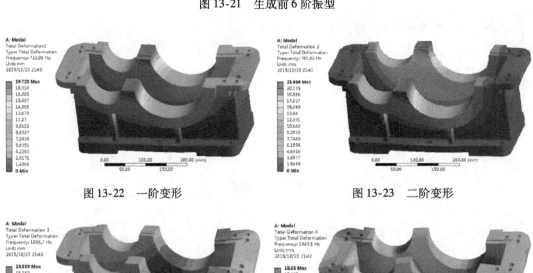

图 13-22　一阶变形　　　　　　　　　　　　　　图 13-23　二阶变形

图 13-24　三阶变形　　　　　　　　　　　　　　图 13-25　四阶变形

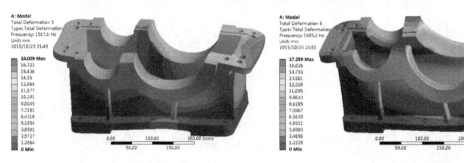

图 13-26　五阶变形　　　　　　　　　　　　　　图 13-27　六阶变形

Step14：单击 Outline（流程树）中 Modal 下的 "Analysis Settings"（分析设置）选项，在 "Details of 'Analysis Settings'" 窗口下的 "Options" 中更改 "Max Modes to Find" 选项的值为 "10"，如图 13-28 所示。然后在 Outline（流程树）下右键单击 "Solution" 选项，在弹出的快捷菜单中选择 ⚡ Evaluate All Results 命令，便可得到前 10 阶自然频率，如图 13-29 所示。

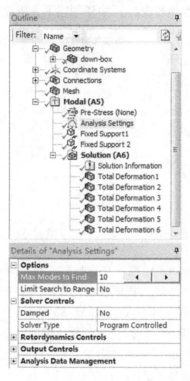

图 13-28　修改模态求解阶数

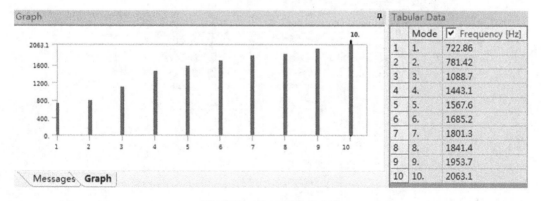

图 13-29　前 10 阶自然频率

13.2.2　模态分析案例 2

案例 2　图 13-30 所示为一机座模型，机座的两螺纹孔处被固定，试对此模型进行模态分析。

Step1：在 Windows 系统"开始"菜单下执行"ANSYS 14.5"→"Workbench 14.5"命令，启动 ANSYS Workbench 14.5，进入主界面。

Step2：选择主界面 Toolboxs（工具箱）中的"Analysis Systems"→"Modal"（模态分析）命令，并拖动鼠标左键到"Project Schematic"窗口（工程项目窗口）中，于是在"Project Schematic"窗口（工程项目窗口）中便创建了分析项目 A，如图 13-31 所示。

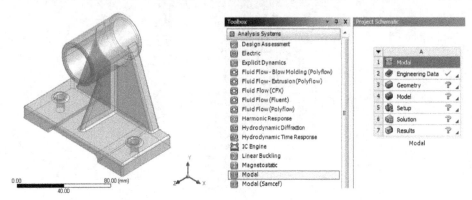

　　图 13-30　机座模型　　　　　　　　　图 13-31　创建分析项目 A

Step3：右键单击 A3（Geometry）栏，在弹出的快捷菜单中选择"Import Geometry"→"Browse..."命令，如图 13-32 所示，程序会自动弹出"打开"对话框。在弹出的"打开"对话框中选择要打开的文件路径，本例导入图 13-33 所示的"base. x_t"模型文件。当 A3（Geometry）栏后的"❓"变为"✓"时，表示实体模型已经存在。

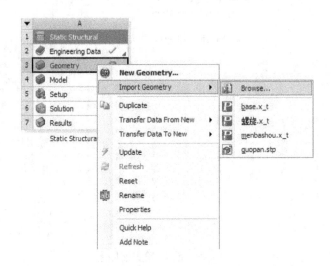

图 13-32　导入几何体

Step4：双击 A3（Geometry）栏，进入 DesignModeler 界面，选择模型的单位为 mm，如图 13-34 所示，单击"OK"按钮。此时图形窗口中还没有图形，可看到流程树中"Import1"前显示✅，表示模型还需要生成，如图 13-35 所示。然后单击 ✨Generate （生成）

按钮，即可生成几何体模型，如图 13-36 所示。单击 ⊠ 按钮，退出 DesignModeler，返回
到 Workbench 主界面。

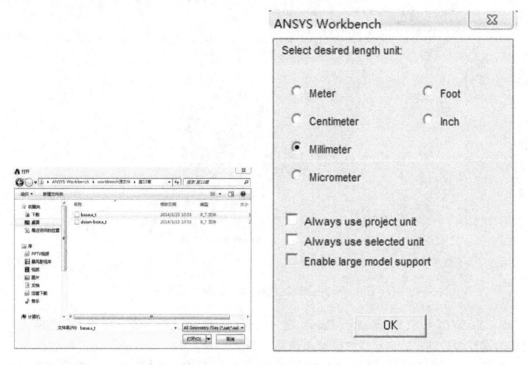

图 13-33　"打开"对话框　　　　　　　　　　图 13-34　单位选择

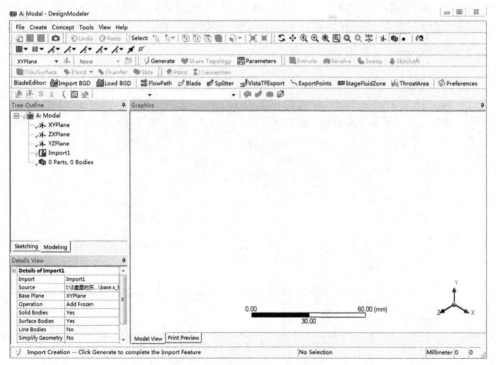

图 13-35　生成模型前的 DesignModeler 界面

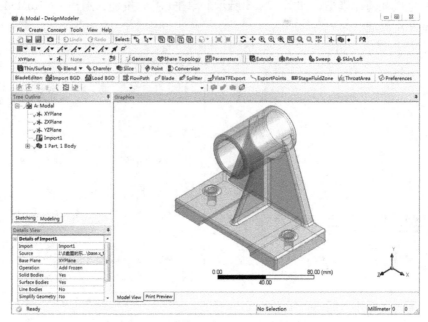

图 13-36　生成模型后的 DesignModeler 界面

Step5：双击 A2（Engineering Data）栏，打开材料参数设置界面，如图 13-37 所示。右键单击该界面的空白处，选择快捷菜单中的"Engineering Data Sources"（工程数据源）命令。在 Engineering Data Sources 表中单击 A3 栏"General Materials"选项，然后单击"Outline of General Materials"中 A7 栏"Gray Cast Iron"（灰铸铁）后的添加按钮 ，此时在 C7 栏会出现 标记，表示添加材料成功，如图 13-38 所示。单击工具栏中的 Return to Project 按钮，返回到 Workbench 主界面，材料库添加完成。

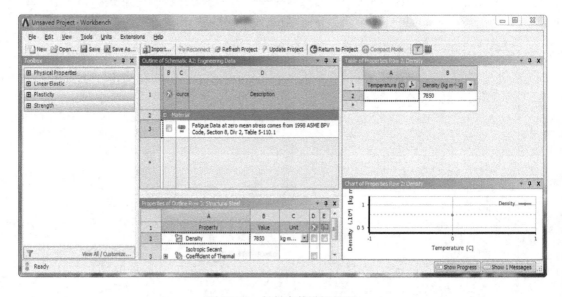

图 13-37　材料参数设置界面

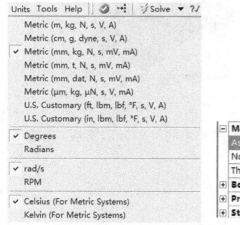

图 13-38　添加材料

Step6：双击 A4（Model）栏，打开 Mechanical 界面，网格的划分、边界条件的设置、求解及结果后处理等均在该界面下进行。选择"Units"→"Metric（mm，kg，N，s，mV，mA）"选项，为系统设置单位，如图 13-39 所示。

Step7：单击 Mechanical 界面左侧 Outline（流程树）中"Geometry"选项下的"base"，在"Details of 'base'"窗口中，依次单击"Definition"→"Assignment"，给模型添加材料，如图 13-40 所示。

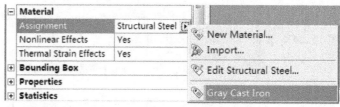

图 13-39　单位设置　　　　　　　　　　图 13-40　添加材料

Step8：单击 Mechanical 界面左侧 Outline（流程树）中的"Mesh"选项，此时可以在"Details of 'Mesh'"窗口中修改网格参数。在"Sizing"下将"Relevance Center"项设置为"Fine"，"Smoothing"项设置为"High"，"Span Angle Center"项设置为"Fine"，其余取默

认设置，如图 13-41 所示。

Defaults	
Physics Preference	Mechanical
☐ Relevance	0
Sizing	
Use Advanced Size Function	Off
Relevance Center	Fine
☐ Element Size	Default
Initial Size Seed	Active Assembly
Smoothing	High
Transition	Fast
Span Angle Center	Fine
Minimum Edge Length	0.698130 mm
⊞ **Inflation**	
⊟ **Patch Conforming Options**	
Triangle Surface Mesher	Program Controlled
⊞ **Advanced**	
⊞ **Defeaturing**	
⊞ **Statistics**	

图 13-41   网格设置

Step9：右键单击 Outline（流程树）中的 "Mesh" 选项，在弹出的快捷菜单中选择 Generate Mesh 命令，此时会弹出划分网格进度条，如图 13-42 所示。网格划分完成后，进度条自动关闭。生成网格效果如图 13-43 所示。

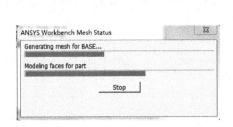

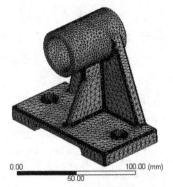

图 13-42   生成网格   图 13-43   网格效果

Step10：单击 Mechanical 界面左侧 Outline（流程树）中的 "Modal" 选项，出现如图 13-44所示的 "Environment" 工具栏。

图 13-44   "Environment" 工具栏

单击 "Environment" 工具栏中的 "Supports"（约束）→ "Fixed Support"（固定约束）命令，分析树中出现 "Fixed Support" 选项，如图 13-45 所示。单击 "Fixed Support" 选项并确保出现 Apply 按钮。在模型中为固定约束选择需要施加的面，本例中为机座底板上的两个螺纹孔，单击 "Details of 'Fixed Support'" 窗口中的 "Geometry" 选项下的 Apply 按钮，固定约束便施加在了选定的面上。添加约束后的模型如图 13-46 所示。

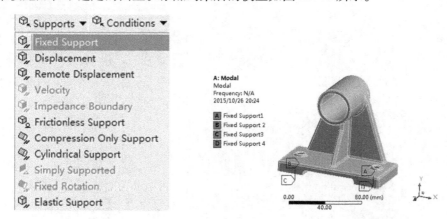

图 13-45　添加约束　　　　　　　　图 13-46　添加约束后的模型

Step11：右键单击 Outline（流程树）中的"Modal"按钮，在弹出的快捷菜单中选择 Solve 命令。此时弹出进度条，表示求解正在进行，当求解完成后进度条自动消失，如图 13-47 所示。

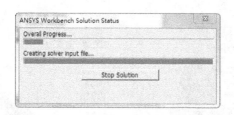

图 13-47　求解

求解后得到固有频率结果，程序默认计算前 6 阶固有频率，如图 13-48 所示。

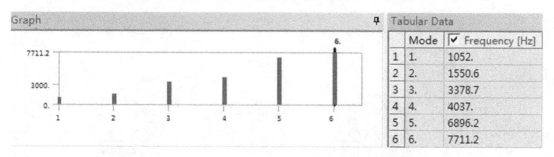

图 13-48　前 6 阶固有频率

Step12：右键单击屏幕右下角的结果，在出现的快捷菜单中选择"Select All"，再次右键单击，然后选择"Create Mode Shape Results"，提取前 6 阶振型，如图 13-49 所示。右键单击 Outline（流程树）中的"Solution"选项，在弹出的快捷菜单中选择 Evaluate All Results 命令。此时弹出进度条显示求解状态，求解完成后进度条自动消失。

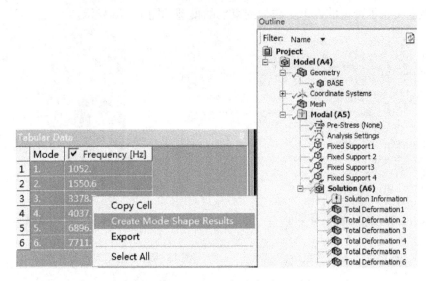

图 13-49　提取前 6 阶振型

求解后得到各阶振型如图 13-50 ~ 图 13-55 所示。

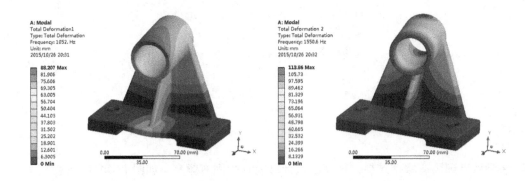

图 13-50　一阶变形　　　　　　　　　　　图 13-51　二阶变形

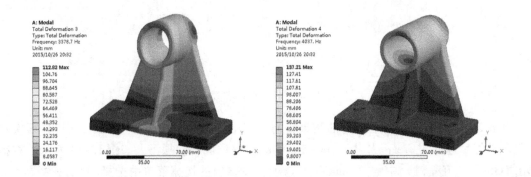

图 13-52　三阶变形　　　　　　　　　　　图 13-53　四阶变形

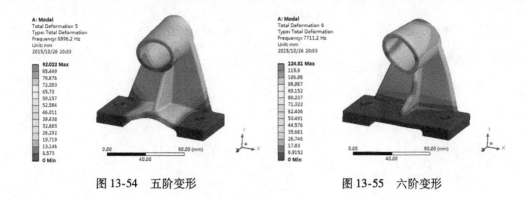

图 13-54　五阶变形　　　　　　　　　　图 13-55　六阶变形

习　题

　　运用 DesignModeler 建立一等截面方形梁（100mm × 100mm × 2000mm），分别在自由、简支、悬臂等边界约束条件下，对方梁进行模态分析，并比较分析约束对模态频率及振型的影响。

参 考 文 献

[1]　　ANSYS Workbench 14.5 官方培训教程.
[2]　　ANSYS Workbench 14.5 帮助文档.